图 2-6　鲜明的纯色调

图 2-7　清新的中明调

图 2-8　明净的明色调

图 2-9　高雅的明灰调

图 2-10　朴实的中灰调

图 2-11　浑厚的暗灰调

图 2-12　中庸的浊色调

图 2-13　稳重的中暗调

图 2-14　深沉的暗色调

图 2-15　对动物图形的色彩采集与重构

图 2-16　色彩采集重构在服装设计中的应用

图 2-17　自然色彩的图例

(a) 对民族特色版画进行的重构

(b) 对蝴蝶的色彩采集与重构

(c) 对蝴蝶的色彩采集与重构

(d) 对冬天自然风景的色彩采集与重构

图 2-20　对色彩的采集与重构举例

图 2-34　室内设计中的色彩搭配

图 2-35　民族风情

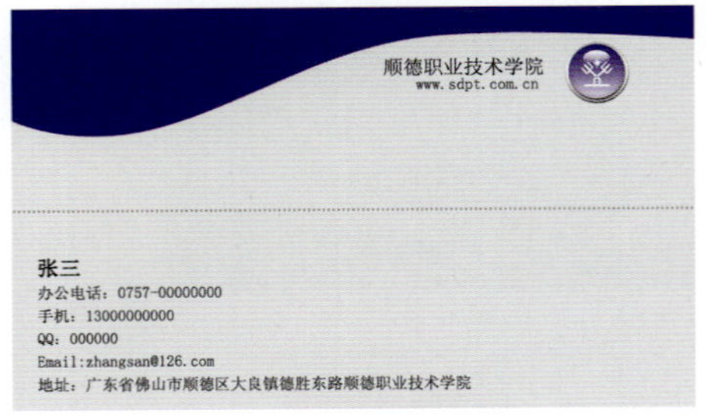

图 4-1　商业名片效果图

图 4-32　使用钢笔工具描绘学校标志

图 4-44　个性化个人卡片

图 4-45　音乐海报效果图

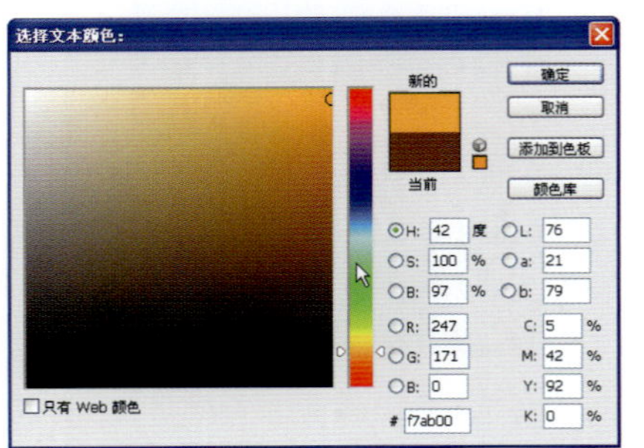

图 4-75　选择前景色

图 4-86　美女海报效果图

图 4-87 婚纱照片效果图

图 4-96 调整素材大小

图 4-133 另类照片效果图

图 4-134 图书外包装效果图

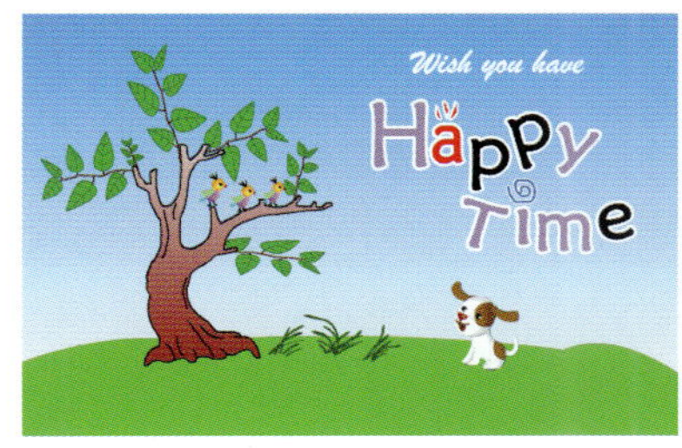

图 6-1 Happy Time 电子贺卡效果图

图 6-14 填充线性渐变色

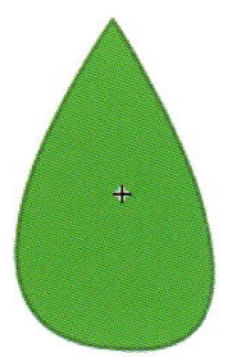

图 6-20 填充颜色

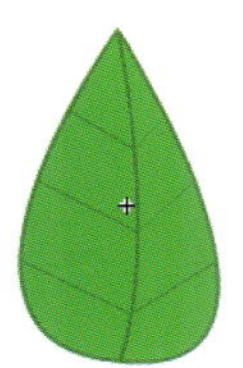

图 6-21 绘制直线

图 6-27 完成后的大树效果

图 6-37　对文字“Happy Time”进行美化

图 6-43　项目效果预览

图 6-72　绘制的烟雾

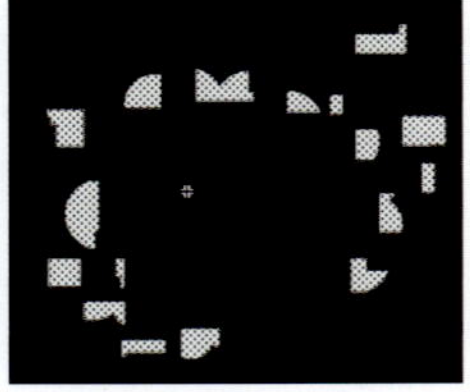

图 6-73　将烟雾切割

图 6-74　老虎跑步中加入烟雾

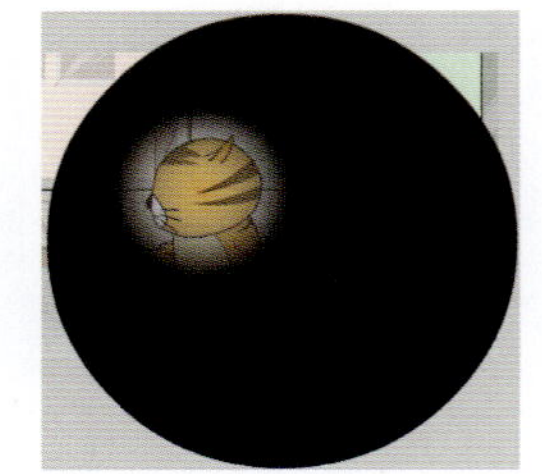

图 6-110　聚焦没有眼睛的老虎

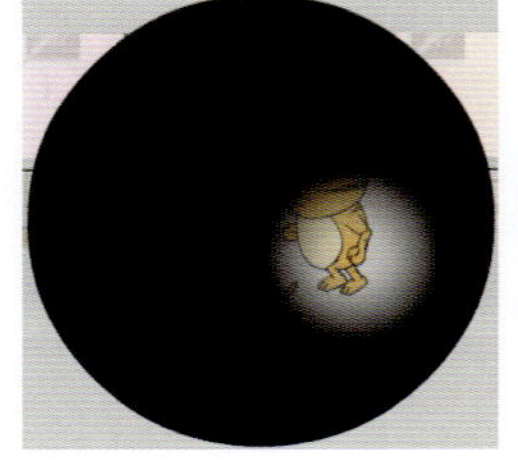

图 6-111　聚焦没有尾巴的老虎

图 6-113　项目效果预览

图 7-1　效果图

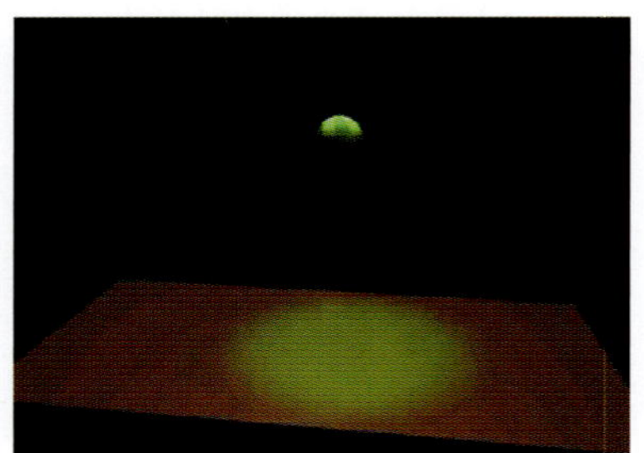

图 7-48　最终效果图

图 7-50　文字广告动画制作效果图

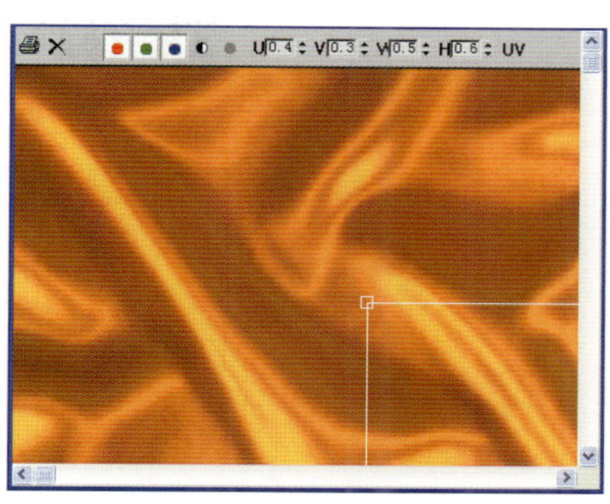

图 7-57　设置位图参数

图 8-1　“我的海底之旅”

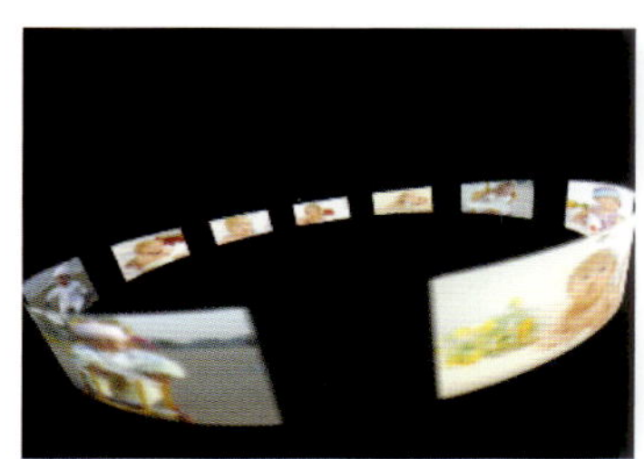

图 8-49　儿童电子相册片头效果

图 8-60　设置特效参数

图 8-61　添加【Boris Sphere】后的效果

图 8-70　MTV 最终效果

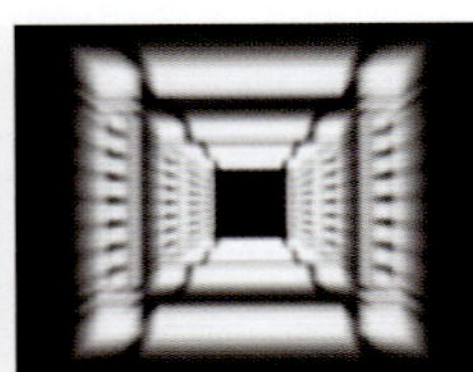

图 9-1　电影预告片片头效果

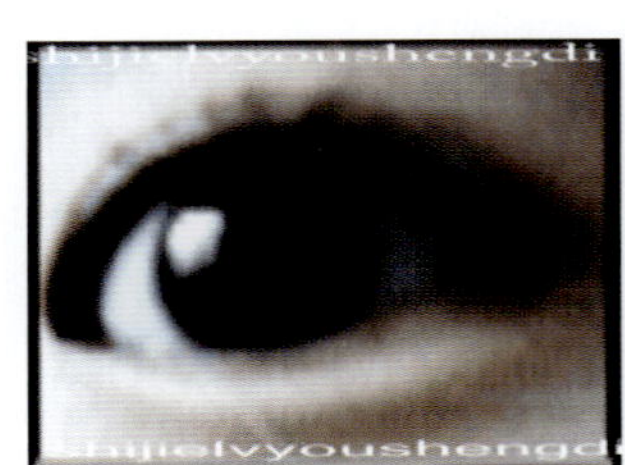

图 9-27　旅游专题片片头的最终效果

图 9-42　健康有约电视栏目最终效果

高职高专计算机任务驱动模式教材

数字多媒体技术与应用案例教程

陈幼芬 主编
张志强 罗曼 吴敏 副主编

清华大学出版社
北京

内容简介

本书从职业岗位技能需求出发，介绍了数字多媒体技术与应用的基本概念、常用多媒体工具、多媒体设计的美学基础，并通过案例演示了数字文本、数字图像、数字音频、计算机平面动画、计算机三维动画、数字视频的制作与处理，将"项目化、任务驱动、案例教学"的教学设计理论融合到实例中。

本书不仅适合开设多媒体相关课程的大中专院校用做专业教材及教学参考书，也适合希望进入相关设计领域的自学者使用。

图书在版编目(CIP)数据

数字多媒体技术与应用案例教程/陈幼芬主编．—北京：清华大学出版社，2011.9(2022.8重印)
(高职高专计算机任务驱动模式教材)
ISBN 978-7-302-25842-1

Ⅰ．①数… Ⅱ．①陈… Ⅲ．①数字技术：多媒体技术－高等职业教育－教材 Ⅳ．①TP37

中国版本图书馆 CIP 数据核字(2011)第 100495 号

责任编辑：刘翰鹏
责任校对：李　梅
责任印制：曹婉颖

出版发行：清华大学出版社
网　　址：http://www.tup.com.cn，http://www.wqbook.com
地　　址：北京清华大学学研大厦 A 座　　**邮　　编**：100084
社 总 机：010-83470000　　**邮　　购**：010-62786544
投稿与读者服务：010-62776969，c-service@tup.tsinghua.edu.cn
质 量 反 馈：010-62772015，zhiliang@tup.tsinghua.edu.cn
印 装 者：天津鑫丰华印务有限公司
经　　销：全国新华书店
开　　本：185mm×260mm　　**印　　张**：21　　**插　　页**：4　　**字　　数**：507 千字
版　　次：2011 年 9 月第 1 版　　**印　　次**：2022 年 8 月第 10 次印刷
定　　价：55.00 元

产品编号：040281-02

前　言

随着计算机与网络技术的飞速发展，数字多媒体技术已渗透到人们的学习、工作和生活当中，数字声音、图像、动画以及视频等多媒体信息无处不在。熟悉多媒体技术的有关知识、掌握多媒体技术应用的基本技能已成为现代人不可缺少的基本能力之一，然而多媒体技术包括的内容广且杂。要在一门课程当中将所有的知识梳理清楚，并让学生掌握知识的同时又获得应用技能，必须改变传统的教材编写方法和传统的教学方式。同时，一门好的课程不仅要有好的教学方式，更要有好的教学材料、教学资源支持。《数字多媒体技术与应用案例教程》是编者集多年的教学积累与科研成果于一体而开发的一套项目化案例教材。

本书定位于高职教育应用型、技能型人才培养的数字多媒体技术与应用及相关课程的教学用书。本书是面向应用来介绍数字多媒体技术的基本知识与技能，其目的是帮助学生掌握多媒体技术基本原理与基本知识，掌握多媒体基本应用技能，同时提高学生学习信息技术的能力和与人合作的能力。

全书共分为 9 章，以应用能力培养与提高技能为主线，充分考虑到高职高专院校学生的特点和职业需求，注重学生实践能力的训练与培养。以"项目化、任务驱动、案例教学"的教学方式，结合知识要点循序渐进地进行讲解。具体内容如下。

第 1 章介绍了数字多媒体的基本概念、特点和应用领域，多媒体计算机系统的软、硬件设备，以及与多媒体技术相关的资格认证考试。

第 2 章介绍了色彩基础知识，包括色彩、色彩构成、色彩搭配、平面设计中的色彩应用、色彩在商业设计中的应用以及影视作品中的美学。

第 3 章介绍了文本的基础知识，数字文本的获取与数字文本的应用。

第 4 章介绍了数字化图像的相关概念和原理，数字图像的一般处理方法、特点以及相关软件的具体应用。

第 5 章介绍了音频的获取，音频的后期制作，以及 MIDI 音乐的基本原理。

第 6 章介绍了平面动画的相关知识以及动画制作软件的使用。

第 7 章介绍了数字三维动画的基本知识、基本概念、认识三维动画制作软件 3Ds Max 以及使用该软件制作三维动画的基本流程。

第 8 章介绍了视频的基本概念、影视制作的基本流程以及视频编辑软件的使用。

第 9 章介绍了图像处理软件、视频编辑软件、音频编辑软件、三维软件以及 After Effects 后期特效软件等多种软件协同工作的方法与技巧。

多媒体知识更新快，掌握相对稳定的基础知识和获取知识的方式就变得更为重要。因此本书的重点是根据项目化案例授读者以渔，而非授之以鱼，只有这样学生才能跟上信息技术日新月异的步伐。

本书最大的特色是基于工作过程导向开发，提炼出典型工作任务并进行分析，符合学生认知过程。通过这些项目的实现，可让学生完整地掌握、应用相应课程知识。另外，书中的实例与行业应用紧密结合，让教师依托"基础＋项目实践＋课程设计"在教学过程中有更多的演示环节，让学生在学习过程中有更多的动手实践机会，以迅速学会并将所学内容应用于实际工作中为目的。

本书内容安排由浅入深、结构清晰，每章中都配有相应的案例，使读者在了解知识的同时，动手能力也得到了提高。本书适合作为高等院校和职业院校多媒体设计、动画设计、影视制作和特效、广告创意的教材，也可以作为网页动画开发等行业和各类社会培训班的教学用书。

本书由陈幼芬担任主编，负责全书整体结构设计、统编及定稿，张志强、罗曼、吴敏担任副主编。陈幼芬编写了第 1 章、第 2 章、第 5 章、第 8 章、第 9 章，张志强编写了第 4 章和第 7 章，罗曼编写了第 6 章，吴敏编写了第 3 章，严敏、姜春莲、江导、廖锐祺等参加了编写工作。同时，本书得到了陈遵德教授的大力支持和曾爱林主任多次悉心指导，在此表示衷心的感谢。

本书配有从第 4 章到第 9 章所有案例的工程文件和部分原始素材，为了方便教学，还提供了本书全部章节的电子教案，请到清华大学出版社网站(www. tup. com. cn)免费下载。另外还向读者提供课外学习网站 http://218. 13. 33. 150:81/cyfweb/index1. asp，该《影视后期处理》精品课程网站提供了大量音频素材、视频素材、图像素材，为《数字多媒体技术与应用案例教程》课程的拓展学习提供了丰富的资源。同时，在该网站的课程拓展资源专栏里，还提供了大量的教学视频，为读者提供了一个良好的课外自学平台。

由于编者水平有限，书中难免存在疏漏，恳请专家和读者批评指正。欢迎通过邮箱 jingjing0099@163. com 沟通交流。

编　者

2011 年 5 月

目录

第 1 章　数字多媒体技术概论

学习目标

学习本章内容的目的在于让读者了解和掌握数字多媒体的基本概念，熟悉多媒体计算机的软、硬件系统，以及多媒体技术的应用领域。通过引入案例，理解数字多媒体的概念、媒体类型、常用多媒体制作软件，以及常见数字多媒体文件格式；会制作多媒体光盘。

学习内容

① 理解数字多媒体的基本概论；
② 熟悉多媒体制作软件及各种常见数字多媒体文件的格式；
③ 熟悉数字多媒体计算机体系结构；
④ 熟悉数字多媒体制作软件；
⑤ 掌握光盘的制作。

教学目标	主 要 描 述	学 生 自 测
能力目标	能独立完成视音频软件的安装配置、熟练操作一款光盘刻录软件，如 Nero 刻录软件	会安装 Premiere 和 After Effects 视频处理软件，熟练使用刻录软件制作各种光盘
知识目标	理解多媒体的基本概念；了解多媒体技术的应用及多媒体计算机系统的体系结构；熟悉多媒体制作常用软件，多媒体文件的常见格式	知道数字多媒体的类型，对数字多媒体技术的应用有初步的认识
教学重点	熟悉安装各类多媒体制作软件，熟悉多媒体硬件设备的使用	会根据说明安装各种多媒体硬件和各类媒体制作软件
教学难点	数字多媒体的基本概念，多媒体光盘的制作	能制作音乐 CD 和视频 VCD

1.1　数字多媒体基础

1.1.1　媒体与数字多媒体

1. 媒体与多媒体

“多媒体”一词译自英文“Multimedia”，而该词又是由 multi 和 media 复合而成的。媒体(medium)原有两重含义，一是指存储信息的实体，如磁盘、光盘、磁带、半导体存储器等，中文常译作媒质；二是指传递信息的载体，如数字、文字、声音、图形等，中文译作媒介。

所以，多媒体是“传统的计算媒体——文字、图形、图像以及逻辑分析方法等与视频、音频以及为了知识创建和表达的交互式应用的结合体”。

国际电报电话咨询委员会(Consultative Committee for International Telegraph and Telephone，CCITT)对媒体进行了如下的分类。

① 感觉媒体(Perception Medium)。直接作用于人的感官，产生感觉(视、听、嗅、味和触觉)的媒体称为感觉媒体，如语言、音乐、音响、图形、动画及物体的质地、形状和温度等。

② 表示媒体(Representation Medium)。为了对感觉媒体进行有效的传输，以便进行加工和处理，而人为构造出的媒体称为表示媒体，例如，语言编码、静止和活动图像编码及文本编码等。

③ 表现媒体(Presentation Medium)。表现媒体是指感觉媒体和用于通信的电信号之间转换用的一种媒体。它又分为两种：一种是输入表现媒体，如键盘、话筒、扫描仪、摄像机、数字化仪和光笔等；另一种是输出表现媒体，如扬声器、显示器、投影仪和打印机等。

④ 传输媒体(Transmission Medium)。传输信号的物理载体称为传输媒体，如同轴电缆、光纤、双绞线和电磁波等。

⑤ 存储媒体(Storage Medium)。用于存储表示媒体，即存放感觉媒体数字化后的代码的媒体称为存储媒体，如磁盘、光盘、磁带和纸张等。

媒体元素是指多媒体应用中可以显示给用户的媒体组成元素。在现有的多媒体系统中，多媒体信息主要包括文本、图形、图像、声音、动画和视频等，作用于人的听觉、视觉等感官。各种媒体信息通常按规定的格式存储在数据文件中。

2. 数字多媒体

数字多媒体(Digital-Multimedia)是以信息科学和数字技术为主导，以大众传播理论为依据，以现代艺术为指导，将信息传播技术应用到文化、艺术、商业、教育和管理领域的科学与艺术高度融合的综合交叉学科。数字多媒体包括了图像、文字、音频、视频等各种形式，以及信息的采集、存取、加工和分发的数字化过程。数字多媒体已经成为继语言、文字和电子技术之后的最新的信息载体。

数字多媒体可按不同的分类方法分成很多种类。

① 按时间属性，数字多媒体可分成静止媒体(Still media)和连续媒体(Continues media)。静止媒体是指内容不会随着时间而变化的数字多媒体，比如文本和图片。而连续媒体是指内容随着时间而变化的数字多媒体，比如音频和视频。

② 按来源属性，则可分成自然媒体(Natural media)和合成媒体(Synthetic media)。其中自然媒体是指客观世界存在的景物，经过专门的设备进行数字化和编码处理之后得到的数字多媒体，比如数码相机拍的照片。合成媒体则是指以计算机为工具，采用特定符号，语言或算法表示的，由计算机生成(合成)的文本、音乐、语音、图像和动画等，比如用3D制作软件制作出来的动画角色。

1.1.2 数字多媒体的相关技术

数字多媒体技术是一种迅速发展的综合性电子信息技术，它涉及计算机技术、通信技术及现代媒体技术等。超大规模基础电路和多任务实时操作系统分别从硬件、软件两个方面对多媒体系统提供了重要的支持，大容量存储器、数据压缩技术和超文本/超媒体等技术更是实现多媒体应用的关键。

(1) 数字多媒体压缩技术及相关标准

多媒体音频、视频文件的大数据量，引发了对大容量存储器的需求，尽管随着光存储技术和网络技术的发展，存储器的容量越来越大，网络传输带宽越来越宽，但还是不能满足人们日益增长的对多媒体信息存储、处理、传输的需求。而数据压缩技术可以有效地建设媒体信息的数据量，缩短其传输时间，从而实现对音频、视频信息进行实时处理。如果没有数据压缩技术，市场上的数码录音笔就只能记录不到 20 分钟的语音；如果没有数据压缩技术，从 Internet 上下载一部电影也许要花半年的时间。

目前，国际电报电话咨询委员会 CCITT、国际标准化组织 ISO 及其轨迹电工委员会 IEC 联合制定了系列数据压缩与通信的国际标准，主要有：

① 静态图像的 JPEG 标准(ISO/IEC 10918)，它是 ISO 和 IEC 联合成立的专家组 JPEG 建立的适用于单色和彩色、多灰度连续色调静态图像国际标准。该标准在 1991 年通过，全称为“多灰度静态图像的数字压缩编码”。

② 视频/运动图像的主要标准是 MPEG-1、MPEG-2、MPEG-4 三个标准，由国际标准化组织 ISO 下属的一个专家组 MPEG 制定。

③ 在多媒体数字通信方面制作的 H 系列标准，如用于视频会议系统视频压缩算法的 H.261(Px64)、可用于可视电话的 H.263 等。

更深层次的多媒体技术标准也开始推出或列入开发中。一个典型的标准是称作“多媒体内容描述接口”的 MPEG-7 标准。另一个开发中的标准是 MPEG-21 标准，正式名称是多媒体框架。

(2) 数字多媒体输入与输出技术

数字多媒体输入/输出技术主要是指媒体变化技术，即改变媒体的表现形式，如当前广泛使用的视频卡、音频卡都属于媒体变化设备；媒体识别技术，是指对信息进行一对一的映像过程，例如，语音识别技术和触摸屏技术等；媒体理解技术，是指对信息进行更进一步的分析处理和理解信息内容，如自然语言理解、图像理解、模式识别等技术；还有媒体综合技术，是把低维信息表示映像成高维的模式空间的过程，如语音合成器就可以把语音的内部表示综合为声音输出。

(3) 数字多媒体软件技术

数字多媒体操作系统是多媒体软件的核心。它负责多媒体环境下多任务的调度，保证音频、视频同步控制以及信息处理的实时性，提供多媒体信息的各种基本操作和管理，具有对设备的相对独立性和可扩展性。

数字多媒体素材的采集与制作主要包括采集和编辑多种媒体数据，如声音信号的录制编辑和播放、图像扫描及预处理、全动态视频采集及剪辑、动画建模渲染、音视频信号的混合与同步等各种多媒体素材采集与制作技术。

(4) 数字多媒体设备技术

随着多媒体的数字化，与多媒体相关的输入/输出以及处理设备与芯片快速增长。新式的数字设备不断出现，带来了新的交互技术和新的感觉体验。不仅计算机中的 I/O 系统处理媒体的能力日益加强。很多家用电子设备和便携设备上也实现了多媒体操作。

(5) 数字多媒体通信技术

数字多媒体通信技术包括语音压缩、图像压缩、多媒体的混合传输技术和分布式多媒体技术。宽带综合业务数字网是解决多媒体数据传输问题的一个比较完整的方法。该技术的基础 ATM(异步传输模式)是近年来研究和开发上的一个重要成果。

(6) 网络数字多媒体技术

在网络日益发达的今天,网络传输的已经不再仅仅是文字信息,丰富的媒体元素在HTML、XHTML 标准的定义下实现了网络上的传播。流媒体传输协议使得音频信息畅通无阻,WEB3D 技术实现了网上的虚拟 3D 环境,Flash 成为事实上的网络 2D 图形动画标准。但是,基于网络的多媒体技术还在无限发展中,没有一个一统天下的技术可以包揽全部。

(7) 虚拟现实技术

利用计算机创造一个逼真的视觉、听觉、触觉及嗅觉的感觉世界,用户可以用人的自然能力与这个生成的虚拟实体进行交互。

虚拟现实(Virtual Reality,VR)综合了计算机图形技术、计算机仿真技术、传感技术、显示技术等多种科学技术,在多维信息空间上创建一个虚拟信息环境。

1.1.3 数字多媒体技术的应用领域

多媒体技术已经日益渗透到不同行业的多个应用领域,影响到人们工作、学习、生活及娱乐的各个方面,使我们的社会发生了日新月异的变化。

(1) 教育、培训应用领域

在多媒体的应用中,教育、培训占了很大比重,由文字、音频、图形、图像和视频组成的多媒体教学课件图、文、声、形并茂,给学生带来更多的学习体验,交互式的学习环境充分发挥了学生学习的主动性,提高了学习的兴趣和接受能力。随着网络技术的发展与普及,多媒体技术在远程教育中同样扮演着重要的角色。这种跨越时空的新的学习方式强烈地冲击着传统的教育。

(2) 电子出版物

光盘作为超大容量的存储媒体和多媒体技术相结合,使出版业突破了传统出版物的种种限制进入了新时代。光盘出版物将静止枯燥的读物转化为文字、声音、图像、动画和视频相结合的视听享受,同时使出版物的容量增大而体积大大缩小。图 1-1 所示一个考试指导用书的光盘版界面。

(3) 商业展示

以多媒体技术制作的产品演示软件为商家提供了一种全新的广告形式,商家可以为客户展示新产品的造型、特点及功能等,对移动电话、新款汽车及大型机械设备等使用上较复杂的产品,运用多媒体动画能最直观、最有效地教会客户如何使用产品。

公司企业还可以利用多媒体的图像、声音及动画来充分表达自己的商业计划、年度报告和企业宣传等,具有较好的说服力。

(4) 信息咨询

利用多媒体技术制作信息咨询服务系统为公众提供各种服务。用户利用多媒体终端,

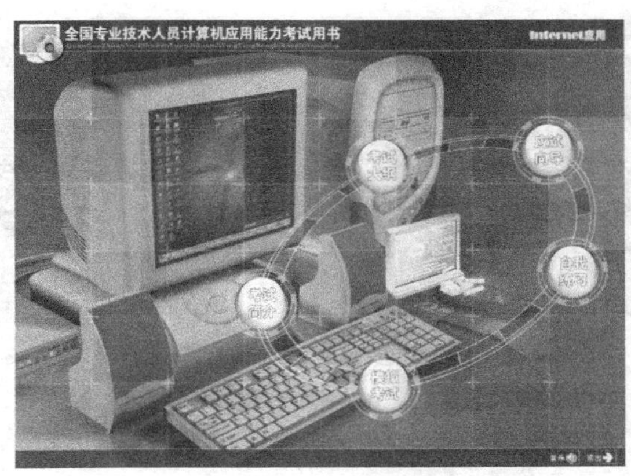

图 1-1　电子出版物

从数据库中查询需要的信息。例如北京街头的“数字北京信息亭”，可以为市民提供新闻、公交、旅游指南、天气预报和订购机票等服务。图 1-2 所示为某市政务服务中心的办事群众通过电子触摸屏查询信息、办理政务。

(5) 多媒体娱乐和游戏

多媒体技术在娱乐和游戏领域里应用广泛。游戏的种类很多，有角色扮演类、益智类和棋牌休闲类，都使用了很多多媒体技术。绚丽的画面和音效，方便、易懂的交互和提示帮助，使游戏者可以在精致的虚拟空间中体验游戏带来的快乐。如图 1-3 所示为指环王游戏的宣传海报。

图 1-2　多媒体触摸屏

图 1-3　指环王游戏宣传海报

随着多媒体技术的发展，计算机不再只是办公室和实验室的专用品，而是进入了家庭、商业、旅游、娱乐、教育乃至艺术等几乎所有的社会与生活领域。在日常生活中，常会看到人性化的计算机，它可以提供任何你想要得知的信息，可以演奏你想要听的乐曲，甚至像人一样和你交流，在多媒体技术迅猛发展的今天，这一切正在变成现实。

(6) 多媒体远程通信

多媒体技术的应用，离不开通信技术、网络技术的支持。通信与网络领域同样融合了多媒体技术，其应用也越来越广泛。目前，应用前景比较广阔的有远程医疗系统、多媒体会议系统、远程监控系统。图 1-4 所示为多媒体远程医疗系统。

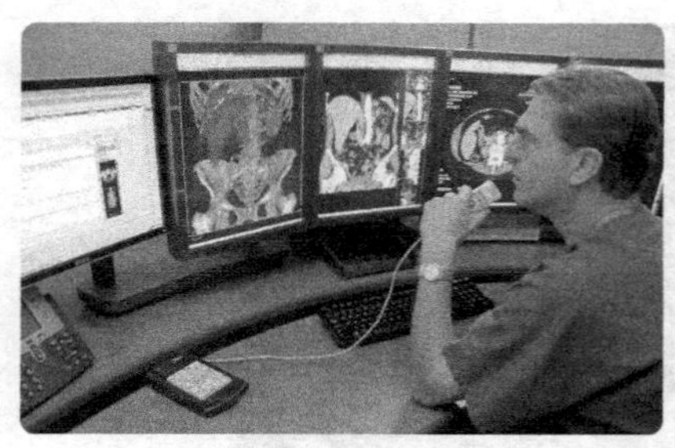

图 1-4　多媒体远程医疗系统

1.2　数字多媒体计算机系统

多媒体计算机系统是指能把视、听和计算机交互式控制结合起来，对音频信号、视频信号的获取、生成、存储、处理、回收和传输综合数字化所组成的一个完整的计算机系统。数字化处理多媒体内容的一般过程是：首先把音频、视频等媒体数字化，以数据的形式存入到计算机中，然后通过计算机对数据进行处理，最后按用户要求的形式表现处理。

数字化处理的优点是能利用计算机对信息进行处理，但随之而来的一个问题就是数字化的多媒体信息数据量一般都很大，需要计算机具有大容量的存储空间；另外，音频、视频信号的输入和输出都需要实时效果，这就要求计算机具有高速处理能力，来满足多媒体处理的实时性要求，一般需要专用的芯片或功能卡来支持这种需求。同时，多媒体信息的获取和表现也需要有专门的外部设备，因此多媒体计算机是一个高性能的计算机系统。

本节将讨论多媒体计算机处理和应用环境，包括多媒体计算机软、硬件系统，多媒体存储设备，常用的多媒体输入/输出设备等。

1.2.1　数字多媒体计算机硬件系统

多媒体计算机(Multimedia Personal Computer，MPC)是在个人计算机(Personal Computer)的基础上发展起来的，是具有多媒体功能的个人计算机，它的硬件结构与一般的PC并无多大区别，只是在基本PC上添加了一些多媒体设备和软件，如光驱、声卡及音频、视频处理工具等。多媒体计算机系统的一般结构，如图1-5所示。

硬件系统是构成多媒体系统的基础，指系统中所有物理设备。除了一些常规硬件(如主机、硬盘驱动器、显示器、网卡等)，一些多媒体设备如声卡、音频设备、大容量存储器等已成为多媒体计算机系统的基本配置。多媒体计算机的硬件系统如图1-6所示。

除了主机外，一个典型的多媒体计算机的配置主要包括以下几个方面。

(1) 光盘驱动器

光盘驱动器可分为只读光驱(CD-ROM)、可读写光驱(CD-R、CD-RW)和DVD-ROM驱动器等。它们是多媒体计算机价格便宜的大容量存储设备。存有图形、图像、动画、文本、音频、多媒体软件等资源的只读光盘已经广泛使用，因此光驱对用户来说是必须的。可读写

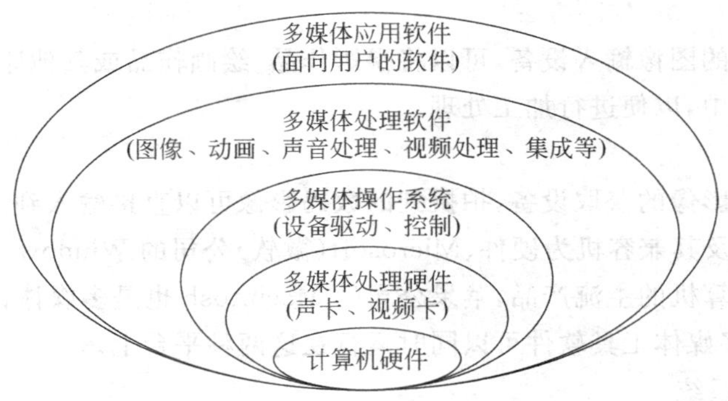

图 1-5 多媒体计算机系统的一般结构

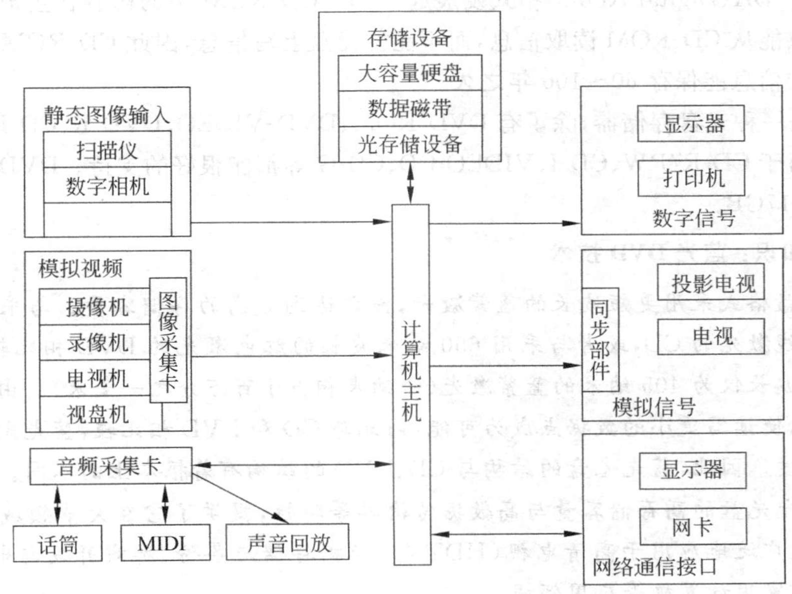

图 1-6 多媒体计算机硬件系统

光驱又称刻录机,可用于读取或存储大容量的多媒体信息,是今后光盘驱动器的发展方向。

(2) 音频卡

音频卡(Sound Card)也称为声卡,用于处理音频信息,可以把话筒、录音机、电子乐器等输入的声音信息进行模数(A/D)转换、压缩等处理。也可以把经过计算机处理的数字化声音信号通过还原(解压缩)、数模(D/A)转换后用音箱播放出来。

(3) 视频卡

视频卡(Video Card)还可以细分为视频捕捉卡、视频处理卡、视频播放卡以及 TV 编辑器等,其功能是用来连接摄像机、VCR、影碟机、TV 等设备,支持视频信号(如电视)的输入与输出。

(4) 打印机

打印机是常用的数字图像输出设备,包括针式打印机、激光打印机、喷墨打印机、热升打印机等。

(5) 扫描仪

扫描仪是重要的图像输入设备,可以将摄影作品、绘画作品或其他印刷材料上的文字和图像扫描到计算机中,以便进行加工处理。

(6) 摄像头

摄像头是数字影像的获取设备,拍摄到的数码影像可以直接输入到计算机中进行处理。

除了 IBM PC 及其兼容机为硬件、Microsoft(微软)公司的 Windows 为系统软件的多媒体系统是多媒体计算机的主流产品,苹果公司的 Macintosh 也是多媒体计算机的重要产品。目前,很多优秀的多媒体工具软件可以同时运行在这两种平台上。

(7) 光盘存储系统

CD-ROM 又称为致密盘只读存储器,是一种只读的光存储介质。它是利用原本用于音频 CD 的 CD-DA(Digital Audio)格式发展起来的。CD-ROM 中的内容在生成时就已经决定,即用户只能从 CD-ROM 读取信息,而不能往光盘上写信息,因此 CD-ROM 不受病毒的干扰,存入的信息能保存 60～100 年之久。

DVD 是一种光盘存储器,除了有 DVD-ROM、DVD-VIDEO、DVD-R、CD-ROM 等常见的格式外,对于 CD-R/RW、CD-I、VIDEO-CD、CD-G 等都能很好的支持。DVD 的信息存储容量能达到 17GB。

小知识:蓝光 DVD 技术

蓝光光盘格式采用更短波长的蓝紫激光,使之达到更高的存储容量。与采用 720 纳米波长的红外线激光的 CD,或者与采用 650 纳米波长的红色激光的 DVD 相比较,蓝光光盘格式采用了波长仅为 405 纳米的蓝紫激光(一纳米相当于百万分之一毫米)。由于蓝紫激光更短的波长,使读写更小的数据点成为可能,因此与 CD 和 DVD 相比较,蓝光光盘可极大地增加数据密度。因此,蓝光光盘的结构与 CD、DVD 的结构有着根本上的不同。

由于蓝光光盘的高存储容量与高数据传输率等特性,提供了它在大量领域应用的可能性。目前,被广泛地应用于高清电视(HDTV)、数据存储与备份、游戏开发与制作、电影与电视制作室、家用计算机等应用领域。

(8) 其他存储设备

移动硬盘:顾名思义,移动硬盘是以硬盘为存储介质,强调便携式的存储产品。因为采用硬盘为存储介质,因此移动硬盘的数据读写模式与标准 IDE 硬盘是相同的,但采用 USB、IEEE 1394,eSATA 等传输速度较快的接口,可以较高的速度与系统进行数据传输。移动硬盘因具有存储容量大、接口使用方便、传输速度高、高可靠性等优点被广泛使用。

U 盘:即 USB 盘的简称,是采用闪存(FLASH MEMORY)存储技术的 USB 存储设备,也叫闪存盘,任何带有 USB 接口的计算机都可以使用它来交换数据。从容量上讲,U 盘的容量从 16MB 到 8GB 不等,突破了软驱 1.44MB 的局限性;从读写速度上讲,采用 USB 接口,读写速度快,约为软盘速度的 15 倍;从稳定性上讲,U 盘没有机械读写装置,避免了移动硬盘容易碰伤、跌落等原因造成的损坏,且可靠性好,可擦写达 100 万次,数据至少可以保存 10 年。U 盘小巧轻便,易于携带。U 盘使用非常方便,即插即用,支持热插拔,不需要驱动,无外接电源。部分款式 U 盘还具备系统启动、查毒、加密保护、装卸一些工具等功能,令用户使用更具人性化。U 盘的出现让人们感觉到了实实在在的方便。

闪存卡(Flash Card)：是利用闪存(Flash Memory)技术存储电子信息的存储器，一般应用在数码相机、掌上电脑、MP3等小型数码产品中作为存储介质，并且样子小巧，犹如一张卡片，所以称之为闪存卡。根据不同的生产厂商和不同的应用，闪存卡大概有SmartMedia(SM卡)、Compact Flash(CF卡)、MultiMediaCard(MMC卡)、Secure Digital(SD卡)、Memory Stick(记忆棒)、XD-Picture Card(XD卡)和Microdriver(微硬盘)等，这些闪存卡虽然外观、规格不同，但是技术原理都是相同的。

1.2.2 数字多媒体计算机软件系统

多媒体计算机软件主要由三大部分组成，即多媒体操作系统、多媒体创作工具软件和多媒体制作软件。

(1) 多媒体操作系统

多媒体操作系统对多媒体计算机进行软、硬件控制与管理，完成实时任务调度、多媒体数据转换及图形用户界面管理等功能。目前计算机大都采用多媒体操作系统，例如苹果公司为Macintosh计算机配置的操作系统Mac OS，微软公司的Windows系列操作系统都属于多媒体操作系统。

(2) 多媒体创作工具软件

多媒体创作工具软件指主要用于开发多媒体应用系统的工具软件，是创作多媒体作品的工作环境，如Authorware、Flash、Powerpoint等。

(3) 多媒体制作软件

多媒体制作软件主要用于采集、整理和编辑各种媒体数据，如图像处理软件Photoshop、声音处理软件CoolEdit、视频编辑软件Premiere和动画制作软件Flash、3Ds Max等。

1.2.3 常用多媒体计算机软件

多媒体计算机软件的创作工具(Authoring Tools)用来帮助应用开发人员提高开发工作效率，它们大体上都是一些应用程序生成器，它将各种媒体素材按照节点操作方式和面向层次结构的形式进行组织，形成多媒体应用系统。

多媒体制作软件包括字处理软件、绘图软件、图形/图像处理软件(将在第4章详细介绍Photoshop软件及应用)、动画制作软件(将在第6章详细介绍Flash软件及应用)、声音编辑软件(将在第5章详细介绍Adobe Audition 3.0软件及使用)以及视频编辑软件(将在第8章、第9章详细介绍Premiere和After Effects软件及应用)。下面分别介绍目前流行的各种多媒体制作软件。

1. 文本处理软件

多媒体文本通常指各种文字，包括各种字体、尺寸、格式及色彩等。通常使用的文本格式有：RTF、DOC、TXT。文本的获取方式通常是直接在文本编辑软件中输入，如记事本、写字板、Word、WPS，或使用扫描仪配合OCR文本识别软件获取。

制作多媒体文本时，可以在多媒体处理软件（如 Photoshop）中直接编辑。

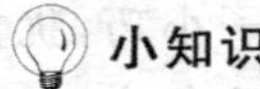

小知识

手写笔一般是使用一支专门的笔或者手指在特定的区域内书写文字。手写笔通过各种方法将笔或者手指走过的轨迹记录下来，然后识别为文字。这种方式对于不喜欢使用键盘或者不习惯使用中文输入法的人来说是非常有用的，因为它不需要学习输入法。手写笔还可以用于精确制图，例如可用于电路设计、CAD 设计、图形设计、自由绘画以及文本和数据的输入等。

2. 图形/图像处理软件

在处理多媒体文件时，经常要对图形、图像信息进行处理。图形/图像处理工具通常需要具备以下几个功能：

① 显示不同格式的能力。

② 进行图像文件管理、图像文件格式的转换、改变图像比例、大小等功能。

③ 对图像文件进行压缩，以减少占用的存储空间。

④ 提供图像素材供用户使用、连接或修改。

1）常用的图形图像处理软件

现在图形图像设计软件有 Illustator、PageMaker、CorelDRAW、Freehand、Photoshop、PhotoImpact 等，其中最为常用的软件是 Illustrator、PageMaker、CorelDRAW、Photoshop。

（1）Illustrator

Illustrator 是 Adobe 公司开发的矢量图形编辑软件，是用于出版、多媒体和在线图像的工业标准矢量插画软件。目前的最新版本已是 CS4 版本，提供许多全新的设计工具方便美术设计师使用。在工具板上就可以方便地找到图案复制、光影绘画、不规则图形制作、修改图形边缘、网页图片切割(Slice Tools)等新工具。通过利用这些工具，可以很快绘画出一些比较复杂的图形。用户还可利用格线功能作更完善的对位处理。

（2）PageMaker

PageMaker 是一个专业排版与图形制作软件，它能够完成传统的排版工作和电子文件的排版工作。

（3）CorelDRAW

CorelDRAW 是加拿大 Corl 公司推出的软件。它融合了绘画与插图、文本操作、绘图编辑、桌面出版及版面设计、追踪、文件转换等高品质输出于一体的矢量图绘图软件，并且在工业设计、产品包装造型设计、网页制作、建筑施工与效果图绘制等设计领域中得到了极为广泛的应用。

CorelDRAW 可以随意放大、缩小而清晰度不变。最大的优点是放大到任何程度都能保持清晰，特别是标志设计、文字、排版特别出色；MAC 应用不多，多见于 PC。

（4）Freehand

Freehand 是 Adobe 公司软件中的一员，简称 FH，是一个功能强大的平面矢量图形设计软件，无论要做广告创意、书籍海报、机械制图，还是要绘制建筑蓝图，Freehand 都是一件强大、实用而又灵活的利器。Freehand 能轻易地在程序中转换格式，可输入及输出适用于 Photoshop、Illustrator、CorelDRAW、Flash、Director 等使用的文件格式，与相关程序的兼容性好。

(5) Photoshop

Photoshop 是 Adobe 公司旗下最为出名的图像处理软件之一，集图像扫描、编辑修改、图像制作、广告创意、图像输入与输出于一体的图形图像处理软件，深受广大平面设计人员和计算机美术爱好者的喜爱。

Photoshop 是点阵设计软件，由像素构成，分辨率越大图像越大，Photoshop 的优点是丰富的色彩及超强的功能，无人能及；缺点是文件过大，放大后清晰度会降低，文字边缘不清晰。它目前主要应用于图像的处理。20 世纪新兴的摄影项目——数码摄影就是它的重要应用之一。

CS 是 Adobe Creative Suite 一套软件中后面 2 个单词的缩写，代表"创作集合"，是一个统一的设计环境，将 Adobe Photoshop、Illustrator、InDesign、GoLive 和 Acrobat Professional 软件与 Version Cue、Adobe Bridge 和 Adobe Stock Photos 相结合。

Photoshop 的专长在于图像处理，而不是图形创作，有必要区分一下这两个概念。图像处理是对已有的位图图像进行编辑加工处理以及运用一些特殊效果，其重点在于对图像的处理加工；图形创作软件是按照自己的构思创意，使用矢量图形来设计图形，这类软件主要有 Adobe 公司的另一个著名软件 Illustrator 和 Adobe 公司的 Freehand。

2) 常见的图形图像格式

下面我们就通过图形文件的特征后缀名(如. bmp)来逐一认识当前常见的图形文件格式：BMP、DIF、WMF、GIF、JPG、TIF、PSD、CDR、IFF、TGA。

① BMP(bit map picture)。PC 上最常用的位图格式，有压缩和非压缩两种形式，该格式可表现从 2 位到 24 位的色彩，分辨率也可从 480×320 至 1024×768。该格式在 Windows 环境下相当稳定，在文件大小没有限制的场合中运用极为广泛。

② DIF(drawing interchange format)。AutoCAD 中的图形文件，它以 ASCII 方式存储图形，表现图形在尺寸大小方面十分精确，可以被 CorelDraw、3Ds 等大型软件调用编辑。

③ WMF(Windows metafile format)。Microsoft Windows 平台下的一种图形文件格式，具有文件短小、图案造型化的特点。该类图形比较粗糙，并只能在 Microsoft Office 中调用编辑。

④ GIF(graphics interchange format)。在各种平台的各种图形处理软件上均可处理的经过压缩的图形格式。缺点是存储色彩最高只能达到 256 种。

⑤ JPG(Joint Photographic Expert Group)。可以大幅度地压缩图形文件的一种图形格式。对于同一幅画面，JPG 格式存储的文件是其他类型图形文件的 1/10 到 1/20，而且色彩数最高可达到 24 位，所以它被广泛应用于 Internet 上的图片库。

⑥ TIF(tagged image file format)。文件体积庞大，但存储信息量亦巨大，细微层次的信息较多，有利于原稿阶调与色彩的复制。该格式有压缩和非压缩两种形式，支持的色彩数最高可达 16M。

⑦ PSD(Photoshop standard)。Photoshop 中的标准文件格式，专门为 Photoshop 而优化的格式。

⑧ CDR(CorelDRAW)。CorelDraw的文件格式。另外,CDX是所有CorelDraw应用程序均能使用的图形(图像)文件,是发展成熟的CDR文件。

⑨ IFF(image file format)。用于大型超级图形处理平台,比如AMIGA机,好莱坞的特技大片多采用该图形格式处理。图形(图像)效果,包括色彩纹理等逼真再现原景。当然,该格式耗用的内存、外存等计算机资源也十分巨大。

⑩ TGA(tagged graphic)。True vision公司为其显示卡开发的图形文件格式。创建时期较早,最高色彩数可达32位。VDA、PIX、WIN、BPX、ICB等均属其旁系。

除此之外,Macintosh机专用的图形(图像)格式还有PNT、PICT、PICT2等。

3. 视频编辑软件

目前市场上有多种视频后期制作软件,软件可以分为面向流程的合成软件和面向层的合成软件。

所谓操作节点的形式是一种比较流行的面向流程的编辑软件,是指操作步骤作为每一个对应的节点,每一个步骤都接受一个或几个输入节点,通过把若干个节点连结起来,形成一个流程,从而使原始素材经过种种处理,最终得到合成结果。如Combusion、Shake、Digital、Chalice等都属于这类软件。

而面向层的软件是把操作分为若干层次,每个层次一般对应一段原始素材。同对每一层进行操作,如增加滤镜、抠像、调整等,使每一层画面满足合成的需要,最后把所有层次按一定的顺序叠合起来,就可以得到最终的效果。如Discreet Logic公司著名的Inferno/Flame/Flint/Effect系列软件,就属于此类,另外还有After Effects、Soft Image DS、Henry等也属于此类。

对于基于流程的合成软件和基于层的合成软件来说,前者更擅长制作精细的特技镜头,后者则具有较高的制作效益,可谓各有所长。前者由于流程的设计不受层的局限,因此可以设计出任意复杂的流程,有利于对画面进行非常精细的调整,比较合适于电影类的合成效果;后者则比较直观,易于上手,制作速度快。

下面我们分别来了解一下每一个不同视频编辑软件的特点。

1) 视频编辑软件

(1) Premiere Pro

Adobe公司推出的基于非线性编辑设备的视音频编辑软件Premiere已经在影视制作领域取得了巨大的成功。现在被广泛地应用于电视台、广告制作、电影剪辑等领域,成为PC和MAC平台上应用最为广泛的视频编辑软件。目前最新的版本为Windows平台和其他跨平台的DV和所有网页影像提供了全新的支持。同时它可以与其他Adobe软件紧密集成,组成完整的视频设计解决方案。

(2) After Effects

After Effects是Adobe公司推出的运行于PC和MAC平台上的专业级影视合成软件,也是目前最为流行的影视后期合成软件,适用于从事设计和视频特技的机构,包括电视台、动画制作公司、个人后期制作工作室以及多媒体工作室。而在新兴的用户群,如网页设计师和图形设计师中,也开始有越来越多的人在使用After Effects。

新版本的After Effects带来了前所未有的卓越功能。在影像合成、动画、视觉效果、非线性编辑、设计动画样稿、多媒体和网页动画方面都有其发挥空间。其最新版本为 Adobe After Effects，拥有先进的设计理念，与 Adobe 公司的 Photoshop、Premiere 和 Illustrator 有着紧密的结合。

你知道吗？

After Effects 是由 Adobe 公司出品，和 Premiere 同属视频编辑软件，但是它与 Premiere 又有所不同。After Effects 主要用于处理视频文件或图像文件，它可以在视频片段上创作许多神奇的效果，例如抠像、局部透明、文字旋转、按路径移动文字等，经过处理的视频片段或图像文件可以重新生成视频文件。

After Effects 和 Photoshop 一样具有层的功能，用户可以在无限的层上添加各种效果和动作，可以这么说，After Effects 就是视频处理上的 Photoshop，即 After Effects 是一个前期的软件，使用它可以对采集的视频文件、三维软件生成的动画文件进行深入加工；Premiere 是一个后期的软件，它可以把 After Effects 处理过的多个视频文件，使用多种蒙太奇的手法连接成一个视频文件；或者使用一定的抠像方法，将多个视频文件叠加在一起，生成复杂的效果。

After Effects 是一个专业性较强的软件，中央电视台的有些节目片头和广告是用它制作的。它的价位很低，效果却非常好，在某些方面可以同工作站级的视频处理软件和专用的字幕机相媲美，使用它可以组成性价比很高的视频处理系统，适用的范围非常的广泛。

(3) Ulead Media Studio

Media Studio Pro 主要的编辑应用程序有 Video Editor(类似 Premiere 的视频编辑软件)、Audio Editor(音效编辑)、CG Infinity、Video Paint，内容涵盖了视频编辑、影片特效、2D 动画制作，是一套整合性完备、面面俱到的视频编辑套餐式软件。它在 Video Editor 和 Audio Editor 的功能和概念上与 Premiere 的相差并不大，最主要的不同在于 CG Infinity 与 Video Paint 这两个在动画制作与特效绘图方面的程序。

(4) Ulead Video Studio(会声会影)

虽然 Ulead Media Studio 的亲和力高、学习容易，但对一般的上班族、学生等家用娱乐的领域来说，它还是显得太过专业、功能繁多，并不是非常容易上手。ULEAD 的另一套编辑软件 Ulead Video Studio，便是完全针对家庭娱乐、个人纪录片制作之用的简便型编辑视频软件。

Ulead Video Studio 采用目前最流行的“在线操作指南”的步骤引导方式来处理各项视频、图像素材，它一共分为开始→捕获→故事板→效果→覆叠→标题→音频→完成 8 大步骤，并将操作方法与注意事项，以帮助文件显示出来，称之为“会声会影指南”，便于使用者快速地学习每一个流程的操作方法。

(5) Combustion

Combustion 是贝尔科技基团在 BIRTV2000 展会上，推出的 Discreet 公司历史上最新的视觉效果制作系统。它是一个在 NT 和 MAC 平台上解决用户所需要的工作效率和可视性的强劲的视觉特效合成软件。它具有极为强大的特效合成和创造能力。一问世就受到业界的高度评价，并且制作出大量精彩的影片，如《透明人》就是通过 Combustion 来进行后期视频图像处理的。Combustion 为用户提供了一个完善的设计方案：包括动画、合成和创造具有想象力的图像，它可以在无损状态下进行工作，在画笔和合成环境中完成复制的效果。在 3D 合成环境中应用艺术的视频节目和优越的动态跟踪、键控和色彩校正。

(6) Commotion

Commotion 是由 Pinnacle 公司出品的一套基于 PC 和 MAC 平台的后期特效合成软件。Commotion 在国内的用户比较少，因此，大多数用户对于 Commotion 的了解并不多。Commotion 拥有极其出色的视频后期合成性能，并且 Commotion 硬件支持能力也极强。Commotion 与 After Effects 具有非常相似的地方，并且 Commotion 硬件支持能力极强。

(7) Shake

Shake 被称为最有前途的特效合成软件，它的功能强大，同时还有许多自己的特色。该软件被苹果公司收购，PC 版到 2.51，MAC 版 LX 版到 3.00，同 Digtal Fusion 一样采用面向流程的操作方式，提供了具有专业水准的校色、抠像、跟踪、通道处理等工具。

(8) 5D Cyborg

5D Cyborg 是一个运行在 IRIX、Linux 和 Windows 2000 上的视频特效软件。目前在国内的影视领域里，已经有人在使用一种高级特效后期制作合成软件 5D Cyborg。它有先进的工作流程、界面操作模式及高速运算能力。能对不同的解析度、位深度及帧速率的影像进行合成编辑，甚至 2k 解析度的影像也能进行实时播放。

2) 常见视频文件格式

(1) AVI——AVI 文件

AVI 是音频视频交错(Audio Video Interleaved)的英文缩写。它是 Microsoft 公司开发的一种符合 RIFF 文件规范的数字音频与视频文件格式，最早用于 Microsoft Video for Windows(简称 VFW)环境，现在已被 Windows 95/98、OS/2 等多数操作系统直接支持。AVI 文件目前主要应用在多媒体光盘上，用来保存电影、电视等各种影像信息，有时也出现在 Internet 上，供用户下载、欣赏新影片的精彩片段。

(2) MPEG/.MPG/.DAT——MPEG 文件

MPEG 文件格式是运动图像压缩算法的国际标准，它采用有损压缩方法减少运动图像中的冗余信息，同时保证每秒 30 帧的图像动态刷新率，已被几乎所有的计算机平台共同支持。MPEG 标准包括 MPEG 视频、MPEG 音频和 MPEG 系统(视频、音频同步)三个部分，前文介绍的 MP3 音频文件就是 MPEG 音频的一个典型应用，而 Video CD(VCD)、Super VCD(SVCD)、DVD(Digital Versatile Disk)则是全面采用 MPEG 技术所产生出来的新型消费类电子产品。MPEG 的平均压缩比为 50∶1，最高可达 200∶1，压缩效率非常高，同时图像和音响的质量也非常好，并且在计算机上有统一的标准格式，兼容性相当好。

(3) RA/.RM/.RMVB——RealVideo 文件

RealVideo 文件是 RealNetworks 公司开发的一种新型流式视频文件格式，它包含在 RealNetworks 公司所制定的音频、视频压缩规范 Real Media 中，主要用来在低速率的广域网上实时传输活动视频影像。可以根据网络数据传输速率的不同而采用不同的压缩比率，从而实现影像数据的实时传送和实时播放。RMVB 影片格式比原先的 RM 多了 VB 两字，在这里 VB 是 VBR(Variable Bit Rate，可变比特率)的缩写。在保证了平均采样率的基础上，设定了一般为平均采样率两倍的最大采样率值，在处理较复杂的动态影像时也能得到比较良好的效果，处理一般静止画面时则灵活地转换至较低的采样率，有效地缩减了文件的大小。

(4) MOV/. QT——QuickTime 文件

QuickTime 是苹果计算机公司开发的一种音频、视频文件格式，用于保存音频和视频信息，具有先进的视频和音频功能，被包括 Apple Mac OS、Microsoft Windows 95/98/NT 在内的所有主流计算机平台支持。QuickTime 文件格式支持 25 位彩色，支持 RLE、JPEG 等先进的集成压缩技术，提供 150 多种视频效果，并配有提供 200 多种 MIDI 兼容音响和设备的声音装置。新版的 QuickTime 进一步扩展了原有功能，包含了基于 Internet 应用的关键特性，能够通过 Internet 提供实时的数字化信息流、工作流与文件回放功能，此外，QuickTime 还采用了一种称为 QuickTime VR（简作 QTVR）技术的虚拟现实（Virtual Reality，VR）技术，用户通过鼠标或键盘的交互式控制，可以观察某一地点周围 360°的影像，或者从空间任何角度观察某一物体。QuickTime 以其领先的多媒体技术和跨平台特性、较小的存储空间要求、技术细节的独立性以及系统的高度开放性，得到业界的广泛认可，目前已成为数字媒体软件技术领域的事实上的工业标准。国际标准化组织（ISO）最近选择 QuickTime 文件格式作为开发 MPEG4 规范的统一数字媒体存储格式。

(5) ASF/. WMV——Microsoft 流媒体文件

微软公司推出的高级流格式（Advanced Streaming Format，ASF），也是一个在 Internet 上实时传播多媒体的技术标准。ASF 的主要优点包括本地或网络回放、可扩充的媒体类型、部件下载以及扩展性等。

WMV 又是一种独立于编码方式的在 Internet 上实时传播多媒体的技术标准，微软公司希望用其取代 QuickTime 之类的技术标准以及 WAV、AVI 之类的文件扩展名。WMV 的主要优点包括：本地或网络回放、可扩充的媒体类型、部件下载、可伸缩的媒体类型、流的优先级化、多语言支持、环境独立性、丰富的流间关系以及扩展性等。

(6) n AVI

n AVI 是 new AVI 的缩写，是一个名为 ShadowRealm 的地下组织发展起来的一种新视频格式。它是由 Microsoft ASF 压缩算法修改而来的（并不是想象中的 AVI），视频格式追求的无非是压缩率和图像质量，所以 n AVI 为了追求这个目标，改善了原始的 ASF 格式的一些不足，让 n AVI 可以拥有更高的帧率（frame rate）。当然，这是以牺牲 ASF 的视频流特性作为代价的。

(7) 3GP——手机视频

3GP 是一种 3G 流媒体的视频编码格式，主要是为了配合 3G 网络的高传输速度而开发的一种媒体格式，具有很高的压缩比，特别用于手机上观看电影，也是目前手机中最为常见的一种视频格式。

(8) MKV、VOB——万能的媒体容器

MKV 是 Matroska 的一种媒体文件，Matroska 是一种新的多媒体封装格式，它可将多种不同编码的视频及 16 条以上不同格式的音频和不同语言的字幕流封装到一个 Matroska Media 文件当中。Matroska 最大的特点就是能容纳多种不同类型编码的视频、音频及字幕流，即使是非常封闭的 RealMedia 及 QuickTime 也被它包括进去了，并将它们的音、视频进行了重新组织来达到更好的效果。

VOB 是一种特点鲜明的媒体容器，它可容纳 MPEG-2 视频流、多个 AC3、DTS、THX、PCM 音频流、多个不同语言的图形字幕流。

4. 动画处理软件

传统的动画片是把一幅幅静态图片按照一定的速度顺序播放，此时人眼感觉不到画面中间的停顿，所以图片中的人物好像动了起来。计算机多媒体技术的出现简化了动画片的制作过程，并且提高了动画片的质量。下面介绍几款常用的动画制作工具。

(1) Flash

Flash是美国的Adobe公司于1999年6月推出的优秀网页动画设计软件。它是一种交互式动画设计工具，用它可以将音乐、声效、动画以及富有新意的界面融合在一起，以制作出高品质的网页动态效果。

(2) GIF Animator

GIF Animator是一款操作简单的动画制作软件，支持拖曳功能，可直接插入BMP和JPG图片，通过移位、透明处理等简单操作制作GIF和AVI格式的动画文件，还可以将GIF动画文件导出为SWF格式的Flash文件。

(3) Cool 3D

Cool 3D继承了友立软件一贯的功能强大和易于操作的特点，为使用者提供了丰富的模板和插件，直接套用就可以做出丰富多彩而且非常专业的三维动画效果来，对于网页、视频和平面设计的爱好者来说Cool 3D更是一个不可多得的"利器"：视频爱好者在制作VCD/DVD作品时，运用Cool 3D可以在片头和片尾加入精彩的三维动态效果；对于网页设计者，Cool 3D可以帮助他们轻松地制作动态按钮、动态文字和其他各种三维部件；对于平面设计爱好者，Cool 3D在为图形和文字标题增加三维效果的方面也是具有非常强大的功能。

在三维动画制作中，除了上述综合软件之外，还有一些相当有特色而且功能偏重于某个方面的专项型软件。

(1) Poser

Poser是专门用来制作人体的软件。在制作人物方面，Poser可以说是游刃有余，它可以产生各种类型的人物：男性、女性、小孩等。用户可以轻易地选择各种类型的人物部件，从头部到脚部都可以从现成的库中选择来组成千变万化的形象，也可以创建动物模型。制作好模型以后还可以选择各种皮肤、衣服等。

Poser也支持动画，但功能不强，但它可以将制作的模型生成3Ds文件，供其他软件调用。

(2) World Builder

World Builder是一套专门的三维造景软件，它可以非常方便地生成各种地形地貌与各种逼真的树木花草，而且生成的环境绝对是真三维的，可以从各个角度观看或者是生成动画，因为World Builder有丰富内建的材料库，包括地面、水、花草树木、天空等。

World Builder还支持很多的三维动画软件，在World Builder里生成的场景可以直接调入到3Ds Max、LightWave等软件里去使用，并且可以将场景的材质也一同输出，我们就可以使用像3Ds Max这样的动画软件来实现后期的着色和动画。

(3) Bryce3D

Bryce3D也是一套专门建立山水和自然风光的3D造景软件，由Metacreations公司出品，但同 World Builder 这类软件相比，还有不小的差距。

在 Bryce 中可以设定地形、山脉、湖泊、云彩等，也可以借由输入图形或是物件的方式产生地形。Bryce 的地面以及山脉岩石等物件是采取随机的方式产生的，因此每次按下图形钮所产生的物件形状都不太一样。至于材质设定方面，除了内附的材质库外，用户可以输入喜欢的材质来编辑，当然里面本来就有一个材质编辑器，可以让用户自己去设定材质。

(4) Rhino3D

基本上每一个 3D 动画软件都有建模的功能，但是 Rhino3D 有一套超强功能的 nurbs 建模工具。Rhino3D 是真正的 nurbs 建模工具，它提供了所有 nurbs 功能，丰富的工具涵盖了 nurbs 建模的各方面，能够非常容易地制作出各种曲面。

因为 Rhino3D 是专门的 nurbs 建模软件，所以不提供动画的功能。在渲染方面 Rhino3D 还不错，提供了材质等较多的控制。Rhino3D 可以输出许多种格式的文件，可以直接输出 nurbs 模型到 3Ds Max、Softimage 3D 等软件中，也可以把 nurbs 转换为多边形组成的物体，供其他软件来调用，并且转换时可以方便地选择生成不同质量的模型，适应不同的需求。

5. 常用音频处理软件

音频处理主要分为压缩和编辑两个方面。音频压缩的目的跟视频压缩的目的一样，都是为了降低数据量以方便传输。在不同的领域，音频压缩的方法不同，使用的软件和算法也不同。音频的编辑是指对乐声进行剪辑、回放和添加特效等处理。不同的音频软件用来处理不同的音频文件。

1) 常用的音频处理软件简介

(1) Microsoft 录音机

Microsoft 录音机是微软公司随操作系统捆绑的音频软件，支持 WAV 波形文件，可以进行简单的录音、混音等操作，小巧易用。

(2) Goldwave

Goldwave 是一个集声音编辑、播放、录制和转换的音频工具，体积小巧，功能却不弱。Goldwave 可打开的音频文件相当多，包括 WAV、OGG、VOC、IFF、AIF、AFC、AU、SND、MP3、MAT、DWD、SMP、VOX、SDS、AVI、MOV、APE 等音频文件格式，你也可以从 CD、VCD、DVD 或其他视频文件中提取声音。内含丰富的音频处理特效，从一般特效如多普勒、回声、混响、降噪到高级的公式计算(利用公式在理论上可以产生任何想要的声音)，效果多多。

(3) Sound Forge

Sound Forge 是 Sonic Foundry 公司开发的音频编辑软件，在音乐和游戏音效制作领域应用广泛。与 Cool Edit 相比，它只能对单个音乐文件进行编辑，不能进行多轨音频处理。

(4) Adobe Audition

Adobe Audition(原 Cool Edit Pro)是 Syntrillum 出品的多音轨编辑工具(声音编辑软件)，支持 128 条音轨、多种音频特效、多种音频格式，可以很方便地对音频文件进行修改、合并。目前最新版本是 Adobe Audition 3.0。它既具有专业软件的全方位功能，又比其他专业软件更容易掌握。

2）常见的音频格式

(1) MIDI(.mid)

MIDI是乐器数字接口的英文缩写，是数字音乐/电子合成乐器国际标准。MIDI文件有几个变通的格式，其中CMF文件是随声卡一起使用的音乐文件，与MIDI文件非常相似，只是文件头略有差别；另一种MIDI文件是Windows使用的RIFF文件的一种子格式，称为RMID，扩展名为.rmi。

(2) WAVE(.wav)

WAVE是由微软公司开发的一种WAV声音文件格式，是如今计算机上最为常见的声音文件。它符合RIFF文件规范，用于保存Windows平台的音频信息资源，被Windows平台机器应用程序所广泛支持，WAVE格式支持MSADPCM、CCIPTALAW、CCIPT-LAW和其他压缩算法，支持多种音频位数、采样频率和声道，但其缺点是文件体积较大，所以不适合长时间记录。

(3) MP1/MP2/MP3

MPEG视频文件根据压缩质量和编码复杂程度的不同可分为MPEG AUDIO LAYER 1/2/3共3层，分别与MP1、MP2和MP3这三种声音文件相对应。MPEG音频编码具有很高的压缩率，MP1和MP2的压缩率分别为4：1和6：1～8：1，而MP3的压缩率则高达10：1～12：1。目前Internet上的音乐格式以MP3最为常见。MP3是一种有损压缩，但是它的最大优势是以极小的声音失真换来了较高的压缩比。

(4) MP4

MP3问世不久，就凭着较高的压缩比12：1和较好的音质创造了一个全新的音乐领域，然而MP3的开放性却最终不可避免地导致了版权之争，在这样的背景之下，文件更小，音质更佳，同时还能有效保护版权的MP4就应运而生了。MP3和MP4之间其实并没有必然的联系。首先，MP3是一种音频压缩的国际技术标准，而MP4却是一个商标的名称；其次，它采用的音频压缩技术与MP3也迥然不同，MP4采用的是美国电话电报公司所研发的，以“知觉编码”为关键技术的a2b音乐压缩技术，可将压缩比成功地提高到15：1，最高可达到20：1而不影响音乐的实际听感，同时MP4在加密和授权方面也做了特别设计。

(5) VQF

VQF即TWINVQ，是由NTT与YAMAHA共同开发的一种音频压缩技术。VQF的音频压缩率比标准的MPEG音频压缩率高出近一倍，可以达到18：1左右，甚至更好。也就是说，把一首四分钟的歌曲压缩成MP3大约需要4MB左右的硬盘空间，而同一首歌曲如果使用VQF音频压缩技术只需要2MB左右的硬盘空间。因此在音频压缩率方面，VQF的压缩比高于MP3和RA的压缩比。

(6) AIF/AIFF

AIFF是音频交换文件格式的英文缩写，由ALE公司开发，被Macintosh平台及其应用程序所支持，Netscape Navigator浏览器中的Live Audio也支持AIFF格式，SGI及其他专业音频软件包也同样支持AIFF格式。AIFF支持ACE2、ACE8、MAC3和MAC6压缩，支持16位44.1kHz立体声。

(7) AU

Audio文件是Sun系统公司推出的一种经过压缩的数字声音格式。AU文件原先是

UNIX 操作系统下的数字声音文件。由于早期 Internet 上的 Web 服务器主要是基于 UNIX 的，所以 AU 格式的文件在如今的 Internet 中也是常用的声音文件格式，Netscape Navigator 浏览器中的 Live Audio 也支持 Audio 格式的声音文件。

(8) VOC

Voice 文件是新加坡著名的多媒体公司 Creative LA 开发的声音文件格式，多用于保存 Creative Sound Blster 系列声卡所采集的声音数据，被 Windows 平台和 DOS 平台所支持，支持 CCITTA LAW 和 CCITT u LAW 等压缩算法。

(9) RA/RM/RAM

RealAudio 文件是 Real Networks 公司开发的一种新型音频流文件格式。它包含在 Real Networks 公司所制定的音频、视频压缩规范——Real Media 中，主要用于在低速率的广域网上实时传输音频信息。如果使用 ISDN 或 ADSL 等更快的线路连接，则可获得 CD 音质的声音。

(10) MOD/S3M/XM/MTM/FAR/KAR/IT

MOD 格式同时具有 MIDI 与数字音频的共同特性——既包括如何演奏乐曲的指令，又保存了数字声音信号的采样数据。因此，其声音回放质量对音频硬件的依赖性较小，也就是说，在不同的机器上可以获得基本相似的声音回放质量。计算机上多种格式的音乐文件其实都是通过我们计算机里的声卡合成输出，最终成为我们耳朵所听到的音乐。

1.3　常用多媒体设备

计算机要处理媒体信息，就需要相应的多媒体输入/输出设备。最基本的多媒体输入/输出设备有声卡（将在第 5 章介绍）、视频卡（将在第 8 章介绍）、图像扫描仪、数码相机、数码摄像机及多媒体投影仪等。在这一节中，我们除了了解多媒体适配卡之外，主要掌握扫描仪、数码相机、数码摄像机和多媒体投影仪等设备。

1.3.1　数码相机

数码相机也叫数字式相机，英文全称 Digital Camera，简称 DC。数码相机是集光学、机械、电子一体化的产品。它集成了影像信息的转换、存储和传输等部件，具有数字化存取模式、与计算机互处理和实时拍摄等特点。

1. 数码相机的工作原理

数码相机不仅在外观上与传统相机相似，在结构上也有类似之处。它和传统相机一样有镜头、快门，只是不再使用感光胶片记录影像，而是使用感光元件。感光元件将接收到的光线转换为电信号，再由模拟/数字转换线路将电信号转换为数字信号，数字信号处理系统对数字信号进行优化处理。当按下快门时，镜头将光线会聚到感光器件 CCD（电荷耦合器件）上，CCD 是半导体器件，它代替了普通相机中胶卷的位置，它的功能是把光信号转变为电信号。这样，我们就得到了对应于拍摄景物的电子图像。

2. 数码相机的光电传感器

与传统相机相比，传统相机使用“胶卷”作为其记录信息的载体，而数码相机的“胶卷”就是其成像感光器件，而且是与相机一体的，是数码相机的心脏。感光器是数码相机的核心，也是最关键的技术。数码相机的发展道路，可以说就是感光器的发展道路。目前数码相机的核心成像部件有两种：一种是广泛使用的CCD(电荷耦合)元件；另一种是CMOS(互补金属氧化物导体)器件。

电荷耦合器件图像传感器CCD，它使用一种高感光度的半导体材料制成，能把光线转变成电荷，通过模/数转换器芯片转换成数字信号，数字信号经过压缩以后由相机内部的闪速存储器或内置硬盘卡保存，因而可以轻而易举地把数据传输给计算机，并借助于计算机的处理手段，根据需要和想象来修改图像。CCD由许多感光单位组成，通常以百万像素为单位。当CCD表面受到光线照射时，每个感光单位会将电荷反映在组件上，所有的感光单位所产生的信号加在一起，就构成了一幅完整的画面。如图1-7所示。

图1-7　CCD

互补性氧化金属半导体(Complementary Metal-Oxide Semiconductor，CMOS)和CCD一样同为在数码相机中可记录光线变化的半导体。CMOS的制造技术和一般计算机芯片没什么差别，主要是利用硅和锗这两种元素所做成的半导体。在CMOS上共存着N(带负电)和P(带正电)的半导体，正负极所产生的电流即可被处理芯片记录和解读成影像。然而，CMOS的缺点就是太容易出现杂点，这主要是因为早期的设计使CMOS在处理快速变化的影像时，由于电流变化过于频繁而会产生过热的现象。

小知识：CCD与CMOS的区别

价格方面：在相同分辨率下，CMOS价格比CCD便宜，CMOS器件产生的图像质量相比CCD来说要低一些。到目前为止，市面上绝大多数的消费级别高的数码相机都使用CCD作为感应器；CMOS感应器则作为低端产品应用于一些摄像头上。

生产规模和发展前景方面：由于CMOS传感器大规模生产，且速度快、成本较低，在佳能(CANON)等公司的不断努力下，新的CMOS器件不断推陈出新，高动态范围CMOS器件已经出现，这一技术消除了对快门、光圈、自动增益控制及伽马校正的需要，使之接近了CCD的成像质量。

成像方面：在相同像素下CCD的成像通透性、明锐度都很好，色彩还原、曝光可以保证基本准确。而CMOS的产品往往通透性一般，对实物的色彩还原能力偏弱，曝光也都不太好，由于自身物理特性的原因，CMOS的成像质量和CCD还是有一定距离的。但由于低廉的价格以及高度的整合性，因此在摄像头领域还是得到了广泛的应用。

3. 数码相机的类型

目前数码相机种类很多，按照图像传感器来分，有电荷耦合器件(CCD)和互补金属氧化物半导体(CMOS)，CCD 的感光比 CMOS 更为灵敏，在昏暗环境下有更好的效果，而 CMOS 的造价低，并且更为省电；按镜头来分，有单反数码相机和便携式数码相机，前者用传统单反取景器，其镜头可卸换，功能也较多，而后者用结构简单的光学取景器，镜头不可卸换，许多功能都自动化了，便于携带。如图 1-8 所示为 Nikon 的一款单反数码相机，如图 1-9 所示为 SONY 便携式家用数码相机 Cyber-shot T7。

图 1-8 单反数码相机

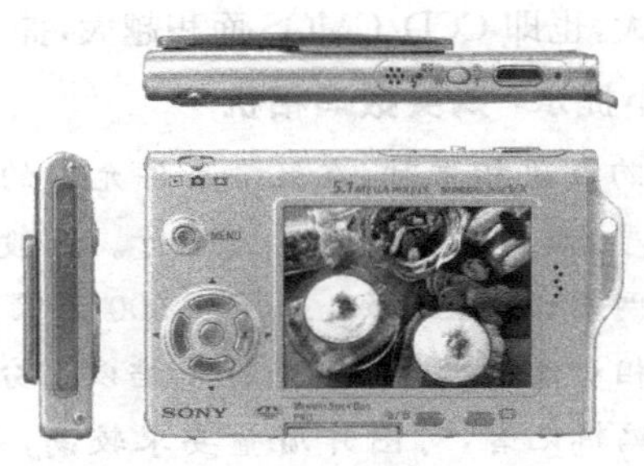

图 1-9 便携式数码相机

小知识：如何查询购买设备资料

在购买硬件器材时，可以先到硬件门户网站查阅相关资料。硬件门户网站一般都提供了器材介绍、评价和报价等信息。如果查询后仍然没有把握，还可以到论坛发帖询问，以避免买到不合适的产品。

以 IT 资讯交流平台 IT168.com 为例，进入 IT168.com 的首页后，可以找到报价、行情和评测等栏目，如图 1-10 所示。

图 1-10 IT168.com 首页栏目

计划购买某项硬件器材时，我们可以按以下步骤查找资料。

Step1：进入“行情”栏目，了解该硬件器材当前的主流规格型号是什么。

Step2：进入“测评”栏目，搜索该硬件的评测文章，横向比较各品牌、型号。

Step3：进入“报价”栏目，了解全国各地具体报价。

如果仍然不放心，还可以到该网站的“有问必答”栏目或论坛去提问，向有经验的网友和专家请教。

4. 数码相机的像素量

数码相机的成像质量，除镜头质量的因素外，很大程度上取决于感光元件的像素水平。像素量越多，像素水平就越高，图像的分辨率也就越高，被摄画面表现得也就越细腻、清晰、层次分明。就同类相机而言，像素量越多，相机的档次和价位也就越高。数码相机的像素通常用总量表示，如 500 万像素、700 万像素等，目前已有 1000 万像素的数码相机。确定所需数码相机的像素量，一般可以根据通常所要得到的照片尺寸，利用下面的公式计算：

$$像素量=(相片长度\times300)^2\times3/4$$

相片长度单位为英寸，300 为照片输出时的分辨率。例如，要想较好地输出大小为 8 英寸的照片，数码相机的像素量最好要 500 万。

说到 CCD 的尺寸，其实是说感光器件的面积大小，这里就包括了 CCD 和 CMOS，感光元件上光敏感单元的尺寸会直接影响感光元件的集光效率、感光灵敏度和动态范围。感光器件的面积越大，也即 CCD/CMOS 面积越大，捕获的光子越多，感光性能越好，信噪比越低。

小提示：购买数码相机

在选购数码相机时，在经济条件允许的情况下，分辨率当然越高越好。但也不是一味地求高分辨率，而应根据用途量力而行。一般来说，如果拍摄目的是用来在计算机屏幕上显示或应用在网页设计上，那么选择如 300 万像素的经济实用型相机就可以了；如果想输出影像，要求照片相对清晰、逼真，应选择中档以上分辨率的相机(如 400 万像素以上的机型)；如专业摄影师或编辑记者，对图片质量要求较高，则应选择高分辨率的相机(如 500 万像素以上的机型)。

5. 镜头

照相机镜头的焦距是镜头的一个非常重要的指标。镜头焦距的长短决定了被摄物在成像介质(胶片或 CCD 等)上成像的大小，也就是相当于物和像的比例尺。当对同一距离的同一个被摄目标拍摄时，镜头焦距长的所成的像大，镜头焦距短的所成的像小。根据用途的不同，照相机镜头的焦距相差非常大，有短到几毫米、十几毫米的，也有长达几米的。较常见的有 8mm、15mm、24mm、28mm、35mm、50mm、85mm、105mm、135mm、200mm、400mm、600mm、1200mm 等，还有长达 2500mm 超长焦望远镜头。

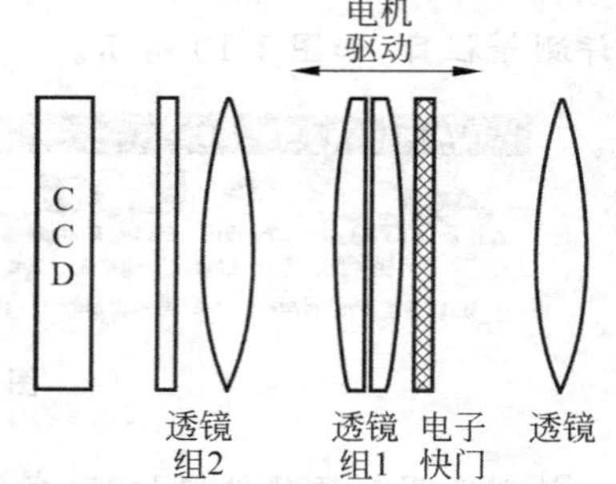

图 1-11　镜头和感光器件的位置关系

如图 1-11 所示，镜头和感光器件的摆设位置，从右至左该镜头组件依次由透镜、电子快门、透镜组 1、透镜组 2 以及 CCD 组成。拍摄的影像就是沿着这条光路投射在 CCD 上成像的。组件中的焦距调节系统和快门系统是由透镜组 1 和电子快门构成的，二者是连接在一起的。在电机的带动下，透镜组 1 和电子快门可以前后移动，进行焦距调节，从而获得最清晰的图像，由电子快门控制曝光。多组透镜是完成光学成像的，而最后的 CCD 可以把光信号转换为电信号。

相机镜头的焦距是指相机拍摄的景物落在感光介质上时，正好可以得到清晰图像的距离，是镜头的重要性能指标。镜头焦距的长度决定着拍摄的成像大小、视角大小、景深大小和画面透视强弱。一般规律是：当距离一定时，焦距长，成像大，视角小，景深小，空间透视弱；焦距短时则反之。根据焦距是否变化，镜头可以分为定焦镜头和变焦镜头两大类。一只变焦镜头可以替代多只定焦镜头，可以在拍摄距离不变的情况下，通过变焦改变成像大小、视角大小。数码相机的变焦范围常用倍数来表示，镜头的最大焦距除以最小焦距就是光学变焦率，如 3×(3 倍)等，倍数越大，镜头焦距可变化的范围也越大。

小知识：光学变焦和数码变焦

数码相机的变焦有光学变焦和数码变焦之分，光学变焦是通过改变光学镜头中变焦片组之间的比例而改变焦距，也是通常意义上的变焦。数码变焦实际上是画面的电子放大，即把原来 CCD 或 CMOS 影像感应器上的一部分像素使用“插值”处理，放大到整个画面。通过数码变焦，拍摄的景物放大了，但它的清晰度会有一定的下降。数码变焦的工作方式类似于在计算机中将图像的某一部分进行放大，所以数码变焦并没有太大的实际意义。

传统相机用胶卷作为记录影像的介质，而数码相机的记录体是一种半导体存储器，称为存储卡，可以重复使用。存储卡的容量越大，能保存的照片越多。常见的存储卡有 CF(Compact Flash)卡、SM(Smart Media)卡、XD 卡、SD 卡和 SONY 的 Memory Stick 等。

小知识：光圈与景深的关系

光圈不只是负责控制光线进入相机时的强弱，它还掌握着另外一个重要的关键景深。所谓的景深，指的就是拍摄主体前后的清晰程度。景深越浅，背景就会越模糊，而主体就会被突显出来。景深越深，则背景与主体都会变得清晰。

光圈越大，景深越浅；光圈越小，景深越深。例如光圈 F4 的景深会比 F8 浅。大光圈能够让背景模糊化，更加将主体突显出来。较小的光圈会使得景深较深，凌乱的背景会对主体造成不必要的干扰。

焦距越长的镜头，所形成的景深也会越浅。此外，就算是相同的光圈值，镜头焦距越长，所形成的景深将会越浅。同样使用 F2.8 的光圈，并且让拍摄主体大小相同时，焦距较长的镜头会让景深显得更浅，背景看起来会更加模糊。

景深的控制往往左右了一张相片的视觉效果，通常我们拍人像会使用大光圈，以浅景深的方式来突显出人物的神韵。而拍摄风景则使用小光圈，用较深的景深来表现出画面整体的清晰感。

1.3.2 数码摄像机

(1) 数码摄像机的工作原理

数码摄像机(Digital Video Recorder，DVR)可以直接生成数字视频信息，并保存到存储设备上，然后导入计算机中进行编辑。其工作原理和数码相机类似，将光信号通过 CCD 转换成电信号，再经过模拟数字转换，以数字格式将信号存储在数字摄像带(目前多为硬盘式摄像机)上。数字摄像机的核心部件就是将视频信号经过数字化处理成“0”和“1”信号并以数字记录的方式，通过磁鼓螺旋扫描记录在磁带上。数字形式提高了录制图像的清晰度，使图像质量达到 500 线以上，而以往的模拟 S-VHS 录像机只有 400 线。相比之下，数字摄像的优越性相当突出：

① 记录画面质量高。家用级数码相机记录画面的水平清晰度高达 500 线以上。

② 多次复制后画面质量稳定，音色逼真。数码摄像机的摄像能够复制若干次，而其只要每次复制是在数码摄录设备之间同用数字接口进行的，就几乎没有画面质量损失和信号

丢失，而模拟摄像机摄影复制四五次后，画面质量会变得很差。

③ 能与计算机方便地进行信息交互，便于处理。这使得数码摄像机成为多媒体的最佳采集源、输入源，而且无须进行转换与压缩，使交换的质量损失降低为零，从而便于人们构建数字化的视频编辑系统。

④ 可拍摄数码照片。数码摄像机也可以像数码相机那样进行数字照相并输入计算机。

小知识

V是Digital Video的缩写，译成中文就是“数字视频”的意思，它是由索尼、松下、JVC、夏普、东芝和佳能等多家著名家电生产厂家联合制定的一个中美视频格式。有时也用DV代表数码摄像机。

DV视频的特点是影像清晰，水平解析度高达500线，可产生无抖动的稳定画面。亮度取样频率为13.5MHz。为了保证最好的画质记录，DV使用了4∶2∶0(PAL)数字分量记录系统。DV录制的音频可以达到48kHz、16bit的高保真立体录音，质量等同于VCD的音频效果，还可以降低标准，以32kHz、12bit录音，其质量高于FM广播。

(2) 数码摄像机的分类

目前数码摄像机的品牌主要有佳能、索尼、松下、JVC和三洋等公司的产品。数码摄像机按照使用领域可以分为家用机和专业机；按照存储介质可以分为磁带式、光盘式和硬盘式。数码摄像机的主要技术参数有：影像感应器的有效像素、存储介质类型、视频压缩格式、镜头性能和输入/输出接口等。

(3) 镜头变焦倍数

与数码相机一样，镜头也是决定数码摄像机成像质量的重要因素。镜头首先要看光学变焦倍数，DV镜头是由一组透镜所组成的，该镜头的焦距是可以改变的，光学变焦是依靠光学镜头结构的改变来实现变焦的，它实实在在地改变了镜头的焦距。DV的光学变焦通常为10倍，最大可以达到22倍，或者更大些。光学变焦大的机型，不仅能够使远近不同距离的景物都能够获得清晰的影像，而且还能够把更远处的景物拉近，进而拍摄出令人满意的效果。数码摄像机也有数字变焦，意义同数码相机的数字变焦。

小知识：光圈和快门的组合

市面上常见的数码摄像机的光圈和快门一般都会自动根据环境光线情况进行调整，自动拍摄获得效果一般也是不错的，但在一些时候，例如拍摄繁星满天的夜景时，DV就有可能出现自身计算不准，或者拍摄者希望有着更为特殊的效果时就需要自己手动调整光圈和快门了，我们先来看一看什么是光圈和快门。

光圈是照相机镜头中控制光线的装置，光圈中心开口的大小代表光圈的数值，通常用f系数来表示。f系数数值愈小，孔径的开口愈大，进光量愈多；反之进光量愈少。快门是照相机中控制曝光时间长短的装置，配合光圈的变化，可以调整快门的速度来实现正确曝光。

光圈和快门是调整和控制曝光量的装置，它们是倍增或是倍减的关系，这种关系可以通过不同的组合来得到相同的曝光量。一般来说，光圈值越小，图像的景深也就越大；而当光圈过小的时候，如果快门速度不因此而降低，图像则非常容易出现曝光不足而发黑发暗的现象，因此，当拍摄者调整光圈后，就必须相应地调整快门的速度，以保持充足而正确的曝光。

当一个景物的正确曝光确定以后，你可以变换不同的曝光组合来达到不同的效果，可以放大一挡光圈，同时提高一挡快门；或者缩小一挡光圈，同时放慢一挡快门来观察所拍摄的景物的实际曝光效果。

简单地说，放大或缩小几挡光圈，就要相应地加快或放慢几挡快门，这样才能维持曝光总量的正确，保证画面质量，通过不断变换光圈和快门的组合我们可以获得许多意想不到的神奇效果，有兴趣的朋友不妨试一试。

(4) CCD

同样，CCD的像素也是衡量数码摄像机成像质量的一个重要标准，像素的大小直接决定所拍摄的影像的清晰度、色彩以及流畅程度。CCD的像素多少以及大小基本决定了数码摄像机的档次。数码摄像机的CCD有单片和3片之分。绝大多数家用DV都只采用1片CCD，也就是单CCD机型。而高档DV则采用3片CCD，它通过特有的三棱镜把光线分解为红、绿、蓝三种颜色的光，如图1-11所示。该3种色光再分别投射到3块独立的CCD上，从而获得更高的清晰度和更精彩的色彩重现效果。因此，3片CCD机型清晰度更高，色彩还原更逼真，但是3片CCD机型相对较贵。

(5) 液晶显示屏

数码摄像机的液晶显示屏有两个作用：一是取景；二是可以作为显示器，能够播放所拍摄的影像和照片。液晶显示屏亮度要够高，像素量要够大，面积也是越大越好，现在比较流行的是2.5英寸和3.5英寸。液晶显示屏能显示更大的图像，很容易看清所要拍摄的影像并回放拍摄的影像。液晶显示屏的缺点是在强烈光线下显示太弱，几乎看不清，并且耗电也很大，使DV连续拍摄的时间大为缩短。

(6) 有效像素数

数码摄像机的像素包括有效像素数和最大像素数。有效像素数是指真正参与感光成像的像素值，而最高像素的数值是感光器件的真实像素，这个数据通常包含感光器件的非成像部分。

小知识：数字摄像头

数字摄像头也是一种可用于记录动态影像的设备，但它只有成像、光电转换、模/数转换等功能，而没有存储和控制功能的影像采集装置，它必须与计算机相连才能工作。

数字摄像机的所有控制都依赖于计算机，但它在网络可视化交流方面有着广泛的应用。

1.3.3 数字多媒体投影仪

投影仪将计算机送出的显示信息投影到大尺寸幕布上，可以用于商务演示、日常教学、会议和广告宣传等场合。作为计算机设备的延伸，投影仪在数字化、小型化和高亮度显示等方面具有鲜明的特点。

投影仪自问世以来发展至今已形成三大系列：阴极射线管投影仪(Cathode Ray Tube，CRT)、数字光处理器投影仪(Digital Lighting Process，DLP)和液晶投影仪(Liquid Crystal

Display,LCD)。目前市场的主流是LCD投影仪,如图1-12所示。

提示:根据环境合理使用投影仪

根据使用环境,投影仪的用途大体分为3个方面:会议室等场合用于演示、家庭中观看电影的家庭影院、电影院等场合中放映数字电影的数码放映机。

图1-12　LCD投影仪

700lm:较小的房间,观众较少,灯光比较暗;

700～1600lm:正常的商业会议室和培训室,中等规模的观众,亮度较小;

1200～2000lm或者更大:大型的会议室或者教室,正常的室内亮光;

2500lm以上:更大空间包括礼堂等,非常明亮的光线。

根据环境不同,对投影仪的亮度均匀度的选择也很重要;图像的清晰度除了与亮度、分辨率有关外,还与对比度有关。对于使用的空间范围,投影仪的扫描频率,即刷新率都有一个范围,如果来自计算机等图像源的输入信号的扫描频率超出此范围,则投影仪将无法正常投放,通常显示"No Singal"。另外,对投影仪的耗材也要考虑,比如灯泡的寿命,按照一般使用频率可以正常使用3年,目前投影仪中常用的灯泡主要有金属卤素灯泡和UHE/UHP灯泡两大类。

在家庭影院方面,由于可以降低房间亮度,因此亮度要求较低。取而代之的是对比度能够更深地表现黑色,能够充分表现出对于表示肌肤非常重要的红色。另外,使用反射型液晶元件的高价投影仪已经开始采用光波分布接近自然光、色彩表现效果较好的佳能投影灯。

1.3.4　其他多媒体设备

1. 绘图板

绘图板又叫数位板,是专门针对计算机绘图而设计的输入设备,主要面向美工、设计师或者绘图工作者。目前主流的绘图板技术是电磁感应板,通过绘图板表面的电路板通电后产生一定范围的磁场和笔尖的磁场相互感应来定位,可以和桌面的分辨率进行绝对对应。绘图板可分为有压感和无压感两类,有压感的绘图板能精确感应笔画的粗细和颜色的浓淡。压感级别越高,绘制效果越好。如图1-13所示为友基公司出品的WP8060,压感级别达1024级,可以创造出自然的笔画效果。

2. 数码录音笔

数码录音笔作为录音设备可以方便地获取数字音频信息,直接送入计算机进行编辑,并且可以根据需要,灵活地设置录音质量。它利用闪存作为存储媒介,存储方便,连续记录的时间也比磁带要长许多,而且小巧、便于携带,因此已经逐渐取代了传统的磁带式录音机。大多数录音笔还附加了FM收音机和MP3音乐播放功能。如图1-14所示为三洋数码录音笔ICR-PS285RM。

图 1-13 绘图板

图 1-14 数码录音笔

3. MP3 播放器和 MP4 播放器

(1) MP3 播放器

MP3 全称是动态影像专家压缩标准音频层面 3(Moving Picture Experts Group Audio Layer Ⅲ)。是当今较流行的一种数字音频编码和有损压缩格式。

目前大多数 MP3 播放器采用闪存做存储介质,通常能达到 1～2GB 的容量大小,且体积小,抗振能力强,耗电小。此外,还有硬盘式的 MP3 播放器,容量大(10～40GB),但价格高。MP3 播放器接口基本是 USB 接口,优点在于传输速率和支持热插拔。还有一类特殊的硬盘式 MP3 播放器使用 1394 接口,传出速率更快,但并不是每台计算机上都会有这种接口。

小知识

① 1394 连接线的接头有 4 针和 6 针两种不同的规格,目前摄像机上多采用 4 针的端口,而采集卡上的端口则因卡而异,所以当视频采集卡不附带 1394 连接线时,配数据线时就要注意端口的接头针数。其实,两种端口的效果是一样的,只是因制造厂商的设计规格不同而有所不同。如图 1-15 所示。

② 在采集过程中,确保已打开摄像机,并且处于播放状态(或 VTR/VCR 模式),我们对影音信号的操作,将主要在编辑软件的界面中完成。

③ 在专业领域,往往采用视频编辑卡来采集和制作视频,通过它不仅仅能采集视频还能配合相应视频编辑软件承担视频编辑和特效制作的工作,如图 1-16 所示。

(2) MP4 播放器

MP4,全称 MPEG-4Part 14,是一种使用 MPEG-4 的多媒体计算机档案格式,副档名为.mp4,以储存数码音讯及数码视讯为主。另外,MP4 又可理解为 MP4 播放器,MP4 播放器是一种集音频、视频、图片浏览、电子书、收音机等于一体的多功能播放器。选购 MP4 可以从以下几个性能参数来考察:存储介质和存储容量、色彩数、显示分辨率、支持播放的格式、液晶屏幕大小和电池等。

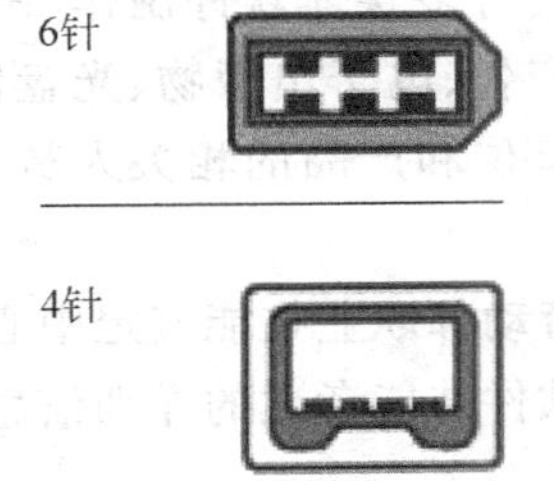

图 1-15 6 针(上)和 4 针(下)连接端口

图 1-16 Matrox RT. X100 非线性编辑卡

MP4 播放器除了听、看电影的基本功能外还支持音乐播放、浏览图片、玩游戏，甚至部分产品还可以上网。

1.4 实训课堂

1. 安装一款 1394 的视频卡，设置相关参数，能从 DV 中采集视频数据。

2. 选择一种照片、图片或纸质品，将其扫描成 BMP 和 JPEG 格式的数字文件。

3. 在相关软件网站下载 Premiere、After Effects、Photoshop、Audtion 3.0、Flash 软件，然后安装到自己的计算机中，保证软件能正常运行。

本章小结

本章介绍了数字多媒体与媒体的相关概念、数字多媒体技术及应用、多媒体计算机系统的组成，并重点介绍了多媒体制作的常用工具及多媒体文件的常见格式。通过本章的学习，要求学生理解多媒体基本概念、应用领域、开发及制作软件等内容，为生活提供方便，为进一步的学习打下扎实的基础。

知识拓展——与数字多媒体技术相关的资格认证

在我国，与多媒体技术相关的资格认证主要有两个，一是全国计算机信息高新技术考试中的多媒体软件制作技能考试；二是计算机软件资格考试中多媒体应用制作技术员和多媒体应用设计师的考试。此外，还有相关的国际认证，其中知名的是 Macromedia 认证和 Adobe 认证。

1. 与数字多媒体制作相关的技能考试

全国计算机信息高新技术考试是由劳动部和社会保障部职业技能鉴定中心统一组织的计算机及信息技术领域新职业国家考试，该考试面向各类院校学生和各层次社会劳动者，以实际操作为主，考试方法是在计算机上使用相应的程序完成具体的作业任务，重在考核计算机软件的操作能力。考试中与数字多媒体制作相关的模块有多媒体软件制作、图形图像处理、视频编辑、网页制作。其技能认证的适用对象是从事广告、电子出版物、光盘制作、计算机多媒体辅助教学的计算机操作人员及使用计算机介绍单位和产品的相关人员，主要划分等级有中级和高级。

参加全国计算机信息高新技术培训并考试合格者由劳动部职业技能鉴定中心统一核发《全国计算机信息高新技术考试合格证书》。关于多媒体软件技能考试的详细信息可以访问全国计算机信息高新技术考试官方网站。

2. 全国计算机技术与软件专业技术资格(水平)考试

计算机技术与软件专业技术资格(水平)考试(以下简称计算机软件考试)是人事部和信息产业部组织的国家考试,并纳入全国专业技术人员职业资格证书制度的统一规划。通过考试获得证书的人员,表明其已具备从事相应专业岗位工作的水平和能力,用人单位可根据工作需要从获得证书的人员中择优聘任相应专业技术职务(技术员、助理工程师、工程师、高级工程师)。以下是计算机软件考试设置的科目和级别,如表 1-1 所示。

表 1-1　计算机软件考试设置的科目和级别

	计算机软件	计算机网络	计算机应用技术	信息系统	信息服务
高级资格	信息系统项目管理师 系统分析师(原系统分析员) 系统架构设计师 网络规划设计师 系统规划与管理师				
中级资格	软件测评师 软件设计师 软件过程能力测评师	网络工程师	多媒体应用设计师 嵌入式系统设计师 计算机辅助设计师 电子商务设计师	系统集成项目管理工程师 信息系统监理师 信息安全工程师 数据库系统工程师 信息系统管理工程师	计算机硬件工程师 信息技术支持工程师
初级资格	程序员	网络管理员	多媒体应用制作技术员 电子商务技术员	信息系统运行管理员	网页制作员 信息处理技术员

计算机软件资格考试中与多媒体技术相关的资格考试有多媒体应用设计师和多媒体应用制作技术员两种。其中,多媒体应用制作技术员是初级资格,考试设基础知识和应用技术两个科目,采取笔试与上机操作考试相结合的形式。多媒体应用设计师是中级资格,通过本考试的合格人员能根据多媒体应用工程项目的要求,参加多媒体投影仪系统的规划和分析设计工作;能按照系统总体设计规格说明书,进行多媒体应用系统的设计、制作、集成、调试与改进,并指导多媒体应用制作技术员实施多媒体应用制作;能从事多媒体电子出版物、多媒体课件、商业简报、平面广告制作及其他多媒体应用领域的媒体集成及系统设计等工作;具有工程师的实际工作能力和业务水平。多媒体应用设计师的考试也设基础知识和应用技术两个科目,均为笔试。

关于计算机软件资格考试的详细情况可以访问网站:http://www.ceiaec.org/zgks_xm js.htm。

3. Macromedia 认证和 Adobe 认证

Macromedia 认证以 Macromedia 系列工具软件的使用为主要内容,主要包括 Macromedia Authorware、Flash、Dreamweaver、Fireworks、Premiere、After Effects。想参加 Macromedia 中国授权认证考试的各界人士可以到各地区的 Macromedia 中国授权认证培训中心参加培训、考核、认证。在通过上述六种认证中的任何一门时,可获得相应课程的

Macromedia 官方资格证书，而当全部通过 Macromedia Authorware、Flash、Dreamweaver、Fireworks 这四门认证时，将获得 Macromedia 互动媒体工程师证书。

Adobe 认证以 Adobe 公司的产品为主页内容，这些产品为专业图形设计人员和专业出版人员提供了平面设计、数码视频和网络出版物等跨媒体的信息收集、创作、集成和传播的工具。Adobe 的主要产品包括：工业标准图像设计与制作的专业工具 Photoshop、工业标准图形软件 Illustrator、网页制作工具 Golive、面向广播级视频处理的专业工具 After Effects、数码视频编辑的强大工具 Premiere、功能强大的排版及出版工具 FrameMaker、专业排版软件 PageMaker、网页图像优化处理工具 ImageReady、网页创意与制作工具 ImageStyler、照片制作与专业文档创作的工具 PhotoDeluxe 和文档电子管理工具 Acrobat。

Adobe 公司在中国推出的资格认证包括以下四种。

(1) Adobe 中国认证专业平面设计师

需要通过以下考核：Photoshop、Illustrator、PageMaker、Acrobat。

(2) Adobe 中国认证网页设计师

需要通过以下考核：PageMill、ImageReady、ImageStyler、PhotoDeluxe。

(3) Adobe 中国认证数码视频设计师

需要通过以下考核：After Effects、Premiere、Photoshop、Illustrator。

(4) Adobe 中国认证商务出版设计师

需要通过以下考核：Photoshop、PageMaker Plus、Acrobat、PhotoDeluxe。

思考与练习

1. 结合生活中多媒体的应用实例(如商场导购系统、网上购物系统、博物馆导游系统等)，理解、概括多媒体的概念及特点。

写出自己所熟知的多媒体技术、实物及应用场所，并查找自己以前没见过的多媒体技术、实物及应用场所。

2. (小组讨论)体会存在于人们生活中的多媒体，思考多媒体如何改变了人们的生活，存在哪些负面影响？

3. 上网搜索三个不同的国际公司和三个国内较大公司网站，列表比较这些网站上使用了哪些多媒体元素，并对这些多媒体元素的应用作一个简单的描述。

4. 请浏览网址 http://www.studa.net/zhiye/100119/16240586.html，谈谈你对动漫产业及人才需求的了解及认识。

第 2 章　数字多媒体作品中的美学基础

学习目标

学习本章内容的目的在于让读者了解和掌握数字多媒体作品中的美学设计方法；熟悉色彩的搭配；会在多媒体作品设计中恰当地运用色彩；能够运用美学理论知识，设计出符合人们视觉审美习惯的作品。

学习内容

① 建立美学的基本观念，了解美学涉及的要领和基本方法；
② 了解色彩的基础知识；
③ 熟悉色彩的构成；
④ 会运用色彩的心理感知到多媒体作品中；
⑤ 掌握平面构图的基本知识和内容。

教学目标	主 要 描 述	学 生 自 测
能力目标	理解美学的作用，会运用自然美感来表达有主题、有思想的多媒体作品；掌握美学的设计构成的应用；熟练应用色彩的搭配技巧	会在动画制作、图像处理以及视频编辑中恰当地运用颜色；会使用点、线、面的构图理论和方法设计出符合审美要求的多媒体作品
知识目标	了解美学的基本概念，掌握美学设计构成的应用，熟练应用色彩的搭配技巧	在多媒体作品设计中能有意识地运用美学，使设计出的作品有令人赏心悦目的美感
教学重点	熟悉色彩基本知识，会使用色彩	懂得在多媒体作品中搭配色彩
教学难点	美学设计构成和应用，色彩的应用	能制作出符合审美观的动画作品、图像作品和视频作品

多媒体作品的一个基本设计原则就是它的艺术性，也就是要求多媒体作品要讲求美观，符合人们审美观念和阅读习惯。这就是多媒体作品制作过程中所要解决的美学问题。美学本身就是一门独立的学科，一直以来都是美术设计的基础课程。多媒体作品要满足人们美学方面的需求，就必须在设计与制作过程中运用美学理论知识。本章主要讲解色彩的相关内容。

2.1　色 彩 基 础

色彩与我们的生活密不可分。它以神奇的力量把大自然装点得多姿多彩，以无限的美好慰藉我们的心灵，带给我们视觉的享受。我们无时无刻不在感受色彩的美妙，无时无刻不置身于大自然五彩缤纷之中。

1. 色彩产生的原理

(1) 光与色

色彩是视觉现象,而光是色彩的主要来源,有光才有色。所谓色彩是光刺激眼睛产生的视觉。对于正常视力的人来说,清晨一睁开眼睛,展现在眼前的是一个色彩缤纷的世界。我们把色彩定义为:色彩是不同波长的光刺激眼睛的视觉反应,是光源中可见光在不同质的物体上的反映。

(2) 光的传播

光源发出的光波是通过直射、反射或折射三种方式进入我们的眼睛,同一光源因传播方式的不同使人感觉到色彩也有差异。我们最常见的是反射光,即千变万化的各种物体色。如图 2-1 所示,分别是光的折射、反射和透射。

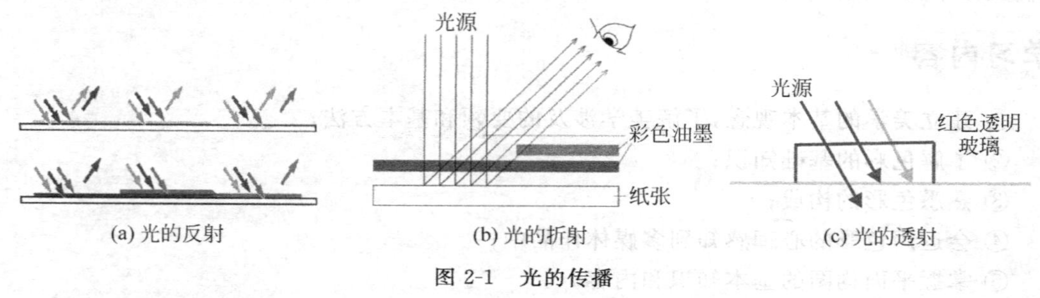

图 2-1 光的传播

(3) 色彩的产生

颜色之所以成为色彩是有条件的,它需要主、客体的结合,除了光和客观存在的物体以外,人的眼睛是一个生理上的前提条件。光、物体、人眼三个条件缺一不可。

(4) 色彩与无色彩

色彩是指红、橙、黄、绿、青、蓝、紫等各种颜色。色彩有三种特性:色相、明度和纯度。在可见光谱中色相以红、橙、黄、绿、青、蓝、紫的顺序排列,不同明度和纯度的红、橙、黄、绿、青、蓝、紫均为彩色系。

无色彩是指白色和自由色与黑色调和而成的各种深浅不同的灰色。按照一定的变化规律,它们可以排成一个系列,由白色渐变到浅灰、中灰、深灰到黑色。无色彩只有一种基本性质——明度,它不具备色相和纯度,也就是说它们的色相和纯度都等于零。色彩的明度可以用黑白色来表示,愈接近白色,明度越高;越接近黑色,明度越低。

(5) 色彩的属性

客观世界的色彩千变万化,但任何色彩都有色相、明度、纯度 3 个方面的性质,又称为色彩的三要素,而且当色彩间发生作用时,除了以上 3 个基本条件外,各种色彩彼此间形成色调,并显现出自己的特性,因此,色相、明度、纯度、色调及色性 5 项构成了色彩的要素。

① 色相。色彩的相貌,是区别色彩种类的名称。

② 明度。眼睛对光源和物体表面的明暗程度的感觉,主要是由光线强弱决定的一种视觉经验。简单说,明度可以简单理解为颜色的亮度。不同的颜色具有不同的明度,例如黄色就比蓝色的明度高。在一个画面中如何安排不同明度的色块也可以帮助表达画作的感情,

如果天空比地面明度低，就会产生压抑的感觉。

③ 纯度。色彩的纯净程度，又称为彩度或饱和度；某一纯净色加上白或黑，可降低其纯度，或趋于柔和，或趋于沉重。

④ 色调。画面中总是由具有某种内在联系的各种色彩组成一个完整统一的整体，形成画面色彩总的趋向，称为色调。

⑤ 色性。指色彩的冷暖倾向。

2. 色彩模式

在多媒体作品设计与制作中了解模式的概念很重要，因为色彩模式决定显示和打印图像的色彩模型（简单来说，色彩模型是用于表现颜色的一种数学算法），即一幅图像用什么样的方式在计算机中显示或打印输出。色彩模式除了确定图像中能显示的颜色数之外，还影响图像的通道数和文件大小。常见的色彩模式有 HSB 模式、RGB 模式、CMYK 模式、Lab 模式。除此之外，Photoshop 还支持（或处理）其他的颜色模式，这些模式包括位图模式、灰度模式、双色调模式、索引颜色模式和多通道模式。这些颜色模式有其特殊的用途，例如灰度模式的图像只有灰度值而没有颜色信息；索引颜色模式尽管可以使用颜色，但相对于 RGB 模式和 CMYK 模式来说，可以使用的颜色真是少之又少。

3. 色彩混合

色彩中有三种颜色不能由其他颜色混合产生，而其他颜色可以由这三种颜色按一定比例混合出来，这三种独立的颜色称为三原色或三基色。色光的三原色是红、绿、蓝（蓝紫色），颜料的三原色是红（品红）、黄（柠檬黄）、蓝（湖蓝）。色光的混合会变亮，称为加法混合；颜料混合会变暗，称为减法混合。

(1) 加法混合

加法混合又称为加光混合或加色混合，它是色光的混合。由于混合后产生的色光，比参与混合的各色光平均亮度更亮而得名，如图 2-2 所示。

(2) 减法混合

减法混合又称为减光混合或减色混合，它是颜料的混合。由于混合后产生的颜色比参加混合的各颜色更灰暗而得名，如图 2-3 所示。

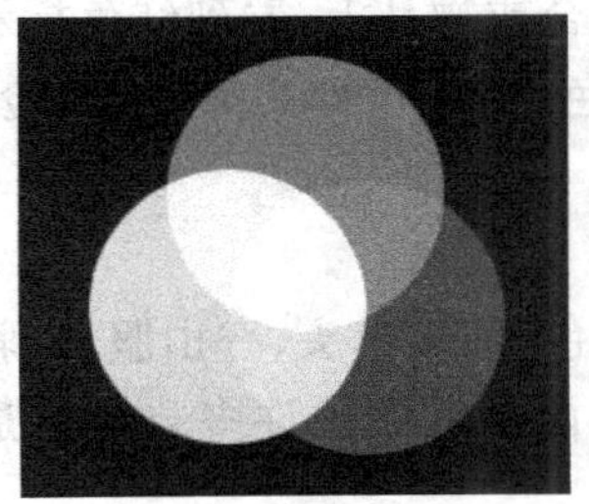

图 2-2 色光混合（加法混合）

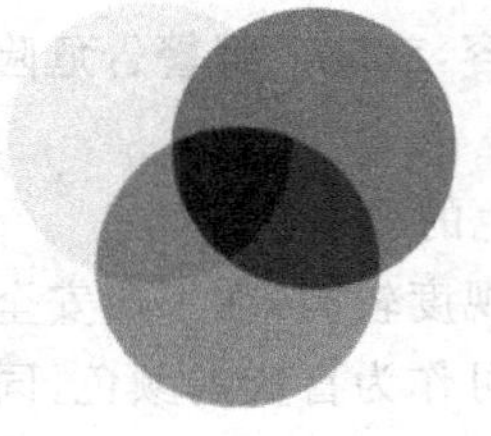

图 2-3 颜料混合（减法混合）

我们对照图 2-2 和图 2-3 可以看出：加法混合的三原色正好是减法混合的三间色，而减法混合的三原色又是加法混合的三间色。

(3) 中性混合

中性混合分为色盘旋转混合、空间视觉混合两种。其混合规律与加法混合相同,都是由色光传入人眼在视网膜神经感应传递过程中形成的色彩混合效果。不同之处在于,中性混合相混的是反射光,混合后色彩的明度既不增强也不减弱,故这种取明度平均值的色彩混合叫中性混合,也称中间混合。

(4) 叠色

叠色过程中,透明物体每重叠一次,可投射的光线必然会减少一次,叠后的新色明度也会变暗,同时纯度也相应下降,属于减色混合的范围。叠色有以下规律:

① 透明物每重叠一次,明度下降一度。

② 重叠时叠色和面色得出的新色会趋于面色,而不是两色的中间值。

③ 如遇到相同色叠置时,得出的新色纯度会提高。

叠色原理在绘画中的应用也同样广泛,例如工笔重彩、西洋古典油画、水彩。

(5) 补色

如果两种色光相加呈现白光、两种颜料相混呈现灰黑色,则这两种色光或两种颜料互为补色。互为补色的颜色在色相环上一般处于通过圆心的直径两端的位置上。常用的补色对为红与绿、黄与紫、橙与蓝。

艺术设计的混色实践案例中常用补色原理来提高或减弱色彩的鲜艳程度。在调配颜色时,如果要保持色彩的鲜艳程度,就必须避免调和带有补充色关系的颜色;如果要减弱色彩的鲜艳程度,则可调和具有补色关系的颜色。

4. 色彩的心理暗示

色彩既是感觉,又是知觉。色彩的心理感知研究是色彩研究中的一个非常重要的部分,也是非常复杂的问题。因为色彩与一个人的生活环境、文化、嗜好、经验都有很重要的联系,也就是说同样一种颜色,在不同的环境、时间、心情下产生的感觉都是不同的,并且在不断地交替往复中,人们对色彩形成再认识。

(1) 红色的色彩意象

由于红色容易引起注意,所以在各种媒体中也被广泛地利用,除了具有较佳的明视效果之外,更被用来传达有活力、积极、热诚、温暖、前进等含义的企业形象与精神。另外,红色也常作为警告、危险、禁止、防火等标示用色,人们在一些场合或物品上,看到红色标示时,常不必仔细看内容,就能了解警告危险之意。在工业安全用色中,红色即是警告、危险、禁止、防火的指定色。

(2) 橙色的色彩意象

橙色明视度较高,在工业安全用色中,橙色即是警戒色,如火车头、登山服装、救生衣等。橙色一般还可作为喜庆的颜色,同时也可作为富贵色,以前皇宫中的许多装饰都是橙色的。橙色还可代表活泼、时尚。

(3) 黄色的色彩意象

黄色是亮度最高的颜色,在高明度下能够保持很强的纯度。黄色的灿烂、辉煌,有着太阳般的光辉,因此象征着照亮黑暗的智慧之光。黄色有着金色的光芒,因此又象征着财富和权力。黄色有时也象征激情、欢乐。黄色在黑色或紫色的衬托下,可以彰显其无限的力量。

(4) 绿色的色彩意象

在商业设计中,绿色所传达的清爽、理想、希望、生长的意象,符合了服务业、卫生保健业的需求。在工厂中为了避免操作时眼睛疲劳,许多工作的机械也是采用绿色。一般的医疗机构场所,也常采用绿色空间色彩规划。

(5) 蓝色的色彩意象

由于蓝色沉稳的特性,具有理智、准确的意象。在商业设计中,强调科技、效率的商品或企业形象,大多选用蓝色作为标准色、企业色,如计算机、汽车、影印机、摄影器材等。另外,蓝色也代表忧郁,这是受西方文化的影响,这个意象也运用在文学作品或感性需求的商业设计中。

(6) 紫色的色彩意象

由于具有强烈的女性化性格,在商业设计用色中,紫色也受到相当的限制,除了和女性有关的商品或企业形象之外,其他类的设计不常采用其为主色。

(7) 褐色的色彩意象

在商业设计上,褐色通常用来表现原始材料的质感,如麻、木材、竹片、软木等;或用来传达某些商品原料的色泽及味感,如咖啡、茶、麦类等;或强调格调古典优雅的企业或商品形象。

(8) 白色的色彩意象

在商业设计中,白色具有高级、科技的意象,通常需要和其他色彩搭配使用,纯白色会带给别人寒冷、严峻的感觉,所以在使用白色时,都会掺一些其他的色彩,如象牙白、米白、乳白、苹果白等。在生活用品、服饰用色上,白色是永远流行的主要颜色,可以和任何颜色搭配。

(9) 黑色的色彩意象

在商业设计中,黑色具有高贵、稳重、科技的意象,许多科技产品的用色,如电视机、跑车、摄影机、音响、仪器的色彩大多采用黑色。在其他方面,黑色有庄严的意象,也常用在一些特殊场合的空间设计,生活用品和服饰设计大多利用黑色来塑造高贵的形象。黑色也是一种永远流行的主要颜色,适合和许多色彩搭配。

(10) 灰色的色彩意象

在商业设计中,灰色具有柔和的意象,而且属于中间性格,男女皆能接受,所以灰色也是永远流行的主要颜色。在许多高科技产品中,尤其是和金属材料有关的,几乎都采用灰色来传达高级、科技的形象。使用灰色时,大多利用不同的层次变化组合或搭配其他色彩,才不会过于素静、沉闷、呆板。

2.2　多媒体作品中的颜色搭配

2.2.1　图像的色调和色系

1. 色调体系

目前,世界上有三个常用的国际标准色彩体系。它们分别是日本色彩研究所的 PCCS,美国的蒙塞尔(MUNSELL)及德国的奥斯瓦尔德(OSTWALD)。举例来讲,PCCS 的色调系列是以其为基础的色彩组织系统，其最大的特点是将色彩的三属性关系，综合成色相与色调两种观念来构成色调系列。从色调的观念出发，其展示每一个色相的明度关系和纯度关系，从每一个色相在色调系列中的位置，明确地分析出色相的明度、纯度的成分含量。

2. 色调系列的组织结构

色调系列是由 24 个色相与 9 个色调组成的，色调系列的 24 色色环如图 2-4 所示。从图 2-4 中的色环可以总结一下 24 色系的组织结构。PCCs 色彩体系的色环结构，是以“三原色学说”为理论基础的。以红(R)、黄(Y)、蓝(B)为三主色，由红色和黄色产生间色——橙(O)；黄色与蓝色产生间色——绿(G)；蓝色与红色产生间色——紫(P)，组成 6 色相。在这 6 个色相中，每两个色相分别再调出 3 个色相，便组成 24 色色相环。

孟塞尔色立体模型像一棵颜色树，如图 2-5 所示，它的中央代表无彩色，即中性色的明度等级。从底部的黑色过渡到顶部的白色共分成 11 个在感觉上等距离的灰度等级，称为孟塞尔明度值。某一特定彩色与中央轴的水平距离代表饱和度，称为孟塞尔彩度，它表示具有相同明度值的颜色离开中性色的程度。

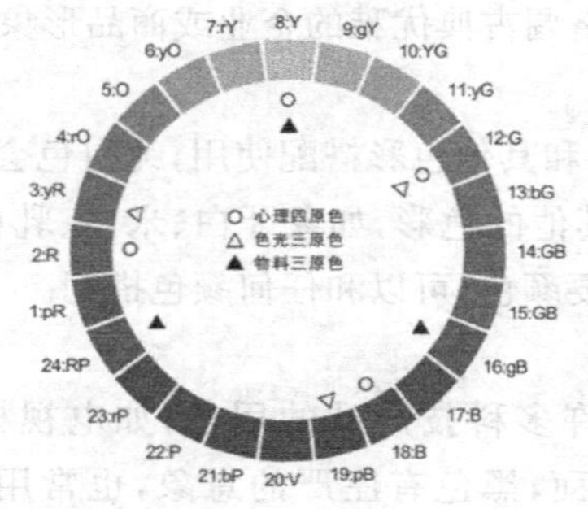

图 2-4　24 色色相环

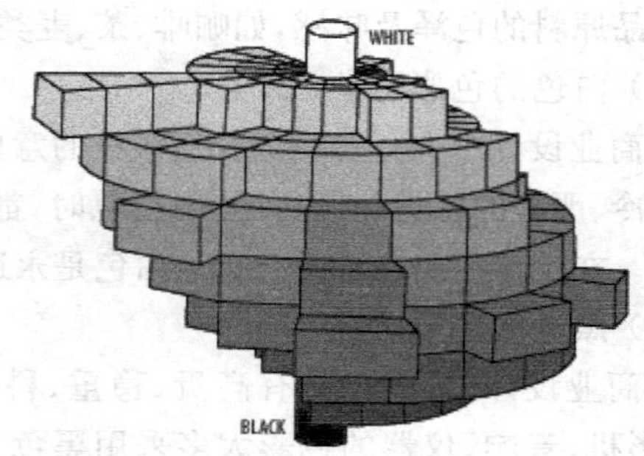

图 2-5　孟塞尔色立体

3. 鲜明的纯色调(v)

纯色调是由高纯色相组成的色调，其中每一个色相的个性都很鲜明、令人振奋、赏心悦目。强烈的色相对比意味着年轻、充满活力与朝气，如图 2-6 所示。

图 2-6　鲜明的纯色调

4. 清新的中明调(b)

中明调的刺激感仅次于高纯色调，中明调加入了白色，提高了明度，从而使画面清新、明朗、朝气蓬勃，具有上进精神，如图2-7所示。

图2-7 清新的中明调

5. 明净的明色调(Lt)

明色调属于青色系列，其特征是加入了大量的白色，提高整体色调的明度，色感相对减弱。明色调犹如春天的新绿，透明、清丽、明净、轻快。以明色调的暖系列为主的配色，有甜美、风雅之味道，像少女般清纯。明色调的冷系列显得清凉、爽快，如图2-8所示。

图2-8 明净的明色调

6. 高雅的明灰调(p)

这是在全色相色系中大量调入浅灰颜色，使色相全部带有灰浊味。由于过多地调入灰白色，色相的明度提高了，形成高明度的灰调子，这是明灰调的特征。明灰调以平静的感觉，蕴含着高雅与恬静，显示出另一种美的境界，如图2-9所示。

7. 朴实的中灰调(Ltg)

中灰调是一组中等明度的含灰色调，色相环中的所有颜色均调入中灰色，使纯度降低，色相感淡薄；中灰调带有几分深沉与暗淡，有着朴实、含蓄、稳重的特色，如图2-10所示。

图2-9 高雅的明灰调

图2-10 朴实的中灰调

8. 浑厚的暗灰调(g)

色相环中的所有颜色均调入暗灰色，使色相感呈现低弱暗的灰调，就像乌云密布、阴郁暗淡，令人压抑，如图 2-11 所示。

9. 中庸的浊色调(d)

浊色调居于色彩体系的明暗中轴线与高纯色之间的位置，具有明显的色彩个性，有益于调和色调，如图 2-12 所示。

图 2-11　浑厚的暗灰调

图 2-12　中庸的浊色调

10. 稳重的中暗调(dp)

中暗调属于暗色系色彩，调入了少量黑色。此色调在保持色相原有的基础上，又笼罩了一层较深的调子，显得稳重、严谨、尊贵，如图 2-13 所示。

11. 深沉的暗色调(dk)

暗色调加入了大量的黑色，形成浓浓的深色调，隐约呈现各色的相貌，这是暗色调的特征，表现出深沉、坚实、冷静的气质，如图 2-14 所示。

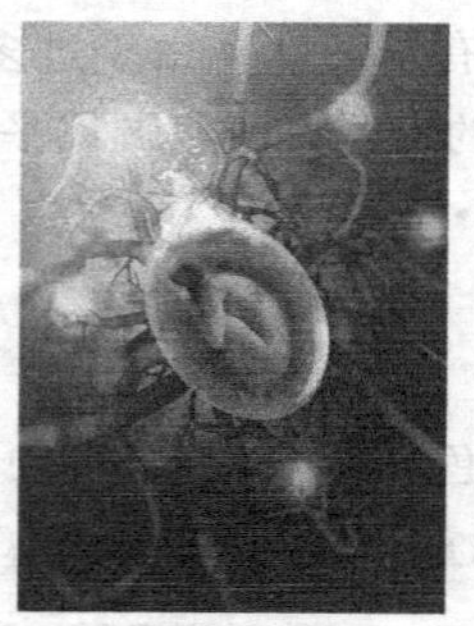

图 2-13　稳重的中暗调

图 2-14　深沉的暗色调

2.2.2　色彩的采集与重构

1. 色彩的采集

色彩是一种艺术语言，能够传情达意。如何使色彩语言更加的丰富多彩，我们需要不断地向大自然、向传统艺术借鉴。在自然界里，万物众生都以丰富的自身色彩装点着世界，从而呈现出色彩斑斓的效果。借鉴大自然的色彩从中得到灵感和启发，从而运用到设计中去，来丰富我们的创作。另外，我国是一个具有悠久历史的多民族国家，拥有丰富的文化艺术遗产和宝贵的民族艺术。如各种绘画中的色彩、工艺品中的色彩、各种民间色彩等，都可以借鉴和运用到我们的设计中，这样既丰富了色彩语言，又使设计别具一格。总之，色彩采集的最终目的是为了在设计中进行借鉴，从而促进色彩的设计和运用，如图2-15和图2-16所示。

图2-15 对动物图形的色彩采集与重构

图2-16 色彩采集重构在服装设计中的应用

(1) 来自自然色彩的启示

古希腊哲学家赫拉克利特曾说过“艺术模仿自然”，“师法自然”本身就是人类一种提高自身审美修养的有效的途径。自然界中存在着千姿百态的色彩组合，如蓝天、绿水、青山、草原、沙漠、夕阳、彩虹、白云、冰雪、春花、秋叶、飞禽走兽、鱼贝昆虫……在这些组合中，大自然给艺术家以无穷无尽的色彩灵感。大量的色彩表现出和谐、统一及有序的感觉，一些斑斓物象本身就映衬着色彩构成理论中的各种对比与调和关系，我们必须多留心，通过观察和分析，去探索和发现它们独特的色彩规则；通过解构和重构，把这种大自然的色彩美尽量彰显出来，并从中吸取养分，积累配色经验。如图2-17所示是四张自然色彩图例。

图2-17 自然色彩的图例

(2) 来自传统艺术的色彩启示

我国的装饰色彩有着悠久的历史和优秀的传统，从中国绘画到中国工艺美术，从淳朴的民间图案到豪华的皇宫装饰，从古典园林建筑到举世闻名的中国石窟壁画艺术，从石器时代的彩陶文化到现代的景德镇的瓷器，从漆器装饰到织锦图案，从杨柳青年画到无锡泥人，从少数民族服装到戏剧服装色彩……中华民族的优秀文化遗产中有许多色彩装饰作品均是我们今天学习的最好范本。图 2-18 所示为中国传统色彩图例。

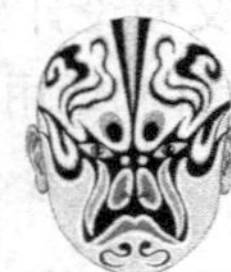

图 2-18　中国传统色彩图例

借鉴传统色彩，以传统色彩作为主题，通过解构传统色彩向传统色彩艺术学习，将本土传统文化和西方色彩构成理念融合起来，观察那些过去曾熟视无睹的色彩搭配，重新认识中国传统色彩的美学特征，从传统色彩风格中获取创作灵感，提升我国现代色彩设计中的精神内涵，从而继承传统为当代设计服务。

我们可以模仿传统艺术中色彩气氛和配色效果，也可以有选择地作局部分解、提炼，分析其套色、比例、位置，借鉴其方法进行配色。除了学习我国的传统艺术，外国的传统艺术也是我们学习的源泉。只要我们认真地去研究它们的配色规律，必将丰富我们的配色方法和手段。

(3) 来自其他优秀设计作品的启示

除了向大自然传统的色彩学习，一些优秀设计作品的配色也是设计师很好的借鉴题材。从这些优秀的设计里，我们可以得到无穷的灵感和启发。例如，超市里琳琅满目的各式商品，商场里的各种类型的商品，计算机上优秀的网站设计等，其中不管是服装配色、包装配色、产品设计、网页设计配色、动画配色等，都是我们很好的学习配色的榜样。如图 2-19 所示为其他优秀设计作品图例。

2. 色彩的重构

在色彩解构过程中，我们提取原作作为本质特征的色彩组合单元，按照一定的内在联系与逻辑重新构建，组合成一个新的色彩画面，称之为色彩重构。色彩重构的分析方法可以选择目测法，即先分析出作品的色彩大关系，然后归纳出主要的色彩和次要的色彩，依次归纳比较，确定各色彩在整个作品中的比例和位置；也可以借助摄影技术法，即把自然景物拍摄成彩色的照片，然后用透明的细方格坐标纸蒙在彩色照片上，归纳提炼主要的颜色，再根据各种颜色所占方格的数目分别算出分量，同时标出各色位置之间的组合关系，绘制成归纳色彩的比例和组合关系的色标；还可以利用现代计算机技术，彩色图片经过计算机分析综合，

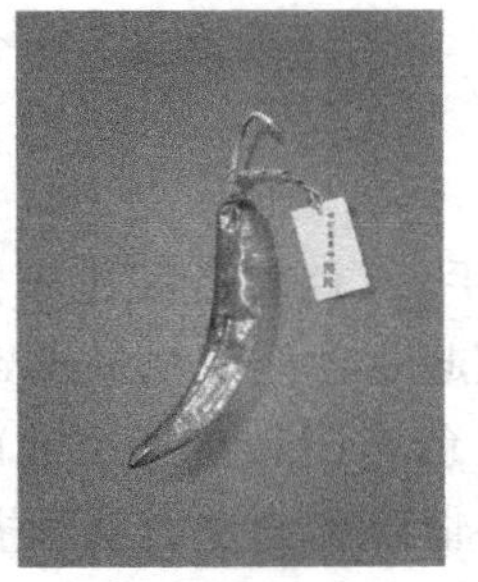

图 2-19　其他优秀设计作品的图例

能迅速把图片上的色彩按设计者的要求归纳为若干个色标，同时非常精确地显示出各个色彩所占据的比例及组合位置。把有关素材加以分解重构，这就是采集、重构形象素材的解构过程，实际上就是形象的分析过程。

解构有如裁剪，布匹只有经过裁剪才能够制成新的服装，素材只有经过解构才能整合成新的形象，物象只有经过解构才能获得多种不同的表现素材，引出截然不同的表现画面，得到意想不到的表现效果。如图 2-20 所示为一些对色彩的采集与重构的实例。

(a) 对民族特色版画进行的重构

(b) 对蝴蝶的色彩采集与重构

(c) 对蝴蝶的色彩采集与重构

(d) 对冬天自然风景的色彩采集与重构

图 2-20　对色彩的采集与重构举例

2.2.3 色彩搭配技巧

对比与调和是创作优秀形式美感的两个主要手段，色彩搭配也不例外。在视觉艺术之中没有对比一切都无从谈起，有了对比才能够建立起一种能使视觉感到舒适的等级秩序，而一味地对比会使视觉感到僵硬，这时便需要调和。色彩调和指两个或两个以上的色彩按照一定的秩序或方法协调地组织在一起，能使观者心情感到愉悦的色彩搭配。这里，我们主要从色彩的同一调和与色彩的类似调两个方面来介绍设计配色方案。

1. 色彩的同一调和

色彩的同一调和是指两个或两个以上的色彩因三要素差别过大而非常刺激，在不过于生硬而产生不调和感时，增加各色的同一因素，使得强烈刺激的各颜色逐渐缓和。增加同一的因素越多，调和感越强。同一调和主要包括同色相调和、同明度调和、同纯度调和、向对比的双方加入无彩色进行调和及色彩的反复作用等几个方面。

2. 色彩的类似调和

所谓类似，就是差别很小，同一成分很多，双方很相似。选择性质与程度很接近的色彩组合，或者增加对比色各方的同一性，使色彩间的差别很小，避免或减弱对比感觉，取得或增强色彩调和的基本方法，称为类似调和法。调和并发绝对统一，必须保留差别。类似则是增强不带尖锐刺激的调和的重要方法。

2.3 色彩的构成与商业设计

艺术设计是有目的地创作生活，是指把一种规划、设想通过视觉方式传达出来的活动过程。它的核心内容包括构思的形成、视觉传达的方式与具体的应用，这就要求色彩构成的理论研究及其实践具有指导作用。

色彩构成是艺术设计的一部分，我们可以看到许多构成设计在于设计的各个领域，如建筑设计、环境设计、工业设计、包装设计、广告设计、广告招贴设计、版面设计、服装设计及纺织品设计、影视设计等，但构成不等于设计，它是色彩理论与实践沟通的桥梁。

2.3.1 平面设计中的构图

1. 立体形态的表现

立体形态的生成本质是通过外力作用和内力的运动变化所构筑的，形态构成就是以形态要素或材料为素材，按照视觉效果力学或精神力学原理进行组合的，进行立体创造的设计构想是立体构成要素——点、线、面、体的移动、旋转、摆动、扩大、扭曲、弯曲、切割、展开、折叠、穿透、膨胀、混合等运动形式的空间构成。

下面来构造一个立方体。它拥有8个点、8条线、6个面，这些点、线、面是构成"三维立体"的基本因素。其中8个点是最基本也是最重要的，因为点构成线，而线构成面，且立方体的每一个顶点都在3条线和3个面的交汇处。它不仅说明1条线、1个面的构成，同时说明了3条线和3个面的关系，所以它是最重要的。

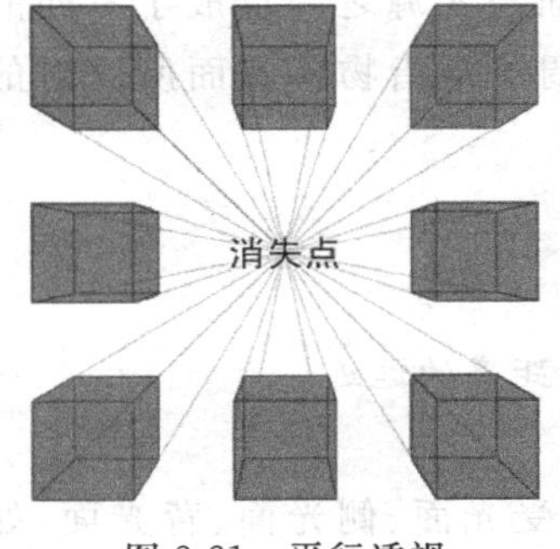

图2-21　平行透视

这里，还要提及的是透视。"透视"一词源于拉丁文"perspective"（看透）。透视的画法中最基本的形体是立方体。透视的基本原则是近大远小，近实远虚；透视分为一点透视（又称为平行透视）、两点透视（又称为成角透视）及三点透视3类。一点透视是指立方体放在一个水平面上，前方的面（正面）的四边分别与画纸四边平行时，上部朝纵深的平行直线与眼睛的高度一致，消失成为一点，而正面则为正方形，如图2-21所示。

两点透视是把立方体画到画面上，立方体的4个面相对于画面倾斜成一定角度时，往纵深平行的直线产生了两个消失点。在这种情况下，与上下两个水平面相垂直的平行线也产生了长度的缩小，但是不带有消失点，如图2-22所示。

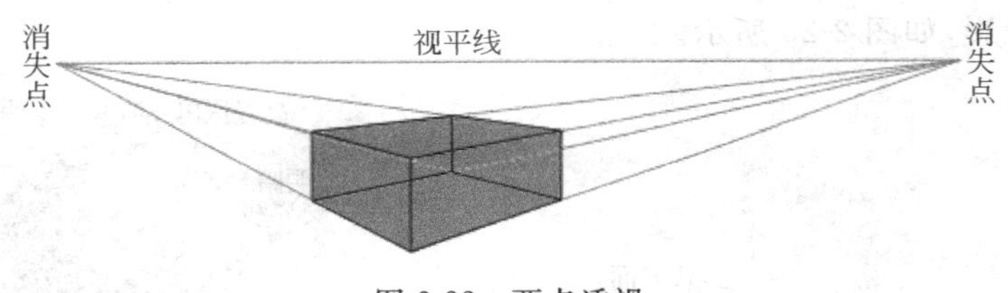

图2-22　两点透视

三点透视是立方体相对于画面，其面及棱线都不平行时，面的边线可以延伸为3个消失点，用俯视或仰视等去看立方体就会形成三点透视，如图2-23所示。

所谓一点透视和多点透视其实说穿了都是相同的，通常在后方找一个消失点，然后使所有的线聚集到它就是一点透视；两点透视就是向左向右各找一个消失点；三点透视就是向左向右向上（或下）各找一个消失点，让物体向左向右向上（下）都有紧缩的效果。

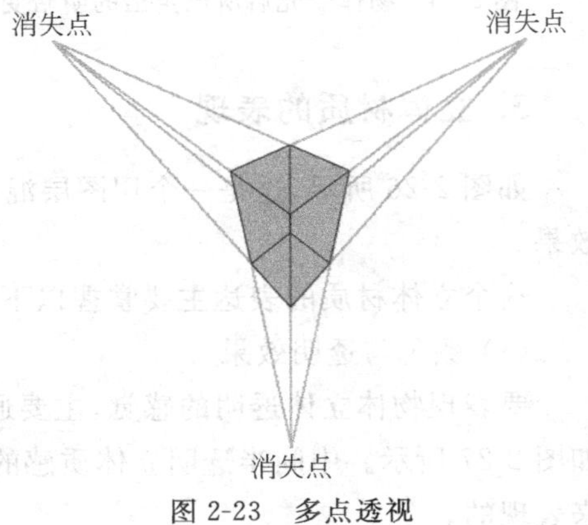

图2-23　多点透视

2. 渐变与光影效果的表现

光的照射使立体物出现明暗变化，这是一种客观世界的物理现象。明暗表现是美术造型的方法之一。这种造型方法，早在文艺复兴时期，经过达·芬奇等艺术大师的总结，就已形成比较完整的体系。运用明暗的表现方法，绘画形象具有立体感、空间感、质量感、色泽感以及光线感，同时还可以赋予绘画形象丰富的层次、逼真的效果、含蓄的韵味，增强其艺术感染力，所以光与明度的关系解释如下：

(1) 物体距离光源越近,亮的更亮,暗的更暗,对比强烈;反之,离光源越远,亮面越弱,暗面也越灰。(亮、灰、暗是通常所说的素描三大面)

(2) 物体离画者越近,明暗对比越强,越远明暗对比越弱,也就是近实远虚。物体根据自身的结构而呈现出不同的体面,在光线的照射下,这些面与光源之间形成了不同的角度,呈现出一定的明暗关系。它表现出深浅不同的调子(调子是指物体表面所反射的受光量)。

提示

物体受光量的大小和调子变化的规律应依据以下两点:

- 物面与光线所成的角度;光源的强弱和物体与光源之间距离的远近。
- 物体离画者的远近;物体颜色的深浅。

物体受光后所产生出的明暗变化可以概括为三大面,即受光面、侧光面、背光面,如图 2-24 所示。

五大调子包括明部、半明部、明暗交界线、暗部、反光,其中明部、半明部属于亮面。常称明部为"亮调子",半明部为"中间调子"或"灰调子"。明暗交界线、暗部、反光于暗面,常称为"暗调子"。有一种明暗调子的划分是将投影划分在五大调子之中的,即明部、半明部、明暗交界线、反光、投影,如图 2-25 所示。

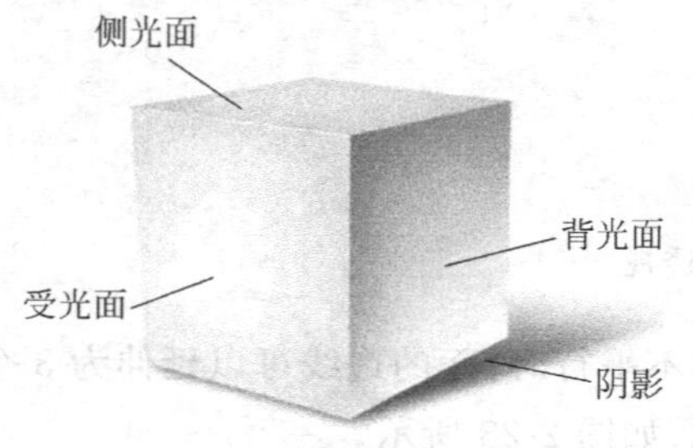

图 2-24 物体受光后所产生出的明暗变化

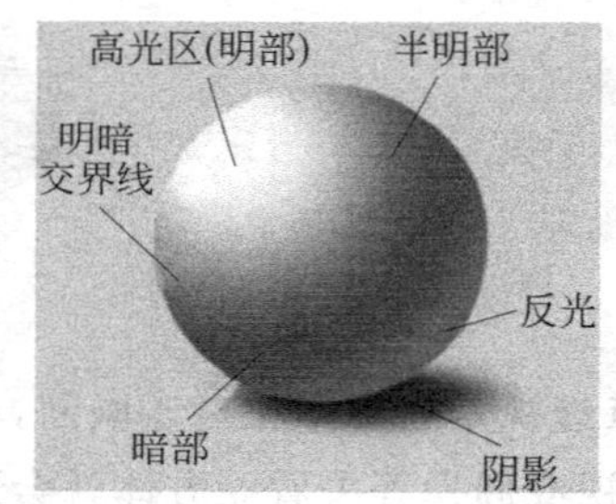

图 2-25 立体形状效果(五大调子)

3. 立体材质的表现

如图 2-26 所示,这是一个用图层混合选项中的渐变叠加制作出的一个金属质感的按钮效果。

这个立体材质的表达主要掌握以下三个方面。

(1) 颜色与透明效果

要表现物体立体透明的感觉,主要通过光感及物体色调、颜色层次的明暗变化来表现,如图 2-27 所示。中间半透明立体质感的玻璃板,是通过图层透明度的调整和勾画高光区域来表现的。

(2) 水晶效果的表现

任何光滑的东西都会产生镜面反射,水晶按钮当然不会例外。要让按钮浮出画布,阴影是少不了的;有了正确的阴影,人们感觉才会更逼真;这个水晶按钮是紫色的,但不是平板、呆板的纯紫色,而是一个从紫红到粉红的渐变色。

图 2-26　立体材质效果

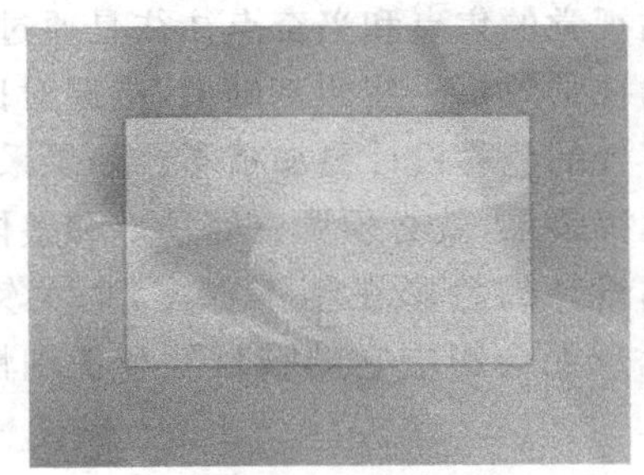

图 2-27　颜色与透明效果

(3) 气泡以及露珠的表现

气泡以及露珠的表现手法也同样是立体透明效果，需要使用到选区工具和羽化工具，不同的是在制作露珠的过程中应当注意光线的方向，注意阴影的位置，仔细勾画露珠的高光部分，最后需要制作出一个闪光效果。

2.3.2　色彩与商业设计关系

社会的发展必然带来商业的繁荣，因此诞生了商业设计。商业设计作为现代经济与文化的一个交汇点，呈现出非常活跃、多彩的风貌。它广泛地渗入公众生活之中，不仅促进了企业经济的发展，又推动了大众消费水平的提高，已经成为现代设计中最具有影响力的一个重要环节。

自从商业设计诞生的那一天起，就与色彩有着紧密的联系。色彩有着先声夺人的作用，它能够吸引人们的注意力，最能起到传达、记忆信息的作用。有人曾经评估过超级市场货架上陈列的商品包装，应在四秒内吸引购物者的注意。要想在这么短的时间内引起观者的注意，有效的色彩搭配是极为重要的。调查显示，虽然作品的尺寸、形状及陈列位置是相当重要的因素，但是色彩作品比黑白作品更能引起并抓住观者的兴趣。由此，商业设计与色彩的密切程度可见一斑。

2.3.3　色彩构成在商业设计中的运用

将色彩按照一定的关系原则去组合，创造出适合目的的、美好的色彩关系，这种创造与思维的过程称为色彩构成。色彩构成在商业设计中广泛运用着，主要体现在视觉传达设计、产品设计、室内设计、环境艺术设计和服装设计等方面。

1. 视觉传达设计中的色彩

视觉传达设计(Visual Communication Design)大体包括招贴设计、标志设计、包装设计、书籍装帧设计、CI 设计等，如图 2-28 所示。

(1) 招贴设计

招贴设计是视觉传达设计的主要形式之一。其最主要的特点是吸引观者注意，并力求使之产生兴趣，留下深刻的印象。

招贴视觉的焦点和兴奋点往往是通过色彩的对比来体现,它们鲜明、生动、刺激,具有令人亢奋的视觉效果。在此基础上,把握对比与统一的原则,在冲突中寻求过渡与和谐,将会使招贴广告的色彩设计更加精彩。如果采用调和色调的话,会令人感到赏心悦目,但要获得醒目的远视效果,就必须调整好局部和整体的关系。

招贴设计的色彩在精不在多,而关键在于色彩运用得恰到好处。如果色彩运用过多、过杂,反而会影响它的瞩目性和识别性,削弱它的宣传力量。如图 2-29 所示是爵士招贴设计。

图 2-28　视觉传达设计中的色彩搭配

图 2-29　爵士招贴设计

(2) 标志设计

标志(Logo),是一种图形符号,具有传达信息和视觉识别的功能,并力求产生视觉美感,包含一定的象征意义。

标志色彩设计常以色彩饱和、记忆度高、易于推广制作的单色为主,简洁明快、富有个性,但也容易雷同。标志颜色的选择需要设计师对色彩理论有深入的理解,能够清楚地预见到这个品牌需要如何被受众接受和识别。如图 2-30 所示是现代标志设计中常用颜色举例。

图 2-30　现代标志设计中的色彩

(3) 包装设计

商品包装设计在现代市场营销中的重要性越来越令人瞩目。因为包装与消费者直接见面,比起其他广告来,它更易于吸引消费者的注意力。色彩在视觉表现中是最敏感的因素,在构成产品包装的所有因素中,色彩能最早、最愉快地触动人的反应,直接刺激消费者的购买欲望。色彩的整体效果需要醒目而具有个性,能抓住消费者的视线,能通过色彩的象征产生不同的感受,从而达到销售的目的。

现代包装设计是造型美、结构美、材质美、工艺美、图形美、色彩美、字体美和印刷美的综合体现。它的色彩更富目标性，力求以鲜明的搭配构成最大的商品力和促销力，如图 2-31 所示。包装色彩运用并没有什么固定不变的标准，但包装色彩应当是被包装商品的内容、特征、性能、用途的形象化反映。

图 2-31　包装设计中的色彩

(4) 书籍装帧设计

书籍装帧设计是指书籍的整体设计。它包括的内容很多，其中封面、扉页和插图设计是其中的三大主体设计要素。

封面设计是书籍装帧设计艺术的门面，它是通过艺术形象设计的形式来反映书籍的内容。设计者根据书的不同性质、用途和读者对象，把图形、色彩和文字等三个要素有机的结合起来，从而表现出书籍的丰富内涵，并以传递信息为目的用一种体现美感的形式呈现给读者。

扉页是现代书籍装帧设计不断发展的需要。一本内容很好的书如果缺少扉页，就犹如白玉之瑕，减弱了其收藏价值。

插图设计是活跃书籍内容的一个重要因素。有了它，更能发挥读者的想象力和对内容的理解力，并使读者获得一种艺术的享受。

(5) CI 设计

“CI”是 Corporate Identity 的简称。它是指企业的形象战略和识别系统战略，包括企业的总体印象、产品印象、品牌形象等，如图 2-32 所示。CI 设计中标准色彩的采用是企业形象的有效构成部分。企业、机构、品牌用色应保持连贯性，才能体现其在受众心目中特定的印象，且有别于其他企业。

2. 产品设计中的色彩

色彩设计在产品的开发流程中是必不可少的一环。色彩不仅可以解决产品造型问题，还可以帮助产品改变造型的风格。美国视觉艺术心理学家布鲁墨认为：“色彩能够唤起各种情绪，表达感情，甚至影响我们正常的生理感受。”合理而巧妙地为产品配色，往往能够唤醒消费者的购买欲望，让产品在市场竞争中脱颖而出，如图 2-33 所示。

3. 室内设计中的色彩

室内的色彩表现是决定室内设计成功与否的关键所在。室内空间的色彩构成是一个多空间、多物体的变化与组合，受使用功能、室内光线、装饰材料颜色、物体自身色彩、人为因素

图 2-32　CI 设计中的色彩搭配

图 2-33　产品设计中的色彩

图 2-34　室内设计中的色彩搭配

等诸多因素的支配和影响,可出现多重色彩性格的空间。主色调的形成往往利用室内较大的色彩组合完成,如天花板、地面、墙面的面积优势是营造主色调的主要手段,如图 2-34 所示。

4. 环境艺术设计中的色彩

色彩在环境艺术中的作用同样不容忽视。色彩与光线同源,并与形状有机搭配,影响环境艺术设计所反映的心理感受和审美功能。不同的环境艺术具有不同的色彩构成,民族与民族间的、国家与国家间的差异很大,体现在环境艺术上便成为风格样式的另一基本要素,如图 2-35 所示。

5. 服装设计中的色彩

服装设计中的色彩缤纷多彩,无论是古代还是现代,都体现着不同的趣味。在我国清朝时期,黄色是帝王的色彩;在古代罗马也被作为高贵的色彩。紫色是高贵庄重的色彩,它在我国古代作为表示等级最高的服装色彩;在西方希腊时期,紫色也作为国王的服装色使用。设计师对服装色彩的把握已经成为设计是否成功的关键因素之一。服装设计中的色彩,除了要把握好配色关系,还必须充分注重色彩与面料材质、纹样及色彩与人体体态和肤色等综合形式所产生的视觉美感效果,这是服饰色彩设计产生美的客观物质基础,如图 2-36 所示。

图 2-35　民族风情

图 2-36　现代服装设计中色彩的搭配

2.4　影视编辑的美学基础

要制作一个完美的影视节目，提高影片的制作水平，需要制作者遵循一些艺术规律，并不断提高自身的艺术修养。本节主要对景别的划分、运动摄像的划分以及声音的处理方法进行介绍。

2.4.1　景别

景别是影片构成的基本要素，简单来说，景别就是被摄主体所占画面大小的不同。通过不同的景别，向观众描述不同的影片内容，或营造特殊的环境氛围、突出细节等，从而传递某种画面以外的心理信息。

1. 景别的划分

景别的划分没有严格的界限，但在具体制作一个节目时，它应该有统一的标准。一般情况下，景别可以划分为以下几种。

(1) 远景

远景是视距最远的景别。它视野广阔，景深悠远，主要表现远距离的人物和周围广阔的自然环境和气氛，内容的中心往往不明显。远景以环境为主，可以没有人物，有人物也仅占很小的部分。它的作用是展示巨大的空间，介绍环境，展现事物的规模和气势，拍摄者也可以用它来抒发自己的情感。使用远景的持续时间应在 10 秒钟以上。

(2) 全景

全景包括被摄对象的全貌和它(他)周围的环境。与远景相比，全景有明显的作为内容中心、结构中心的主体。在全景画面中，无论人还是物体，其外部轮廓线条以及相互间的关系，都能得到充分的展现，环境与人的关系更为密切。

全景的作用是确定事物、人物的空间关系，展示环境特征，表现节目的某一段的发生地点，为后续情节定向。同时全景有利于表现人和物的动势。使用全景时，持续时间应在 8 秒钟以上。

(3) 中景

中景包括对象的主要部分和事物的主要情节。在中景画面中,主要的人和物的形象及形状特征占主要成分。使用中景画面,可以清楚地看到人与人之间的关系和感情交流,也能看清人与物、物与物的相对位置关系。因此,中景是拍摄中常用的景别。

用中景拍摄人物时,多以人物的动作、手势等富有表现力的局部为主,环境则降到次要地位,这样更有利于展现事物的特殊性。使用中景时,持续时间应在5秒钟以上。

(4) 近景

近景包括被摄对象更为主要的部分(如人物上半身的部分),用以细致地表现人物的精神和物体的主要特征。使用近景,可以清楚地表现人物心理活动的面部表情和细微动作,容易产生交流。近景也是拍摄时常用的景别,使用近景时,持续时间应在3秒钟以上。

(5) 特写

特写是表现拍摄主体对象某一局部(如人肩部以上及头部)的画面,它可以作更细致的展示,揭示特定的含义。特写反映的内容比较单一,起到放大形象、深化内容、强化本质的作用。在具体运用时,主要用于表达、刻画人物的心理活动和情绪特点,起到震撼人心、引起注意的作用。

特写常常被用作转场时的过渡画面,使用特写镜头能给人以强烈的印象。特写表现的空间感不强,因此在使用时要有明确的针对性和目的性,不可滥用。使用特写时,持续时间应在1秒钟以上。

2. 色彩的处理

在拍摄过程中每一个镜头都可能具有丰富的色彩,但应该有一种色彩占据画面的主导地位,成为画面色彩的基调,这种色彩就叫画面的色调。

根据节目内容的需要保持节目色彩的和谐、统一,是色彩处理的基本要求。虽然色彩本身没有情感,但它对人的心理感受会产生一定的影响。在用色处理上要注意:用色要简洁,不要使用太多的色彩;不同色彩所占的面积应避免平均或相等。

2.4.2 蒙太奇

蒙太奇是电影构成形式和构成方法的总称。它是法语montage的译音,原是法语建筑学上的一个术语,意为构成和装配。后被借用过来,引申到电影上就是剪辑和组合,表示镜头的组接。

蒙太奇的含义有狭义、广义之分。狭义的蒙太奇专指对镜头画面、声音、色彩诸元素编排组合的手段,即在后期制作中,将摄录的素材根据文学剧本和导演的总体构思精心排列,构成一部完整的影视作品,其中最基本的意义是画面的组合。由此可见,蒙太奇不是与镜头画面同一的元素,蒙太奇是将这些元素进行组装的规则,是一种影视语言符号系统中的修辞手法。

而广义的蒙太奇不仅指镜头画面的组接,也指从影视剧作开始直到作品完成的整个过程中艺术家的一种独特的艺术思维方式。

1. 蒙太奇的分类

蒙太奇具有叙事和表意两大功能，从影片叙事的各种蒙太奇功能划分看，可以分为以下几类。

(1) 连续蒙太奇

这是在影片中运用的最基本、最普通的一种表现手法。如同讲故事一样，沿着一条单一的情节线索，按照时间顺序有节奏地连续叙述，给人有自上而下连续的感觉，显得自然流畅。如在电视连续剧中，把上集的片尾内容放在下集的开头重映一下，起到内容的连续作用，就是连续蒙太奇的一种表现方法。

(2) 对比蒙太奇

通过镜头之间所表现内容形式上的强烈对比，产生相互对立、相互冲突的作用，给人以"正反"对比的立体感觉。例如动画影片《黑猫警长》中，黑猫警长带着一队警士巡逻在粮仓附近，突然仓内出现老鼠偷东西的情景，机智勇敢的黑猫警长把一群老鼠一个个逮住，这时画面上出现了警察高大形象与老鼠渺小形象的对比。

(3) 平行蒙太奇

平行蒙太奇常以不同时空，或者同时异地发生的两条或两条以上的情节线并列表现，分头叙述并将两者统一在一个完整的结构之中。这种手法是几条线索并列表现，相互烘托，形成对比，易于产生强烈的艺术感染效果。如影片《南征北战》中，导演用平行蒙太奇表现敌我双方抢占摩天岭的场面，造成了紧张、扣人心弦的节奏感。

(4) 交叉蒙太奇

交叉蒙太奇也可以称为交替蒙太奇，它将同一时间不同地域发生的两条或数条情节线迅速而频繁地交替剪接在一起，其中一条线索的发展往往影响另外的线索，各条线索相互依存，最后汇合在一起。这种剪辑技巧极易引起悬念，造成紧张激烈的气氛，加强矛盾冲突的尖锐性，是掌握观众情绪的有力手法，惊险片、恐怖片和战争片常用此法造成追逐和惊险的场面。如影片《南征北战》中抢渡大沙河一段，将我军和敌军急行军奔赴大沙河以及游击队炸水坝三条线索交替剪接在一起，表现了那场惊心动魄的战斗。

(5) 重复蒙太奇

重复蒙太奇相当于文学中的复述方式或重复手法，在这种蒙太奇结构中，具有一定寓意的镜头在关键时刻反复出现，以达到刻画人物、深化主题的目的。如影片《战舰波将金号》中的夹鼻眼镜和那面象征革命的红旗，都曾在影片中重复出现，使影片结构更为完整合理。

(6) 抒情蒙太奇

这种手法是一种在保证叙事和描写的连贯性的同时，表达超越剧情之上的思想和情感，是最常见最易被观众感受到的抒情蒙太奇，往往在一段叙事场面之后，恰当地切入象征情绪情感的空镜头。如苏联影片《乡村女教师》中，瓦尔瓦拉和马尔蒂诺夫相爱了，马尔蒂诺夫试探地问她是否永远等待他，她一往情深地回答："永远!"紧接着画面中切入两个盛开花枝的镜头，它与剧情本无直接关系，但却恰当地抒发了人物的情感。

2. 镜头组接的规律

无论什么影视节目都是由一系列的镜头按照一定的排列次序组接起来的。这些镜头所以能够延续下来，使观众能从影片中看出它们融合为一个完整的统一体，是因为镜头的发展和变化要服从一定的规律。镜头组接的规律一般有以下几点。

(1) 镜头的组接必须符合观众的思想方式和影视表现规律

镜头的组接要符合生活的逻辑、思维的逻辑。影视节目要表达的主题与中心思想一定要明确，在这个基础上才能根据观众的心理要求，确定思维逻辑选用哪些镜头，怎么样将它们组合在一起。

(2) 景别的变化要采用"循序渐进"的方法

一般来说，拍摄一个场面的时候，"景"的发展不宜过分剧烈，否则就不容易被连接起来。相反，"景"的变化不大，同时拍摄角度变换也不大，拍出的镜头也不容易组接。因此在拍摄的时候，"景"的发展变化需要采取循序渐进的方法。循序渐进地变换不同视觉距离的镜头，可以造成顺畅的连接，形成了各种蒙太奇句型。其中，主要的几种蒙太奇句型如表 2-1 所示。

表 2-1　主要的蒙太奇句型

名　称	含　义
前进式句型	这种叙述句型是指景物由远景、全景向近景、特写过渡，用来表现由低沉到高昂向上的情绪和剧情的发展
后退式句型	这种叙述句型是由近到远，表示由高昂到低沉、压抑的情绪，在影片中表现由局部扩展到全部
环形句型	这种叙述句型是把前进式和后退式的句子结合在一起使用。由全景、中景、近景、特写，再由特写、近景、中景、远景，或者我们也可反过来运用。表现情绪由低沉到高昂，再由高昂转向低沉。这类的句型一般在影视故事片中较为常用

另外，在镜头组接的时候，如果遇到同一机位、同一景别又是同一主体的画面是不能组接的。因为这样拍摄出来的镜头景物变化小，一幅幅画面看起来雷同，接在一起好像同一镜头不停地重复。在另一方面，这种机位、景物变化不大的两个镜头接在一起，只要画面中的景物稍有变化，就会在人的视觉中产生跳动或者好像一个长镜头断了好多次，有"拉洋片"、"走马灯"的感觉，破坏了画面的连续性。遇到这样的情况，可以采用过渡镜头的方法来解决。例如从不同角度拍摄再组接，穿插字幕过渡，让表演者的位置、动作变化后再组接。这样组接后的画面就不会产生跳动、断续和错位的感觉。

(3) 镜头组接中的拍摄方向，轴线规律

主体物在进出画面时，需要注意拍摄的总方向，从轴线一侧拍，否则两个画面接在一起时，主体物就会发生"撞车"。所谓的"轴线规律"是指拍摄的画面是否有"跳轴"现象。在拍摄的时候，如果摄像机的位置始终在主体运动轴线的同一侧，那么构成画面的运动方向、放置方向都是一致的，否则应是"跳轴"了，跳轴画面除了特殊的需要外是无法组接的。

(4) 镜头组接要遵循"动从动"、"静接静"的规律

如果画面中同一主体或不同主体的动作是连贯的，可以动作接动作，达到顺畅、简洁过渡的目的，我们简称为"动接动"。如果两个画面中的主体运动是不连贯的，或者它们中间有停顿时，那么这两个镜头的组接，必须在前一个画面主体做完一个完整动作停下来后，接上一个从静止到开始的运动镜头，这就是"静接静"。

"静接静"组接时，前一个镜头结尾停止的片刻叫"落幅"，后一镜头运动前静止的片刻叫做"起幅"，起幅与落幅时间间隔大约为一两秒钟。运动镜头和固定镜头组接，同样需要遵循

这个规律。如果一个固定镜头要接一个摇镜头，则摇镜头开始要有“起幅”；相反一个摇镜头接一个固定镜头，那么摇镜头要有“落幅”，否则画面就会给人一种跳动的视觉感。

(5) 镜头组接的时间长度

在拍摄影视节目的时候，每个镜头的停滞时间长短，首先是根据要表达的内容难易程度、观众的接受能力来决定的；其次还要考虑到画面构图等因素，如果画面选择景物不同，包含在画面中的内容也不同。远景、中景等镜头大的画面包含的内容较多，观众需要看清楚这些画面上的内容，所需要的时间就相对长些，而对于近景、特写等镜头小的画面，所包含的内容较少，观众只需要短时间即可看清，所以画面停留时间可短些。另外，一幅或者一组画面中的其他因素，也对画面长短起到制约作用。如同一个画面亮度大的部分比亮度小的部分更能引起人们的注意。因此，如果该幅画面要表现亮的部分时，长度应该短些；如果要表现暗的部分的时候，则应该长一些。同时，在同一幅画面中，动的部分比静的部分先引起人们的注意。因此，如果重点要表现动的部分时，画面要短些；表现静的部分时，则画面持续长度应该稍微长一些。

(6) 镜头组接的影调色彩的统一

影调是对于黑的画面而言的。黑的画面上的景物，不论原来是什么颜色，都是由许多深浅不同的黑白层次组成软硬不同的影调来表现的。对于彩色画面来说，除了一个影调问题，还有一个色彩问题。无论是黑白画面还是彩色画面组接都应该保持影调色彩的一致性。如果把明暗或者色彩对比强烈的两个镜头组接在一起（除了特殊的需要外），就会使人感到生硬和不连贯，影响内容的通畅表达。

3. 镜头的组接方法

镜头画面的组接除了采用光学原理的手段以外，还可以通过衔接规律，在镜头之间直接切换，使情节更加自然顺畅，下面介绍几种有效的组接方法。

(1) 连接组接

相连的两个或者两个以上的镜头表现同一主体的动作。

(2) 队列组接

相连的镜头但却不是同一主体的组接。由于主体的变化，下一个镜头主体的出现，观众会联想到上下画面的关系，起到呼应、对比、隐喻、烘托的作用。往往能够创造性地揭示出一种新的含义。

(3) 黑白格的组接

为造成一种特殊的视觉效果，如闪电、爆炸、照相馆中的闪光灯等效果，组接的时候，可以将所需要的闪亮部分用白色画格代替，在表现各种相接的瞬间组接若干黑色画格；或者在合适的时候采用黑白相间画格交叉，有助于加强影片的节奏、渲染气氛、增强悬念。

(4) 两级镜头组接

两级镜头组接是由特写镜头直接跳切到全景镜头，或者从全景镜头直接切换到特写镜头的组接方式。这种方法能使情节的发展在动中转静，或者在静中变动，给观众以极强的感受，节奏上形成突如其来的变化，产生特殊的视觉和心理效果。

(5) 闪回镜头组接

用闪回镜头，如插入人物回想往事的镜头，这种组接技巧可以用来揭示人物的内心变化。

(6) 同镜头分析

将同一个镜头分别在几个地方使用。运用该种组接技巧的时候，往往是出于这样的考虑：或者是因为所需要的画面素材不够；或者是有意重复某一镜头，用来表现某一人物的情思和追忆；或者是为了强调某一画面所特有的象征性的含义以引发观众的思考；或者是为了造成首尾相互接应，从而达到在艺术结构上给人以完整而严谨的感觉。

(7) 拼接

有时候虽然多次在户外拍摄，拍摄的时间也相当长，但可以用的镜头却很短，达不到所需要的长度和节奏。在这种情况下，如果有同样或相似内容的镜头，就可以把它们当中可用的部分组接，以达到节目画面必须的长度。

(8) 插入镜头组接

在一个镜头中间切换，插入另一个表现不同主体的镜头。如一个人正在马路上走着或者坐在汽车里向外看，突然插入一个代表人物主观视线的镜头，以表现该人物意外地看到了什么或引起联想的镜头。

(9) 动作组接

借助人物、动物、交通工具等的动作和动势的可衔接性，以及动作的连贯性和相似性作为镜头的转换手段。

(10) 特写镜头组接

上个镜头以某一人物的某一局部(头或眼睛)或某个物件的特写画面结束，然后从这一特写画面开始逐渐扩大视野，以展示另一情节的环境。目的是在观众注意力集中在某一个人的表情或者某一事物的时候，在不知不觉中就转换了场景和叙述内容，从而避免使人产生陡然跳动的不适应感。

(11) 景物镜头的组接

在两个镜头之间借助景物镜头作为过渡，其中有以景为主、物为陪衬的镜头，可用来展示不同的地理环境和景物风貌，也表示时间和季节的变换，又是以景抒情的表现手法；在另一方面，是以物为主、景为陪衬的镜头，这种镜头往往作为镜头转换的手段。

(12) 声音转场

用解说词转场，这个技巧一般在科教片中比较常见。用画外音和画内音交替转场，像一些电话场景的表现。此外，还有利用歌唱来实现转场的效果，并且利用各种内容换景。

(13) 多屏画面转场

这种技巧有多画屏、多画面、多画格和多银幕等多种叫法，是近代影片影视艺术创新手法。把屏幕分为多个画面，可以使双重或多重的情节齐头并进，大大地缩短了时间。例如在电话场景中打电话时，两边的人都可以显示在同一个画面中。镜头的组接方法与技巧是多种多样的，按照创作者的意图，根据情节的内容和需要而创造，并没有具体的规定和限制。在具体的后期编辑中，可以尽量地根据情况发挥，但不要脱离实际的情况和需要。

2.5　实训课堂

1. 色相推移

要求：在色相环中选择一种或几种颜色进行推移变化，使之形成色相渐变系列，再将此色相系列变化带入抽象构成，从而构成画面。

特点：色相变化极为丰富，纯度高，给人感觉活泼、华丽，既变化丰富又统一调和。

2. 色彩分析

要求：学生找出优秀色彩作品五幅。总结其规律，并指出作品的主体色、过渡色、对比色，抓住色彩作品中的关键点，并分析其用色特点。

本章小结

本章主要介绍了色彩知识、颜色搭配、立体表现和透明表现等多媒体作品设计行业中最为基础的专业知识。通过本章的学习，让学生了解色彩与生活的联系，了解色彩产生的原理、色彩的基本属性和色彩的混合、色彩构成与艺术设计的关系、色彩在构成中的运用，熟悉色彩调和的一般方法；了解并掌握色彩的各种知觉现象、色彩的心理效应，了解色彩与商业设计的关系，对色彩构成在商业设计中的运用有比较清楚的认识，并通过思考与讨论提高学生对色彩构成与商业设计的认识，从而进一步提高学生对色彩的认识，并通过实践提高对色彩的运用水平。

知识拓展——色彩的感情

1. 色彩的性格及分析

红色是最能引起人情绪激动的颜色，也是原始人类最早使用的颜色。在我国古代红色还有避邪和吉祥之意，现多用于婚嫁和节日喜庆。由于红色容易引起注意，所以在各种媒体中也被广泛利用，被用来传达有活力、积极、热诚、温暖、前进等含义；另外红色也常用来作为警告、危险、禁止、防火等标志用色。黄色是所有色彩中明度最高的颜色，尤其在低明度色彩的衬托下十分醒目，常能给人以轻快、灿烂、辉煌、充满希望的感觉。在我国古代，黄色是帝王的专用色，象征高贵和皇权。在大自然中，黄色代表金秋、丰收。在工业安全用色中，黄色即是警告危险色，常用来警告危险或提醒注意，如交通灯上的黄灯、工程用的大型机器等都使用黄色。

橙色又称橘色。在自然界中，橙柚、玉米、鲜花、果实、霞光、灯彩都有丰富的橙色。因其具有明亮、华丽、健康、兴奋、温暖、欢乐、辉煌以及容易动人的色感，所以女性喜以此色作为装饰色。荷兰的代表色就是橙色，代表热情洋溢的生活态度。橙色代表阳光、活力、朝气，总之是种活泼的颜色，不过也容易造成视觉疲劳。

蓝色是科技色，是博大的色彩，它给人以冷静、沉着、智慧的感觉和征服自然的力量。蓝色也是永恒的象征，它是最冷的色彩。纯净的蓝色表现出一种美丽、文静、理智、安详与洁净。在商业设计中，强调科技、效率的商品或企业形象大多选用蓝色作为标准色、企业色，如计算机、汽车、打印机等。另外蓝色也代表忧郁，这是受了西方文化的影响，这个意象也运用在文学作品或感性诉求的商业设计中。

紫色具有优雅、高贵、魅力的内涵。中国、日本、希腊等国家把紫色作为高级服装颜色。在中国传统里，紫色是王者的颜色，如北京故宫又称为“紫禁城”，亦有所谓“紫气东来”之意。紫色代表高贵，常成为贵族所爱用的颜色。紫色具有女性化性格，除了与女性有关的商品或企业形象之外，其他类的设计不常采用其为主色。

绿色是大自然植物的颜色，绿色传达了清爽、理想、希望、生长的意象。绿色也象征了和平与安全，比如，一般的医疗机构场所，常采用绿色作为空间色彩规划、标示医疗用品。随着工业革命的发展与进步，世界越来越重视绿色的生态与环境，比如“无污染”、“绿色组织”、“绿色食品”等。

黑色是永恒的流行色。黑色的礼服、晚礼服给人以温文尔雅的风范和高贵的气质。黑色也易让人产生悲哀、恐怖、不祥、沉默、消亡、罪恶等消极印象。黑色的组合适应性极广，无论什么色彩，特别是鲜艳的纯色与其相配，都能取得赏心悦目的良好效果。在商业设计中，黑色具有高贵、稳重、科技的意象，许多科技产品的用色大多采用黑色，如电视机、音响、摄影机等。理想的黑色调可以提高商品的品位，但如果运用不当，就会显得过于压抑凝重，包装设计尤其是食品包装设计使用黑色调一定要慎重。

白色给人洁净、光明、纯洁的印象。我国许多少数民族崇尚白色，如藏族、回族、白族等，藏族雪白的哈达和回族的圆形白帽都是虔诚的象征。在西方，白色的婚纱象征着纯洁与永恒。医院的洁白给人环境清新的感觉，身着白色制服的医护人员给病人以天使般呵护。

灰色是中性色，其突出的性格为柔和、细致、平稳、朴素、大方。它不像黑色与白色那样会明显影响其他的色彩。因此，作为背景色彩非常理想。任何色彩都可以和灰色相混合，略有色相感的灰色能给人以高雅、细腻、含蓄、稳重、精致、文明而有素养的高档感觉。当然滥用灰色也易暴露其乏味、寂寞、忧郁、无激情的一面。

金(银)色与其他色彩都能配合，几乎达到“万能”的程度。小面积点缀，具有醒目、提神的作用，但若大面积使用不当则会产生负面影响，显得浮华而失去稳重感。如若巧妙使用、装饰得当，不但能起到画龙点睛的作用，还可以产生强烈的高科技现代美感。

金色为辉煌的光泽色，具有光明、华美、富丽等意义，成为许多美好事物的象征。封建帝王用金色来显示华贵与权威。在宗教方面，金色又象征神圣。银色雅致高贵，比金色温和。银色发冷，是灰白的闪闪发光的表现形式。银色代表尊贵、纯洁、安全、永恒。

2. 色彩的感觉

(1) 色彩的兴奋、沉静感

色彩的兴奋、沉静感由色相和纯度决定。一般来说，红、橙、黄的纯色令人兴奋，蓝、绿的纯色让人沉静。即使还是这些色，随着纯度的降低，其兴奋和沉静感也相应减弱。

(2) 色彩的冷暖感

色彩的冷暖感主要是感受色彩色相的影响。红、橙、黄是暖色，黄绿、绿、紫是中性色，蓝绿、蓝、蓝紫是冷色。无彩色的白是冷色，黑是暖色。色彩的冷暖感觉和明度也有直接的关系，如在红色中加入白色，使其变为淡粉色，就会产生凉爽的感觉；在蓝色中加入黑色，就会呈现暖意。

(3) 色彩的轻重感

色彩的轻重感由明度决定，明度高则感到轻，明度低则感到重。色彩的暖感明度相同时，以纯度为准。一般来说，暖色偏重，冷色偏轻。

(4) 色彩的华丽、朴素感

色彩的华丽与朴素感受纯度的影响最大，与明度也有关系。在心理感觉上，纯度高或明度高的色彩有华丽感，让人感到辉煌；纯度低的或者明度低的色彩则让人感到雅致和朴素。

(5) 色彩的软硬感

色彩的软硬感由明度和纯度决定。明浊色有柔软感，纯色和暗清色有坚硬感，明清和暗浊色为中性色。在无彩色中，黑、白坚硬，灰色则柔软。

(6) 色彩的快乐、忧郁感

色彩的快乐、忧郁感受明度、纯度影响，与色相也有关系。明亮、鲜艳的颜色，因其明快而带来欢乐喜悦的感觉；暗而浊的颜色容易使人产生沉闷忧郁的感觉。暖色容易让人产生兴奋、快乐的感觉；冷色容易产生沉静、忧郁的感觉。

(7) 色彩的强弱感

色彩的强弱感由明度和纯度决定。低明度、高纯度的色感强，高明度、低纯度的色感弱。

(8) 色彩的空间感

色彩的空间感由色相和明度决定。明色有扩大感，暗色有收缩感，所以明亮的室内空间比幽暗的空间感觉宽敞。暖色有前进感，冷色有后退感，所以在外空间中暖色、强烈的色、纯色感到距离近，冷色、柔和色感到距离远。

思考与练习

1. 色彩在视觉传达中有哪些作用？
2. 请举例说明在购物中商品色彩对人心理的影响。
3. 试讨论色彩在室内设计中的作用。你喜欢什么样的室内主色调，为什么？
4. 服装设计的作用有哪些？分析并讨论色彩在服装设计中的地位。

第3章　数字文本

学习目标

文本是多媒体应用系统中使用最多且不可缺少的基本媒体元素。通过本章内容的学习，了解文本的基础知识，掌握常用数字文本获取方法；认识超文本和超媒体技术的概念，了解其结构、特征及应用领域，并能在工作、学习中合理使用，缩短信息到达的距离与时间，体验数字化时代的无限乐趣。

学习内容

① 了解文本的基础知识；
② 掌握常用数字文本的获取方法；
③ 了解超文本概念；
④ 了解超媒体概念；
⑤ 熟悉超文本的结构。

教学目标	主要描述	学生自测
能力目标	能独立完成常用数字文本的获取，能够使用超文本	会利用多种方式获取数字文本，会使用超文本
知识目标	能了解文本的基础知识，掌握常用数字文本的获取方法，理解超文本、超媒体概念	了解数字文本获取方法，正确使用超文本
教学重点	数字文本获取	通过多种方法获取数字文本
教学难点	超文本、超媒体概念理解	使用超文本、超媒体

文本是人们熟悉的媒体形式，它是由字符组成的字符序列。早期计算机能够处理的唯一对象就是文本数据，人与计算机之间的交互也是通过文本这种媒体实现的。所有程序代码、对计算机发出的各种命令以及为计算机提供的所有数据都是通过输入设备以文本数据的形式传递给计算机的；计算机也将全部处理结果以文本的形式反馈给用户；一些简单图形也是由文本组成的。在计算机中，文本具有结构简单、表示容易、数据量小、操作方便和表达准确等其他媒体不可替代的优势。

3.1　数字文本的制作工具

获取数字文本是文本后期编辑与应用的重要部分。以往计算机获取文本数据的方式主要是通过键盘输入，随着计算机硬件设备和多媒体技术的发展，输入方式也扩展了许多。除了键盘输入外，还有手写输入、扫描仪输入、语音输入等多种方式。文本输入计算机之后，通常以扩展名为“.txt”、“.doc”、“.wps”的文件存储在计算机中。可以用专门的文字编辑软件Word 2003、WPS字处理软件等文字编辑软件进行排版编辑，多媒体制作软件一般也都提供文本输入和编辑功能，且操作方法类似。

1. 案例分析

本案例将通过使用Office办公软件来实现一段文字的语音录入以及使用OCR输入获取文本数据的方法。通过本案例的学习，读者可以掌握数字文本制作工具的使用方法和技巧。

2. 相关知识点

获取文本的具体操作方法如下。

(1) 键盘输入

键盘输入法，是利用键盘并根据一定的编码规则来输入汉字的一种方法。它是最早使用的输入方法，也是常用的输入方法之一，通常有以下两种分类。

① 音码输入。最常用的音码输入是拼音输入。按照汉字的拼音来输入汉字，不需要特殊记忆，符合人的思维习惯，只要会拼音就可以输入汉字。但拼音输入法也有缺点：一是同音字太多，重码率高，输入效率低；二是对用户的发音要求较高；三是难以处理不知道读音的字。这种输入方法不适于专业打字员，但比较适合普通的计算机操作者。目前中文输入已经跨入“整句智能输入”的境界，重码选择已不再成为音码的主要障碍。常见的拼音输入法有智能ABC、微软拼音、紫光拼音输入法、搜狗拼音输入法等。

② 形码输入。最常用的形码是五笔字型。例如，“妈”字是由“女”和“马”组成，“怡”字是由“忄”和“台”组成，这里的“女”“马”“忄”“台”在汉字编码中称为字根或字元。形码的优点除了重码少、不受方言干扰之外，还因其将字根或笔画规定为基本的输入编码，再由这些编码组合成汉字，使得使用者不容易提笔忘字。现在，大多数专业打字员都用形码进行汉字输入。对于普通话发音不准的用户，因为形码不涉及拼音，所以比较适合使用形码输入。形码的缺点就是需要记忆的东西较多，长时间不用会遗忘。

(2) 语音输入

语音输入是通过用与计算机主机相连的话筒读出汉字的语音，将操作者的说话内容识别成汉字的输入方法(又称声控输入)。这种输入法目前被认为是世界上最简便、最易用的输入法，只要你会说话，就能打字。其所用到的技术为语音识别技术，也被称为自动语音识别(Automatic Speech Recognition，ASR)，目的是将人类语音中的词汇内容转换为计算机可读的输入，例如按键、二进制编码或者字符序列。

注意

① 在语音输入时，语速不能太快，普通话尽量准确、清晰，音量不宜太大。

② 语音识别训练次数越多，识别的效果越好，建议在使用语音输入之前一定要反复多次训练，以达到良好的输入效果。

③ 部分读者在使用时可能会发现输入法一栏中没有麦克风图标的情况，请检查是否安装了支持语音输入的输入法。

(3) 手写输入

手写输入法是一种笔式环境下的手写中文识别输入法，它适用于对计算机操作不太熟悉和不会键盘录入的用户。手写输入法符合中国人用笔写字的习惯，只要在手写板上按平常的习惯写字，计算机就能将其识别并显示出来。其所用到的技术为手写识别(Handwriting Recognize)技术，即将在手写设备上书写时产生的有序轨迹信息转化为汉字内码的过程。实际上是手写轨迹的坐标序列到汉字的内码的一个映射过程，是人机交互最自然、最方便的手段之一。随着智能手机、掌上电脑等移动信息工具的普及，手写识别技术也进入了规模应用时代。

① 手写板。手写板的性能很重要。手写板主要分为三类：电阻式压力板、电磁式感应板和电容式触控板。电阻式压力板技术落后，几乎已经被市场淘汰；电磁式感应板是现在市场上的主流产品；电容式触控板作为市场上的新生力量，由于具有耐磨损、使用简便、敏感度高等优点，成为手写板的发展趋势。

提示

电磁式感应板分为“有压感”和“无压感”两种。其中，压感是评价手写板性能的一个重要指标。目前，主流的电磁式感应板的压感已经达到512级，压感级数越高越好。

② 手写笔。手写笔是手写系统的一个重要组成部分。早期的手写笔要从手写板上输入电源，因此笔的尾部均有一根电缆与手写板相连，这种手写笔也称为有线笔。较先进的手写笔在笔壳内安装有电池，或借助于一些特殊技术而不需要任何电源，因此无须用电缆连接手写板，这种笔称为无线笔。无线笔的优点是携带和使用非常方便，同时也较少出现故障。手写笔通常还带有两个或三个按钮，其功能相当于鼠标按键，这样操作时就不用在手写笔和鼠标之间来回更换了。

小知识

平板电脑是下一代移动商务PC的代表。从微软提出的平板电脑概念产品上看，平板电脑就是一款无须翻盖、没有键盘、小到足以放入手袋但却是功能完整的PC。相比于笔记本电脑，它除了拥有笔记本电脑的所有功能外，还支持手写输入或语音输入，移动性和便捷性都更胜一筹。

(4) 扫描输入

汉字识别软件的任务是研究如何使计算机能够“识字”，该系统通常是采用光电转换装置将汉字或字符转换成电信号，并送入计算机，由计算机自动辨认、阅读，因此称其为光学字符识别(Optical Character Recognition，OCR)软件。

文稿扫描在办公领域中经常用到，即将报纸、杂志等媒体上刊载的有关文稿通过扫描仪进行扫描，随后进行OCR识别，或存储成图像文件，留待以后进行OCR识别，将图像文件转换成文本文件或Word文件进行存储。此外，数字化信息的存储、传输，不仅成本低、效率高，而且能够适应排版、网络传输等不断发展的需要。如，电子图书馆的建立，不仅需要将图书逐页扫描，还可利用OCR软件的识别功能替代人工输入文字的工作，大大缩短了录入时间、减轻了劳动强度、节省了人力且降低了费用、提高了录入正确率和工作效率以及现代办公自动化程度。

3. 解决方案和步骤

根据使用设备的不同，获取文本数据的方法也有所不同。下面介绍语音输入和OCR输入这两种获取方法的具体操作，希望读者能举一反三，能借助其他软件或硬件来获取文本。

(1) 使用语音输入方法获取文本数据

① 准备所需软件、器材、环境。Microsoft Office 2003 软件、微软拼音输入法软件(3.0以上版本)、麦克风、安静的房间。

② 安装语音输入功能。安装 Microsoft Office 2003，此过程需要特别注意完全安装，这样语音输入会与其他功能一起安装到计算机上。观察输入栏，效果如图 3-1 所示。

图 3-1　安装语音输入功能后的输入栏

③ 训练语音识别。选择【开始】|【控制面板】|【语音】命令，打开“语音属性”对话框，单击【训练配置文件】按钮，开始进行语音训练，按照提示单击【下一步】，如图 3-2 和图 3-3 所示。

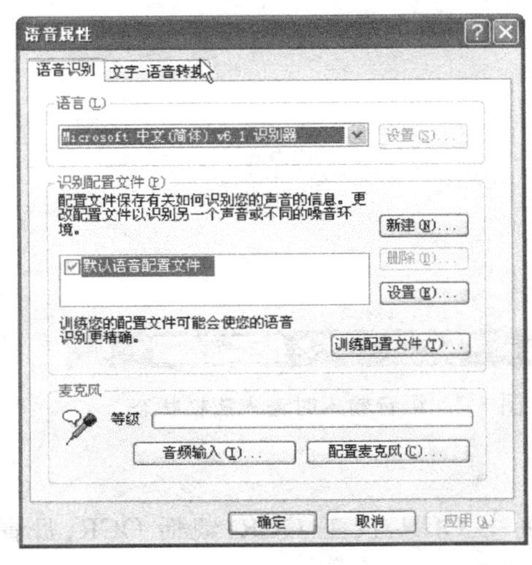

图 3-2　“语音属性”对话框

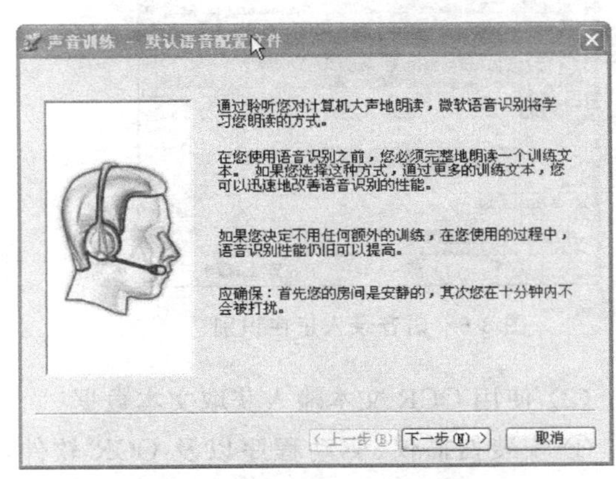

图 3-3　训练配置文件向导图

用户使用麦克风读出对话框中的句子，正确识别的词语将被选中提示。如果某个字或词组始终无法识别，用户可以单击【跳过单词】按钮暂时跳过，直到训练完毕，单击【完成】按钮，结束本次训练，如图 3-4 所示。

④ 使用语音输入。前面做的工作都是为了能顺利进行语音输入，接下来打开【微软拼音输入法】，同时选中工具栏上的“麦克风”和“听写模式”，进入听写模式，如图 3-5 所示。

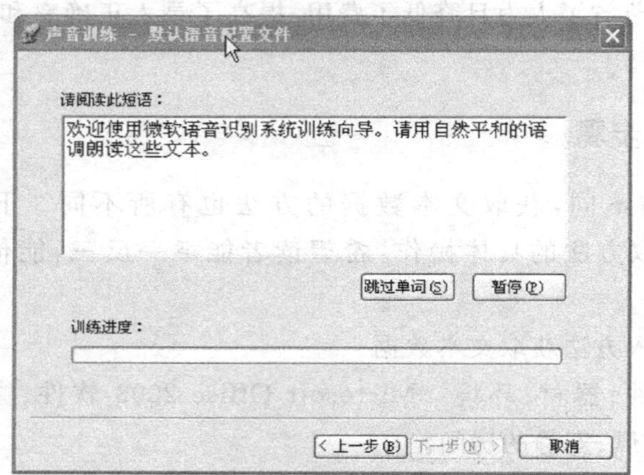

图 3-4　识别语音界面

图 3-5　听写模式输入法栏

打开 Word 文档，将光标定位在需要进行文字录入的位置，对着麦克风说出内容，即可进行语音输入，如图 3-6 和图 3-7 所示。

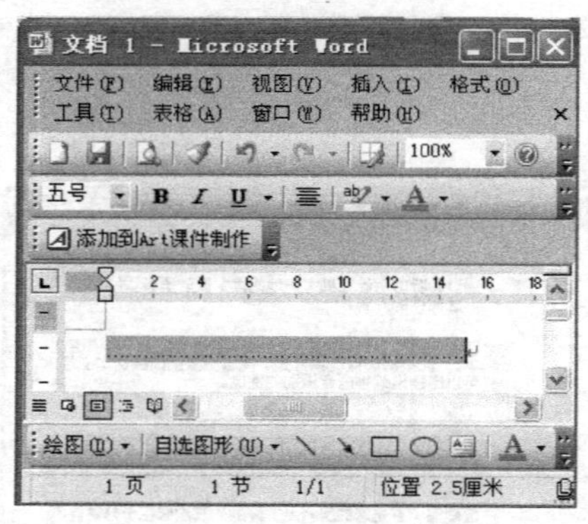

图 3-6　语音录入正在识别

图 3-7　语音输入时输入法栏状态

(2) 使用 OCR 文本输入获取文本数据

① 安装扫描仪、驱动程序以及 OCR 软件，如尚书 OCR、汉王 OCR、蒙恬 OCR、丹青 OCR 等。这些软件大多数都能识别西文、简体中文和繁体中文。

② 运行 OCR 软件。OCR 软件一般都有扫描功能，将要识别的文字通过扫描仪以图像的形式输入到计算机。扫描时应设置扫描属性，主要应将颜色方式设置成黑白方式，这是因为 OCR 软件通常只能识别黑白图像文件。

③ 图像文件在识别之前要做一些预处理工作，如增加对比度、亮度、校正角度等操作。

④ 进行识别。单击 OCR 系统工具条中的【识别】命令进行操作，如果对于识别过的图像进行再次识别，系统会出现对话框，提示是否覆盖已有的识别结果，可根据提示进行修整。

3.2 数字文本的应用

随着数字多媒体技术的不断发展，计算机可以处理的媒体种类越来越多，但文本的应用仍然占据了相当大的比重，包括从日常工作中最常用的文字排版处理，到广告设计、书籍装帧设计、包装设计等平面设计中文字的设计与排版，再到多媒体开发（如多媒体软件、多媒体网页设计中文本的应用）。

文本因具有结构简单、表示容易、数据量小、操作方便、表达准确等优点而得到广泛的应用。

下面用3个任务来向读者讲解文本的应用。

任务1：使用超链接制作便于演示的PPT文稿。

任务2：平面设计中的文字设计。

任务3：网页设计中的文字排版技巧。

3.2.1 使用超链接制作便于演示的PPT文稿

1. 任务分析

在文本中建立超链接，可以方便读者快速地查阅相关信息，提高工作效率。制作一份PPT文稿，首先，需要根据PPT的用途来设计一个模板；然后，根据模板的主题搜集相关素材，在母版中设计PPT模板；最后，设计文本的超链接。

2. 相关知识点

超文本(Hypertext)是用超链接的方法，将各种不同空间的文字信息组织在一起的网状文本。超文本更是一种用户界面范式，用以显示文本及与文本相关的内容。现在的超文本普遍以电子文档方式存在，其中的文字包含有可以链接到其他位置或者文档的连接，允许从当前阅读位置直接切换到超文本链接所指向的位置。

3. 解决方案和步骤

具体操作方法如下。

(1) 新建项目2.ppt，输入标题为“我的简历”并单击【新建幻灯片】。在第一张幻灯片中加入“我的专业”、“我的简历”、“我的母校”、“我的作品”、“联系方式”5个文本框。基于该模板再多建5张幻灯片，标题依次分别为“我的专业”、“我的简历”、“我的母校”、“我的作品”、“联系方式”，并加入简单内容。然后单击预览按钮，预览一次幻灯片，观察放映顺序。

(2) 预览完成后，还原为普通模式，此时回到第一张幻灯片。鼠标在“我的简历”上右击，在弹出的菜单中选择【超链接…】，进入到插入超链接设置对话框，如图3-8所示。

(3) 选择“本文档中的位置”下的幻灯片3，单击【确定】，插入超链接，如图3-9所示。

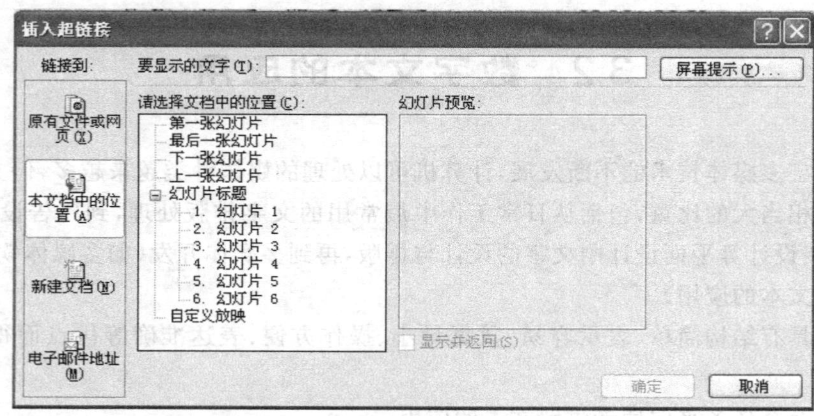

图 3-8 插入超链接位置选择

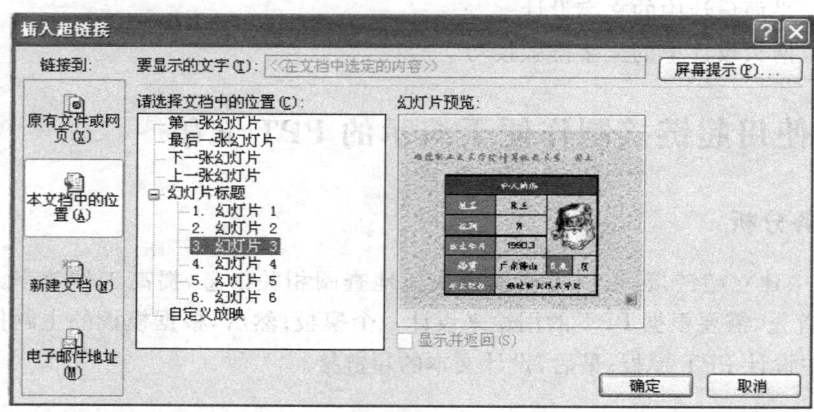

图 3-9 定位超链接目的幻灯片

(4) 单击预览，在第一张幻灯片上，单击“我的简历”，观察页面直接跳转到了第三张。

(5) 用同样的方法，为首页的“我的母校”、“我的作品”、“联系方式”三个文本框都加上超链接，链接至各自的详细内容。

(6) 预览最后效果，体会超文本优点。

3.2.2 平面设计中的文字设计

1. 任务分析

文字是人类文化的重要组成部分。无论在何种视觉媒体中，文字和图片都是其两大构成要素。文字排列组合的好坏，直接影响版面的视觉传达效果。因此，文字设计是增强视觉传达效果、提高作品的诉求力、赋予版面审美价值的一种重要构成技术。

在计算机普及的现代设计领域，文字设计的工作很大一部分由计算机代替人脑完成了(很多平面设计软件中都有制作艺术汉字的引导，并提供了数十上百种的现成字体)，但设计作品所面对的观众始终是人脑而不是计算机。因而，在需要涉及人的思维的方面，计算机是始终不可替代人脑来完成的，如创意、审美之类。

2. 解决方案和步骤

具体来说，平面设计中文字设计的几条原则及文字的组合应注意以下几点。

1）文字设计的原则

(1) 文字的可读性

文字的主要功能是在视觉传达中向大众传达作者的意图和各种信息，要达到这一目的必须考虑文字的整体诉求效果，给人以清晰的视觉印象。因此，设计中的文字应避免繁杂零乱，使人易认、易懂，切忌为了设计而设计，忘记了文字设计的根本目的是为了更好、更有效地传达作者的意图，表达设计的主题和构想意念。

(2) 赋予文字个性

文字的设计要服从于作品的风格特征。文字的设计不能和整个作品的风格特征相脱离，更不能相冲突；否则，就会破坏文字的诉求效果。一般说来，文字的个性大约可以分为以下几种。

① 端庄秀丽。这一类字体优美清新，格调高雅，华丽高贵。

② 坚固挺拔。字体造型富于力度，简洁爽朗，现代感强，有很强的视觉冲击力。

③ 深沉厚重。字体造型规整，具有重量感，庄严雄伟，不可动摇。

④ 欢快轻盈。字体生动活泼，跳跃明快，节奏感和韵律感都很强，给人一种生机盎然的感受。

⑤ 苍劲古朴。这类字体朴素无华，饱含古韵，能给人一种对逝去时光的回味体验。

⑥ 新颖独特。字体的造型奇妙，不同一般，个性非常突出，给人的印象独特而新颖。

(3) 在视觉上应给人以美感

在视觉传达的过程中，文字作为画面的形象要素之一，具有传达感情的功能，因而它必须具有视觉上的美感，能够给人以美的感受。字型设计良好、组合巧妙的文字能使人感到愉快，留下美好的印象，从而获得良好的心理反应。反之，则使人看后心里不愉快，视觉上难以产生美感，甚至会让观众拒而不看，这样势必难以传达出作者想表达的意图和构想。

(4) 在设计上要富于创造性

根据作品主题的要求，突出文字设计的个性色彩，创造与众不同的独具特色的字体，给人以别开生面的视觉感受，有利于作者设计意图的表现。设计时，应从字的形态特征与组合上进行探求，不断修改，反复琢磨，这样才能创造出富有个性的文字，使其外部形态和设计格调都能唤起人们的审美愉悦感受。

2）文字的组合

文字设计的成功与否，不仅在于字体自身的书写，同时也在于其运用的排列组合是否得当。如果一件作品中的文字排列不当、拥挤杂乱、缺乏视线流动的顺序，不仅会影响字体本身的美感，也不利于观众进行有效的阅读，则难以产生良好的视觉传达效果。要取得良好的排列效果，关键在于找出不同字体之间的内在联系，对其不同的对立因素予以和谐的组合，在保持其各自个性特征的同时，又取得整体的协调感。为了造成生动对比的视觉效果，可以从风格、大小、方向、明暗度等方面选择对比的因素。

但为了达到整体上组合的统一，又需要从风格、大小、方向、明暗度等方面选择协调相同的因素。将对比与协调的因素在服从于表达主题的需要下有分寸地运用，能造成既对比又协调的、具有视觉审美价值的文字组合效果。文字的组合中，要注意以下几个方面。

(1) 人们的阅读习惯

文字组合的目的，是为了增强其视觉传达功能，赋予审美情感，诱导人们有兴趣地进行阅读，因此在组合方式上就需要顺应人们心理感受的顺序。

人们的一般阅读顺序为：水平方向上，人们的视线从左向右流动；垂直方向上，视线从上向下流动；大于45°斜度时，视线从上而下流动；小于45°时，视线从下向上流动。

(2) 字体的外形特征

不同的字体具有不同的视觉动向，例如，扁体字有左右流动的动感，长体字有上下流动的感觉，斜体字有向前或向斜流动的动感。因此在组合时，要充分考虑不同的字体视觉动向上的差异，从而进行不同的组合处理。例如，扁体字适合横向编排组合，长体字适合竖向组合，斜体字适合横向或倾向排列。合理运用文字的视觉动向，有利于突出设计的主题，引导观众的视线按主次轻重流动。

(3) 版面的设计基调

对作品而言，每一件作品都有其特有的风格。总的基调应该是整体上的协调和局部的对比，于统一之中又具有灵动的变化，从而具有对比和谐的效果。这样，整个作品才会产生视觉上的美感，符合人们的欣赏心理。除了以统一文字个性的方法来达到设计的基调外，也可以从方向性上来形成文字统一的基调，以及色彩方面的心理感觉来达到统一基调的效果等。

(4) 负空间的运用

在文字组合上，负空间是指除字体本身所占用的画面空间之外的空白，即字间距及其周围空白区域。文字组合的好坏，很大程度上取决于负空间的运用是否得当。字的行距应大于字距，否则观众的视线难以按一定的方向和顺序进行阅读。不同类别文字的空间要作适当的集中，并利用空白加以区分。为了突出不同部分字体的形态特征，应留适当的空白，分类集中。

在有图片的版面中，文字的组合应相对集中。如果是以图片为主要的诉求要素，则文字应该紧凑地排列在适当的位置上，不可过分变化分散，以免因主题不明而造成视线流动的混乱。

3.2.3 网页设计中的文字排版技巧

1. 任务分析

网络世界五彩缤纷，涌现出大量优秀精美的网页。大量网络信息的呈现，无非就是通过文本、图像、Flash动画等形式。其中，文本是网页中最为重要的设计元素。对于网页设计初学者而言，了解和掌握网页设计中的文字排版设计就显得尤为重要。

2. 解决方案和步骤

具体来说，网页设计中的文字排版技巧可以参考以下设计思路。

1) 文字的格式化

(1) 字号、字体、行距

字号大小可以用不同的方式来计算，如磅(Point)或像素(Pixel)。因为以像素技术为基础单位打印时需要转换为磅，所以，建议采用磅为单位。

最适合于网页正文显示的字体大小为12磅左右。现在很多的综合性站点，由于在一个页面中需要安排的内容较多，通常采用9磅字号。较大的字体可用于标题或其他需要强调的地方，小一些的字体可用于页脚和辅助信息。需要注意的是，小字号容易产生整体感和精致感，但可读性较差。

网页设计者可以用字体来更充分地体现设计中要表达的情感。字体选择是一种感性、直观的行为。但是，无论选择什么字体，都要依据网页的总体设想和浏览者的需要。例如，粗体字强壮有力，有男性特点，适合机械、建筑业等内容；细体字高雅细致，有女性特点，更适合服装、化妆品、食品等行业的内容。在同一页面中，字体种类少，版面雅致，有稳定感；字体种类多，则版面活跃、丰富多彩。关键是如何根据页面内容来掌握这个比例关系。

从加强平台无关性的角度来考虑，正文内容最好采用默认字体。因为浏览器是用本地机器上的字库显示页面内容的。作为网页设计者必须考虑到大多数浏览者的计算机里只装有三种字体类型及一些相应的特定字体。而你指定的字体在浏览者的计算机里并不一定能够找到，这会给网页设计带来很大的局限。解决问题的办法是：在确有必要使用特殊字体的地方，可以将文字制成图像，然后插入页面中。

行距的变化也会对文本的可读性产生很大影响。一般情况下，接近字体尺寸的行距设置比较适合正文。行距的常规比例为10∶12，即用字10点，则行距12点。这主要是出于以下考虑：适当的行距会形成一条明显的水平空白带，以引导浏览者的目光，而行距过宽会使一行文字失去较好的延续性。

除了对于可读性的影响，行距本身也是具有很强表现力的设计"语言"，为了加强版式的装饰效果，可以有意识地加宽或缩窄行距，体现独特的审美意趣。例如，加宽行距可以体现轻松、舒展的情绪，应用于娱乐性、抒情性的内容恰如其分。另外，通过精心安排，使宽、窄行距并存，可增强版面的空间层次与弹性，独具匠心。

行距可以用行高(line-height)属性来设置，建议以磅或默认行高的百分数为单位，如line-height：20pt、line-height：150%。

(2) 文字的整体编排

页面里的正文部分是由许多单个文字经过编排组成的群体，要充分发挥这个群体形状在版面整体布局中的作用。从艺术的角度可以将字体本身看成是一种艺术形式，它在个性和情感方面对人们有着很大的影响。在网页设计中，字体的处理与颜色、版式、图形等其他设计元素的处理一样非常关键。从某种意义上来讲，所有的设计元素都可以理解为图形。

① 文字的图形化。字体具有两方面的作用：一是实现字意与语义的功能；二是美学效应。所谓文字的图形化，即是强调它的美学效应，把记号性的文字作为图形元素来表现，同时又强化了原有的功能。作为网页设计者，既可以按照常规的方式来设置字体，也可以对字体进行艺术化的设计。无论怎样，一切都应围绕如何更出色地实现自己的设计目标来设计。

将文字图形化、意象化，以更富有创意的形式表达出深层的设计思想，能够克服网页的单调与平淡，从而打动人心。

② 文字的叠置。文字与图像之间或文字与文字之间在经过叠置后，能够产生空间感、跳跃感、透明感，从而成为页面中活跃的、令人瞩目的元素。虽然叠置手法影响了文字的可

读性，但是能造成页面独特的视觉效果。这种不追求易读，而刻意追求“杂音”的表现手法，体现了一种艺术思潮。因而，它不仅大量运用于传统的版式设计，在网页设计中也被广泛采用。

③ 标题与正文。在进行标题与正文的编排时，可先考虑将正文作双栏、三栏或四栏的编排，再进行标题的置入。将正文分栏，是为了求取页面的空间与弹性，避免通栏的呆板以及标题插入方式的单一性。标题虽是整段或整篇文章的标题，但不一定千篇一律地置于段首之上。可作居中、横向、竖向或边置等编排处理，甚至可以直接插入字群中，以新颖的版式来打破旧有的规律。

④ 文字编排的四种基本形式。页面里的正文部分是由许多单个文字经过编排组成的群体，要充分发挥这个群体形状在版面整体布局中的作用。

两端均齐：文字从左端到右端的长度均齐，字群形成方方正正的面，显得端正、严谨、美观。

居中排列：在字距相等的情况下，以页面中心为轴线排列，这种编排方式使文字更加突出，产生对称的形式美感。

左对齐或右对齐：左对齐或右对齐使行首或行尾自然形成一条清晰的垂直线，很容易与图形配合。这种编排方式有松有紧、有虚有实、跳动而飘逸，产生节奏与韵律的形式美感。左对齐符合人们阅读时的习惯，显得自然；右对齐因不太符合阅读习惯而较少采用，但显得新颖。

绕图排列：将文字绕图形边缘排列。如果将底图插入文字中，会令人感到融洽、自然。

2）文字的强调

（1）行首的强调

将正文的第一个字或字母放大并作装饰性处理，嵌入段落的开头，这在传统媒体版式设计中称为“下坠式”。此技巧的发明溯源于欧洲中世纪的文稿抄写员。由于它有吸引视线、装饰和活跃版面的作用，所以被应用于网页的文字编排中。其下坠幅度应跨越一个完整字行的上下幅度。至于放大多少，则依据所处网页环境而定。

（2）引文的强调

在进行网页文字编排时，常常会碰到提纲挈领性的文字，即引文。引文概括一个段落、一个章节或全文大意，因此在编排上应给予特殊的页面位置和空间来强调。引文的编排方式多种多样，如将引文嵌入正文的左右侧、上方、下方或中心位置等，并且可以在字体或字号上与正文相区别而产生变化。

（3）个别文字的强调

如果将个别文字作为页面的诉求重点，则可以通过加粗、加框、加下划线、加指示性符号、倾斜字体等手段有意识地强化文字的视觉效果，使其在页面整体中显得出众而夺目。另外，改变某些文字的颜色，也可以使这部分文字得到强调。这些方法实际上都是运用了对比的法则。

文字的颜色在网页设计中，设计者可以为文字、文字链接、已访问链接和当前活动链接选用各种颜色。使用不同颜色的文字可以使想要强调的部分更加引人注目，但应该注意，对于文字的颜色只可少量运用，如果什么都想强调，其实就什么都没有强调。况且，在一个页面上运用过多的颜色，会影响浏览者阅读页面内容，除非有特殊的设计目的。

颜色的运用除了能够起到强调整体文字中特殊部分的作用之外，对于整个文案的情感表达也会产生影响。

另外需要注意的是文字颜色的对比度，它包括明度上的对比、纯度上的对比以及冷暖的对比。这些不仅对文字的可读性产生作用，更重要的是，你可以通过对颜色的运用实现想要的设计效果、设计情感和设计思想。

3.3 实训课堂

1. 在Word中编辑一段文字，设置适当的文字和段落格式，保存为DOC格式，然后将保存的DOC格式文件转换为TXT格式。

2. 分别选择一个PDF文档和一个Word文件，将PDF文件与Word文件的格式相互转换。

3. 结合下面提供的网站，了解网站字体设计方法、PPT模板、字体等相关网站。

(1) PPT模板网：http://office.microsoft.com/zh-cn/templates/CT010117272.aspx 微软官方网站提供的PPT模板下载。

(2) 无忧PPT网：http://www.51ppt.com.cn/该网站提供有上千个精彩的PPT模板供用户下载使用。

(3) 字体网站：http://ziti.cndesign.com/中国设计网的字体设计版块，提供有多种中英文字体及图案字体。

(4) 字体中国网：http://www.font.com.cn/该网站是专业的字体网站，提供各种风格的字体下载，还有书法字典、字体文章、字体论坛、字体搜索下载等多方面内容。

(5) 字体精品网：http://www.goodfont.net/该网站提供各种中英文字体的下载和相关设计文章。

本章小结

本章以数字文本获取和数字文本的应用为主线，介绍了文本的基本特点及属性，文本数据的获取方法和具体操作步骤，并通过讲解数字文本的应用，介绍了文本设计与排版的方法及思路，和实际工作紧密相连。通过对本章的学习，可以掌握数字文本文件的获取、处理和转换的方法与技巧，使读者能学以致用。

知识扩展——超媒体

1. 超媒体概念

超媒体是基于超文本支持的多媒体，可以理解为：超媒体＝超文本＋多媒体。传统的信息处理大多是单媒体的，然而在现实世界中，事物的表现方式变得异常丰富，仅有文字和数字是远远不够的，往往需要有大量的图形、图像、声音、视频、动画等各种形式的信息数据。因此，只有用多媒体信息才能较为真实地还原现实世界。

超媒体在本质上和超文本是一样的，只不过超文本技术在诞生初期所管理的对象是纯文本，所以叫做超文本。随着多媒体技术的兴起和发展，超文本技术的管理对象从纯文本扩展到多媒体，为强调管理对象的变化，就产生了超媒体这个词。

超媒体与超链接密不可分，超链接大量应用于互联网中，它是指在网页中，对有关词汇所作的索引链接能够指向另一个文件。使用超级链接方法能方便地从互联网上的一个文件访问另一个文件，这些文件可以在同一个站点也可以在不同的站点。超链接能将若干文本组合起来形成超文本，亦可将若干不同媒体文件链接起来组合成为超媒体。

2. 超媒体的基本特征

(1) 检索方便快捷

在现实生活中，各种信息分散地存放在不同的媒体中。为了解决某一问题，往往需查阅大量书籍、资料。超媒体技术广泛应用后，利用计算机的快速查询功能，我们所需要的任何信息几乎可以立即呈现在眼前。

(2) 信息传递的交互性

信息传递的交互性，是超文本技术的一个显著特点。使用者可以与计算机会话，向计算机提出要求，计算机则给出相关信息的应答。目前，这一特征使超媒体在"智能超媒体辅助教学系统"中广泛应用。

(3) 信息内容的丰富性

超媒体中的数据种类不仅是文本，还可以是图形、图像、声音、视频、动画等。丰富的内容，使它的信息表达更接近现实世界。

(4) 具有网状的多样信息链接结构

用户可以用不同的方法，通过不同的路径查询，使用超媒体中的各个节点内容。

(5) 具有良好的导航工具和航行能力

超媒体能指引用户在超媒体的信息网络中漫游，指导正确查阅，不致迷失方向。

3. 超媒体与超文本的比较

超媒体与超文本技术在本质上是相同的，因此经常被同时提及，下面简要介绍它们的应用领域和发展前景。

随着多媒体技术的发展，超文本与超媒体技术具有广阔的应用前景。超文本与超媒体组织和管理信息方式符合人们"联想"的思维习惯。其适合于非线性的数据组织形式，以独特的表现方式，得到了广泛的应用。

(1) 软件开发设计

以常见的学习软件为例，由于软件系统内信息量巨大，内部信息之间的关系很复杂，用户容易迷失方向，不知道自己处在信息网中的什么位置。因此，需要系统提供引导措施，这种措施就是超文本导航。这种策略实际是教学策略的体现。这是一种避免学生偏离教学目标，引导学生进行有效学习，以提高学习效率的策略。可见超文本在软件设计中的重要性。

（2）综合数据库应用

在各类产业的工程应用中，要求用图纸、图形、文字、动画或视频表达概念和设计，一般数据库系统是无法表达的，而超文本与超媒体技术为这类工程提供了强有力的信息管理工具。

（3）大型文献资料信息库

超文本技术独特的优点被广泛应用于大型文献资料信息库的建设，如电子百科全书。

（4）使用户界面更友好

超文本与超媒体不仅是一项信息管理技术，也是一项界面技术。图形用户接口 GUI 使用户桌面由字符命令菜单方式转为图形菜单方式。而超文本技术在 GUI 基础上更上一个新台阶，升级为多媒体用户接口 MMGUI，不仅数字和文本，即便是图形、图像、动画、音频、视频等信息均能展现在用户的面前。

4. 超文本与超媒体的发展方向

（1）由超文本向超媒体发展

超文本向超媒体的转变不仅是将文本媒体扩展到其他媒体，而且还要能使系统自动地判断媒体类型，并执行对应的操作。

（2）由超媒体向智能超媒体发展

在超媒体技术的研究进程中，已经提出了智能超媒体概念。这种智能超媒体打破了常规超媒体内部各信息块之间严格的链的限制，在超媒体的链和节点中嵌入知识或规则，允许链进行计算和推理，使得多媒体信息的表现具有智能化。

思考与练习

1. 理解文本的特点，讨论文本在多媒体中的重要性。
2. 讨论哪些因素影响了文本的可读性，如颜色、字体、大小、整体风格等（可分小组讨论）。
3. 练习使用 OCR 识别扫描文件，校对后保存为 TXT 格式文件。
4. 理解超文本的核心思想以及多媒体、超文本、超媒体概论之间的联系，并举例说明。

第4章 数字图像

学习目标

学习本章内容的目的在于让读者了解和掌握数字图像的基本知识、基本概念；图像处理的前期创意、构思方法，熟练使用 Photoshop，能应用图像处理软件制作商业卡片、主题海报、照片处理、包装封面制作，从而提高了平面设计和平面处理的能力，同时也增强美学感和提高设计能力。

学习内容

① 了解图像的基本知识；

② 熟悉各种常见数字图像的文件格式及特点；

③ 掌握图像处理软件的工具的应用；

④ 熟悉使用 Photoshop CS4 图像软件进行商业卡片、主题海报、照片处理、包装封面制作的基本方法。

教学目标	主要描述	学生自测
能力目标	能独立完成商业卡片的设计、主题海报、照片处理、包装封面制作	会利用图像处理软件 Photoshop 设计和制作各种卡片、主题海报、照片处理、包装封面
知识目标	掌握 Photoshop 中文字工具、钢笔工具、形状工具、图层样式、蒙版的应用	了解卡片、主题海报、照片处理、包装封面制作的基本流程，对卡片制作有初步的认识
教学重点	制作商业卡片、主题海报、照片处理、包装封面的制作技巧	能根据设计制作各种的卡片、主题海报、照片处理、包装封面
教学难点	Photoshop 工具、图层样式、蒙版的应用	能实现使用 Photoshop 工具、图层样式、蒙版制作所需的图形

4.1 商业卡片

商业名片为公司或企业进行业务活动中使用的名片，名片使用大多以营利为目的。在设计中，通过色彩、标志和文字传达公司行业特征。

商业名片的标志是很重要的一个部分。名片的大小一般为 90mm×50mm 或者 90mm×55mm，在制作的时候要考虑四边的出血量，一般为 1mm。名片的设计有横向和纵向两种排版方式。下面亲自动手制作一张名片，效果图如图 4-1 所示。

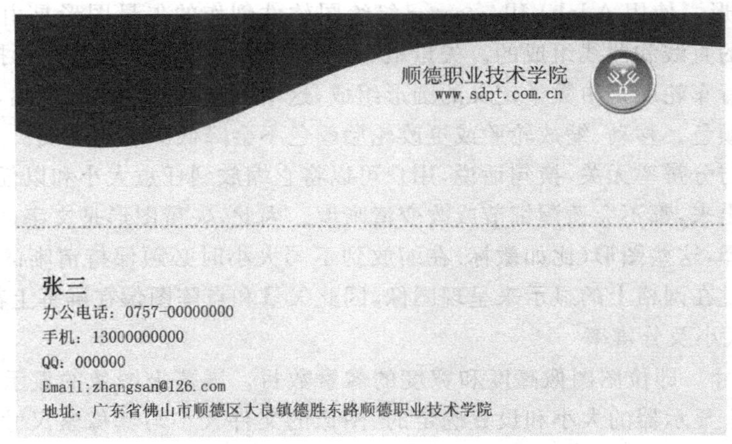

图 4-1 商业名片效果图

1. 案例分析

本案例将通过2个阶段，来制作一张完整的商业卡片。通过本案例的制作，使读者快速掌握商业卡片的制作流程。具体来说，商业卡片的制作可以分成两个任务完成。

任务1：水晶球的制作。

任务2：卡片整体制作。

2. 相关知识点

(1) 什么是图像

① 位图图像。Photoshop和其他的绘画以及图像编辑软件都产生位图图像，也叫栅格图像。位图图像是用小方形网格(位图或栅格)，即像素来代表图像，每个像素都被分配一个特定位置和颜色值。例如，在位图图像中气球是由该位置的像素拼合组成的。处理位图图像时，用户编辑的是像素而不是对象或形状。

位图图像与分辨率有关，换句话说，它包含固定数量的像素，代表图像数据。因此，如果在屏幕上以较大的倍数放大显示，或以过低的分辨率打印，位图图像会出现锯齿边缘，且会遗漏细节，如图4-2所示。在表现阴影和色彩的细微变化方面，如在照片或绘画图像中，位图图像是最佳选择。

图 4-2 位图图像及锯齿边缘

② 矢量图形。使用 Adobe Illustrator 等绘图软件创作的矢量图形是由叫做矢量的数学对象所定义的直线和曲线组成的。矢量根据图形的几何特性来对其进行描述。例如，矢量图形中的自行车轮胎是由数学定义的圆形组成，这个圆形按某一半径画出，放在特定位置并填充特定的颜色。移动、缩放轮胎或更改轮胎颜色不会降低图形的品质。

矢量图形与分辨率无关，换句话说，用户可以将它缩放到任意大小和以任意分辨率在输出设备上打印出来，都不会遗漏细节或改变清晰度。因此，矢量图形是文字（尤其是小字）和草图的最佳选择，这些图形（比如徽标）在缩放到不同大小时必须保持清晰的线条。因为计算机显示器通过在网格上的显示来呈现图像，因此矢量和点阵图像在屏幕上都以像素显示。

(2) 图像大小及分辨率

① 像素尺寸。即位图图像高度和宽度的像素数目。屏幕上图像的显示尺寸是由图像的像素尺寸加上显示器的大小和设置确定的，图像的文件大小与其像素尺寸成正比。当制作网上显示的图像时（例如，在不同显示器上显示的网页），像素尺寸变得尤其重要。因为用户的图像可能在 13 英寸显示器上显示，用户可能要将图像大小限制为最大 640 像素×480 像素。

② 位深度。位深度也叫做像素深度或颜色深度，用来度量在图像中有多少颜色信息来显示或打印像素。较大的位深度（每像素信息的位数更多）意味着数字图像中有更多的颜色和更精确的颜色表示。例如，1 位深度的像素有两个可能的值：黑和白，8 位深度的像素有 256 个可能的值，24 位深度的像素有约为 1670 万个可能的值。常用的位深度值范围为 1 到 64 位/像素。对图像的每个通道，Photoshop 支持最大为 16 位/像素。例如，24 位 RGB 图像对红、绿和蓝色通道分别是 8 位/像素。

③ 文件大小。文件大小即图像以数字表示的大小，单位是千字节(KB)、兆字节(MB)或千兆字节(GB)。文件大小与图像的像素尺寸成正比，在给定打印尺寸的情况下，像素多的图像产生更多的细节，但要求更多的磁盘空间存放，而且编辑和打印速度会慢些。例如，1 英寸×1 英寸 200ppi 的图像包含的像素四倍于 1 英寸×1 英寸 100ppi 的图像，因此文件大小也是其四倍。因而图像分辨率成为图像品质（捕捉用户需要的所有数据）和文件大小的代名词。

Photoshop 支持的最大文件大小为 2GB，最大像素尺寸为每图像 30 000 像素×30 000 像素。这个限定限制了图像可能的打印尺寸和分辨率。例如，100 英寸×100 英寸图像的分辨率最高只能达到 300ppi(30 000 像素/100 英寸=300ppi)。

④ 图像分辨率。图像分辨率即图像中每单位打印长度显示的像素数目，通常用像素/英寸(ppi)表示。高分辨率的图像比相同打印尺寸的低分辨率图像包含较多的像素，因而像素点较小。例如，72ppi 分辨率的 1 英寸×1 英寸图像包含总共 5184 像素（72 像素宽×72 像素高=5184）；同样 1 英寸×1 英寸而分辨率为 300ppi 的图像则包含总共 90 000 像素。

因为较高分辨率的图像使用更多的像素表示每单位区域，打印时它们通常比较低分辨率的图像重现更详细和更精细的颜色转变。但是，对以较低分辨率扫描或创建的图像增加分辨率只将原始像素信息扩展为更大数量的像素，而几乎不提高图像的品质。

要确定使用的图像分辨率，应考虑图像最终发布的媒介。如果制作的图像是用于网上显示，图像分辨率只需满足典型的显示器分辨率（72ppi 或 96ppi）。但是，使用太低的分辨率打印图像会导致像素化——输出较大、显示粗糙的像素。使用太高的分辨率（像素比输出设备能够产生的还要小)会增加文件大小,并降低图像的打印速度;而且,设备不能以高分辨率打印图像。

⑤ 显示器分辨率。即显示器上每单位长度显示的像素或点的数目,通常以点/英寸(dpi)为度量单位。显示器分辨率取决于显示器大小加上其像素设置。PC显示器的典型分辨率约为96dpi,Mac OS显示器的典型分辨率约为72dpi。理解显示器分辨率的概念有助于解释屏幕上图像的显示大小经常与其打印尺寸不同的原因。

在Photoshop中,图像像素被直接转换成显示器像素,这意味着当图像分辨率高于显示器分辨率时,图像在屏幕上的显示比指定的打印尺寸大。例如,当在72dpi显示器上显示1英寸×1英寸、144ppi的图像时,它会显示在屏幕上的2英寸×2英寸区域内。因为显示器只能显示72像素/英寸,它需要2英寸才能显示组成图像一个边的144像素。

⑥ 打印机分辨率。即照排机或激光打印机产生的每英寸的油墨点数(dpi)。为获得最佳效果,使用与打印机分辨率成正比(但不相同)的图像分辨率。大多数激光打印机的输出分辨率为300dpi到600dpi,但对72ppi到150ppi的图像打印效果较好。高档照排机能够以1200dpi或更高精度打印,对200ppi到300ppi的图像能产生较好效果。

(3) 图像类型转换

虽然Photoshop支持很多种图像模式,但由于模式本身的限制和支持程度的不同,不是所有操作都能运用。如RGB模式就支持所有的操作,而索引图像支持的操作就差一些。因此,为了便于处理,就需要将不同模式进行转换,然后再进行编辑。

Photoshop中,各种图像类型间的转换功能大部分是自动完成的,如图4-3所示。在编辑菜单中的Mode项中当前图像的类型前加有标记。如果用户想把当前图像转换成其他的类型图像,只要在单击目标该图像显示类型选项即可。但并不是所有显示图像类型间都能任意转换。凡能直接转换格式,菜单中的项为黑色;反之,则菜单中该项为灰色。这里,将具体介绍一些主要的图像转换功能。

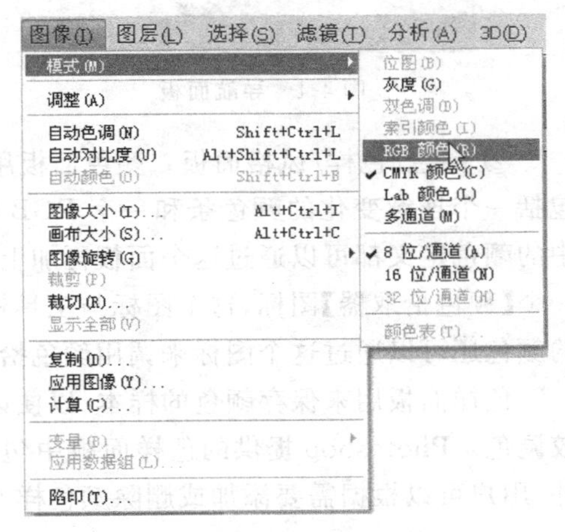

图4-3 图像类型转换菜单

① 转换灰度模式和位图模式。将图像转换为灰度模式会使图像减少到两种颜色,这样就大大简化了图像中的颜色信息,并减小了文件大小。要将图像转换为位图模式,用户必须首先将其转换为灰度模式。这会去掉像素的色相和饱和度信息,而只保留亮度值。但是,由于只有很少的编辑选项能用于位图模式图像,通常最好是在灰度模式中编辑图像,然后再转换它。

在灰度模式中编辑的图像转换回位图模式后,看起来可能不一样。例如,在位图模式中为黑色的像素,然后在灰度模式中经过编辑后可能会转换为灰调。如果像素足够亮,当转换回位图模式时,它将成为白色。

② 转换为索引颜色图像。转换为索引颜色会删除图像中部分颜色,仅保留256色,即大多数媒体动画应用程序和网页所支持的标准颜色数。将RGB图像转换为索引颜色让用

户编辑图像的颜色表或将其输入到仅支持 8 位颜色的应用程序。这种转换也通过删除图像的颜色信息，来减小文件大小。

(4) 操作面板

操作面板是显示图像信息和配合图像进行操作的子窗口。每一个面板均是几个关系紧密的作用面板组合而成。Photoshop 一共包括 11 个面板，构成 4 个面板组，默认情况下同时显示 4 个面板，用户也可以根据需要自行选择显示更多面板。

① 导航/信息面板。主窗口右上方第一个面板组为导航/信息面板组，导航面板主要用于显示当前图像在整个图像中的位置。子窗口中的红框区域为当前窗口区域，如图 4-4 所示。

信息面板主要用来显示有关鼠标当前点的信息，包括 RGB 色彩信息、CMYK 色彩信息、鼠标相对于当前图像左上角的坐标以及当前选择区的长和宽等信息，如图 4-5 所示。

图 4-4　导航面板

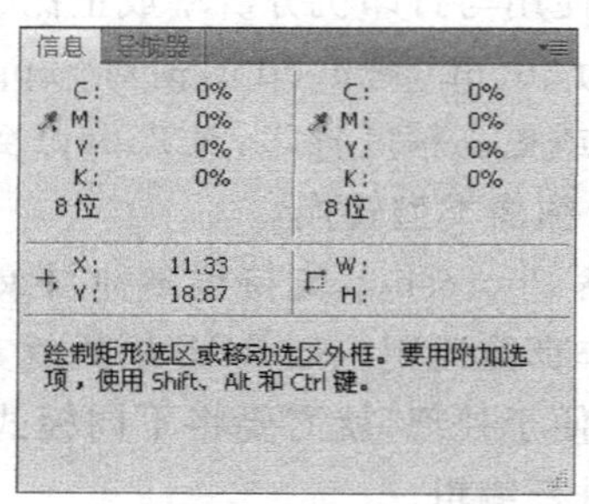

图 4-5　信息面板

② 颜色/色样/风格面板。颜色面板用来定义颜色。面板提供了几种定义颜色的方法，包括一个连续变化的颜色条和一个 RGB 颜色定义器，如图 4-6 所示。一般情况下，对图像中的颜色定义都可以通过这个面板再加上工具箱中的颜料吸管来完成。另外，面板中还有一个【颜色拾取器】图标，这个图标与工具栏中的颜色拾取器图标的作用是一致的，比较特殊的颜色还可以通过这个图标来调用颜色拾取器实现。

色样面板用来保存颜色的样本，以便以后反复使用，也可以用来放置实验色彩，进行比较调色。Photoshop 提供的色样面板中包括当前一些主要的颜色样板，如图 4-7 所示。另外，用户可以根据需要添加或删除颜色样本，也可以保存和读入用户自定义色样。

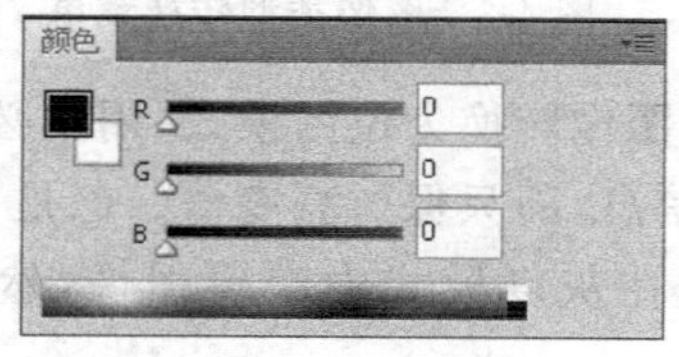

图 4-6　颜色面板

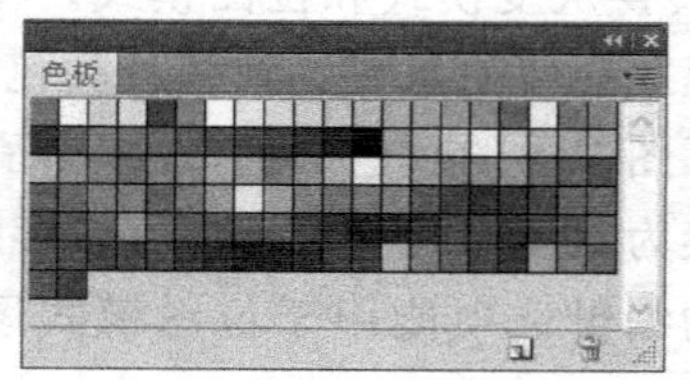

图 4-7　色样面板

风格面板用来对当前层施加层风格效果。在默认情况下，风格库的第一个方格是不施加任何风格效果的选项，另外还包括软件预设的三种风格，如图 4-8 所示。界面右上方的三角形可以打开风格库，Photoshop CS4 提供了一个名为 Sample. asl 的风格库，包括 16 种不同的风格。

③ 图层/通道/路径/历史/动作面板。在主窗口的右下角，为图层系列面板，这是Photoshop必不可少的功能。在用户对图像进行处理时，会经常用到该系列面板。

图层面板用来显示有关图层的信息，包括每一个图层、相应的蒙版、可视状况、锁定状况、透明度、图层叠加状况等，如图4-9所示，与图层有关的操作都可以在这个面板中完成。

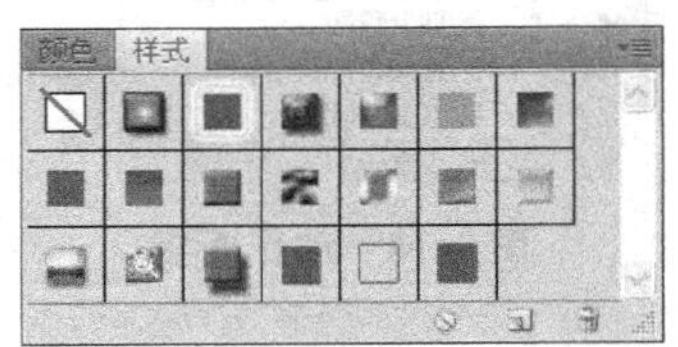

图4-8 风格面板

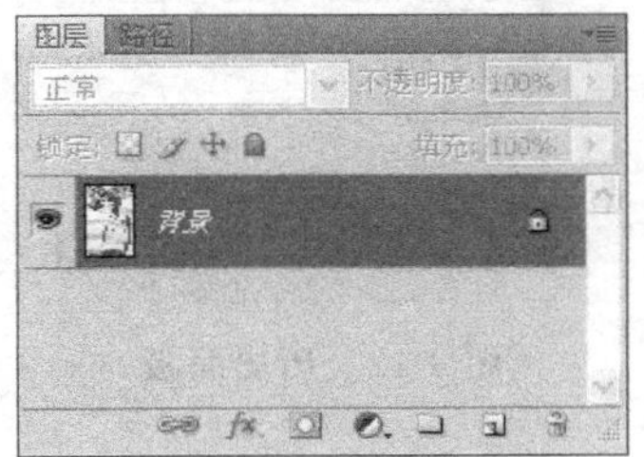

图4-9 图层面板

通道面板中包括图像的所有通道。例如，当前的图像是RGB色彩模式，则在通道面板中包括一个彩色通道和红、绿、蓝三个单独的通道。同时，用户定义的蒙版和Alpha通道也将显示在该面板中，如图4-10所示。

路径面板主要负责有关路径的操作，如图4-11所示。路径是一种点的有序连接，通过路径，用户可以最贴切地做出物体外形的选择。但与选区不同，路径与图像是分离的，无论图像的大小、精度如何改变，路径都保持原来的几何特征，而选择区则不同，随着图像精度的变化，选择区会发生变化。

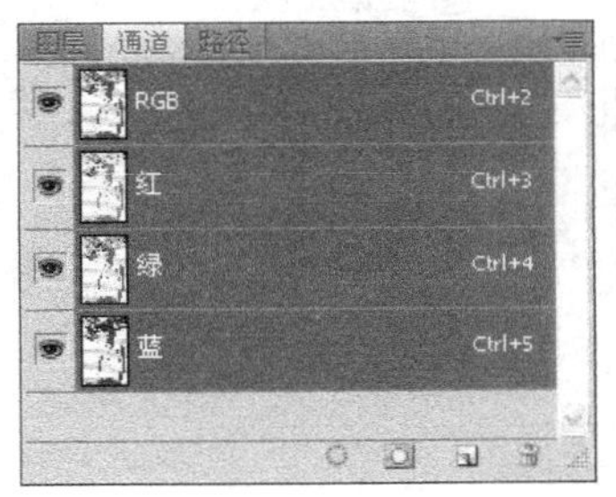

图4-10 通道面板

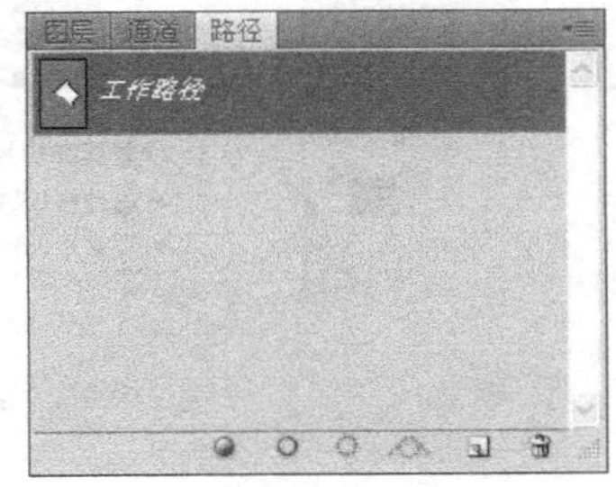

图4-11 路径面板

历史面板是用户用来恢复操作的功能面板，它能保留对图像操作的整个历史记录，如图4-12所示。当用户的某一种操作不成功时，可以退回到以前的任何一步，重新进行操作。该项功能极大地方便了用户的编辑操作。

动作面板是一种类似宏的机制。利用动作，可以将常用的操作组合在一起，定义一个名字。以后，在做同样的操作时，可以直接执行相应的动作，这样，可以大大提高操作效率。另外，Photoshop还提供一些预定义动作供用户使用，如图4-13所示。

④ 选项栏。在Photoshop CS4中，选项栏在菜单栏的下方，如图4-14所示。通过选项栏，可以显示当前使用的工具，并可以选择或设置工具的不同选项。

⑤ 工具栏。在主窗口左边的工具栏包括一些最常见的工具，以图标按钮的形式显示出来，以便于用户更快捷、更直观地使用，如图4-15所示。

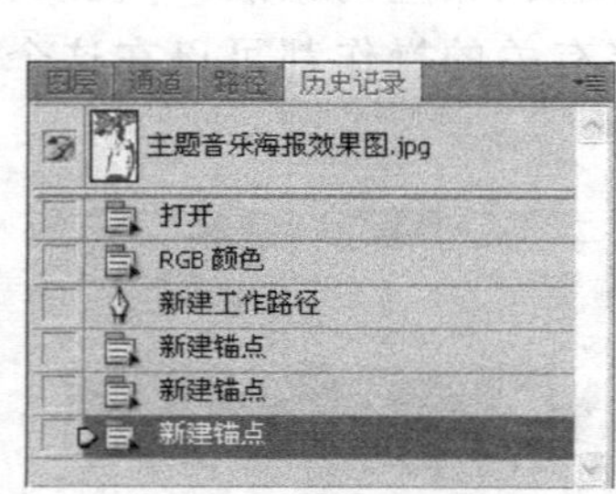

图 4-12　历史面板

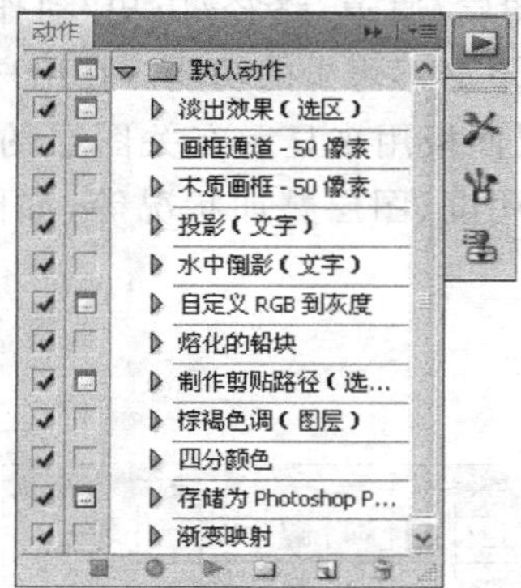

图 4-13　动作面板

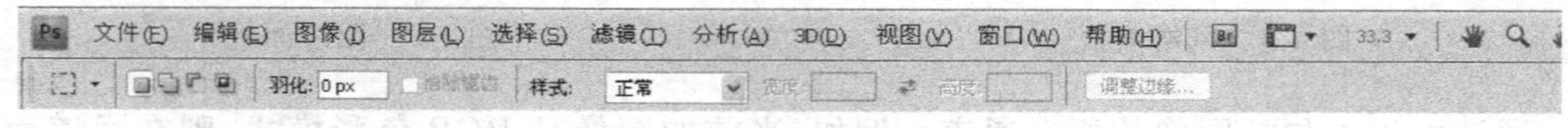

图 4-14　选项栏

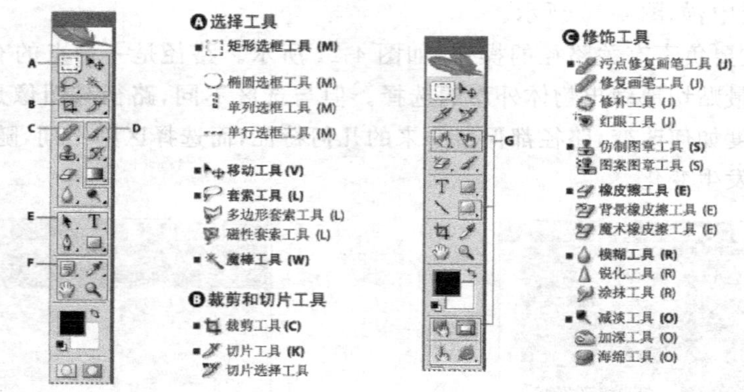

图 4-15　工具栏

4.1.1　水晶球的制作

1. 任务分析

本节主要制作卡片的 Logo，主要运用钢笔工具和图层样式技术。

2. 解决方案和步骤

下面将介绍水晶球制作的具体操作步骤。

(1) 按【Ctrl＋N】组合新建一个文件，设置弹出的对话框中的参数，单击【确定】按钮即可进入操作界面，如图 4-16 所示。

(2) 单击图层面板右上角的三角符号，在弹出的菜单中选择【新建图层】，新建一个图层，如图 4-17 所示。

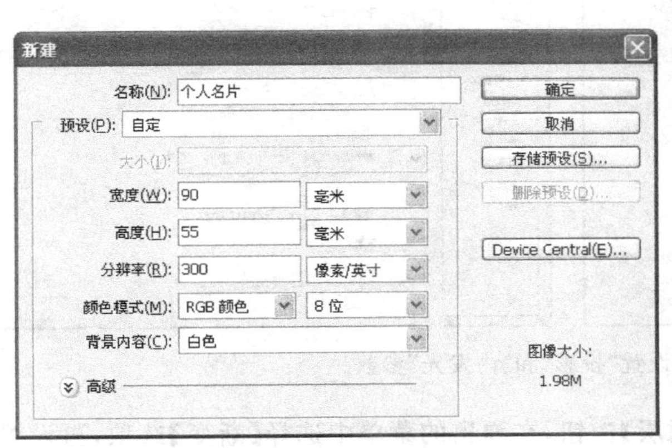

图 4-16　新建文件

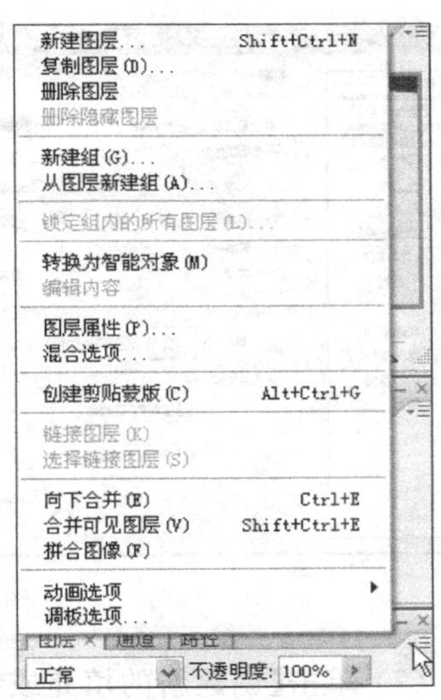

图 4-17　新建图层

(3) 选择【椭圆工具】,并在其工具选项条上单击【路径】按钮,按着【Shift】键在图层 1 上绘制正圆,用作水晶按钮的外形,如图 4-18 所示。

(4) 单击【创建新的填充或调整图层】按钮,在弹出的菜单中选择【渐变】选项,再设置渐变菜单的具体参数,为水晶球按钮制作渐变效果,如图 4-19 和图 4-20 所示。

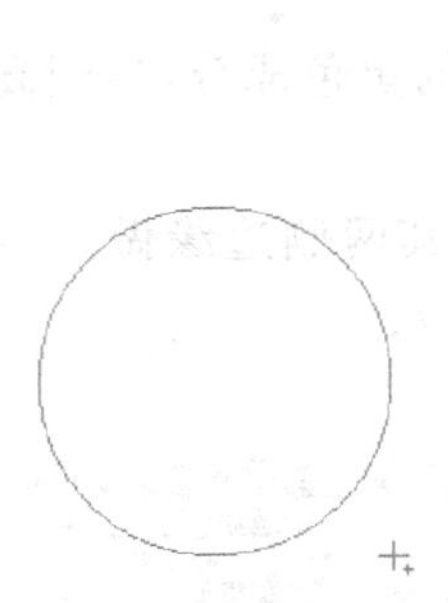

图 4-18　绘制正圆

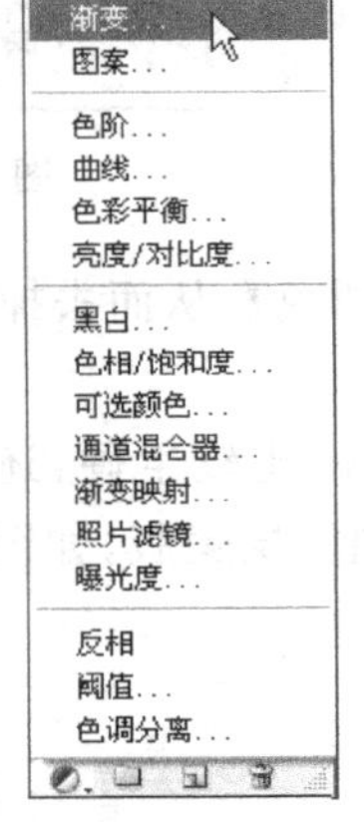

图 4-19　创建渐变

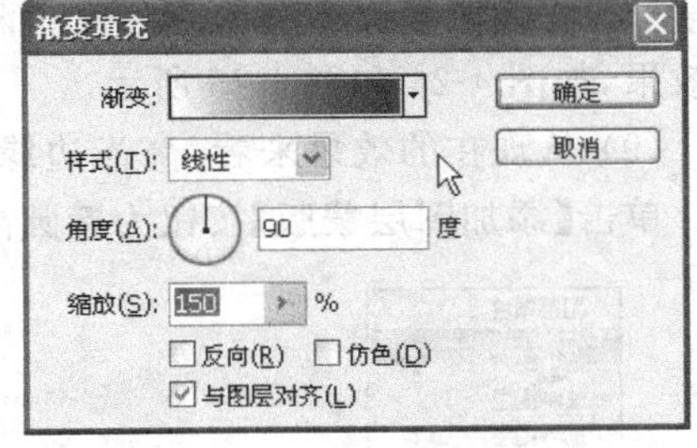

图 4-20　设置渐变参数

小知识

设置【渐变编辑器】对话框后,单击【确定】按钮返回到【渐变填充】对话框中,用鼠标在图像上拖动可以确定渐变中心点的位置。

(5) 下面,我们把水晶球立体化。双击水晶球所在的图层 1,在弹出的【图层样式】菜单窗口中勾选“投影”以及“内发光”,具体参数设置如图 4-21 所示。

(6) 单击【椭圆工具】,并单击【路径】按钮,在圆形水晶球上绘制椭圆路径以制作水晶球上的高光外形,如图 4-22 所示。

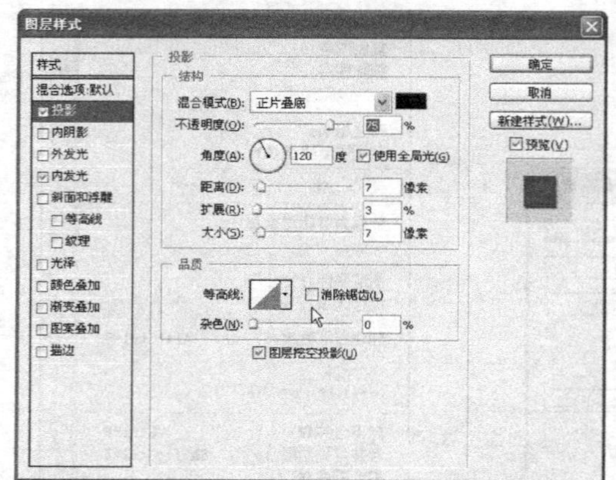

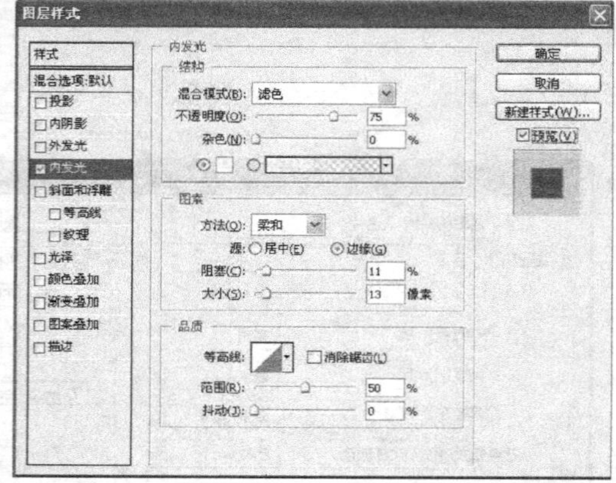

图 4-21　设置“投影”和“内发光”参数

（7）单击【创建新的填充或调整图层】按钮，在弹出的菜单中选择【渐变】选项，再设置渐变菜单中的具体参数，具体参数如图 4-23 所示。

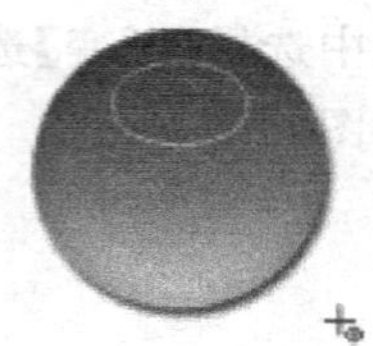

图 4-22　制作水晶球上的高光外形

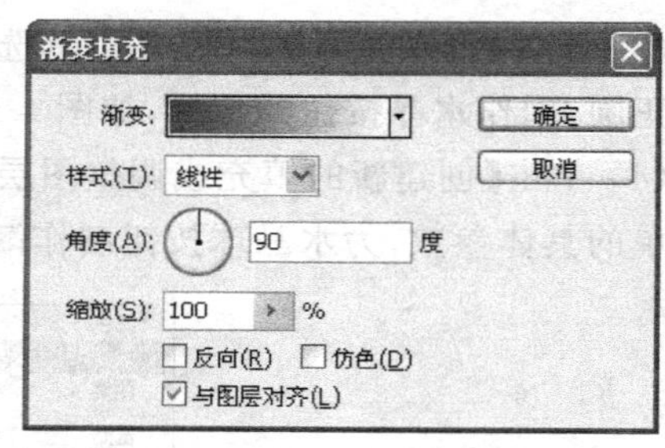

图 4-23　设置渐变参数

（8）将椭圆渐变图层的混合模式设置为【滤色】，从而去掉渐变中的黑色成分，达到高光的效果，如图 4-24 和图 4-25 所示。

（9）从现在的效果来看，高光边缘部分显得比较生硬，还需要对其两侧边缘做一些调整。单击【添加图层蒙版】按钮为椭圆高光添加图层蒙版，如图 4-26 所示。

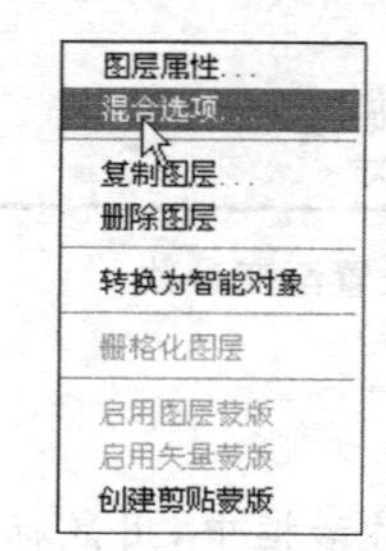

图 4-24　设置混合模式

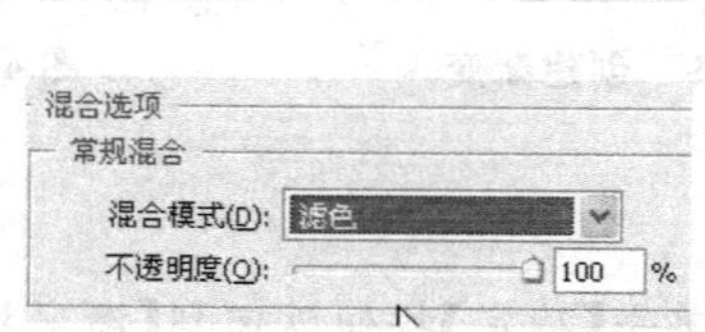

图 4-25　设置混合模式效果

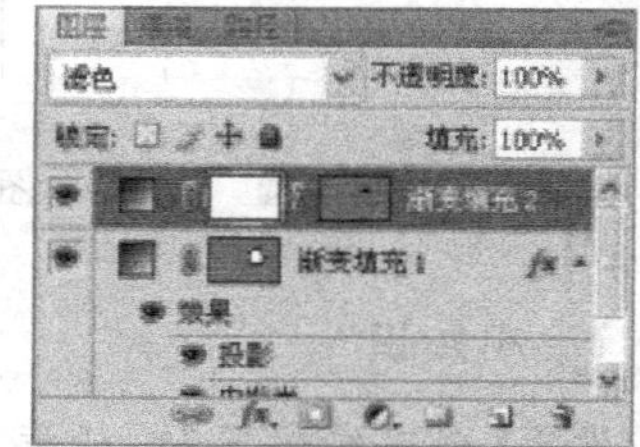

图 4-26　添加图层蒙版

（10）将前景色设置为黑色，选择【画笔工具】，并设置适当的笔触大小及不透明度，在图层蒙版中进行涂抹，以柔和椭圆两侧的边缘。如果水晶按钮的立体感还不够，我们需要对一些没做好的地方进行调整，调到自己满意为止，如图 4-27 所示。

(11) 单击【椭圆工具】，并点击【路径】按钮，在圆形水晶球底绘制正圆路径以制作水晶球的金属边框，如图4-28所示。

(12) 单击【创建新的填充或调整图层】按钮，在弹出的菜单中选择【渐变】选项，再设置渐变菜单中的具体参数，具体参数设置如图4-29所示。

图4-27　调整水晶按钮

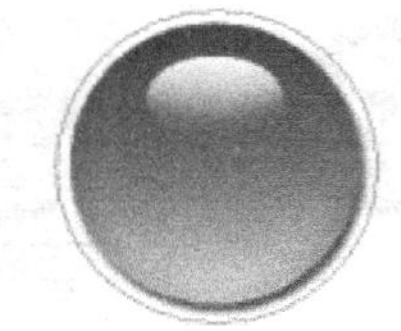

图4-28　制作水晶球的金属边框

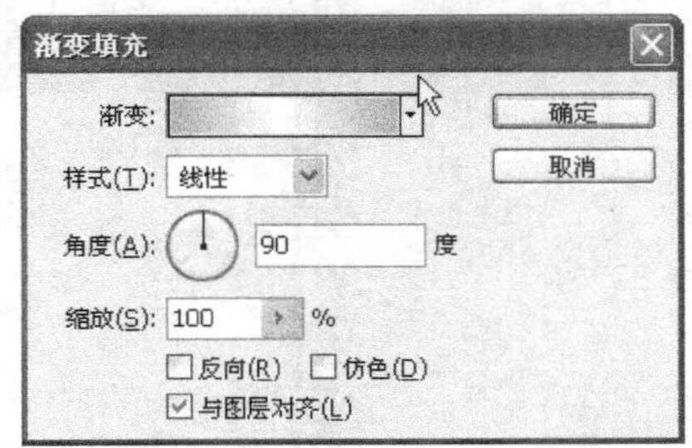

图4-29　设置渐变菜单中的具体参数

(13) 对边框添加图层样式，双击边框图层，在弹出的图层样式窗口中勾选"投影"、"斜面与浮雕"以及"等高线"，再对每一个效果参数进行设置，如图4-30所示。

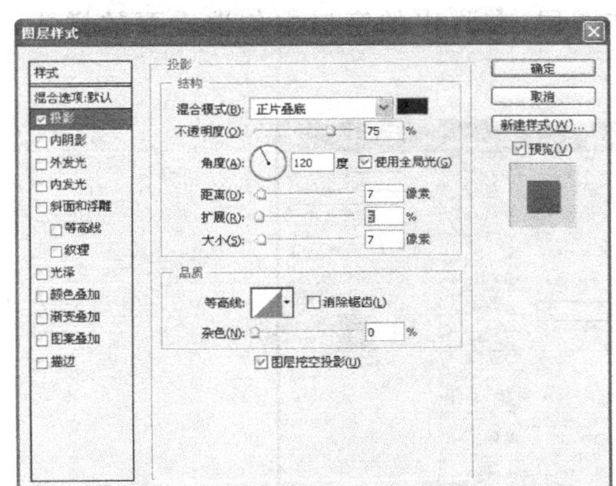

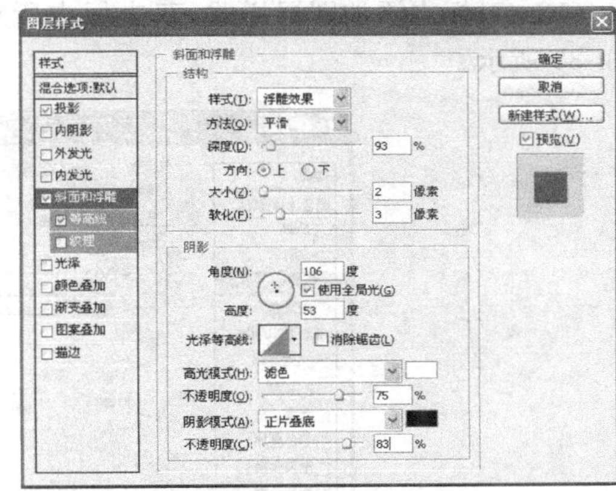

图4-30　设置"投影"、"斜面与浮雕"和"等高线"参数

(14) 调整图层的位置，如图4-31所示。

(15) 该案例我们选择了顺德职业技术学院，考虑到学校的特征，将学校名字与学校校徽的形状结合起来进行设计。现在我们就来绘制学校的标志，首先选择钢笔工具描绘学校标志的外形，如图4-32所示。

(16) 将钢笔描绘的外形转换为选区，如图4-33所示。

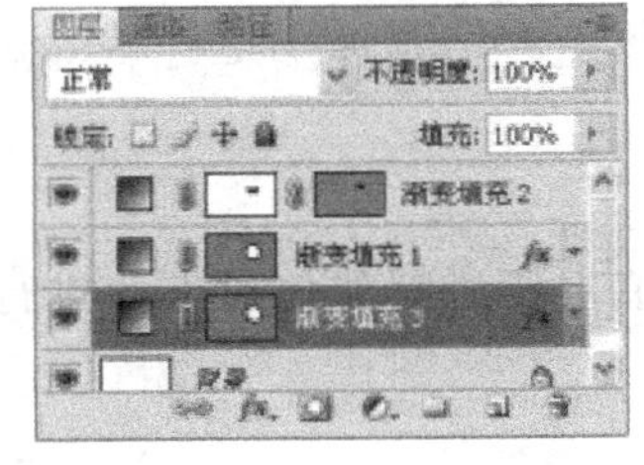

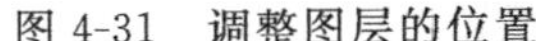

图4-31　调整图层的位置

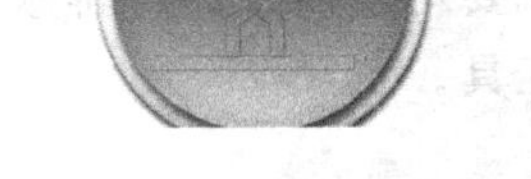

图4-32　使用钢笔工具描绘学校标志

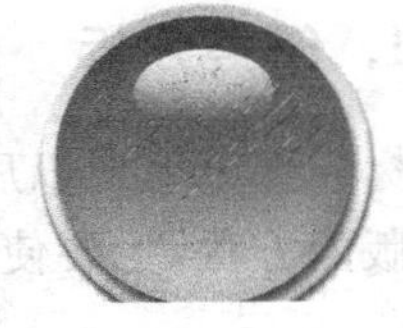

图4-33　转换为选区

(17) 新建一个图层,将选区填充为白色,并对其进行自由变化,根据需要确定标志大小,如图 4-34 所示。

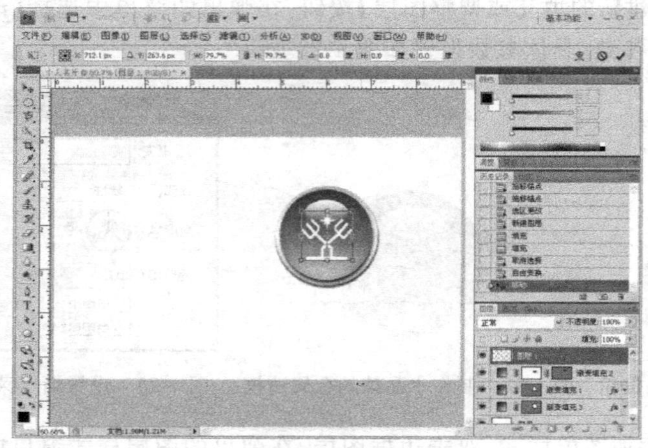

图 4-34　确定标志大小

(18) 对标志添加图层样式,双击标志所在图层,在弹出的窗口中勾选需要的样式,如图 4-35 所示。

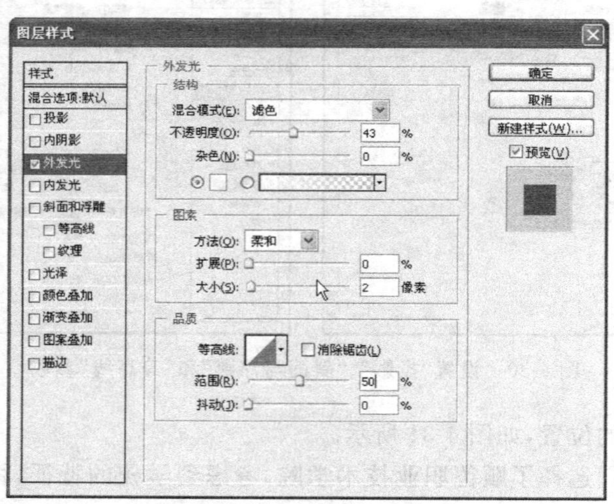

图 4-35　对标志添加图层样式

4.1.2　整体制作

1. 任务分析

标志部分完成以后,我们就要对整体来进行排版了。本节主要讲解如何对卡片进行整体排版的方法,主要使用文字工具。

2. 解决方案和步骤

下面将介绍整体球制作的具体操作步骤。

(1) 选中水晶按钮图层、边框图层以及标志图层，按【Ctrl+E】组合键进行拼合，然后按【Ctrl+T】组合键进行自由缩放，放置在名片的右上角，然后输入名片的信息文字，如图 4-36 所示。

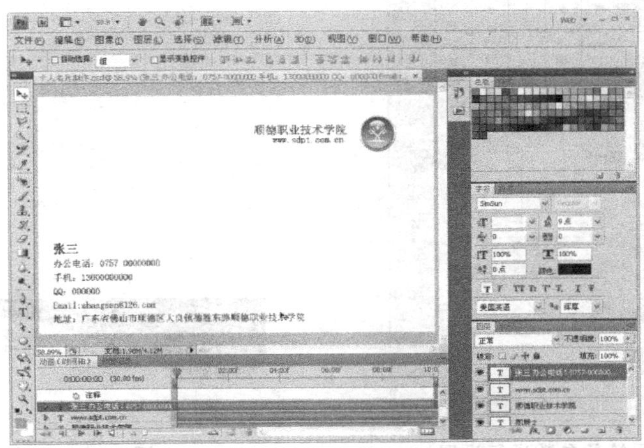

图 4-36 输入名片的信息文字

(2) 新建一个图层，并选中【钢笔工具】对背景形状进行勾画，如图 4-37 所示。

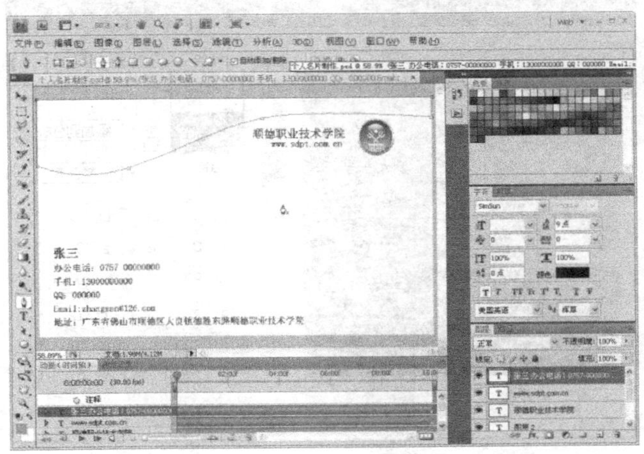

图 4-37 勾画背景形状

(3) 将勾画的路径转化为选区，如图 4-38 所示。

(4) 将公司的标准色设置为前景色，对该选区进行填充，如图 4-39 所示。

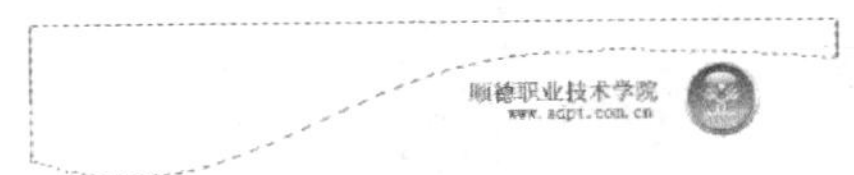

图 4-38 将勾画的路径转化为选区

图 4-39 填充选区

(5) 选择【画笔工具】,单击【切换画笔面板】工具,在弹出的窗口中对画笔的参数进行设置,具体参数如图 4-40 所示。

(6) 新建一个图层,设置前景色为黑色,并按照前面步骤设置好的画笔描绘一根直的虚线以区分上下两部分信息,如图 4-41 所示。

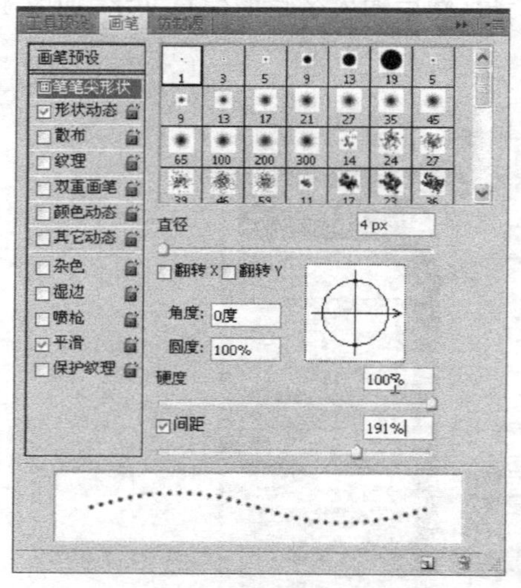

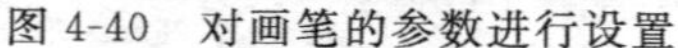

图 4-40 对画笔的参数进行设置

图 4-41 描绘虚线

(7) 打开【拾色器】,将背景色设置为灰色,如图 4-42 所示。

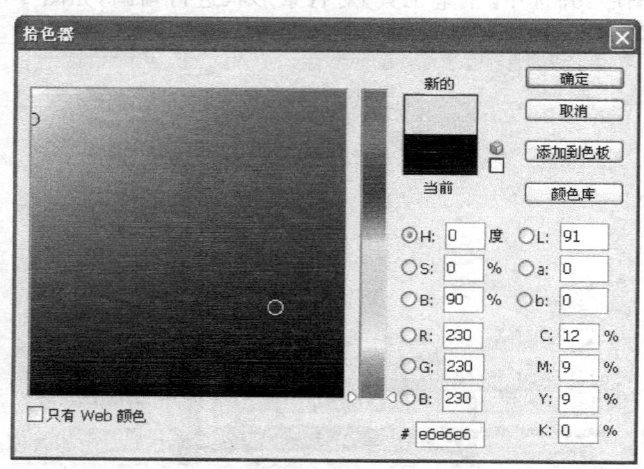

图 4-42 设置背景色

(8) 按【Ctrl+←】组合键填充名片背景为灰色,整个名片就设计完成了,如图 4-43 所示。

4.1.3 实训课堂

应用上面所学的知识点和技能制作一张个性化的个人卡片,效果图如图 4-44 所示。

图 4-43 填充名片背景为灰色

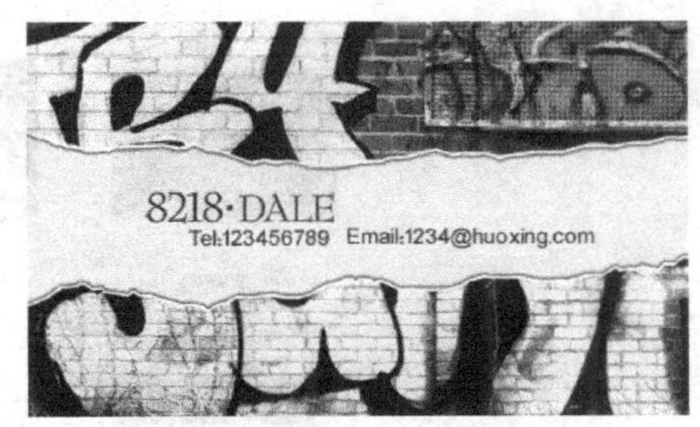

图 4-44 个性化个人卡片

4.2 音乐海报制作

在这个海报开始之前设计者在心中有了一个定位，就是时尚而简洁，接下来就是为了实现这个目标而做的尝试。制作黑白效果能使观众有直接的视觉效应，可以很清楚地看出画面上的人物做的动作和要表达的意思。作剪影效果时，人物的选择通常以侧面为佳，因为“侧面”是大多数人面部的最佳角度。而物体透视，看起来生动又有深度。下面就制作一幅音乐海报，效果图如图 4-45 所示。

图 4-45 音乐海报效果图

本案例将通过 5 个阶段，来制作一幅完整的音乐海报。通过本案例的制作，使读者快速掌握主题海报的制作流程。具体来说，完成音乐海报的制作，可以分成 5 个任务完成。

任务 1：海报人物制作。

任务 2：自定义图案的制作。

任务 3：协调背景及人物颜色。

任务 4：制作海报文字。

任务 5：调整背景。

4.2.1 海报人物制作

1. 任务分析

本节主要讲解如何制作海报人物，应用【选择工具】把人物从素材中抠出来。

2. 解决方案和步骤

下面将介绍海报人物制作的具体操作步骤。

(1) 依次单击【文件】|【打开】。

(2) 在弹出的窗口中，选中所需要的素材图片，然后单击【打开】按钮，如图 4-46 所示。

(3) 在工作区打开素材后，选中工具栏中的【钢笔工具】，如图 4-47 所示。

(4) 使用【钢笔工具】沿人物边缘进行勾绘，切换到路径界面可以看到勾选后的路径外形，如图 4-48 所示。

图 4-46　选中所需要的素材图片

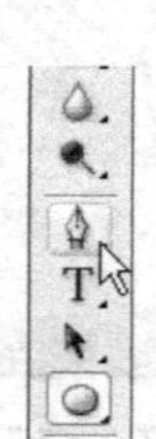

图 4-47　选择钢笔工具

图 4-48　勾绘人物边缘

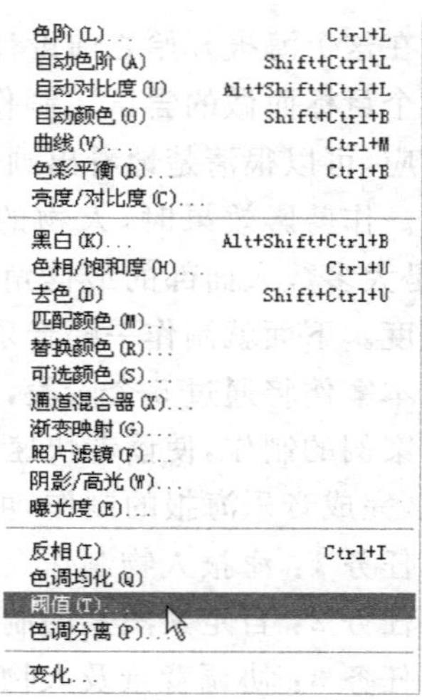

图 4-49　调整阈值

(5) 选中人物所在的图层 1,依次单击【图像】|【调整】|【阈值】,如图 4-49 所示。

(6) 在弹出的阈值参数窗口中,输入阈值色阶的参数,勾选【预览】,可看到人物图形的变化,如图 4-50 所示。

使用了阈值之后,效果图如图 4-51 所示。

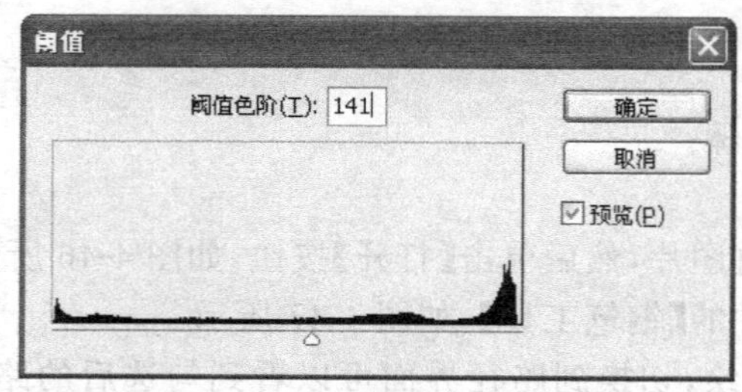

图 4-50　输入阈值色阶的参数

图 4-51　使用阈值后的效果图

4.2.2 自定义图案的制作

1. 任务分析

自定义图案，主要应用于大面积的同一图案背景，或者经常用的一些图案，比如细斜线、点画线、地板格，还有一些特殊图案等。自己喜欢的一些图案也可以制作成自定义图案，从而可以大面积的复制，免去了手动复制的麻烦。本节主要讲解如何制作自定义图案，主要使用到自定义图案工具。

2. 解决方案和步骤

下面将介绍自定义图案制作的具体操作步骤。

(1) 新建文件，确定海报的尺寸大小，按【Ctrl＋N】组合键并在弹出的新建文件窗口中设置文件大小及各项参数，如图 4-52 所示。

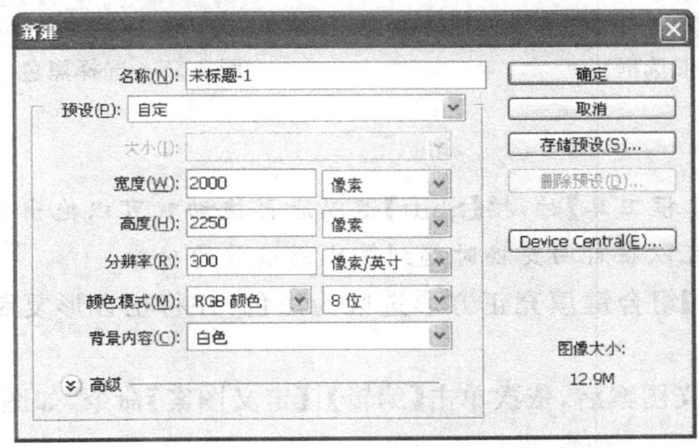

图 4-52 新建文件

(2) 新建一个文件来制作需要的自定义图案，依次单击【文件】|【新建】，在弹出的新建窗口中，设置 6 像素×6 像素的透明背景文件，具体参数如图 4-53 所示。

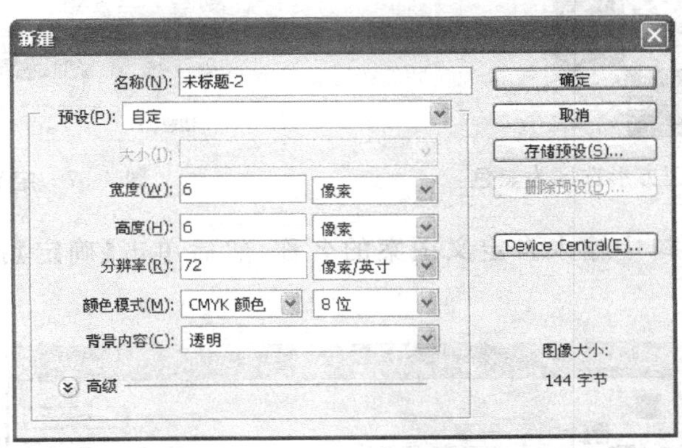

图 4-53 设置文件具体参数

(3) 利用【缩放工具】或者按【Ctrl＋＋】组合键将新建后的文件显示比例放大至3200%，以便于下面的绘图操作。选中菜单栏中的【矩形选择工具】，并在新建的文件中按【Shift】键拖出一个4像素大小的正方形选框，如图4-54所示。

(4) 单击背景色，在弹出的背景色拾色器中选中黑色，如图4-55所示。

图4-54 拖出正方形选框

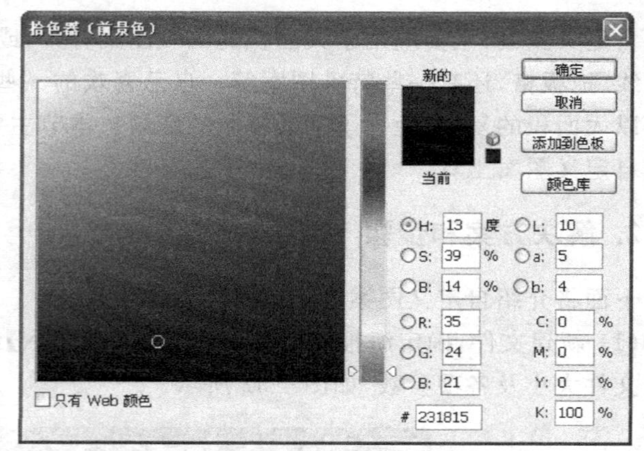

图4-55 选择黑色

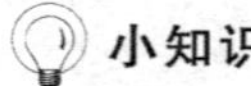 **小知识**

当需要运用到【选框工具】时，按【Shift】键以后再拖动就可以拖出正方形以及正图等图形选区，【Shift】键还可以在自由变换时起到等比例缩放的功能。

(5) 按【Ctrl＋←】组合键填充正方形选区为黑色，并将正方形复制并拖动到相应的位置，如图4-56所示。

(6) 绘制好自定义图案后，依次单击【编辑】|【定义图案】命令，如图4-57所示。

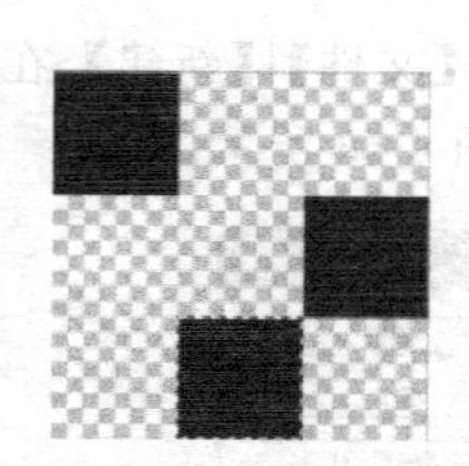

图4-56 填充正方形选区为黑色

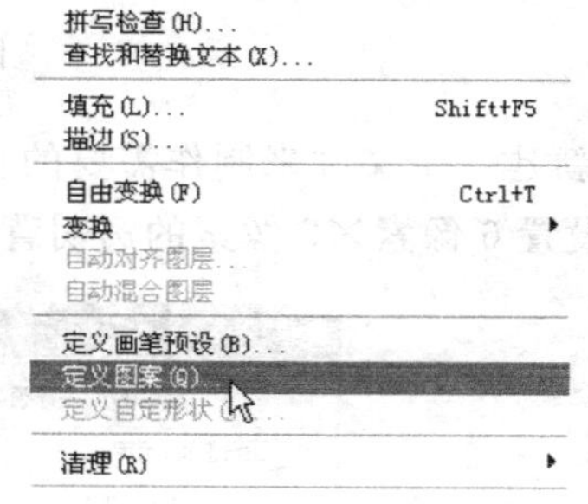

图4-57 定义图案

(7) 在弹出的窗口中输入自定义图案的名称，然后单击【确定】按钮退出对话框，如图4-58所示。

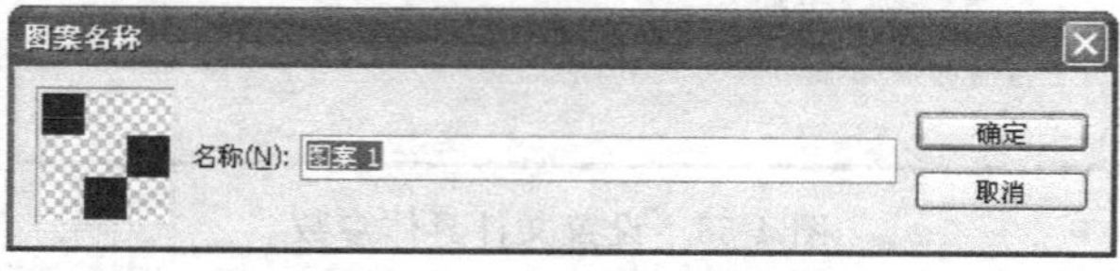

图4-58 输入自定义图案的名称

(8) 回到前面新建的海报文件，单击图层面板右上角的小三角，并在显示的菜单中选中新建图层，如图4-59所示。

(9) 选中新建的图层1，然后依次单击【编辑】|【填充】命令，如图4-60所示。

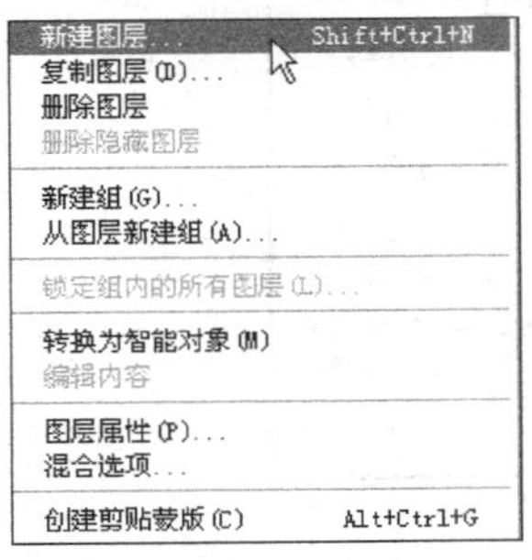

图4-59 新建图层

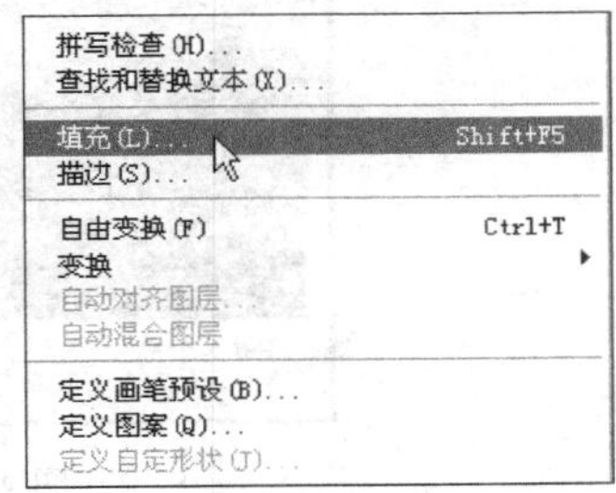

图4-60 填充图层

(10) 在弹出的【填充】命令窗口中，选中前面新建的自定义图案，具体选项设置如图4-61所示。

(11) 填充自定义图案后将文件比例放大至200%，可以清楚观察到填充后的效果，如图4-62所示。

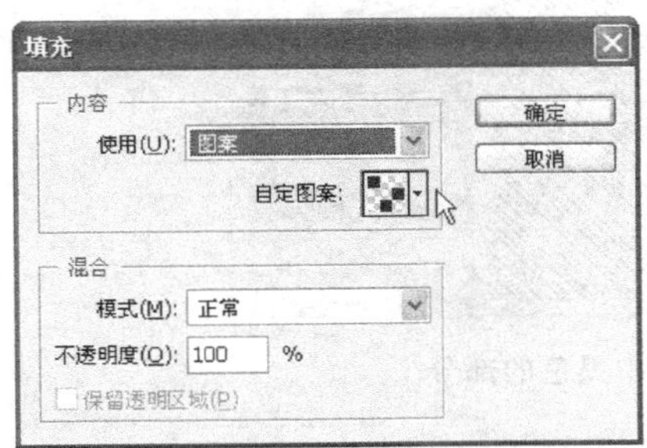

图4-61 选择自定义图案

图4-62 放大文件比例

4.2.3 协调背景及人物颜色

1. 任务分析

在设计中，需要注意的是色彩切忌过多而杂，在这个案例中，色彩选择了同一色系进行设计，让整个画面更加简洁而有层次感。本节主要讲解如何协调背景及人物颜色，主要使用蒙版和图层样式。

2. 解决方案和步骤

下面将介绍协调背景及人物颜色的具体操作步骤。

(1) 单击前景色，在弹出的前景色拾色器中选择所需的色彩，如图4-63所示。

(2) 选中图层1，选择【魔棒工具】，在该工具的选项框中把【连续】选项去掉，然后选择图层1中黑色的部分，如图4-64所示。

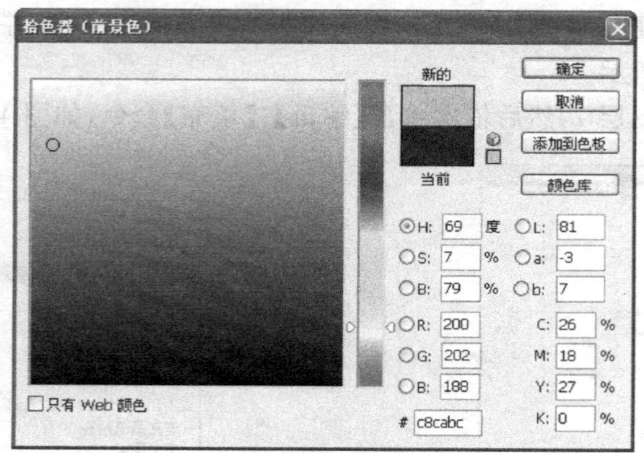

图 4-63　选择所需的色彩

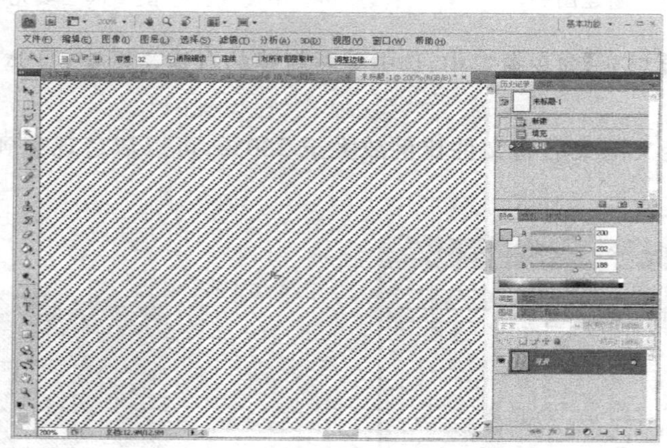

图 4-64　选择图层 1 中黑色的部分

（3）选择编辑菜单栏中的【填充】，在【填充】对话框中，选择内容为“前景色”，按【确定】，如图 4-65 所示。

（4）将前面我们处理好的黑白人物剪影图片拖到我们正在编辑的海报文件中，如图 4-66 所示。

（5）选中黑白人物剪影图片所在的层，改名为图层 2，并将其混合模式设置为正片叠底模式，如图 4-67 所示。

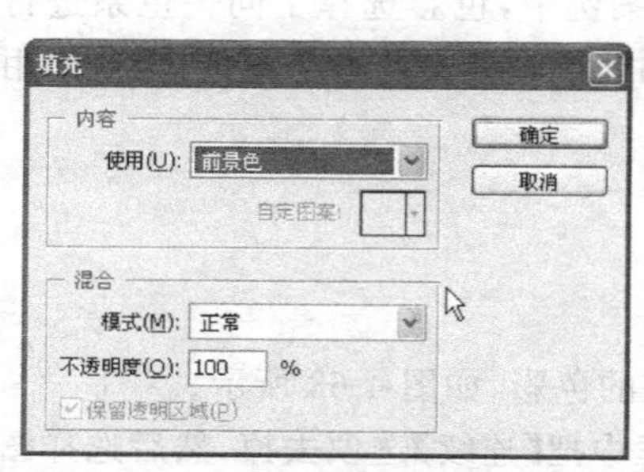

图 4-65　填充前景色

图 4-66　把剪影图片拖到海报文件中

正常
溶解
变暗
正片叠底
颜色加深
线性加深
深色
变亮
滤色
颜色减淡
线性减淡（添加）
浅色

图 4-67　设置混合模式

(6) 单击图层面板右上角的小三角,新建一个图层,如图 4-68 所示。

图 4-68 新建一个图层

(7) 在弹出的新建图层窗口中,将新图层名称命名为图层 3,如图 4-69 所示。

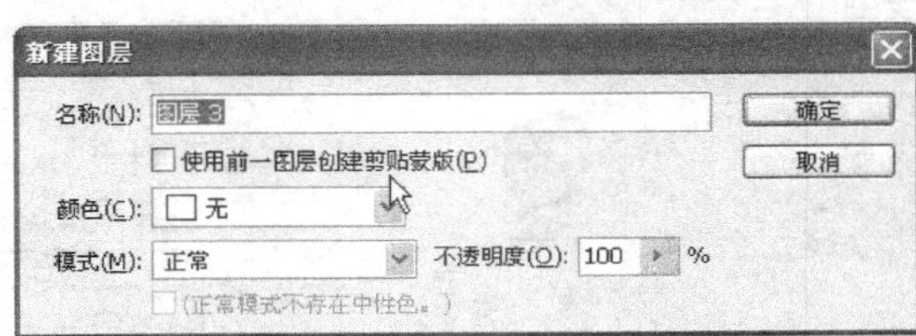

图 4-69 命名新图层

(8) 单击前景色,并在弹出的前景色拾色器中设置所需颜色,如图 4-70 所示。

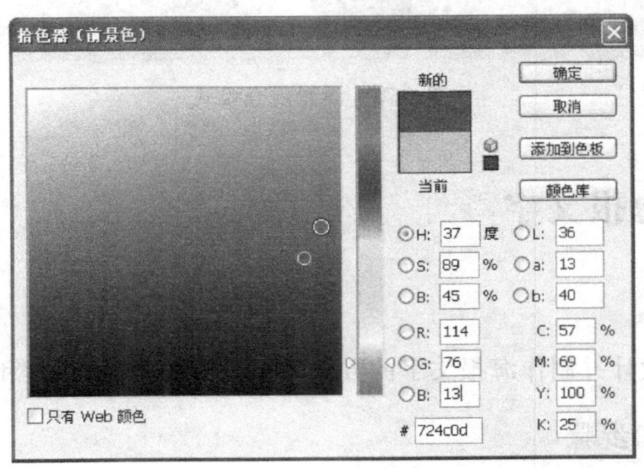

图 4-70 设置前景色

(9) 选中图层 3,并按【Alt+←】组合键对其进行填充,如图 4-71 所示。

(10) 确认图层 3 位于图层 2 的上方,按【Ctrl+Alt+G】组合键创建剪贴蒙版,得到如图 4-72 的效果。

图 4-71　填充图层 3

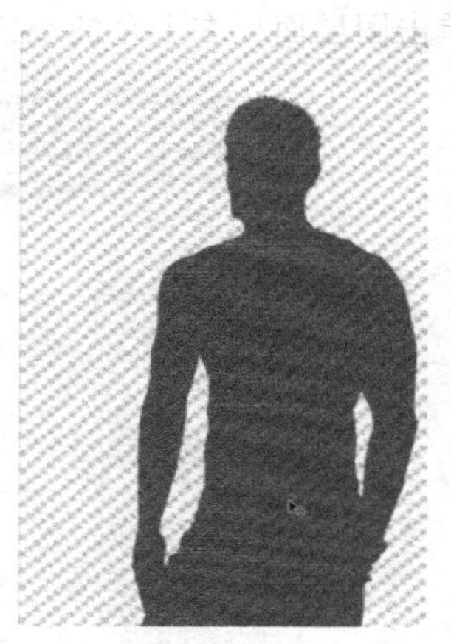

图 4-72　创建剪贴蒙版

(11) 选中图层 3,设置其混合模式为【浅色】,得到如图 4-73 所示的效果。

图 4-73　设置混合模式

4.2.4 制作海报文字

1. 任务分析

本节主要讲解设计并制作海报文字的方法,主要应用到文字工具和图层原理。

2. 解决方案和步骤

下面将介绍海报文字制作的具体操作步骤。

(1) 在工具栏中选择【横排文字工具】,并在其工具选项条上设置适当的字体和字号,然后在画布中输入需要的文字,如图 4-74 所示,同时得到一个相对的文字图层。

(2) 选中所有文字,单击前景色,并在弹出的前景色拾色器中选择所需的颜色,如图 4-75 所示。

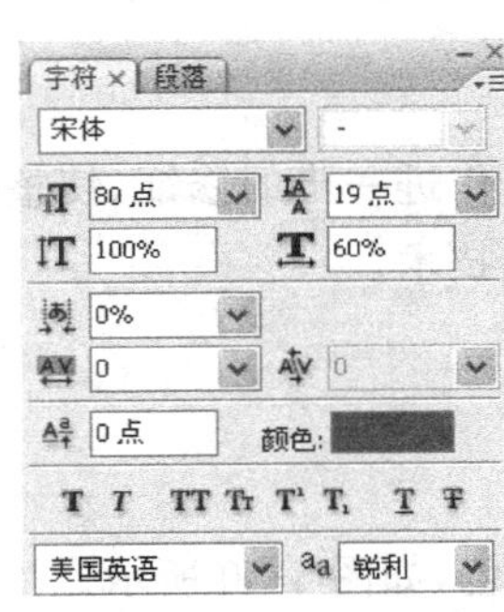

图 4-74 输入需要的文字

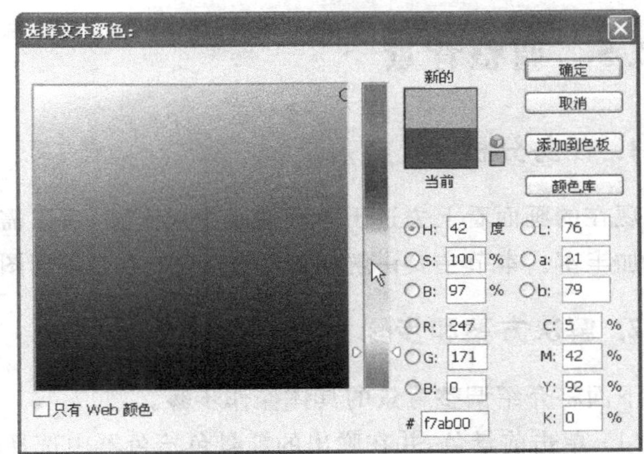

图 4-75 选择前景色

(3) 按【Ctrl+T】组合键调出自由变换控制框，旋转文字，也可以在其工具选项条上设置旋转角度，如图 4-76 所示。

(4) 选中文图层，单击【添加图层样式】按钮，也可以直接双击文字图层弹出图层样式对话框，勾选描边，并选择描边的颜色，如图 4-77 所示。

图 4-76 旋转文字

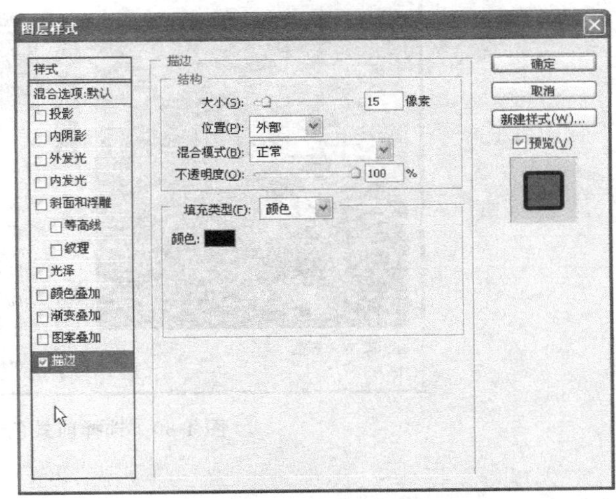

图 4-77 添加图层样式

(5) 再次使用【Ctrl+T】组合键对文字进行自由变换并拖放到右上角，如图 4-78 所示。

(6) 重复步骤 1 至步骤 5，制作出其他的文字，如图 4-79 所示。

图 4-78 自由变换文字

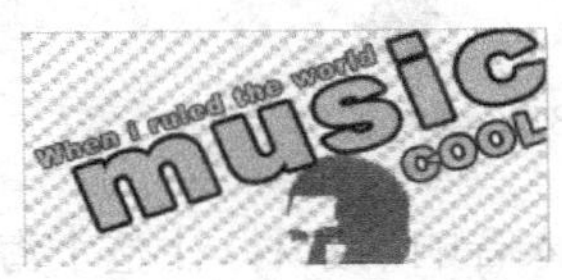

图 4-79 制作其他的文字

4.2.5 调整背景

1. 任务分析

现在的画面看上去过于单调并缺少层次感，所以需要对背景作进一步的修饰，使整个画面更加丰富。本节主要讲解如何调整背景，主要运用图层的合成技术。

2. 解决方案和步骤

下面将介绍调整背景的具体操作步骤。

(1) 单击前景色，并在弹出的前景色拾色器中选择所需的颜色，如图 4-80 所示。

(2) 选中工具栏中【椭圆工具】，并选中其工具选项条上的【形状图层】，按住【Shift】键在画布上绘制一个正圆的图形，如图 4-81 所示。同时得到一个相对的形状图层。

(3) 复制多个正圆形状的图形，并按【Shift】键将所有形状图层联系起来，然后选择工具栏中的移动工具，将其摆放到画布的上方，如图 4-82 所示。

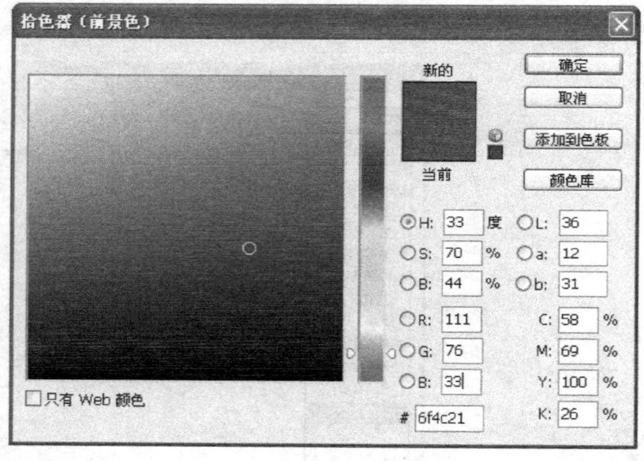

图 4-80　选择前景色

图 4-81　绘制正圆

图 4-82　复制正圆形状

图 4-83　加入音响的素材

(4) 加入音响的素材，让整个海报主题更加明确，如图 4-83 所示。

(5) 在画布左下角加入一排小字，让整个画面平衡一下，如图 4-84 所示。该案例到这里就结束了，最终效果如图 4-85 所示，大家也可以通过同样的思路做出其他的主题海报。

图 4-84 加入小字

图 4-85 最终效果图

图 4-86 美女海报效果图

4.2.6 实训课堂

应用以上所学的知识和技能制作美女海报，效果图如图 4-86 所示。

4.3 婚纱照的制作

婚纱照是所有女孩最想照的照片，因为它是女孩们一生中最美丽时刻的见证。婚纱照早不是当年随意拍摄下来的照片了，通过后期的设计加工，我们可以让自己的照片变得更加美丽动人，如梦似幻。其效果图如图 4-87 所示，下面将动手做一张婚纱照的后期设计加工。

图 4-87 婚纱照片效果图

本案例将通过 4 个阶段，来制作一幅完整的婚纱照片。通过本案例的制作，使读者快速掌握婚纱照片的制作流程。

任务 1：组合画面的元素。

任务 2：调整照片画面的色彩。

任务 3：制作发光星星。

任务 4：制作蝴蝶形状。

4.3.1 组合画面的元素

1. 任务分析

这一次的设计我们需要用到很多元素，并先将这些元素结合到一起再进行下一步的设计制作。本节主要讲解如何组合画面的元素，主要使用蒙版技术。

2. 解决方案和步骤

下面将介绍组合画面的元素的具体操作步骤。

(1) 在 Photoshop 中空白处双击鼠标，在弹出的窗口中选中需要修改的照片，然后单击【打开】，如图 4-88 所示。

(2) 打开图片以后，选中工具栏中的【钢笔工具】或【多边形套索工具】对人物进行勾选，如图 4-89 所示。

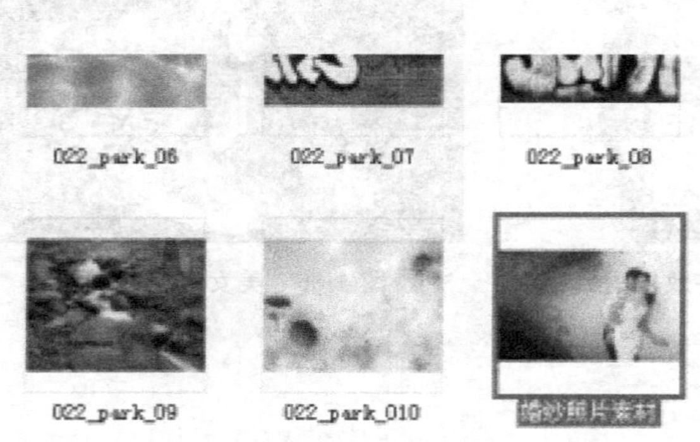

图 4-88 打开照片

图 4-89 勾取人物

(3) 将勾选的人物复制作到新的一层，单击背景图层的眼睛，如图 4-90 所示。

(4) 打开设计中需要的树林素材图片，选择菜单中的【编辑】|【画布大小】，把【高度】设置为 34 厘米，把【定位】选择为中上位置，如图 4-91 所示。

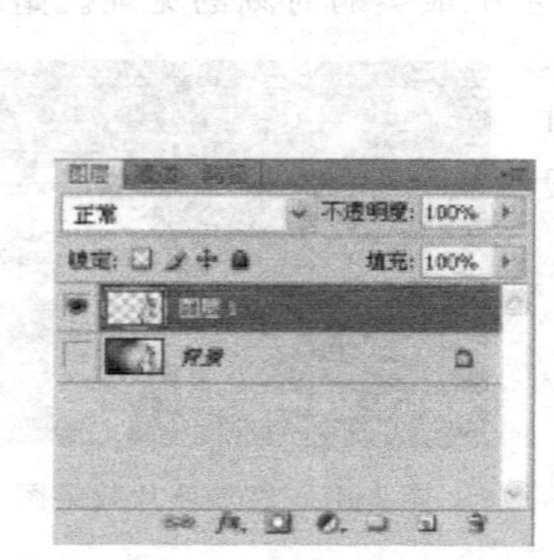

图 4-90 复制人物

图 4-91 设置画布大小

(5) 把小溪流素材图片加入到 Photoshop 中，并把它组合到背景素材中，按快捷键【Ctrl+T】调整其大小。

(6) 选中小溪流的图层 1，并对其添加图层蒙版，如图 4-92 所示。

(7) 将前景色设置为黑色，选中工具栏中的【画笔工具】，并设置【画笔】为【柔角笔触】，在蒙版中对图片的边缘进行涂抹，让两个画面过渡得比较自然，如图 4-93 所示。

(8) 用同样的方法把花朵素材添加到现在的画面中，并调整其大小，如图 4-94 所示。

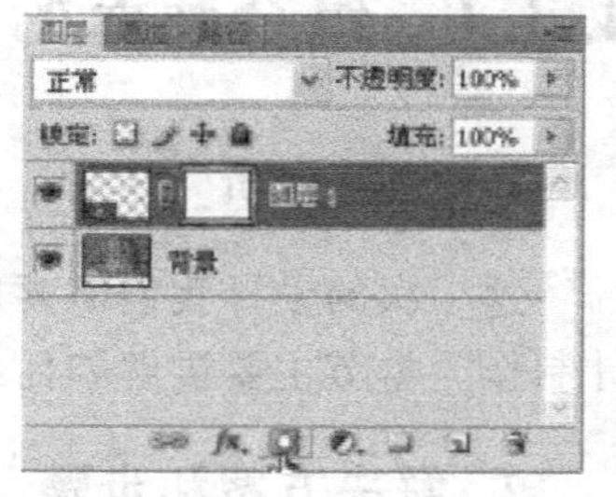

图 4-92 添加图层蒙版

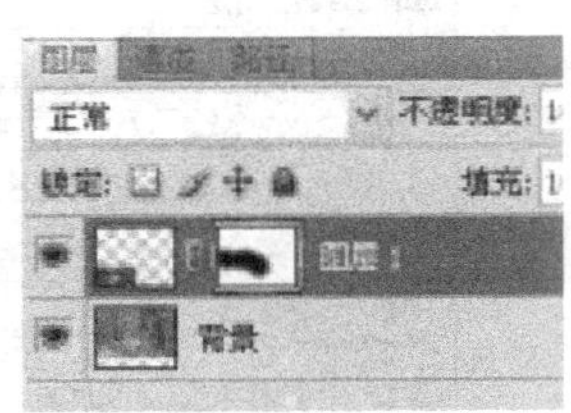

图 4-93　涂抹蒙版

图 4-94　调整花朵素材大小

(9) 选中花朵素材所在的图层,并对其添加图层蒙版。

(10) 将前景色设置为黑色,选中工具栏中的【画笔工具】,并设置【画笔】为【柔角笔触】,在蒙版中对图片的边缘进行涂抹,让水和旁边的石头能够很好地衔接,如图 4-95 所示。

(11) 把已勾选好的人物素材添加到现在的画面中,并调整其大小及位置,如图 4-96 所示。

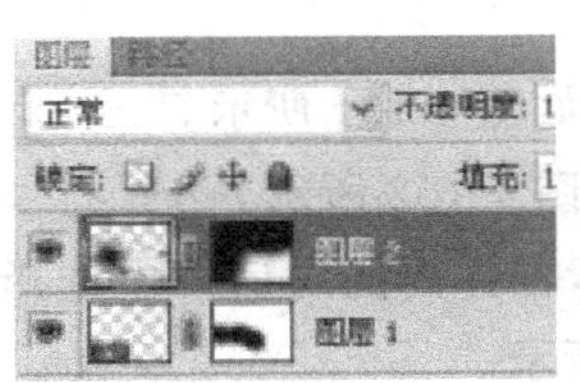

图 4-95　涂抹蒙版

图 4-96　调整素材大小

4.3.2　调整画面的色彩

1. 任务分析

现在的画面看起来杂乱而零散,我们通过色彩来对整个画面进行协调。本节主要讲解如何调整面面的色彩,主要色彩调整技术。

2. 解决方案和步骤

下面将介绍水晶球制作的具体操作步骤。

(1) 选中图层 2,在图层面板右下角中选择【创建新的填充或调整图层】按键,在弹出的菜单栏中选择【通道混合器】,如图 4-97 所示。

(2) 在【通道混合器】对话框中,选中输出通道中的红色通道,并对其参数进行设置,如图 4-98 所示。

(3) 选中通道混合器调整层,输出通道选中绿色通道,并对其参数进行设置,如图 4-99 所示。

(4) 选中通道混合器调整层,输出通道选中蓝色通道,并对其参数进行设置,如图 4-100 所示。

黑白...
色相/饱和度...
可选颜色...
通道混合器...
渐变映射...
照片滤镜...
曝光度...

图 4-97　选择"通道混合器"

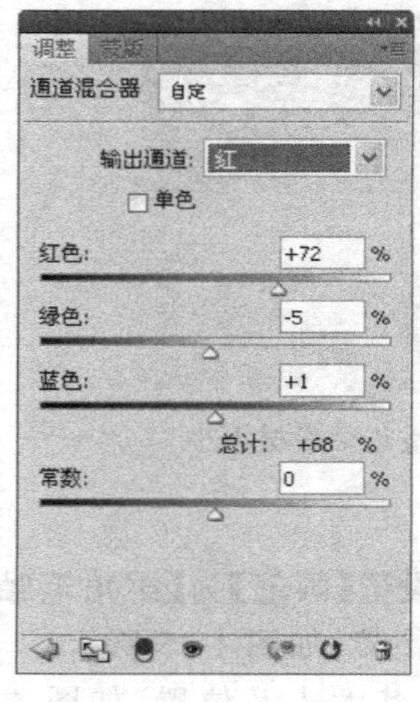

图 4-98　设置红色通道

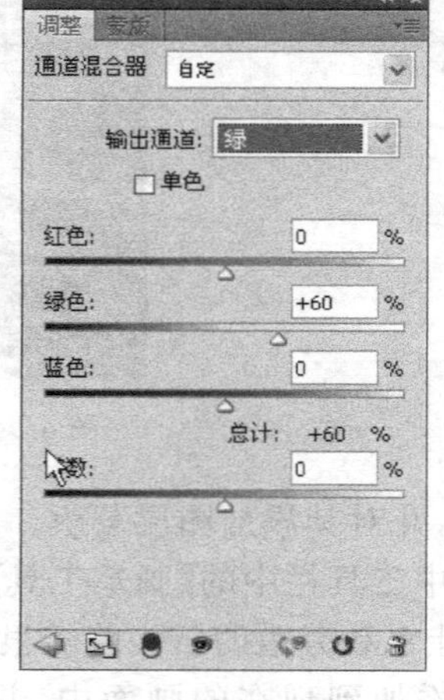

图 4-99　设置绿色通道

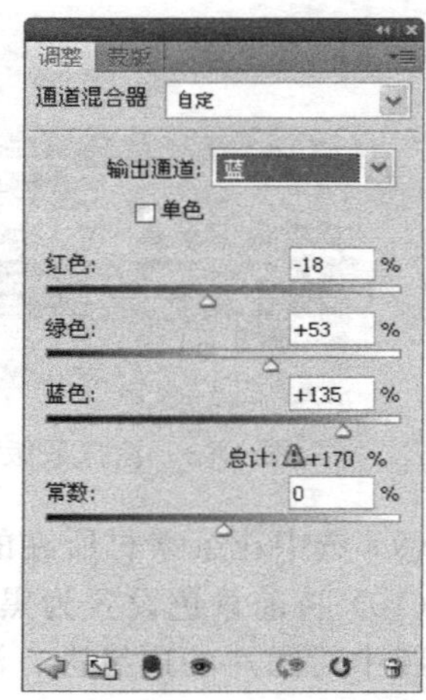

图 4-100　设置蓝色通道

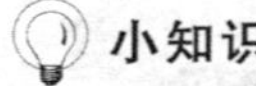

小知识

在设置的调整层中，可以通过单击来决定调整效果影响以下所有图层还是只影响调整层以下一层。

(5) 选中人物所在的图层，设置前景色的颜色为灰色，如图 4-101 所示。

(6) 选中人物图层，添加一个新的通道混合调整层，如图 4-102 所示。

(7) 选中上一步添加的通道混合器调整层，然后右击，在弹出的对话框中选择【剪切蒙版】，让该通道混合器的效果只影响以下一层，如图 4-103 所示。

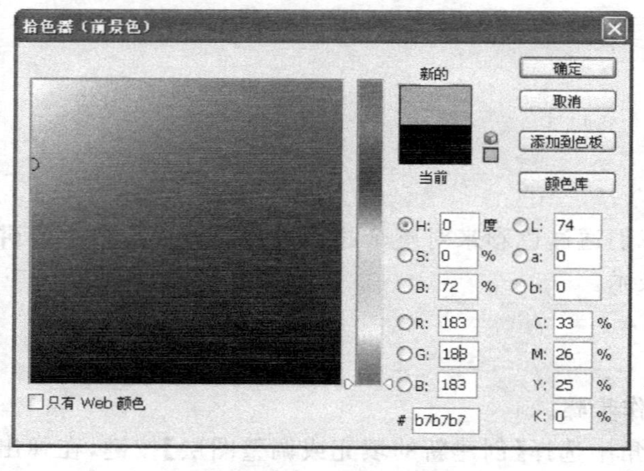

图 4-101　设置前景色

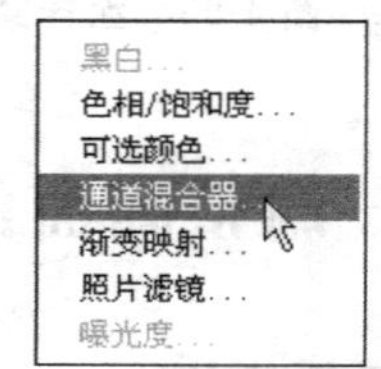

图 4-102　添加通道混合调整层

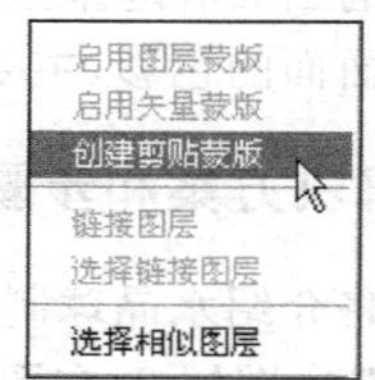

图 4-103　选择“剪切蒙版”

(8) 选中工具栏中的【画笔工具】，选择适合的笔触和不透明度，在图层蒙版中对人物皮肤的部分进行涂抹，如图 4-104 所示。

(9) 选中人物所在的图层，依次单击【图像】|【应用图像】，如图 4-105 所示。

(10) 在弹出的【应用图像】对话框中，选中红色通道，并将混合模式设置为【柔光】模式，如图 4-106 所示。

图 4-104　涂抹蒙版

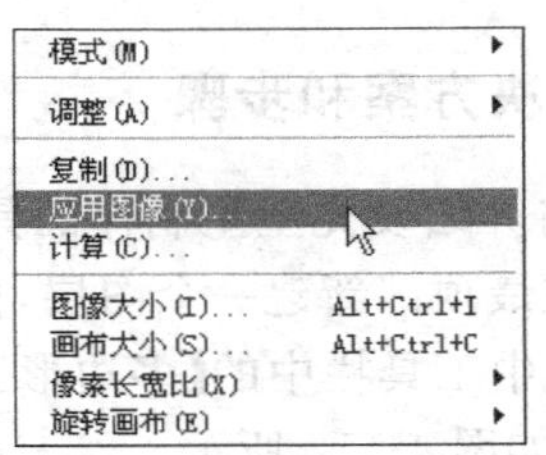

图 4-105　应用图像

(11) 单击图层面板右上角的小三角，在弹出的菜单栏中单击【新建图层】，如图 4-107 所示。

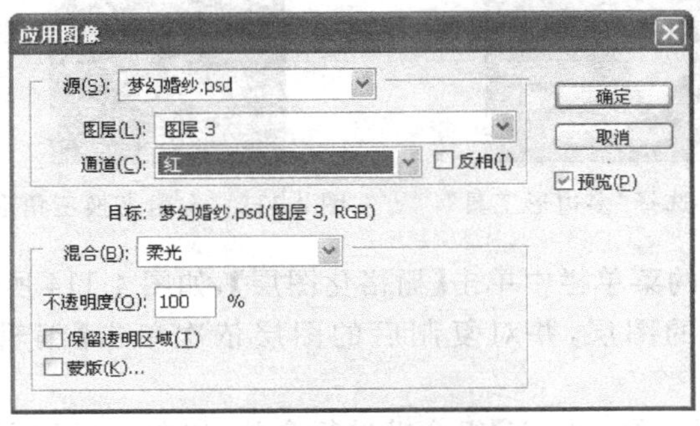

图 4-106　设置混合模式

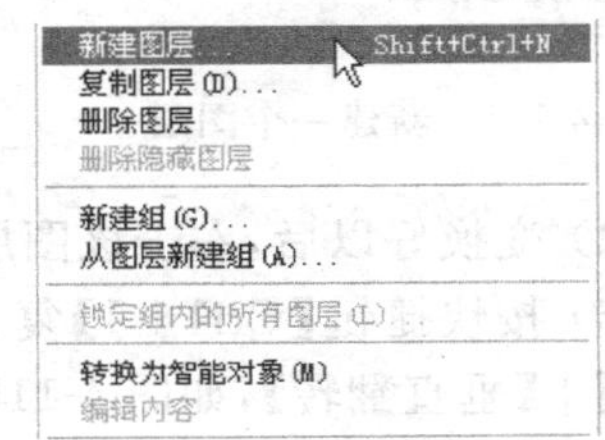

图 4-107　新建图层

(12) 选中新建的图层，并将图层模式设置为【正片叠底】模式，如图 4-108 所示。

(13) 选中工具栏中的【渐变工具】，并将渐变色设置为黑白渐变，选择渐变的方式为【径向渐变】，在新建的图层 2 中拖一个径向的渐变，如图 4-109 所示。

(14) 对径向渐变图层添加一个图层蒙版。

(15) 将前景色设置为黑色，选中工具栏中的【画笔工具】，并设置画笔的笔触和不透明度，然后在图层蒙版中对需要突出的地方进行涂抹，如图 4-110 所示。

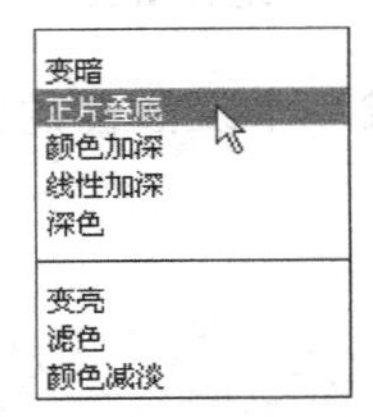

图 4-108　设置图层模式

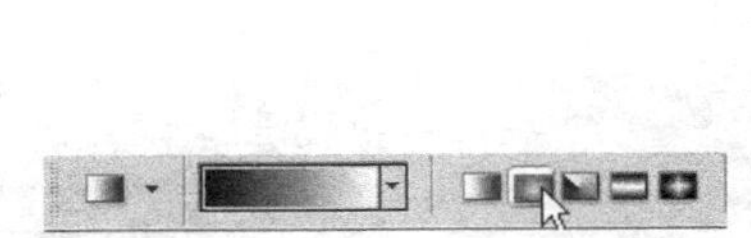

图 4-109　选择渐变方式

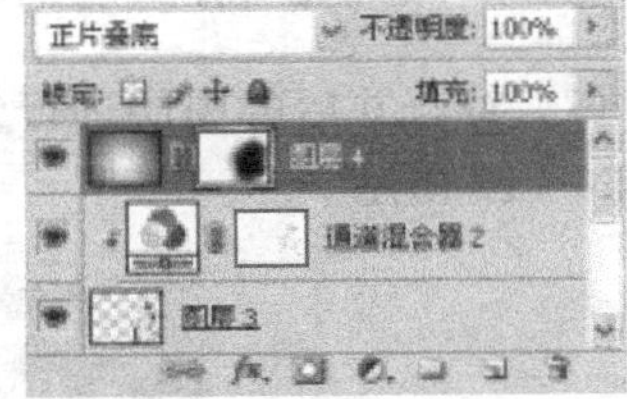

图 4-110　涂抹图层蒙版

4.3.3　制作发光星星

1. 任务分析

下面我们需要增加一些发光的小星星来烘托，使整个画面更有层次感，更加丰富。本节主要讲解如何制作发光星，主要形状工具和图层样式。

2. 解决方案和步骤

下面将介绍发光星星制作的具体操作步骤。

(1) 在最顶部新建一个图层,如图 4-111 所示。

(2) 选中工具栏中的【多边形工具】,并选择边数为 3,前景色为白色,在画面中绘制出一个三角形,如图 4-112 所示。

(3) 按【Ctrl+T】组合键对三角形进行自由变换,如图 4-113 所示。

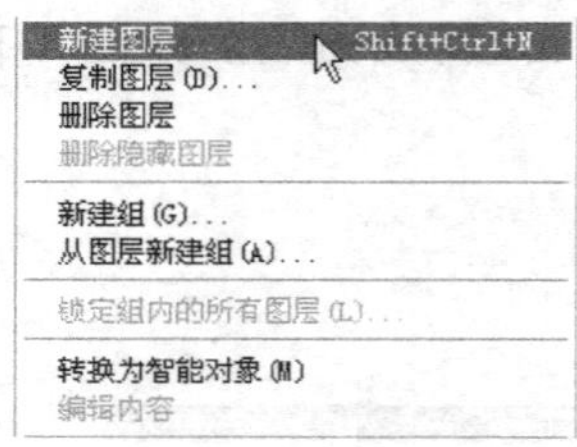

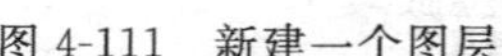
图 4-111 新建一个图层

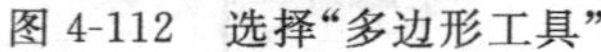
图 4-112 选择“多边形工具”

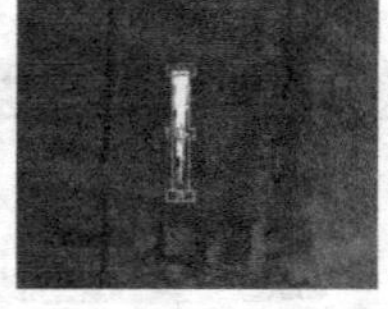
图 4-113 自由变换三角形

(4) 变换好以后,右击该图层,在弹出的菜单栏中单击【栅格化图层】,如图 4-114 所示。

(5) 按快捷键【Ctrl+J】复制三角形的图层,并对复制后的图层依次单击【编辑】|【变换】|【垂直翻转】,如图 4-115 所示。

(6) 将两个三角形图层一起选中,然后按【Ctrl+E】组合键进行合并,如图 4-116 所示。

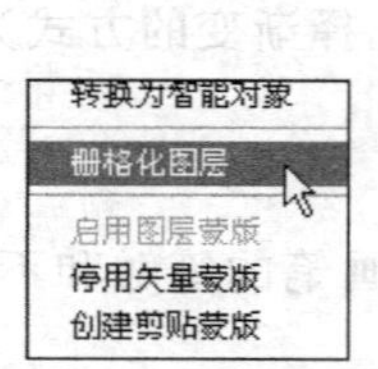

图 4-114 栅格化图层

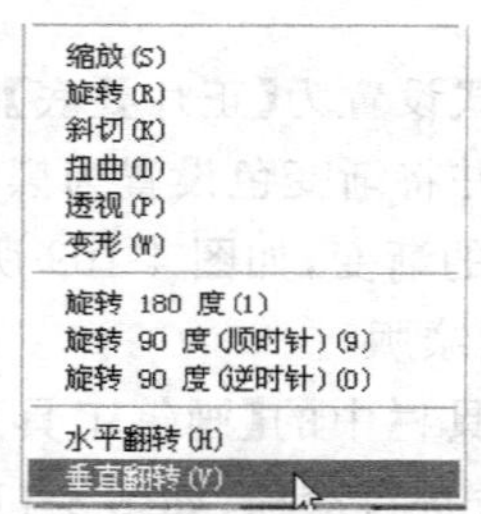

图 4-115 垂直翻转三角形

图 4-116 组合图层

(7) 对合并后的图层进行复制,并依次旋转两个复制的图层,形成一个发散性的图形,如图 4-117 所示。

图 4-117 旋转复制图层

(8) 新建一个图层，并选中工具栏中的【椭圆选框工具】，按住【Shift】键添加一个圆形的选区，如图 4-118 所示。

图 4-118 添加圆形选区

(9) 在选区上右击，选中羽化选项，并在弹出的羽化框中设置羽化半径像素，如图 4-119 所示。

(10) 对羽化后的圆形选区填充白色，并按【Ctrl＋T】组合键进行自由变换，如图 4-120 所示。

(11) 双击发散光的图层，在弹出的图层混合选项中选中【外发光】选项，并对其进行设置，如图 4-121 所示。

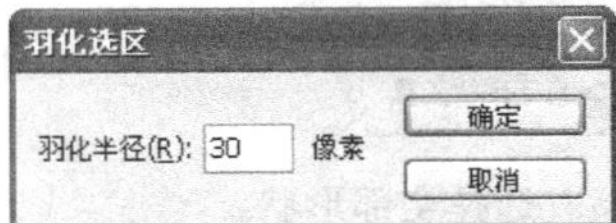

图 4-119 设置羽化半径像素

图 4-120 填充圆形选区

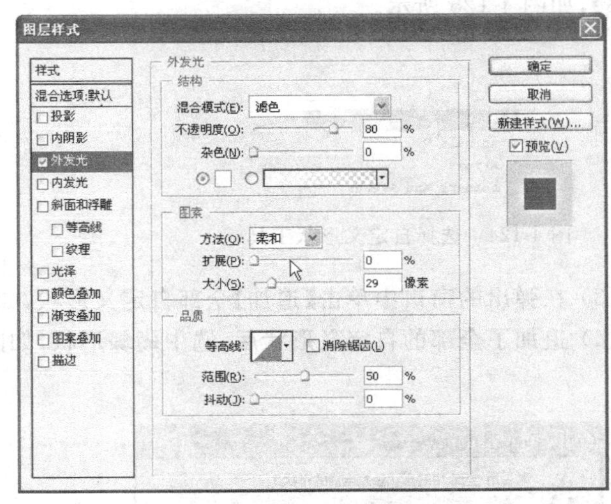

图 4-121 设置图层混合选项

(12) 选中发散光的图层和中间的圆形区域图层，并按【Ctrl＋E】组合键进行图层合并，一个发光的小星星就制作完成了。按【Ctrl＋E】组合键调整其大小，如图 4-122 所示。

(13) 复制制作好的发光星星图层，按【Ctrl＋T】调整其大小，并分布在人物的周围，如图 4-123 所示。

图 4-122　合并图层

图 4-123　调整其发光星星大小

4.3.4　制作蝴蝶形状

1. 任务分析

下面我们需要增加一些发光的小蝴蝶来烘托，使整个画面更有层次感，更加丰富。本节主要讲解如何制作发光的小蝴蝶，主要使用形状工具和图层样式。

2. 解决方案和步骤

下面将介绍蝴蝶形状制作的具体操作步骤。

(1) 选中工具栏中的【自定义形状工具】，如图 4-124 所示。

(2) 单击形状右边的小三角，在弹出的窗口中再单击小三角，在弹出的菜单栏中点击【全部】，如图 4-125 所示。

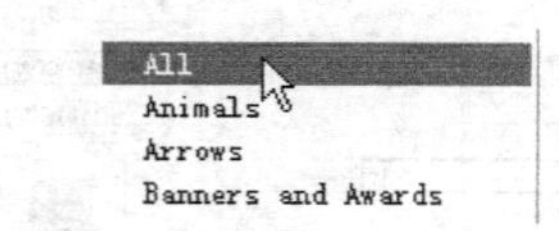

图 4-124　选择自定义形状工具

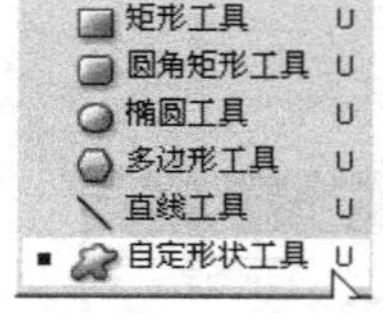

图 4-125　选择全部形状

(3) 在弹出的窗口中单击【追加】全部自定义形状，如图 4-126 所示。

(4) 追加了全部的自定义形状后，选中蝴蝶形状，如图 4-127 所示。

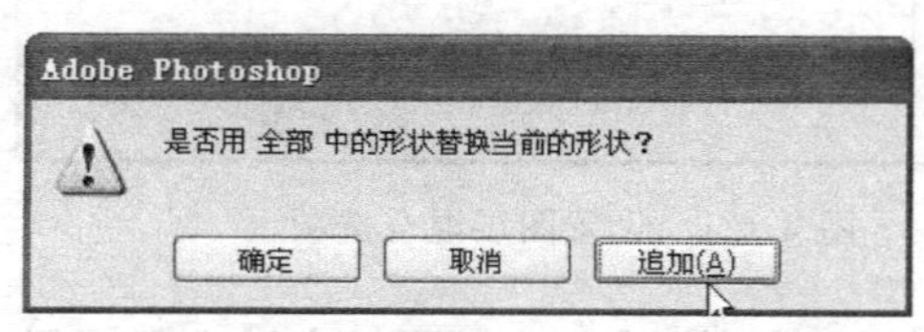

图 4-126　追加全部自定义形状

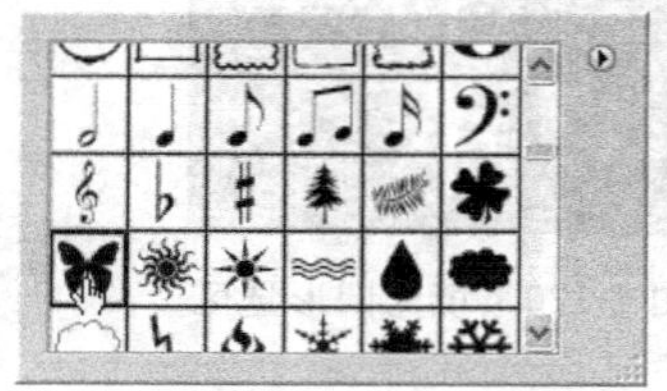

图 4-127　选中蝴蝶形状

(5) 设置前景色的颜色，如图 4-128 所示。

(6) 在人物周围绘制出蝴蝶图形，如图 4-129 所示。

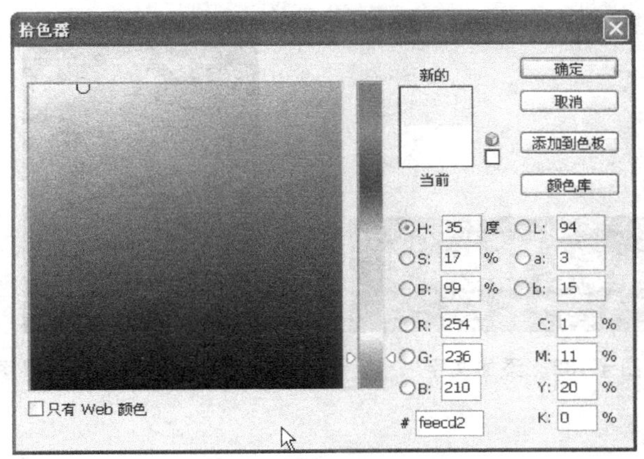

图 4-128 设置前景色的颜色

图 4-129 绘制蝴蝶图形

(7) 双击蝴蝶图形的图层,在弹出的【图层样式】对话框中,勾选外发光,并设置外发光的参数,如图 4-130 所示。

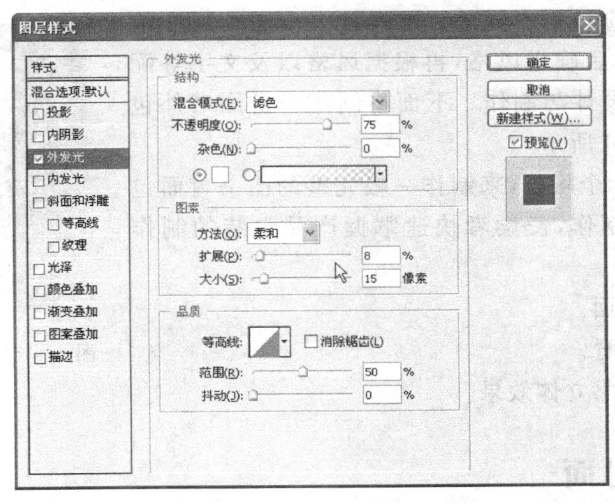

图 4-130 设置外发光的参数

(8) 复制多个设置好的蝴蝶图形,并按【Ctrl+T】组合键对图形进行自由变换,改变不同蝴蝶图形的大小和方向,让整个画面更加生动,如图 4-131 所示。

(9) 选中工具栏中的【文字工具】,在画面中添加文字,如图 4-132 所示。

(10) 到这里,我们的婚纱照设计就全部完成了。大家不妨拓展自己的思维,按照以上教程的方式,做出自己满意的梦幻唯美婚纱照。

4.3.5 实训课堂

应用以上所学的知识和技能制作另类照片,效果图如图 4-133 所示。

图 4-131　复制蝴蝶图形

图 4-132　添加文字

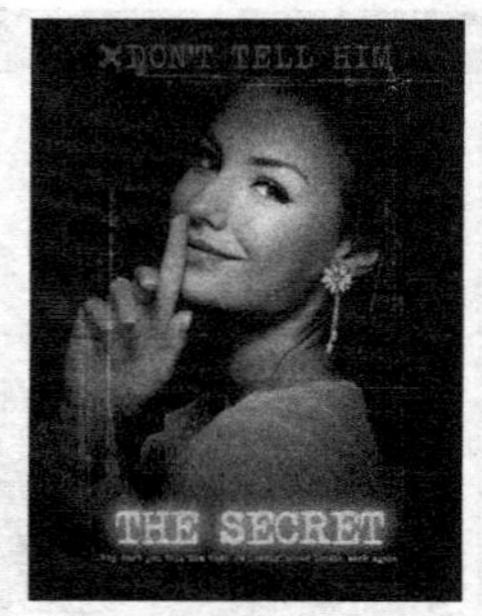

图 4-133　另类照片效果图

4.4　图书外包装制作

图书的种类很多,文字类、教程类、动漫类,等等,每一种类型带给人的感觉是不一样的,所以对应的封面也应该是不同的。在设计一个图书封面前应先分析其内容,然后确定风格,再根据风格以及文字等配上适当的素材进行设计与制作。下面将制作一份图书外包装,效果图如图 4-134 所示。

图 4-134　图书外包装效果图

本案例将通过 3 个阶段,来制作一幅完整的图书封面包装。通过本案例的制作,使读者快速掌握产品包装的制作流程。

任务 1：制作封面。

任务 2：制作背脊。

任务 3：制作图书立体效果。

4.4.1　制作封面

1. 任务分析

一本书首先映入人眼帘的就是封面,所以封面的设计很重要。封面上主要包括书名、广告语、作者、出版社等,接下来就进入封面的设计。本节主要讲解如何制作封面,主要运用【辅助线工具】和【文字工具】。

2. 解决方案和步骤

下面将介绍封面制作的具体操作步骤。

(1) 首先新建一个文件,依次单击【文件】|【新建】。

(2) 在弹出的【新建文件】对话框中,设置文件的尺寸及分辨率等参数,如图 4-135 所示。

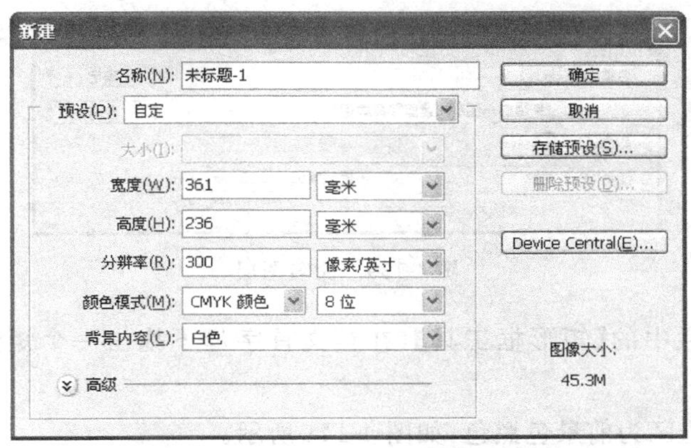

图 4-135 设置文件参数

小知识

这里我们设置的尺寸是加上背脊及封底的尺寸，书籍的开本有很多种，开本指书刊幅面的规格大小，即一张全开的印刷的纸裁成多少页。常见的有三十二开(多用于一般书籍)、十六开(多用于杂志)、六十四开(多用于中小型字典、连环画)。

(3) 建好文件后，通过添加辅助线区分出封面、背脊以及封底，并将书籍封面的出血部分标示出来，如图 4-136 所示。

(4) 选中工具栏中的【横排文字工具】，在封面空白处建立相应的文字图层，准备输入封面书名文字，输入书名，并选择适当的字体及字号，这里的书名根据内容提炼出了“和谐”二字为重点，并将其与其他文字按版式需求搭配在一起，如图 4-137 所示。

(5) 在书名下方输入相应的英文文字，以丰富整个封面，如图 4-138 所示。

图 4-136 添加辅助线

图 4-137 输入封面书名文字

图 4-138 输入相应的英文文字

(6) 新建一个图层，单击图层面板右上角的小三角，在弹出的菜单栏中选中【新建图层】。

(7) 在弹出的【新建图层】对话框中，将新图层命名为“图层 1”，如图 4-139 所示。

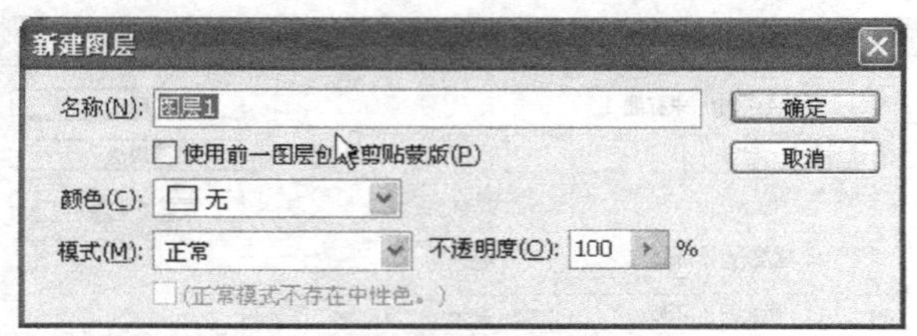

图 4-139　命名图层

(8) 选中工具栏中的【矩形框工具】，在英文首字母下拖出一个矩形选区，如图 4-140 所示。

(9) 填充矩形选区为前景色黑色，如图 4-141 所示。

图 4-140　拖出一个矩形选区

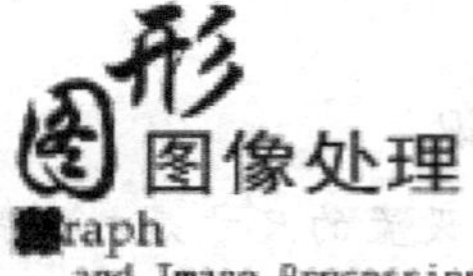

图 4-141　填充前景色

(10) 把名为“Graph”的图层拖到图层 1 的上方，并将英文首字母反成白色，在矩形框上方显示出来，如图 4-142 所示。

(11) 将“图”复制一层，并将其放大以作为底图，如图 4-143 所示。

(12) 单击工具栏下方的色彩框，在弹出的前景色拾色器中设置前景色为灰色，如图 4-144 所示。

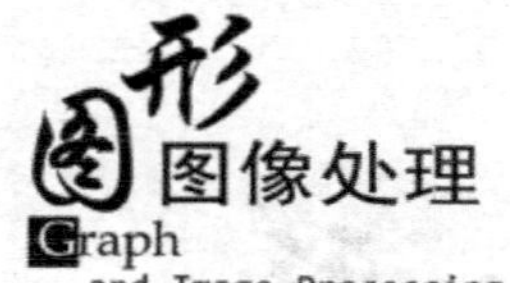

图 4-142　更改英文首字母颜色

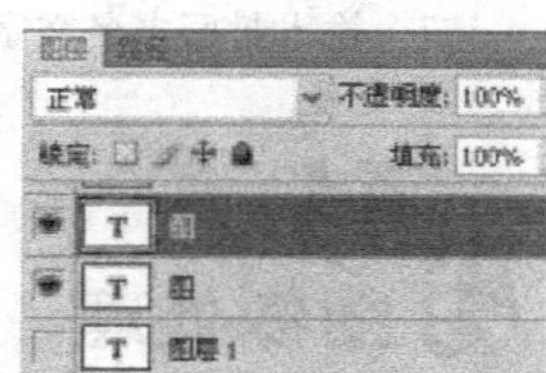

图 4-143　复制图层

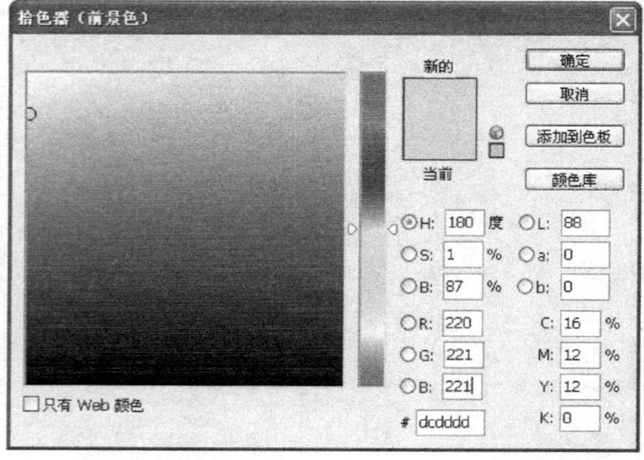

图 4-144　设置前景色

(13) 按【Alt+←】组合键填充文字为前景色灰色，如图 4-145 所示。

(14) 新建一个图层，并将新建图层命名为“图层 2”，如图 4-146 所示。

(15) 选中工具栏中的【椭圆选框工具】，在封面中按住【Shift】键绘制一个正圆的选区，如图 4-147 所示。

图 4-145 填充文字

图 4-146 新建图层

图 4-147 绘制一个正圆的选区

(16) 单击工具栏下方的色彩框，在弹出的前景色拾色器中选择黑色，并按【ALT+Delete】键为正圆选区填充黑色，如图 4-148 所示。

(17) 选中工具栏中的【钢笔工具】，在图形中勾出太极图形的另一半，如图 4-149 所示。

(18) 切换到路径面板中，选中勾绘的路径，然后单击路径面板的下方的【将路径作为选区载入】按钮。

(19) 切换到图层面板，单击背景的色彩框，在弹出的背景色拾色器中选择灰色，如图 4-150所示。

图 4-148　为正圆选区填充黑色

图 4-149　勾画太极图形的另一半

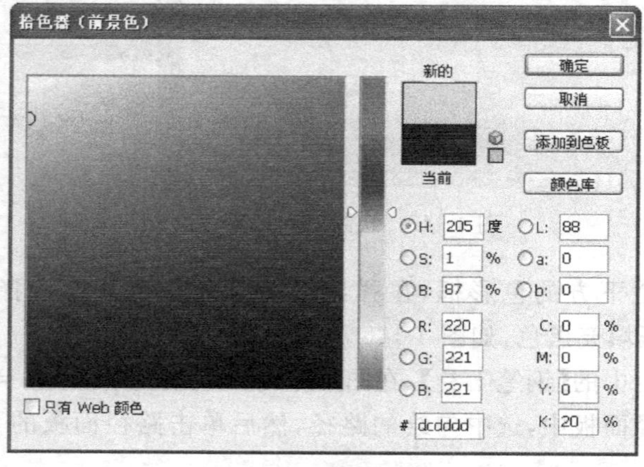

图 4-150　设置背景色

(20) 按【ALT+←】组合键填充背景色，如图 4-151 所示。

(21) 添加太极中的两个圆圈，然后查看最终效果，如图 4-152 所示。

图 4-151　填充背景色

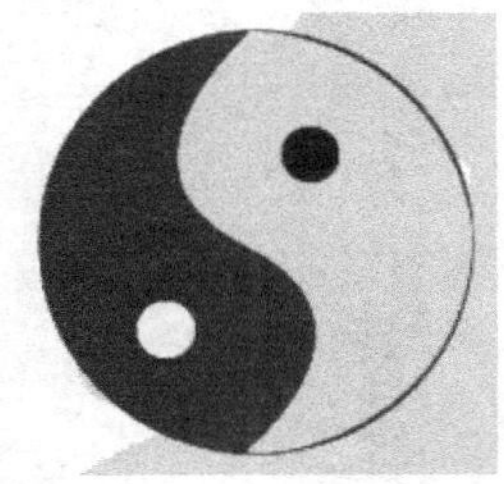

图 4-152　添加太极中的两个圆圈

(22) 在封面下方添加出版社，如图 4-153 所示。

图 4-153　添加出版社

4.4.2　制作背脊

1. 任务分析

书籍的背脊也是书籍外包装中很重要的一部分，当书籍在书架中陈列时，只有背脊是能让人看到的部分，所以背脊也是需要精心设计的。本节主要讲解如何制作书籍的背脊，主要运用【钢笔工具】和【图层样式】。

2. 解决方案和步骤

下面将介绍背脊制作的具体操作步骤。

(1) 单击图层面板右上角的小三角，在弹出的菜单栏中选中【新建图层】。

(2) 在弹出的【新建图层】对话框中，将新建图层命名为“图层 3”。

(3) 选中新建的图层，单击工具栏中的【矩形选框工具】。在背脊中间部分拖出一个矩形选区，如图 4-154 所示。

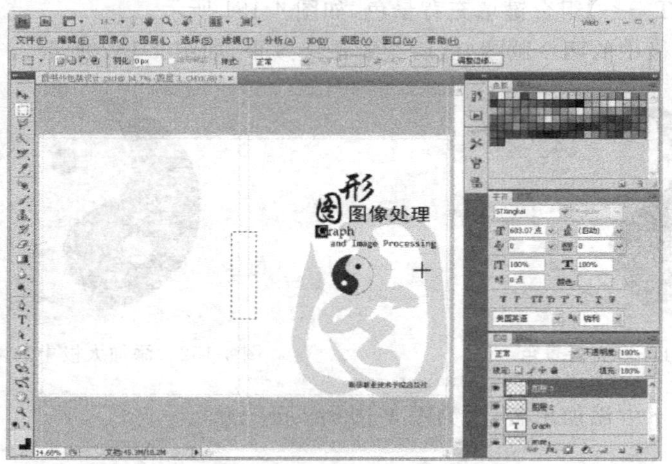

图 4-154　拖出一个矩形选区

(4) 填充矩形选区为前景色黑色，然后添加书名及英文文字，并设置为竖排文字，如图 4-155 所示。

(5) 复制太极图案的图层，按【Ctrl＋T】组合键缩小太极圈图案并拖放到背脊上，如图 4-156 所示。

图 4-155　添加书名及英文文字

图 4-156　缩小太极圈图案

(6) 双击背脊上的太极图案层，在弹出的【图层样式】对话框中勾选【描边】样式，并设置描边的大小及颜色等参数，如图 4-157 所示。

(7) 复制出版社的文字图层，选中工具栏中的【横排文字工具】，然后单击选项条上的【更改文本方向】按钮，同时设置字体大小和文字距离，如图 4-158 所示。

(8) 封底的设计封底中的元素包含了版权信息、条形码、定价等信息，不同的出版社也有不同的要求，在这里笔者只进行了封底信息的集中表现，如图 4-159 所示。

该包装的最终平面效果如图 4-160 所示。

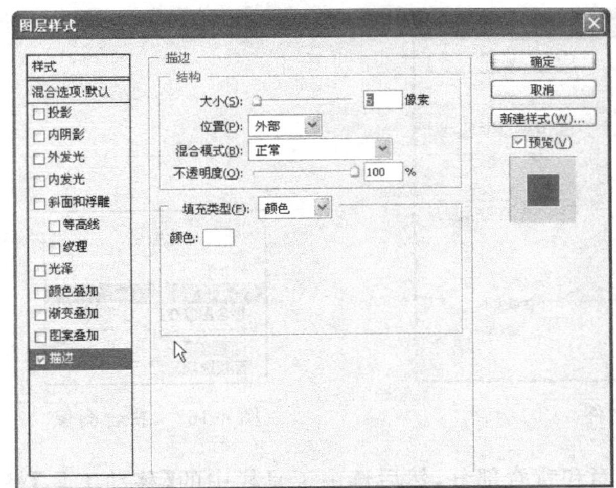

图 4-157 设置图层样式参数

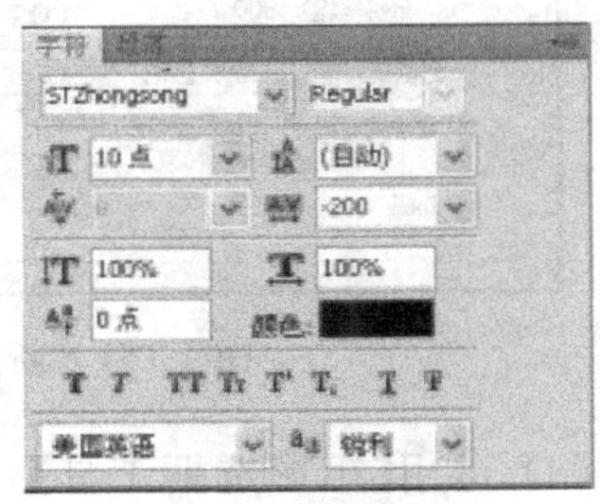

图 4-158 设置字体

图 4-159 设计封底

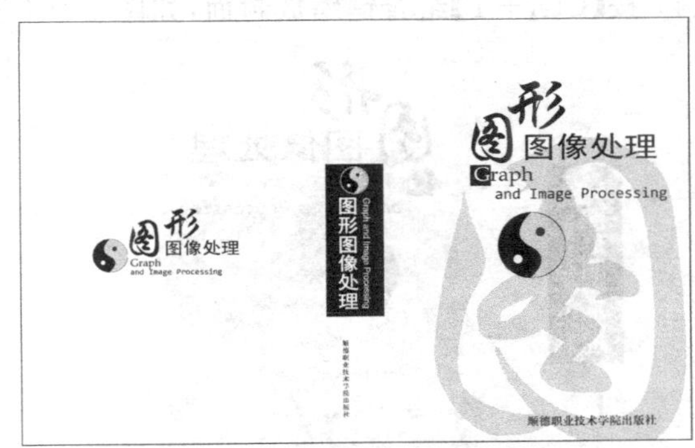

图 4-160 包装平面效果图

4.4.3 制作图书立体效果

1. 任务分析

书籍在未印刷出来前我们看不到成品，所以需要先制作一个立体的效果图看看制作成书后的效果，接下来我们就来进行简单的立体效果图制作。封面透视的制作，立体效果图根据需要可以制作成不同角度的。这里介绍的是比较常见的正侧面的立体效果图，主要运用变形命令。

2. 解决方案和步骤

下面将介绍图书立体效果制作的具体操作步骤。

(1) 按【Ctrl＋N】组合键新建一个文件，设置文件的尺寸、分辨率等各项参数，如图 4-161 所示。

(2) 打开刚刚制作的包装平面图，单击图层面板中右上角的小三角，在弹出的菜单栏中选中【拼合图像】，如图 4-162 所示。

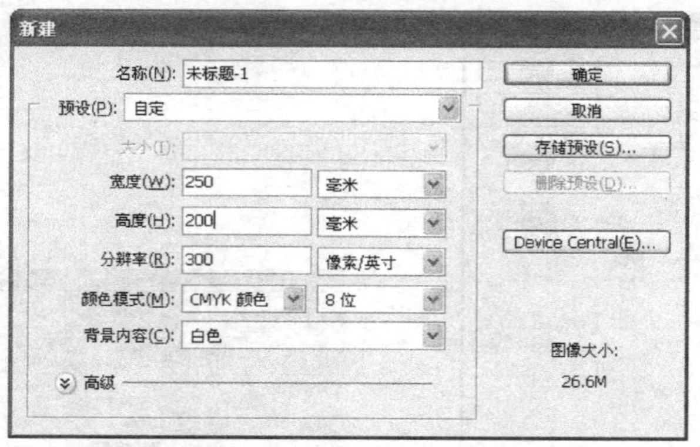

图 4-161　新建一个文件

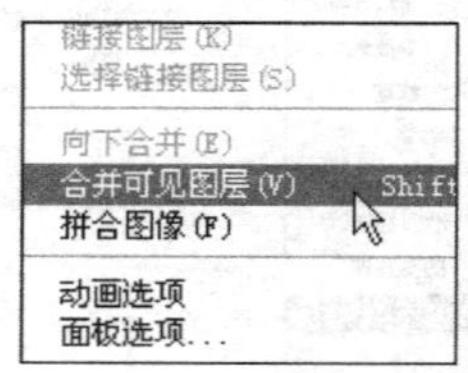

图 4-162　拼合图像

(3) 运用【矩形选框工具】，选中封面和背脊部分，然后选中工具栏中的【移动工具】将选区中的内容拖到新建的文件中，如图 4-163 所示。

(4) 按【Ctrl＋T】组合键缩放封面，如图 4-164 所示。

图 4-163　将封面和背脊部分拖到新建文件中

图 4-164　缩放封面

(5) 运用【矩形选框工具】选中封面部分，然后按【Ctrl＋T】组合键调出自由变换调节框，然后右击，并在弹出的菜单栏中选中透视封面部分进行调整，如图 4-165 所示。

(6) 现在的封面看上去太宽，依次单击【编辑】|【变换】|【斜切】进行调节，如图 4-166 所示。

图 4-165　调整透视封面部分

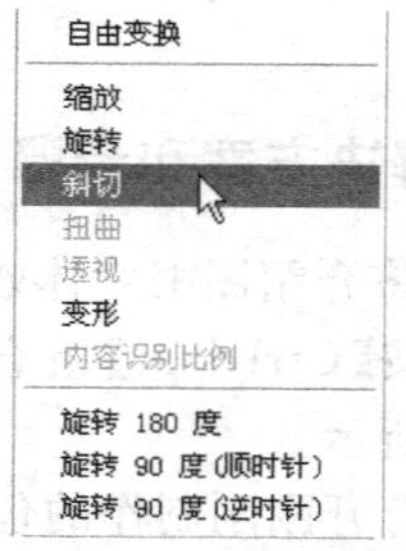

图 4-166　调节封面

(7) 调整好后面封面透视效果如图 4-167 所示。

(8) 单击工具栏中的【矩形选框工具】,选中背脊部分,然后依次单击【编辑】|【变换】|【透视】进行透视变换。

(9) 执行了透视命令后,依次单击【编辑】|【变换】|【斜切】进行调节。

(10) 调整好后的背脊透视效果图如图 4-168 所示。

图 4-167 调整好后面封面透视效果图

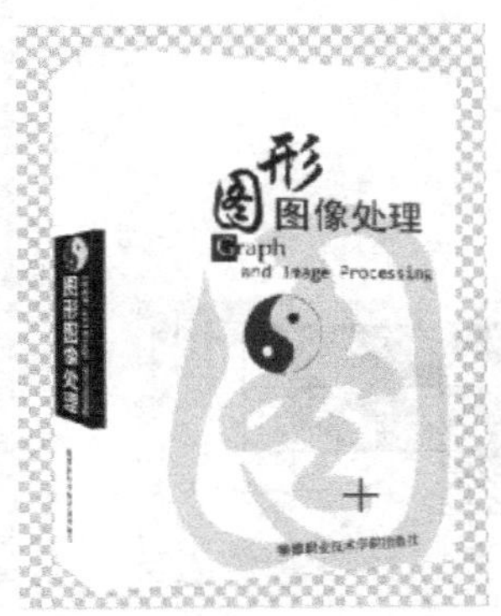

图 4-168 调整好后的背脊透视效果图

(11) 下面进行背景及阴影等的制作。复制背脊到新的图层,并单击图层面板上方的【锁定透明像素】按钮,如图 4-169 所示。

图 4-169 锁定透明像素

(12) 填充新的背脊图层为黑色前景色,并设置其填充为 15%。

(13) 选中背景图层,单击工具栏中的【渐变工具】,并设置渐变色为黑白渐变,渐变样式为【线性渐变】,在背景层中拉出一条渐变线,如图 4-170 所示。

(14) 新建一个图层,准备制作立体效果图的阴影,单击图层面板右上角的小三角,在弹出的菜单栏中选中【新建图层】选项。

(15) 在弹出的【新建图层】对话框中,将新建图层命名为“图层 3”。

(16) 选中工具栏中的【多边形套索工具】,勾画出一个阴影的选区,如图 4-171 所示。

图 4-170 拉出渐变线

图 4-171 勾画阴影选区

(17) 选中工具栏中的【渐变工具】,并设置渐变色彩为从黑色到透明渐变,设置渐变样式为【线性渐变】,如图 4-172 所示。

(18) 在阴影选区中拉出一根渐变线,如图 4-173 所示。

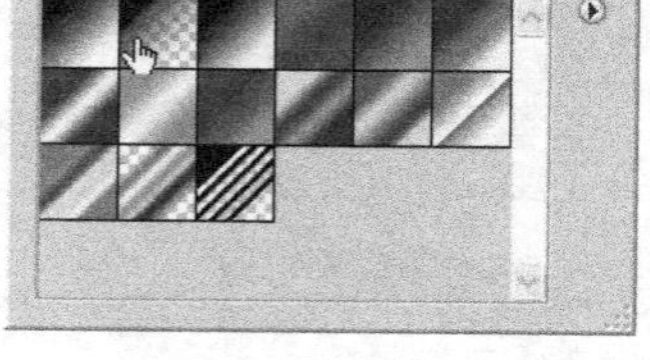

图 4-172 设置渐变样式

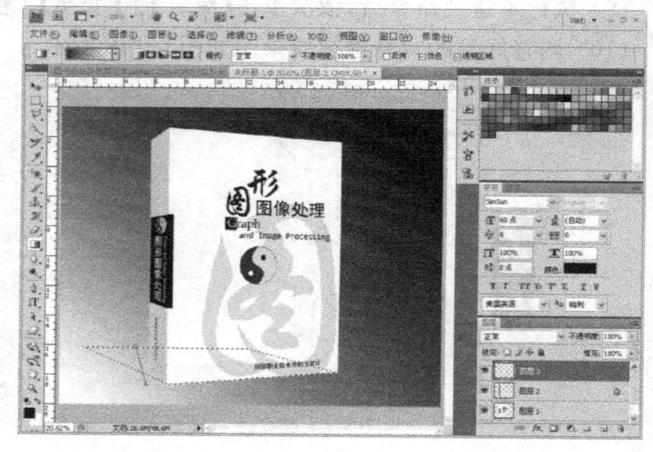

图 4-173 拉出渐变线

(19) 把图层 3 移到图层 1 的下面,如图 4-174 所示。

(20) 新建一个图层,单击【铅笔工具】,设置笔触大小为 1,硬度为 100%,铅笔颜色为黑色,在该新建图层中绘制一根图书背脊的转折线。

(21) 选中工具栏中的【裁切工具】,将该效果图多余的部分去除,如图 4-175 所示。

图 4-174 移动图层

图 4-175 去除效果图多余的部分

(22) 查看最终的立体效果图,如图 4-176 所示。

4.4.4 实训课堂

应用以上所学的知识和技能制作杂志封面,效果如图 4-177 所示。

图 4-176 最终的立体效果图

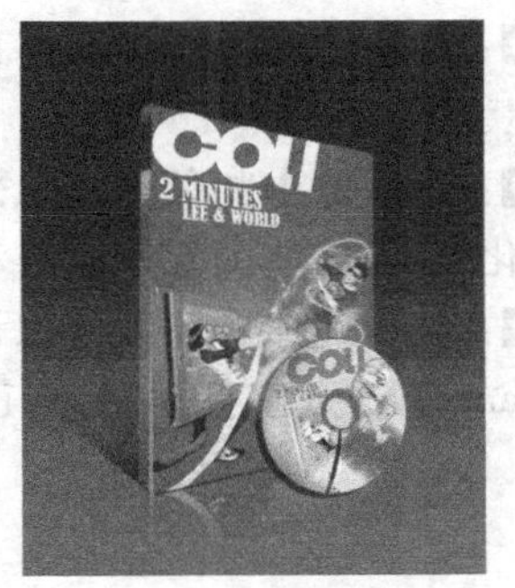

图 4-177 杂志封面效果图

本章小结

本章我们主要讲述了 Photoshop 工具的基本应用方法。另外，对图层的含义、图层面板、常见的图层类型、图层的基本操作及图层混合模式和图层样式也有一定的了解；还学习了通道和蒙版命令的有关知识，这两个命令是除图层和路径命令外的又一重要命令，其主要功能是可以快速地创建或存储选择区域，并对复杂图像的选取或制作图像的特殊效果非常有帮助；最后还学习了图像的色彩调整命令。在实际的工作过程中，这些命令是经常运用的，特别是在图像的处理过程中，必须灵活运用这些命令才能调出预期的效果。

知识拓展——Photoshop 滤镜菜单命令简介

【上次滤镜操作】：使图像重复上一次所使用的滤镜。

【抽出】：根据图像的色彩区域可以有效地将图像在背景中删除。

【液化】：使用此命令可以使图像产生各种各样的图像扭曲变形效果。

【图案生成器】：可以快速地将选取的图像范围生成平铺图案效果。

【像素化】：可以使图像产生分块，呈现出一种由单元格组成的效果。

【扭曲】：可以使图像产生多种样式的扭曲变形效果。

【杂色】：可以使图像按照一定的方式混合入杂点，制作着色像素图案的纹理。

【模糊】：可以使图像产生模糊效果。

【渲染】：使用此命令可以改变图像的光感效果，例如可以模拟在图像场景中放置不同的灯光，产生不同的光源效果、夜景等。

【画笔描边】：在图像中增加颗粒、杂色或纹理，从而使图像产生多样的艺术画笔绘画效果。

【素描】：可以使用前景色和背景色来置换图像中的色彩，从而生成一种精确的图像艺术效果。

【纹理】：可以使图像产生多种多样的特殊纹理及材质效果。

【艺术效果】：可以使 RGB 模式的图像产生多种不同风格的艺术效果。

【视频】：该命令是 Photoshop 的外部接口命令，用来从摄像机输入图像或将图像输出到录像带上。

【锐化】：将图像中相邻像素点之间的对比增加，使图像更加清晰化。

【风格化】：可以使图像产生各种印象派及其他风格的画面效果。

【其他】：使用此命令读者可以设定和创建自己需要的特殊效果滤镜。

【Digimarc】：(数字标识)将自己的作品加上自己的数字标识，对作品进行保护。

思考与练习

1. 将普通外景人物照片打造成梦幻唯美效果。通过使用通道调色，然后把调好的照片背景模糊处理，增加照片的朦胧效果，再点缀星星笔刷，让照片更梦幻。素材和效果图如图 4-178 和图 4-179 所示。

图 4-178 素材图

图 4-179 效果图

2. 用 Photoshop 设计笔记本电脑的商业海报。海报的设计主要就是创意和细节的处理，使笔记本有种科幻般的效果，素材和效果图如图 4-180～图 4-182 所示。

图 4-180 素材图

图 4-181 素材图

图 4-182 效果图

3. 用 Photoshop 设计漂亮的爱心情人节贺卡。素材和效果图如图 4-183 和图 4-184 所示。

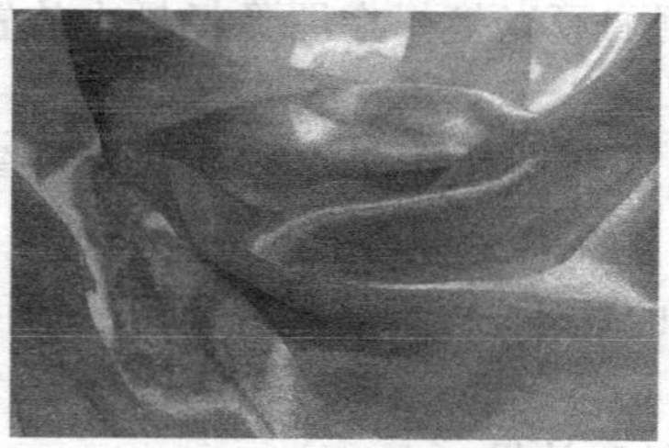

图 4-183 素材图

图 4-184 效果图

第5章　数字音频

学习目标

本章通过完成两个项目的制作，总体介绍数字音频的基本知识和相关概念，讲述了数字音频数字化的原理、音频的录制过程及后期处理方法与技巧。

学习内容

① 了解声音特性；
② 理解声音数字化原理；
③ 会采集声音素材；
④ 能使用相关软件处理声音；
⑤ 熟悉声音文件的存储格式及特点；
⑥ 掌握声音编辑软件的基本操作；
⑦ 了解声卡的功能、掌握音频卡的安装和使用。

教学目标	主要描述	学生自测
能力目标	能独立安装音频卡，会设置声卡的相关参数，使其能录制音频	会利用不同的方式获取音频素材，会使用计算机和音频处理软件录制音频
知识目标	理解数字音频的相关特性及特点，熟悉声音文件的存储格式及特点，会以不同方式采集声音。掌握音频处理软件编辑音频的基本方法	会录制声音，会使用音频处理软件编辑音频，能为视频配音
教学重点	使用计算机设备和软件录制声音，能为视频配音	使用音频编辑软件录制并编辑声音文件
教学难点	为视频配音，并对人声进行修饰和润色	能使用 Audition 软件录制并处理数字音频文件

声音媒体是多媒体中的重要媒体之一。在多媒体中，通常使用背景音乐、解说音和音效三种方式。背景音乐通过节奏、旋律、和声、音色等音乐手段来烘托渲染气氛，表达思想情绪，以达到深化主题、活跃多媒体的使用环境等目的。解说音通过对多媒体的内容进行解说和叙述，说明和补充文字媒体，以达到帮助和刺激的目的。音效音通过模拟大自然、现实生活中的声音，反映多媒体中的某种事实和某种情感，以增强真实感、技法思维和联想。不管声音媒体以何种形式应用于多媒体中，使用恰当的声音媒体都能增强多媒体的视听效果，增强多媒体的活力。

5.1 制作配乐诗朗诵

唐诗欣赏类型的多媒体作品中，需要唐诗的朗诵音频，可以通过录制采集获取。本项目主要是在多媒体计算机上录制解说音，并添加背景音乐，最好按照指定的格式保存。

1. 案例分析

具体来说，完成《唐诗欣赏》多媒体制作项目，可以分成 3 个任务。

任务 1：录制唐诗朗诵音频。

任务 2：音频编辑处理。

任务 3：添加背景音乐与输出音频。

2. 相关知识

(1) 声音的物理特性

自然界的声音是随时间连续变化的模拟信号，而以计算机技术为基础的多媒体应用中使用的声音是数字信号，只有把模拟的声音信号转换成数字音频信号，才能将其用于多媒体作品中。

声音在物理学上被称为声波，是由震动物体所产生并在介质中传播的一种能量波。声波可以通过空气、水、木头等介质传播。

描述声音主要使用音量、音调、音色和音长四个参数。声波有两个主要参数：频率(Frequency)和振幅(Amplitude)，幅度表示声音信号的强弱程度，频率反映出声音音调的高低。

① 音量。声音的强弱程度，取决于声音的幅度。物体震动幅度的大小决定声音的强弱。

② 音调。人对声音频率的感觉表现为音调的高低，声音音调的高低取决于物体震动波的频率。震动越慢，频率越低，声音给人的感觉就越低沉；反之，振动越快，频率越高，声音给人的感觉就越尖锐。

③ 音色。通常，自然界的声音是由于不同频率和不同振幅的声音构成的，是混合声音，称为复音。如果物体振动仅产生一种波，则声音是单纯音。在复音中，频率最低的是基音，其他频率的称为谐音(泛音)。一个声音的泛音越丰富，音色越好。

④ 音长。由于物体的振动总是随着时间的改变而改变，最后趋于静止。因此，声音的发展过程包括触发、衰减、保持和消失四个阶段，这四个阶段成为一个“包络”。“包络”的时间长短就是一个声音的音长。

⑤ 频率与音调。频率是指声音信号每秒钟变化的次数，单位用赫兹(Hz)表示。人的听觉器官能感知的声音频率或音频信号(Audio)的频率范围为 20Hz～20kHz。频率低于 20Hz 的信号是次声波，频率高于 20kHz 的信号是超声波，频率范围在 20Hz～20kHz 的声音信号是人耳能听到的声音信号，其具体分段如图 5-1 所示。

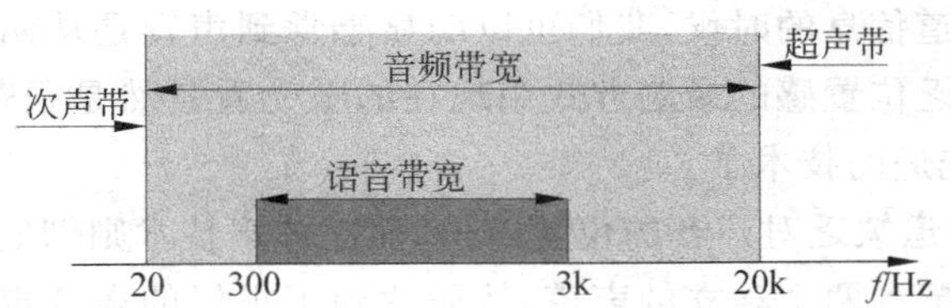

图 5-1 音频带宽范围

⑥ 幅度与音强。音强是指声音信号的强弱程度，它与音频信号的幅度有关。人耳对于声音细节的分辨与强度有直接关系，只有在强度适中时人耳才最灵敏。实际应用中常用音量来描述音强，音量是对音频信号的幅度取对数后再乘以 20 所得到的值，单位为分贝(dB)。人耳能感知的声音幅度大约在 0～120dB 之间。

在处理音频信号时，相对强度更有意义，因此一般用动态范围来定义音频信号的相对强度，动态范围定义为音频信号的最大强度与最小强度之比。

⑦ 频带宽带。声音信号是由许多频率不同的信号组成的复合信号，因此需要用一个参数来描述其复合特效，这个参数就是频带宽度或称为带宽，它是描述组成复合信号的频率范围。音频信号的频带越宽，所包含的音频信号分量越丰富，因此音质越好。例如，普通电话允许话音信号的通过，带宽约为 3.2kHz。声音质量等级与信号带宽如图 5-2 所示。

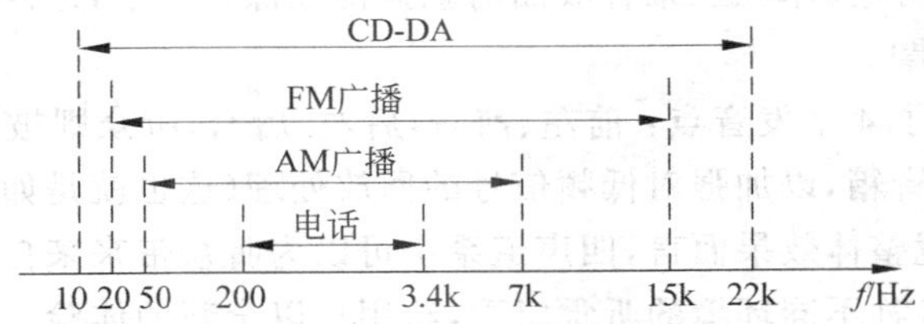

图 5-2 声音质量等级与信号带宽

(2) 声音的数字化

对模拟音频信号的采样、量化和编码的过程，称为音频数字化。由模拟声音信号数字化后得到的用来表示声音强弱的数据序列称为数字音频。信号的数字化过程是这样的：先以某一固定的时间间隔(即采样周期)抽取幅度值，得到离散的振幅样本序列，然后把采样得到的幅度值从模拟量转化成数字量，最后利用二进制数制编码组表示每个采样的量化值，送到计算机进行保存。

(3) 声音质量与数据率

衡量数字音频的好坏，主要是通过采样频率、采样精度、声道数三个参数来衡量的。

一般来说，数字音频越好，就越容易得到人们的喜欢，而好的数字音频在采集的时候，就需要更高的采样频率、更高的采样大小，然而，如果无止境地提高采样频率、采样大小，那么数字音频的数据量将会大得令人无法接受。在进行音频文件的数字化处理时，既要考虑声音的品质，也要考虑声音文件的大小，要根据实际需要保持这两者之间的平衡。

(4) 声道

声卡所支持的声道数是衡量声卡档次的重要指标之一，从单声道到最新的环绕立体声，下面将一一详细介绍。

① 单声道。单声道是比较原始的声音复制形式，早期的声卡采用的比较普遍。当通过

两个扬声器回放单声道信息的时候，我们可以明显感觉到声音是从两个音箱中间传递到我们耳朵里的。这种缺乏位置感的录制方式用现在的眼光看自然是很落后的，但在声卡刚刚起步时，已经是非常先进的技术了。

② 立体声。单声道缺乏对声音的位置定位，而立体声技术则彻底改变了这一状况。声音在录制过程中被分配到两个独立的声道，从而达到了很好的声音定位效果。这种技术在音乐欣赏中显得尤为有用，听众可以清晰地分辨出各种乐器来自的方向，从而使音乐更富想象力，更加接近于临场感受。立体声技术广泛运用于自 Sound Blaster Pro 以后的大量声卡，成为影响深远的一个音频标准。时至今日，立体声依然是许多产品遵循的技术标准。

③ 准立体声。准立体声声卡的基本概念就是：在录制声音的时候采用单声道，而放音有时是立体声，有时是单声道。采用这种技术的声卡也曾在市面上流行过一段时间，但现在已经销声匿迹了。

④ 四声道环绕。人们的欲望是无止境的，立体声虽然满足了人们对左右声道位置感体验的要求，但是随着技术的进一步发展，大家逐渐发现双声道已经越来越不能满足我们的需求。由于 PCI 声卡的出现带来了许多新的技术，其中发展最为神速的当数三维音效。三维音效的主旨是为人们带来一个虚拟的声音环境，通过特殊的 HRTF 技术营造一个趋于真实的声场，从而获得更好的游戏听觉效果和声场定位。而要达到好的效果，仅依靠两个音箱是远远不够的，所以立体声技术在三维音效面前就显得捉襟见肘了，但四声道环绕音频技术就很好地解决了这一问题。

四声道环绕规定了 4 个发音点：前左、前右，后左、后右，听众则被包围在这中间。同时还建议增加一个低音音箱，以加强对低频信号的回放处理(这也就是如今 4.1 声道音箱系统广泛流行的原因)。就整体效果而言，四声道系统可以为听众带来来自多个不同方向的声音环绕，可以获得身临各种不同环境的听觉感受，给用户以全新的体验。如今四声道技术已经广泛融入于各类中高档声卡的设计中，成为未来发展的主流趋势。

⑤ 声道。5.1 声道已广泛运用于各类传统影院和家庭影院中，一些比较知名的声音录制压缩格式，譬如杜比 AC-3(Dolby Digital)、DTS 等都是以 5.1 声音系统为技术蓝本的，其中“5.1”声道，则是一个专门设计的超低音声道，这一声道可以产生频响范围 20～120Hz 的超低音。其实 5.1 声音系统来源于 4.1 环绕，不同之处在于它增加了一个中置单元。这个中置单元负责传送低于 80Hz 的声音信号，在欣赏影片时有利于加强人声，把对话集中在整个声场的中部，以增加整体效果。相信每一个真正体验过 Dolby AC-3 音效的朋友都会为 5.1 声道所折服。

目前，还有更强大的 7.1 系统已经出现了。它在 5.1 的基础上又增加了中左和中右两个发音点，以求达到更加完美的境界。以前由于成本比较高，没有广泛普及，现在 7.1 声道的声卡也比较常见。

(5) 声卡及其功能

① 声卡的工作原理。声卡是多媒体技术中最基本的组成部分，是实现声波/数字信号相互转换的一种硬件。声卡的基本功能是把来自话筒、磁带、光盘的原始声音信号加以转换，输出到耳机、扬声器、扩音机、录音机等声响设备，或通过音乐设备数字接口(MIDI)使乐器发出美妙的声音。

声卡的工作原理其实很简单。我们知道，麦克风和喇叭所用的都是模拟信号，而计算机所能处理的都是数字信号，两者不能混用，声卡的作用就是实现两者的转换。

② 声卡的接口及类型。声卡主要有ISA、PCI和USB外置接口三种。早期的内置产品多为ISA接口，由于此接口总线带宽较低、功能单一、占用系统资源过多，目前已被淘汰；PCI则取代了ISA接口成为目前的主流，它们拥有更好的性能及兼容性，支持即插即用，安装使用都很方便。外置式声卡是创新公司独家推出的一个新兴事物，它通过USB接口与PC连接，具有使用方便、便于移动等优势。但这类产品主要应用于特殊环境，如连接笔记本实现更好的音质等。

声卡发展至今，主要分为板卡式、集成式和外置式三种接口类型，以适用不同用户的需求，三种类型的产品各有优缺点。

③ 声卡的功能。一般来说，声卡的基本功能是把来自话筒、磁带、光盘的原始声音信号加以转换，输出到耳机、扬声器、扩音机、录音机等声响设备，或通过音乐设备数字接口(MIDI)使乐器发出美妙的声音。具体的声卡功能描述如下。

- 录制(采集)声音。在相应驱动程序的控制下，通过声卡采集来自话筒(麦克风)、收录机等音源的信号，压缩后存储于计算机的硬盘中。
- 播放声音文件。从计算机硬盘或光盘上读取压缩的数字化声音文件，还原重建声音信号，经放大器放大后，通过扬声器输出。
- 音频编辑处理。按照应用需求，对数字化的声音文件进行编辑加工，使声音文件达到某种特殊的效果和要求。
- 混音与控制。对各种音源进行混合与控制，产生混响器的效果。
- 压缩和解压缩。采集数据时，必须对数字化声音信号进行压缩，以便存储、传输。播放时，必须对压缩的数字化声音文件进行解压。
- 语音合成与识别。声卡通过获取语音信息，如朗读、说话、奏乐等，并对语音信息进行合成处理，甚至初步的语音识别。
- 提供MIDI功能。使计算机可以控制具有MIDI接口的电子乐器，以及将MIDI格式的文件输出到相应的电子乐器中，产生MIDI音乐。

5.1.1 录制唐诗朗诵音频

1. 任务分析

音频采集录制是一个音频数字化的过程，需要有相应的硬件设备和软件的支持。硬件设备有麦克风或录音机等电声设备和声卡等，软件工具有Windows的“录音机”、GoldWave、Cakewalk、Sound Forge和Audition等。其中Audition 3.0可以完成几乎所有的声音处理工作，如录音、影视配音、混音、声音编辑、效果处理、刻录音乐等，本节是利用该软件完成唐诗的录音任务。

2. 相关知识点

(1) 认识Audition 3.0软件

Adobe Audition音频制作软件，它具备了专业音频工作站软件的特点，包括集成的多音频、编辑视图、实时特效、环绕支持、分析工具、恢复特性和视频支持等功能。

Adobe公司本身在图像界面具有广泛影响，借助本身强大的技术优势，令Audition 3.0具有全新的界面。Audition 3.0支持界面记忆，用户可以定制操作界面中各元素的配色方案。界面明朗美观，调整自由度高，是Adobe软件的共同特点。

不仅如此，Audition与Adobe公司旗下的Premiere和After Effects产品实现了相互整合、无缝连接。Audition支持多种视频格式，可编辑视频轨，并以AVI、MPEG、DV或WMV格式导出。音频与视频的智能集成，使Audition的应用也具有Adobe特色。

① 提供了全面集成的音频编辑和混音解决方案。例如，增加了低迟延的混音；录音和混音的处理速度都进一步提高；更快的混音引擎。改良后的音频处理内部算法使得音频处理程序运行速度提升了3倍，因此可以获取更好的音质；在效果加载、设定辅助通道、音轨分组时可以进行灵活的路由安排分配。

② 支持ASIO驱动，充分发挥出VST插件的实时特性，支持众多国际顶级的音频插件，支持参数自动化的录制，如实时录制音量、声像、效果量等包络线，提高加载效果器时，良好的CPU利用率使得在Audition 3.0音轨中可在包括输出总线的同时装载16个效果器。

③ 输入信号实时效果监听，并新增两种监听模式，可以"听湿录干"(指人耳听到的声音是经过效果器处理后的"湿声"，而实际录入软件的声音则是没有经过任何处理的原始"干声")，提供方便快捷的插入录制方式；录制过程中自动将多轨片段保存在工作文件夹里，从而节省了更多硬盘空间。

④ Audition 3.0本身可以设置无限轨，轨数的最大值由硬盘空间大小决定。可以支持多达128路音频信号同时输入和输出。

⑤ Audition 3.0具有快速的创建和编排功能，用户工具栏可以分割与合并，调音台与效果器的各种预制参数可保存，支持界面的记忆。

⑥ Audition 3.0还具有强大的编辑和管理功能。例如，为专业音频制作服务的可视化工具和全新的刮擦工具，可以制作出类似磁带机慢速播放效果，或以任意速度正向或反向播放，为寻找需要编辑的细节片段提供方便，多波段压缩器，图示化显示每段频率的电平，可调每段的阈值、拐点弯曲度、触发、释放和增益，以适应不同频段的动态处理等。

Audition 3.0可以满足业余爱好者、小型音乐棚、专业制作人不同程度的要求。易于上手、直观的图标操作沿袭了Cool Edit的特点，即使不具备音乐制作的经验，也可以将Audition作为入门学习的软件。同时，它也是业余音乐爱好者迈向专业制作人的道路上，由浅入深学习数码音乐制作的选择。

(2) 认识音频工作站

工作站是指一种用来处理、交换信息和咨询数据的计算机系统。那么什么是音频工作站呢？音频工作站集音频录音、音频编辑、内部效果处理和自动缩混等功能为一身，基本组成部分包括计算机及其操作系统、专业音频卡和功能软件，并配合调音台、硬件效果器、监听音箱、功放、话筒、耳机、CD播放器和MIDI键盘等辅助器材。

随着计算机软硬件技术的发展，数字技术开始用于音频信号处理。数字音频文件传播、存储过程无损耗，编辑与转换方法灵活。数字音频工作站于20世纪70年代末出现以计算机作为主要记录载体，完成记录、处理与音频数据信息的交换。目前，我们所看到和使用的音频工作站都是以计算机为核心的数字音频工作站。

数字音频工作站可以灵活的处理样本文件，进行无损编辑，不受其长度限制；在处理声音片段和实时录音时充分体现其优势；它还能够与数字视频、MIDI 制作建立联系，为多媒体制作提供沟通的平台。近年来，涌现了各种音频软件和大量软插件，数字音频工作站的处理能力和自动化程度都有了显著提高。

从构成来看，数字工作站包括以计算机为核心配置的音频系统；另外一类工作站有内置微处理芯片，是将录音编辑系统整合于一体的系统。二者相比，前者可以满足广大初学者或者个人工作室的配置要求，后者往往价格比较昂贵。

(3) Audition 的基本操作

① 噪音处理。波形中的噪音分为环境噪音和电流噪音，无论多么安静的环境都会有噪音的存在。用计算机来录音避免不了电流噪音。噪音的存在会破坏原始声音，导致声音的失真，因此降噪处理对于波形音频来说至关重要。降噪有采样、滤波、噪音门等几种方法，其中效果最好的是采样降噪。

② 降噪处理。激励器是一种谐波发生器，是利用人的心理声学特性，对声音信号进行修饰和美化的声音处理设备。激励的作用就是产生谐波，对声音进行修饰和美化，产生悦耳的听觉效果，它可以增强声音的频率动态，提高清晰度、亮度、音量、温暖感和厚重感，使声音更有张力。激励对原有音频信号具有破坏作用，注意处理，否则，会使原有信号变"脏"。

BBE sonic Maximizer，中文名为"声波极大器"，是美国 BBE SOUND INE 公司于 1985 年开发研制的高清晰原音系统技术。它能智能化地修正和恢复音响系统由于各种原因而造成的信号损失或相位偏差，令声音尽可能地自然重现。它通过激励时产生的谐波，能有效地增强原音频声音的频率动态，从而使原音频的低音更加饱满淳厚，高音更加清晰明亮。

③ 压限。压限是压缩器和限幅器的统称。它是音频信号的一种处理设备，可以将音频电信号的动态进行压缩或限制。当输入信号达到阈值时，输出信号随输入信号的增加而增加，称为压缩器(compressor)，不再增加则称为限制器(limiter)。

压限的作用就是让声音变得有磁性，有力量，暖一些。采用压限器那样的信号处理设备来进行压限。Adobe Audition 3.0 支持压限插件 Ultrafunk FxCompressor 可以通过 Adobe Audition 3.0进行压限处理。对于人声的压限处理，男声压限参数如下：【阈值(Threshold)】为－23，【比率(Ratio)】为 2.0，【强度(Knee)】为 30，【起始缓冲(Attack)】为 0.1，【结束缓冲(Release)】为 70，这样可以使男歌手的声音听起来浑厚有力；女声压限参数如下：【阈值(Threshold)】为－26，【比率(Ratio)】为 2.0，【强度(Knee)】为 20，【起始缓冲(Attack)】为 3.0，【结束缓冲(Release)】为 300。

④ EQ 均衡。均衡器是一种可以分别调节各种频率成分电信号放大量的电子设备，通过对各种不同频率的电信号的调节来补偿扬声器和声场的缺陷，起到补偿和修饰各种声源及其他的特殊作用。Ultrafunk 公司的 Equalizer 插件是一个 6 波段具有可选过滤器和频率响应图的参数均衡器。均衡处理没有固定的处理设置，需要经验积累，一般的，适当加强中高音，衰减低音。

⑤ 混响。混响是一种声音的自然现象，声源发声，声音向四周传播，遇障碍，反射并被吸收一部分能量，如此循环，直至消失。混响可以产生身临其境的感觉，美化音色。没有混响，声音显得干涩、单薄和缺乏力度。Adobe Audition 3.0 支持的插件 Ultraftlnk fxReverb 可以用于混响处理。

3. 解决方案和步骤

(1) 录音准备。在使用 Audition 录制音频之前，先确定音源，如人、CD 唱机、录音机等，采用麦克风或者内录线来连接音源，如图 5-3 所示，连接好音频播放设备，如耳机、音箱。在连接好麦克风和耳机之后，就可以开始录制了。注意，通过麦克风录制音频素材时，需要保持环境的安静。即使这样，也仍然会录入一些噪音。

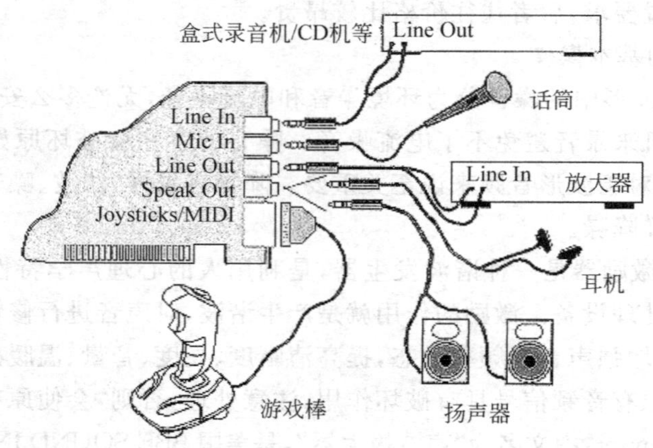

图 5-3 声卡的接口及与外部设备的连接

(2) 确定麦克风已插入声卡的输入插孔，绿色为耳机，粉色为 MIC，如图 5-4 所示。

图 5-4 录用设备

小知识：录音技巧

① 一般手握话筒的时候，不要和嘴成 90 度垂直，最好成 45 度角，避免气流直接进入麦克风，造成喷麦。

② 麦克风的距离也要把握好，一般在 10～20cm 之间最好，唱高音或者拖音的时候可以更远些，轻声或者低音的时候可以适当近些。

③ 唱歌是用丹田，胸腔发出的声音，不要用鼻子对着麦克风出气，这样最容易造成难听的喷麦声。

(3) 设置录音控制。双击任务栏右下角，弹出【音量控制】对话框。单击【选项】|【属性】命令，弹出如图 5-5 所示的【属性】对话框，选中【录音】单选按钮，在【显示下列音量控制】列表框中，选中【录音控制】、【CD 音量】、【麦克风音量】、【线路音量】复选框，单击【确定】

按钮，弹出【录音控制】对话框，如图 5-6 所示，调整【麦克风音量】选项组下的音量滑块到第 4～5 格。

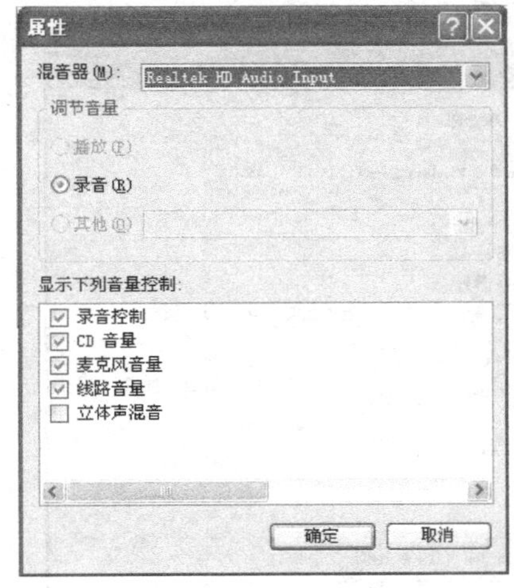

图 5-5　【属性】对话框

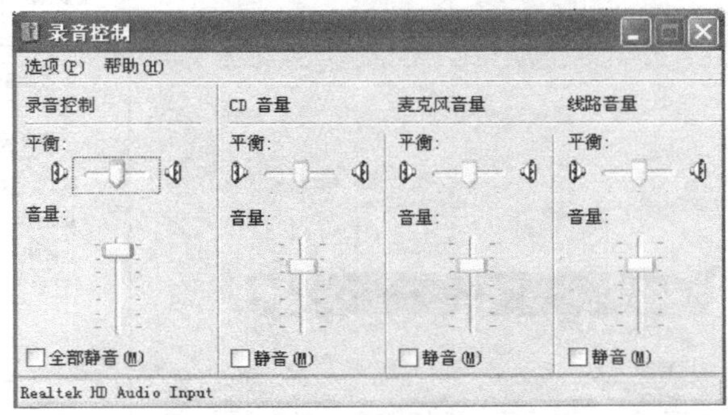

图 5-6　【录音控制】对话框

(4) 运行 Audition 软件。在 Audition 解压的目录下，找到并双击 Audition. exe，运行 Audition 软件，其程序界面如图 5-7 所示。

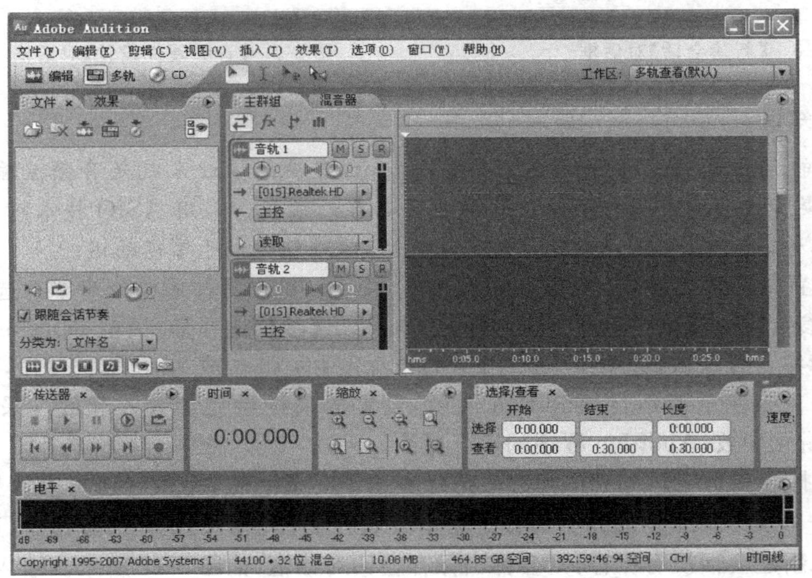

图 5-7　Audition 工作界面

(5) 新建会话文件。点击【文件】|【新建会话】命令，弹出【新建会话】对话框，如图 5-8 所示。然后设置音频数字化的采样率，【采样率】默认是，44.1kHz，结束新建。

(6) 在 Audition 中调整录音控制。在运行启动 Audition 程序之后，单击【选项】|【Windows 录音控制台】命令，弹出【录音控制】对话框，选择 MIC 输入，调整音量大小。

(7) 选择音频设备。单击【编辑】|【音频硬件设置】命令，弹出【音频硬件设置】对话框，

如图 5-9 所示，分别单击【编辑查看】、【多轨查看】和【环绕编码】标签，在【多轨查看】下拉列表中选择音频设备以及对应的输入及输出端口。如果是 ASIO 声卡，则最好选用 ASIO 声卡作为音频设备，以支持 ASIO 迟延，单击【确定】按钮结束。

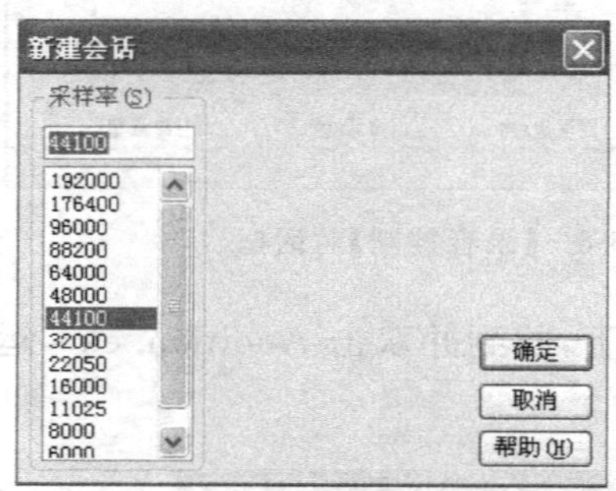

图 5-8 【新建会话】对话框

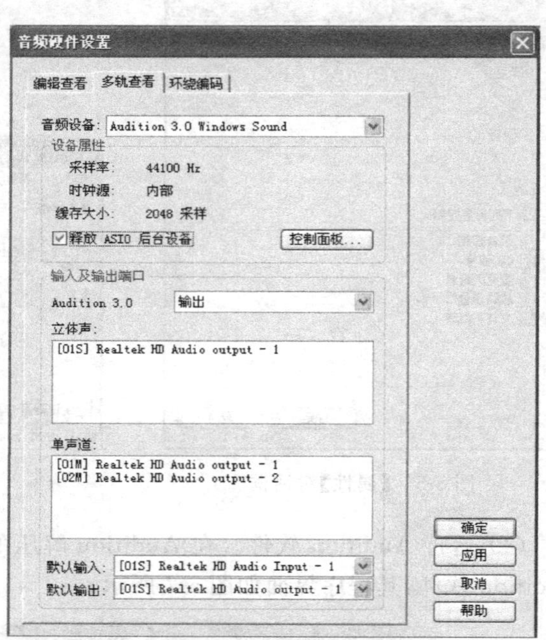

图 5-9 【音频硬件设置】对话框

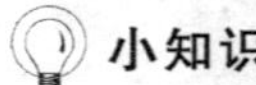

小知识

ASIO 的全称是 Audio Stream Input Output，直接翻译过来就是音频流输入/输出接口，通常这是专业声卡或高档音频工作站才会具备的性能。采用 ASIO 技术可以减少系统对音频流信号的延迟，增强声卡硬件的处理能力，以得到近似于零延的迟。

(8) 设置采样量化参数。Audition 支持 16bit 和 32bit 两种采样分辨率。选择 16bit 或 32bit 量化参数，单击【编辑】|【参数选择】命令，弹出【参数选择】对话框，如图 5-10 所示，单击【多轨】标签，在【默认】选项组中选中【录音位深度】的 16 位或 32 位单选按钮，单击【确定】按钮结束。只有在重新运行 Audition 之后，设置的采样量化参数才起效。采用 16bit 比 32bit 采样量化参数，Audition 程序的运行更快。

(9) 选择录制音轨。Audition 3.0 支持多达 128 条音轨，每条音轨可以放置多个音频文件。图 5-11 是“音轨 1”的控制面板。单击音轨控制面板右侧的【R】按钮 R，选择该音轨录音。如果新建会话没有保存，则会弹出保存会话对话框，如图 5-12 所示。输入文件名后，单击【保存】按钮保存。在音轨的控制面板的【SoundMax】列表中可以选择录音的立体声或声道数，以及音频输出的参数。

(10) 选择监视模式。Audition 具有三种监视模式：外部、触发输入、总是输入。【外部】用于监视音频输出，【触发输入】和【总是输入】用于监视音频输入。

(11) 设置监视电平。单击【选项】|【测量录音电平(外部)】命令，可以检查录音时，音量是否出现过大的现象。如果是，则通过单击【选项】|【Windows 录音控制台】命令重新调整音量。

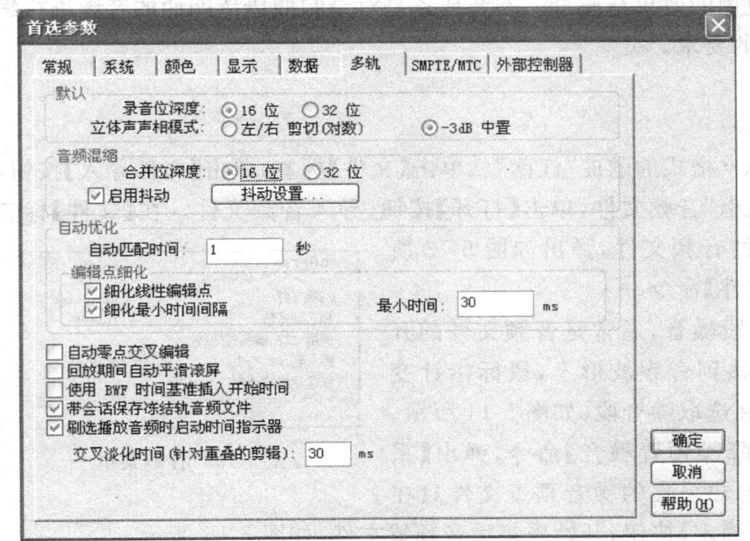

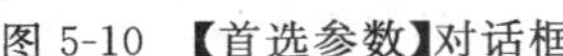
图 5-10 【首选参数】对话框

图 5-11 轨道控制面板

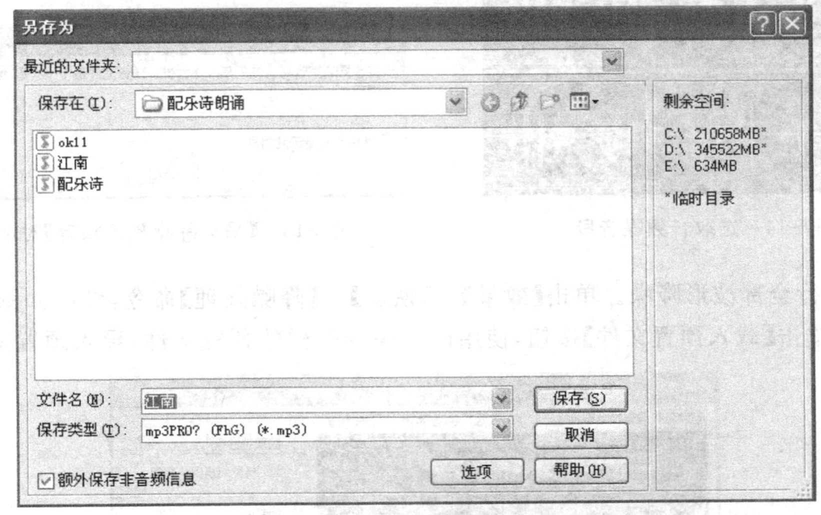

图 5-12 保存会话对话框

(12) 录制。单击【录音】按钮开始录制，对着麦克风朗读唐诗，单击【暂停】按钮结束录音。录制完成后，单击控制器中的【播放】按钮，即可试听。

(13) 保存。单击【文件】|【关闭】命令关闭会话文件。

5.1.2 音频编辑处理

1. 任务分析

不管从何种途径获取的音频，因为噪音、人声、声音大小等因素干扰，只有进一步进行音频处理才能确保达到音频使用的效果与质量。本节任务是对录制的唐诗朗诵的音频进行编辑处理，以满足多媒体应用的要求。

2. 解决方案和步骤

(1) 从网上下载一首 wav 格式的歌曲“江南”。单击【文件】标签，单击【文件导入】按钮，弹出【导入】对话框，选中“江南”音频文件，单击【打开】按钮，导入音频文件。在【文件】标签的文件列表框中，右击导入的音频文件，弹出如图 5-13 所示的右键菜单，单击【编辑文件】命令。

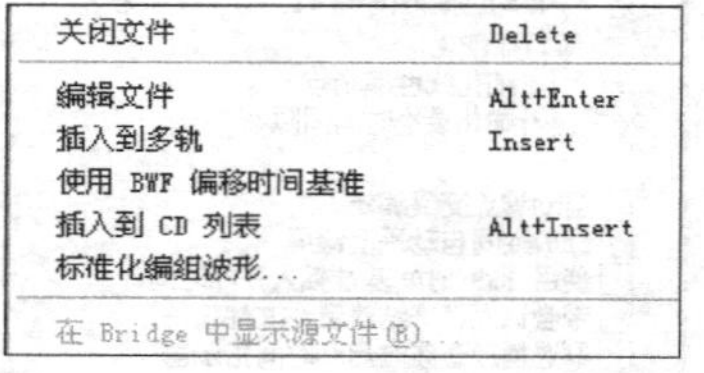

图 5-13 右键菜单

(2) 噪音采样。选择一段噪音，通常是音频文件的开头、结尾的一段。鼠标指针移到音频波形上，鼠标指针变为文本选择状态时，拖动鼠标选取噪音段，如图 5-14 所示。单击【效果】|【恢复】|【采集降噪预置噪音】命令，弹出【采集降噪预置噪声】对话框，告知采集的噪音预置文件只在下次启动降噪才起效，单击【确定】按钮，开始采集噪音预置文件，如图 5-15 所示。

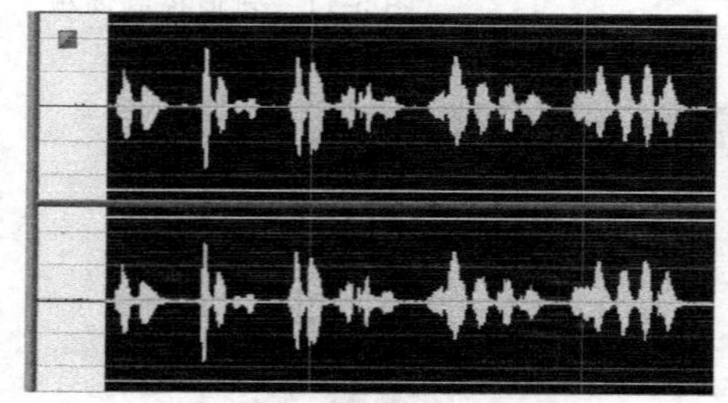

图 5-14 选取音频噪音段

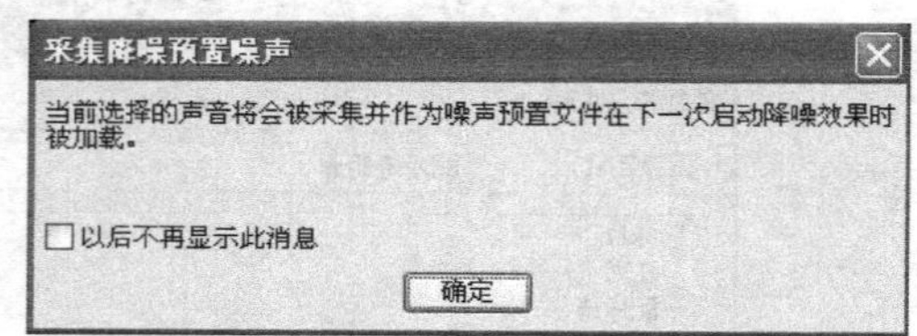

图 5-15 【采集降噪预置噪音】对话框

(3) 进行全部波形降噪。单击【效果】|【恢复】|【降噪处理】命令，弹出如图 5-16 所示的对话框，单击【载入预置文件】按钮，使用已有噪音采样的预置文件，导入预置文件。单击

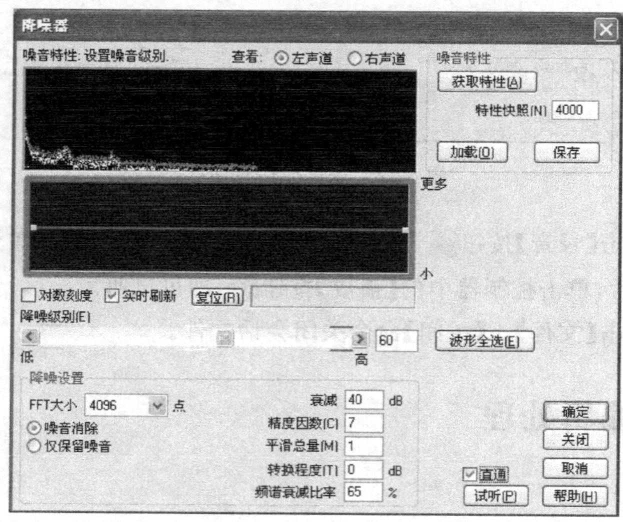

图 5-16 【降噪器】对话框

【选择整个文件】按钮，选中全部音频波形，拖动【降噪级别】的滑块到 60。单击【试听】按钮，监听噪音处理情况，若不合适，则再调整【降噪级别】的滑块。单击【确定】按钮进行全波形降噪，并显示降噪的进程。如果选择一段噪音段，则可以单击【获取特性】按钮，像上一步那样采集降噪预置噪音，采集后，单击【确定】按钮，保存降噪预置噪音文件，供载入使用。

(4) 启动 BBE。单击【效果】|【激励插件(DirectX)】|【BBE 激励器(BE sonic Maximizer)】命令，弹出如图 5-17 所示的对话框。边试听边调整各参数。

图 5-17　BBE 激励插件工作对话框

提示

在 BBE 对话框中，【LO CONTOUR】旋转按钮用于调节低频激励的量，调整低频部分的相位补偿量；【PROCESS】旋转按钮用于调节高频激励的量，调整高频部分的相位补偿量；【OUTPUT LEVEL】旋转按钮用于调节处理后输出信号的电平，能有效地避免当音频经过处理后，因为电平过载所产生的爆音。单击【切换】按钮，在原始输入信号和 BBE 处理输出信号之间切换，便于音频处理前后变化的鉴别。

(5) 启动压限效果器。单击【效果】|【插件(VST)】|【压限器(Ultrafunk)】|【压缩效果器(fxCompressor)】命令，弹出如图 5-18 所示的对话框。调整相关的压限参数。

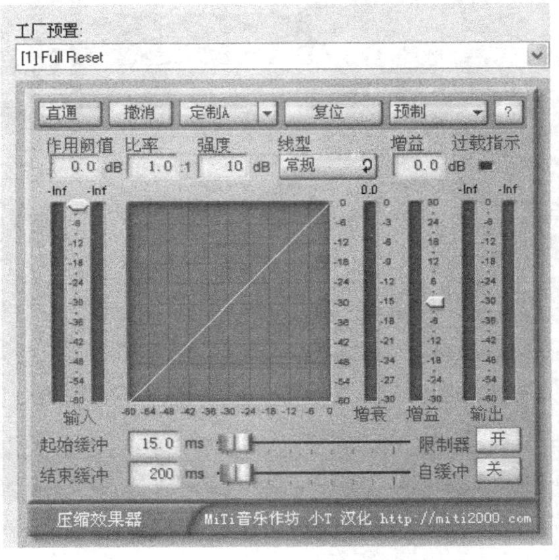

图 5-18　VST 压限插件工作对话框

(6) 启动均衡效果器。单击【效果】|【插件(VST)】|【Ultrafunk】|【均衡效果器(fxEqualizer)】命令，弹出如图 5-19 所示的对话框。

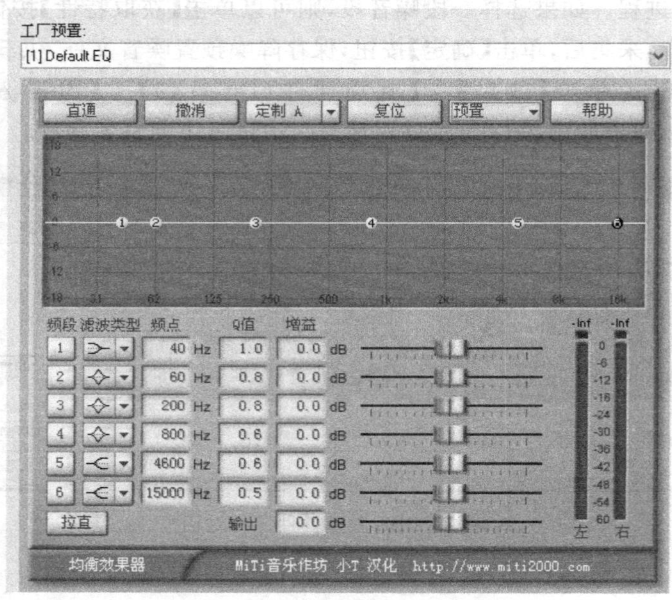

图 5-19 VST 均衡插件工作对话框

(7) 启动混响效果器。单击【效果】|【插件(VST)】|【Ultrafunk】|【混响效果器(fxReverb)】命令，弹出如图 5-20 所示的对话框。

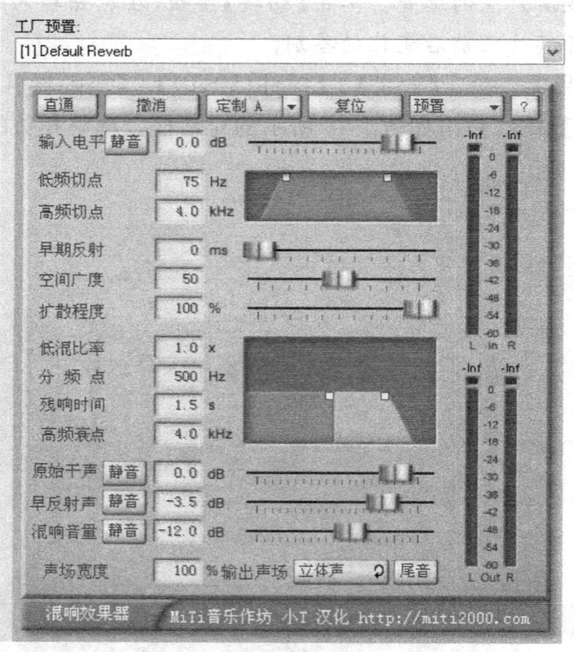

图 5-20 VST 混响插件工作对话框

提示

在混响器对话框中，输入右侧的【静音】按钮及滑块，用于输入信号的静音控制和输入增益大小设置；低频切点、高频切点右侧文本框及其右侧图形，用于设置低频、高频通过的阈值；前期迟延及其滑块，用于设置预延迟时间；空间尺寸及其滑块，用于选择录音房间大小，它影响混响的效果；散射及其滑块，用于设置声音漫反射大小；频点、增益、迟延及其右侧图形，用于设置低频反射的倍数、阈值和时间；高频衰减及其右侧图形用于设置高频吸收阈值；【干声】右侧的【静音】按钮及其滑块，用于"干"音的静音控制和增益大小设置；右侧的【静音】按钮及其滑块，用于"早"反射的静音控制和增益大小设置；【反转】右侧的【静音】按钮及其滑块，用于混响音的静音控制和增益大小设置；【宽度】右侧的【正常】按钮，用于选择声音的频带宽度。

将试听后满意的音频单击【保存】按钮，完成音频的处理操作，使人声的干声听起来更富有磁性和湿润。

5.1.3 添加背景音乐与输出音频

1. 任务分析

本节介绍背景音乐的添加和输出音频的方法，操作过程比较简单，主要将找到的音频素材导入，并做适当的编辑处理，最后混缩音频，输出为指定的格式。在本任务中，要为唐诗添加背景音乐，最后输出为 MP3 的格式。

2. 解决方案和步骤

下面介绍具体的操作步骤。

(1) 打开网上下载的素材文件夹中 chapter 05\配乐诗朗诵\背景音乐. wav 文件，导入 Audition 软件中，并拖至音频【音轨 2】中，调整与朗诵唐诗音的位置，如图 5-21 所示。

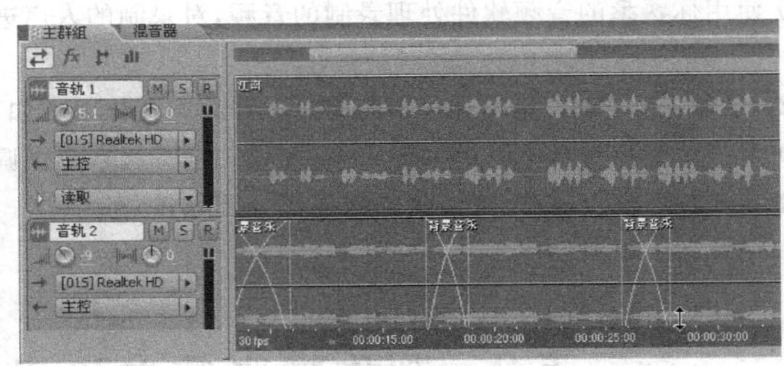

图 5-21 导入背景音乐并在轨道中调整位置

(2) 选择音频轨道 2，在单轨编辑模式下，使用【时间选择工具】选择背景音乐开头部分，单击菜单栏【效果】|【振幅和压限】|【振幅和淡化】，在弹出的淡入淡出对话框中选择，为选择的音频做淡入处理。

(3) 同样的方法选择结尾部分音频，并做淡出处理。

(4) 在多轨模式下,选中所有的音频轨道,单击菜单栏的【文件】|【导出】|【音频混缩】,在弹出的对话框中设置相应参数,如图 5-22 所示。设置完毕,单击【确定】按钮。输出为 WAV 格式的音频。

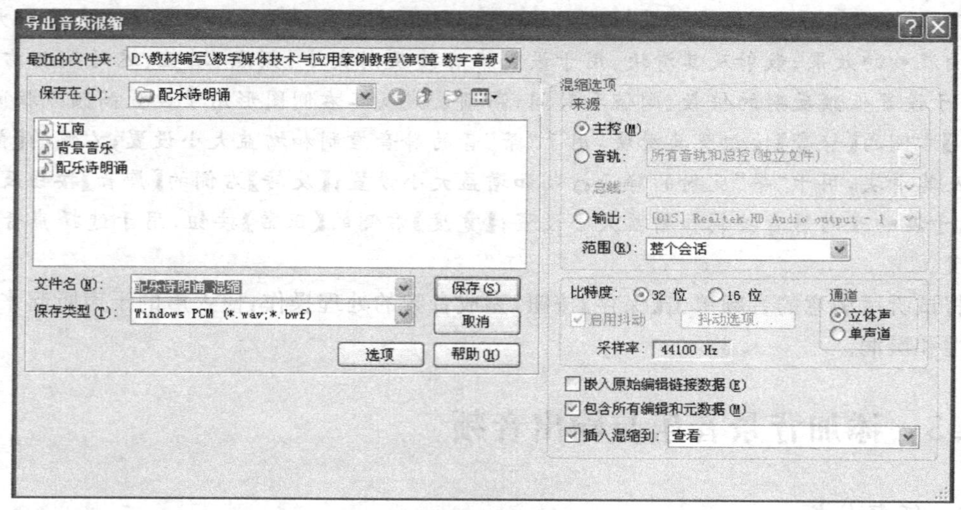

图 5-22 【导出音频混缩】对话框

至此,已完成配乐诗朗诵案例的制作。

5.1.4 实训课堂

(1) 录制一段影视配音,具体要求如下。

① 使用 Windows【录音机】采集声音。注意,【录音机】长度默认为 60s,为了增加录音长度,可以在静态录制 60s 结束后,再按录音键,每次可以增加 60s。

② 使用你熟悉的音频软件处理录制的音频,对录制的人声进行降噪、压限、润色人声等操作。

(2) 录制一支单曲,完成对录制的单曲的修改。具体要求如下:

① 适当调整伴奏和唱歌声音的大小,使得二者听起来更协调;

② 若未唱完整首歌曲,将多余的伴奏部分删除;

③ 将录制的单曲导出。

5.2 制作精彩歌曲串串烧

如果想将 MP3 歌曲定制得更加富有个性,比如把好几首节奏强劲的迪厅音乐融合起来制作一个舞曲大串烧,或者是将自己喜好的歌曲的部分段落剪辑合并为独一无二的靓歌,我们仍然可以借助专业级的 Audition 编辑软件。

本案例将利用 Audition 音频制作软件制作精彩歌曲串串烧作为个性化手机铃声,具体可以分为4个任务来完成。

任务1：音频素材的获取与使用。

任务2：截取音频片段。

任务3：添加音频特效。

5.2.1 音频素材的获取与使用

1. 任务分析

利用Audition软件制作MP3铃声非常简单。因为每首完整的音乐都有主旋律。而主旋律通常为这首歌曲最好听的一段。由于手机存储容量的限制，可以通过利用Audition这款软件来截取“主旋律”，来合成手机的铃声。“巧妇难为无米之炊”，因此，如何获取音频素材是制作个性化手机的铃声的关键。

2. 解决方案和步骤

常用的获取声音资源的方法有以下几种。

(1) 利用计算机的声卡录制声音

录音的音源可以来自麦克风，也可以将来自模拟设备如录音磁带、收音广播等的声音，转为数字声音。

在要求不太高的情况下，可以利用Windows附件的【录音机】来录制声音，但必须将麦克风接到计算机的声卡上，才可以进行声音的录制。

① 将麦克风插入计算机声卡上的话筒(MIC)端口。

② 设置录音属性。双击【控制面板】中“声音和多媒体”图标，打开“声音和多媒体属性”对话框中【音频】选项卡，在【录音】一栏中选择相应的录音设备，决定录音的通道。

声卡提供了多路声音输入通道，录音器必须正确选择。双击桌面右下角状态栏中的喇叭图标，打开“音量控制”面板，选择【选项】|【属性】菜单，在【调节音量】框内选择【录音】，选中要使用的录音设备。

③ 录音。从【开始】菜单中运行录音机程序，单击红色的录音键即能录音。录音完成后，单击【停止】按钮，然后选择【文件】菜单中的【保存】命令，将文件命名保存。

在【另存为】对话框中单击【更改】按钮，打开选择声音格式的对话框，可以从中选择合适的声音品质，其中【格式】用于选择不同的编码方法。

(2) 利用抓音轨软件从音乐CD上抓取音乐文件

CD激光唱盘中高品质的音乐是音乐素材的重要来源之一。CD中存在的是数字化声音，但不是以文件形式存储的，不能直接拷贝。通过抓音轨软件，可直接获取存储在光盘音轨上的数据，并存储为WAV格式或MP3格式的声音文件。现在可用于抓轨的工具很多，有专门的抓轨工具，如EAC(Exact Audio Copy)；有些媒体播放软件也内置了抓轨功能，如Window Media Player、Real One Player；还有一些光盘刻录软件如Nero中也有此功能。常用的CD抓轨工具以及功能特点见表5-1。

表 5-1 常用的 CD 抓轨工具及功能特点

CD 抓轨工具	功能特点
EAC(Exact Audio Copy)	最准确的抓轨软件,无损抓轨,几乎能抓取任何光碟的音轨,不失真地转换成 MP3,支持 ATAPI 及 SCSI 光驱,能播放 CD 唱片。这个软件虽然强大,但对于一般的用户来说还是稍复杂
Window Media Player	界面华丽,易用性好。通过与唱片公司合作,在 CD 信息检索方面除了一般的歌手、歌名之外还可以检索到歌词、乐评等其他信息。支持生成的压缩格式只有 WMA 和 MP3 两种。压缩参数和抓轨参数都不是很多,适用于对计算机音频技术了解不多的普通使用者
Real One Player	这是比较流行的媒体播放器,它支持自动搜寻 CD 的歌名、歌手等基本信息。支持的压缩格式稍微多些,有 AAC、RA、MP3、不压缩的 WAV 以及微软的 WMA。抓轨功能的设置中有一个自动测试功能,方便了普通用户的使用。其他抓轨设置也要比 Window Media Player 多,对于想对抓轨过程加以控制的用户是一个不错的选择

(3) 利用现成的数字声音素材。如从网上下载或从声音素材光盘上直接复制声音文件。(注意:使用第三方的声音文件时,要注意版权问题)。相关的音频素材网有:

http://sc.chinaz.com/html/sounds/yinlv/index_1.html 中国站长素材网

http://www.sucai.com/Audio/中国素材网

这两个网站都收集了种类多样的声音素材,资源丰富,是读者学习和娱乐的优秀网站。

① 将磁带音乐转换为 MP3 格式。不少人的手边多少都有一些不同时期的磁带,如流行歌曲、精彩的演讲或是语言录音等,在使用次数频繁、存放时间过长、潮湿和温度的影响下,无论多好的磁带,终究都存在着难以保存的缺点。如今都进入计算机时代了,听音乐当然也是要交给计算机完成,因为通过计算机听音乐很方便。我们可以将磁带中的经典老歌制作成 MP3 保存起来。有一款 Rosoft Audio Recorder 软件可以实现将磁带歌曲转换为 MP3 歌曲。

② 将电影原声转换为 MP3 格式。超级解霸中内置的 Direct CDROM 技术可以将 CD、DVCD、VCD、SVCD、CVD 等各类型光盘中的音乐截取出来。它采用 Direct CDROM 技术的数字抓轨程序,不仅截取的速度高,还可以直接测出光驱的实际速度,不受光驱缓存容量大小的影响,一般 1 分钟左右即可压完一首 48kHz 的 CD 歌曲。此外,超级解霸还能够自动去除多余数据,使得数据最小化,并实现自动连真轨道抓取、支持任意位置开始抓取,并能支持直接压成 MP3 文件。

提示

使用 Jukebox 来制作 MP5 非常简单,即使你是新手也可以在短短的几分钟之内掌握它的使用方法。但是有时得到的 MP3 文件在欣赏的时候发现竟然是 96kB/s 的,这是为什么呢?其原因在于转换之前你没有对相关的属性进行设置。

所以为了能够实现最佳的 MP3 效果,还要对其进行一番设置工作。选择该软件音乐播放器中的【options】|【Setting】命令之后。会有一个设置窗口弹出,这里有 5 个标签。其中有些是关于播放属性的设置,如果要对转换 MP3 的音质做出设定的话,就要进入【Recorder】标签中进行关于转换质量的设定工作。

这里共有四种 MP3 的音质转换格式,包括普通设置、FM 广播音质、接近于 CD 音质、CD 音质等。

5.2.2 截取音频片段

1. 任务分析

每首歌曲都有其高潮部分，如果读者想把这些歌曲的最好听的部分截取下来，再将他们连接起来制作出一首类似精彩的歌曲连唱，那么，截取音频片段对于音频剪辑细节的修改和编辑是很重要的。

2. 解决方案和步骤

在音频截取操作中，多轨音频的截取与单轨音频的截取类似，利用 Audition 软件截取主旋律音频。音乐素材请读者按照 5.2.1 小节中介绍的素材的获取方式自行下载。具体操作步骤如下。

(1) 首先单击工具条中【打开】按钮，并在弹出的窗口中打开存放有音乐文件的文件目录，挑选出一首歌曲(比如此处为“暖暖”)。

(2) 此时在 Audition 窗口中看到一个声音波形，接着可以先选择要截取的开始节点(如第 40 秒处)，再按下鼠标左键后，其左方的颜色会变暗。

(3) 接着再选择截取的终止点(如 200 秒处)，按下鼠标右键后我们就会发现只有在第 40～200 秒间是高亮显示区域，这部分就成为当前编辑的区域了，如图 5-23 所示。

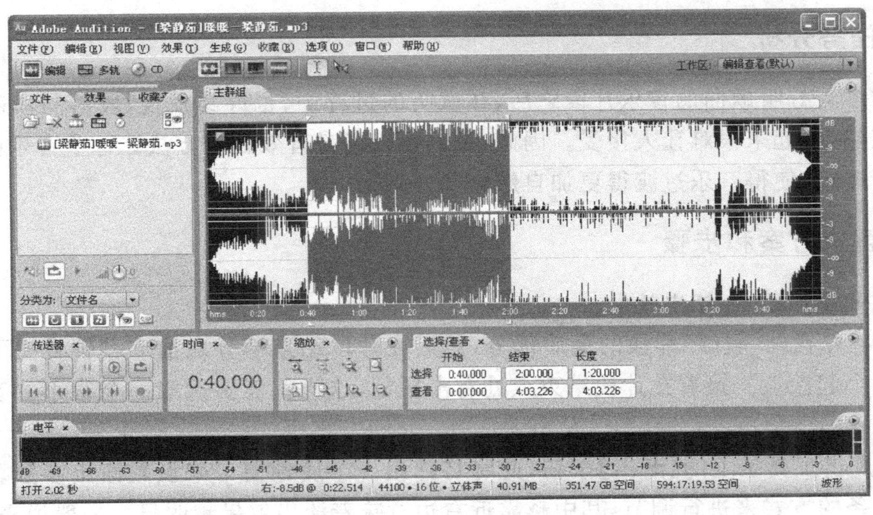

图 5-23 截取音频片段

(4) 选择要复制的区域后点击【复制】按钮，或者直接通过【Ctrl＋C】的组合按钮复制这段音乐。

(5) 选择一条音频轨，将放置各个音频片段。如图 5-24 所示。

(6) 在新建的声音文件窗口中按下【粘贴】按钮或者【Ctrl＋V】的组合按键粘贴这段音乐。

(7) 按照从(1)～(4)的步骤复制第二首歌曲的段落，然后在新建文件窗口中用鼠标左

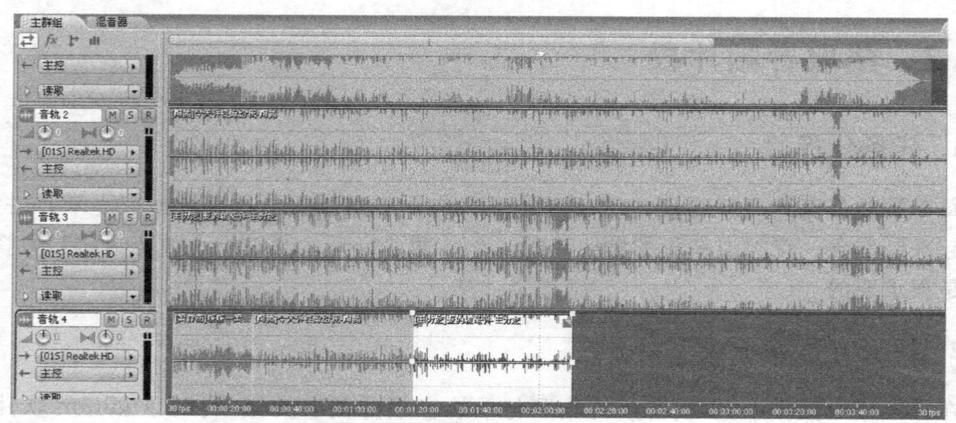

图 5-24　合并的音频片段

击音乐最后部分，使其前面部分都呈暗色非选中状态。接着再把第二首歌曲的截取片段添加到新的文件中，这样片段就自动与前面的音乐连接起来。

上述操作完成之后，首先通过设备控制器试听一下效果如何，满意之后再将这个编辑的文件保存下来，这样就完成了歌曲的截取。

5.2.3　添加音频效果

1. 任务分析

截取多首好听歌曲的音乐片段之后，在试听的过程中，也许会发现，段落与段落之间的过渡很突然，听起来很难让人接受。因此，我们可以通过音效处理方法让每个音乐段落之间实现无缝连接，使得音乐过渡得更加自然。

2. 解决方案和步骤

为歌曲添加淡入、淡出效果。

(1) 首先找到“暖暖”片段的最后部分，然后在片段结束部分之前 5 秒钟处按下鼠标左键设定一个起始点。接着在片段结束点处右击鼠标，这样就能够选取一个很小的音乐结尾片段。

(2) 点击工具条上的【渐出】按钮，此时将弹出一个属性窗口来设置渐出参数。这里采用了滑块条的方式来进行调节，其中越靠近右边意味着淡出效果越明显。一般说来，淡出只要让音量逐渐变小就可以了，因此这里一般设定为 80%～90%之间，否则会造成串烧歌曲的暂时空白。按照第①步的方法在“爱的就是你”开始处选中一小段音乐，然后点击工具条中的【渐入】按钮，并且在弹出窗口中设定音量在 10%左右。这样两首歌曲片段的淡入、淡出效果就制作完成了。

(3) 选择制作好的歌曲串串烧，单击【文件】|【导出】|【混缩音频】，选择保存格式为“.mp3”，文件名为“精彩歌曲连唱”，即可完成该项目的制作。

5.2.4 实训课堂

1. 了解什么是音频插件，并下载 BBE、VST 插件，安装插件到 Audition 软件中。打开 Audition 查看【效果】|【DirectX】中，是否有了自己安装的插件。

2. 使用软件将一首歌曲从 VCD 光盘中提取出来，保存为 MP3 格式。

3. 录制一则小故事，并对其进行适当的处理，然后根据人物情节为其配上合适的音效，制作成混缩音频。

本 章 小 结

本章首先介绍了声音的概念、声音的数字化、声音文件的大小和音频文件的格式等基础知识，然后介绍了音频的采集、编辑制作、添加特殊效果、音效音乐合成的基本方法。通过学习和实践操作，既可以使用户制作出独立的音乐作品，也可以使其制作出能满足基本需求的音乐素材，为今后制作更多的媒体作品打下基础。

知识拓展——MIDI 简介

MIDI 广泛地应用于多媒体作品中。MIDI 实质是一个电子乐器数字接口，是用于电子乐器之间以及电子乐器和计算机之间交换音乐信息的一种标准协议。MIDI 分为狭义 MIDI 和广义 MIDI。狭义 MIDI 是指电子乐器数字接口，即 Music Instrument Digital Interface。广义 MIDI 是指整个计算机音乐的统称，包括协议、设备等。

MIDI 是乐器和计算机使用的一种标准语言，是一套指令的约定，它指示乐器要做什么、怎么做，如演奏音符、加大音量、生成音响效果等。MIDI 不是把音乐的波形进行数字化采用和编码，而是将数字式电子乐器的弹奏过程记录下来，如按了哪一个键、力度多大、时间多长等。需要播放这首乐曲时，根据记录的乐谱指令，通过音乐合成器生产音乐声波，经放大后由扬声器输出。

相对于波形音频，MIDI 主要有下列几个特点。

(1) 生产的文件比较小，因为 MIDI 音乐存储的是命令，而不是声音波形。如半小时的立体声音音乐使用 CD-DA 格式波形存储时约需要 300MB 的存储容量，而用 MIDI 记录时，只需要用 200KB，相差 1500 倍。

(2) 容易编辑，因为编辑命令比编辑声音波形要容易得多。所以可以随意修改曲子的速度、音调，也可以改换乐器的种类，从而产生合适的音乐。

(3) 声音的配音方便。MIDI 音乐可以作背景音乐，和其他的媒体，如数字电视、图形、动画、话音等一起播放，加强演示效果。与波形声音文件等不同的是，当多媒体系统中播放波形声音文件时，若此时还需要配上某种音乐作为解说的效果，不可能同时调用两个波形声音文件，而播放 MIDI 文件记录下来的音乐就很方便了。

MIDI音乐的制作需要音源、音序器、输入设备三大工具。

音源是指提供音乐的设备，不同的音源能提供不同的音色。音源有硬件音源和软件音源之分。硬件音源是一个独立的设备，能提供很好的音色，如YAMAHA MU100R、声卡等。软件音源是数字音色，只有安装在计算机上才能使用。

音序器是用于记录音乐的基本要素——速度、节奏、音色、音符的时值等、指挥音源选择音色和发音设备。音序器有软件、硬件之分。Cakewalk就是一个软件音序器。

输入设备用于输入演奏音乐的音乐要素到音序器，从而实现传统乐曲的演奏方法。输入设备也分为软件和硬件两种。如MIDI键盘是硬件输入设备，而Cakewalk中带有的Virtual Piano是虚拟MIDI键盘，是软件输入设备。

在制作MIDI音乐时，如果对MIDI音乐的要求不是那么严格，或没有足够的经费采购设备，那么可以在多媒体计算机上，借助Cakewalk软件工具制作MIDI音乐。

MIDI音乐的产生。MIDI电子乐器通过MIDI接口与计算机相连。这样，计算机可通过音序器软件来采集MIDI电子乐器发出的一系列指令。这一系列指令可记录到以".mid"为扩展名的MIDI文件中。在计算机上音序器可对MIDI文件进行编辑和修改。最后，将MIDI指令送往音乐合成器，由合成器将MIDI指令符号进行解释并产生波形，然后通过声音发生器送往扬声器输出。图5-25为MIDI音乐的生成过程。

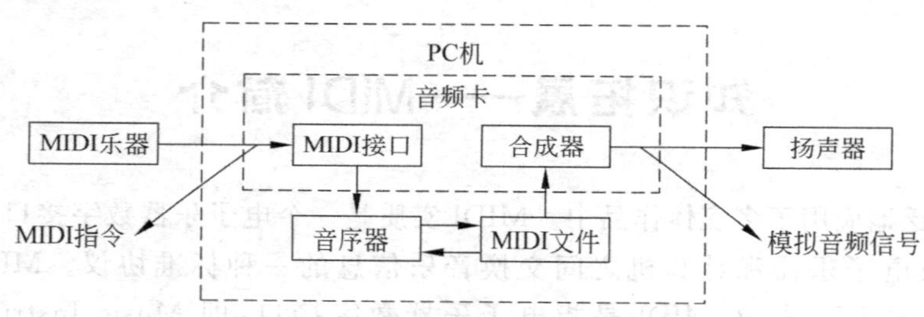

图5-25　计算机上MIDI音乐的生成过程

产生音乐的方法很多，现在用得较多的方法有模拟合成法和数字FM合成法两大类。数字FM合成法一般采用的是数字频率调制(FM)合成法和波表合成法两种。

数字FM合成法，数字FM合成法是在20世纪70年代由斯坦福大学开发出来的一种数字式电子合成器方法。FM采用频率调制的方法，通过一些波形(调制信号)改变载波频率的相位来实现上述表达式。根据其原理，从理论上来说可以模拟任何声音信号。

波表合成(Wavetable)采样回放合成法，与前面的FM合成法不同的是，它的波形不是由振荡器产生的基本波形，而是通过实际录制乐器得来的波形。它的原理是，首先从一种乐器中取下一个或多个周期的波形作为基础，然后确定该周期的起点和终点，对该取样波形的振幅进行处理和测试，以满足声音回放的要求。传统的波峰来调整波形的振幅，以模拟自然乐器自然演奏时的效果，对波形进行频率、滤波等再处理，然后把波形和相应的合成系数写入电子合成器的ROM存储器中，由于这些波形及合成系数是以波形表形式存储在合成器的ROM中的，因此采样合成器又称波表合成器。除上述的合成方法之外，数字FM合成还包括：线形合成(LA)、先进集成式合成(AI)、先进向量合成(AV)、可变结构合成技术(VAST)。

思考与练习

1. 从 CD 光盘上选择一个音轨将它转换成双声道、44.1kHz、16bit 的立体声文件，并将这个文件分别转化为双声道、22.05kHz、16bit，单声道、11kHz、8bit，单声道，5kHz、8bit 的三个声音文件，比较这些声音文件在文件大小和声音播放效果上的变化。

2. 选择播放不同格式的数字音频文件，如 WAV、MID、MP3、RA 等，记录各文件的属性，如声音文件的播放长度、声音文件的大小，比较这些声音文件的播放效果。

3. 小组创造或剪辑一个 10 分钟左右的音频作品，自己定制一个主题，可以是将不同的音乐作品剪辑合成一个作品(类似串烧歌)，也可以录制一段语音，并为其配乐，如配乐诗朗诵等，使其成为一个有主题的作品。

4. 先观看"一个馒头引发的血案"搞笑版自制配音视频，自己可以定制一个主题，可以剪辑某段视频，并录制一段语音，根据情节和剧情，为其配上语音，使其成为一个有主题的作品。(可以把这个任务和第 8 章中的思考与练习结合起来，使其为视频配音。)

第 6 章　计算机平面动画

学习目标

学习本章内容的目的在于让读者了解和掌握二维动画的基本知识、基本概念；熟练使用 Flash 软件制作动画；能收集素材并应用到动画中；会使用 Flash 绘图工具绘制素材，能制作简单动画效果；会制作高级动画特效，能根据剧情需要进行动画片的构思和分镜头设计。本章通过 3 个经典案例，由浅入深、循序渐进地全面介绍以上动画制作方法和技巧。

学习内容

① 了解二维动画的基本知识；
② 熟练掌握 Flash 绘图的方法；
③ 熟练掌握 Flash 基本动画效果的制作方法；
④ 掌握 Flash 高级动画效果的制作方法；
⑤ 掌握 Flash 中导入并使用素材的方法；
⑥ 掌握 Flash 动画的优化和输出方法。

教学目标	主要描述	学生自测
能力目标	能独立完成动画素材的收集和绘制、能够使用 Flash 制作动画，能为动画添加简单特效	了解 Flash 动画的类型和使用到的主要技术，会设计并制作各种类型的动画
知识目标	掌握 Flash 绘图技术，熟练掌握基本动画效果的制作方法，掌握高级动画效果的制作方法	能对作品进行分析和设计，会利用不同的方式获取动画素材，能运用各种技术制作出想要的动画效果
教学重点	使用 Flash 绘图工具绘制素材，制作出一个完整的动画短片和商业广告	能独立绘制素材，制作基本动画效果和高级动画效果
教学难点	Flash 绘图、基本动画效果制作、高级动画效果制作	能实现使用 Flash 制作并输出完整的动画片

6.1　HappyTime 电子贺卡的制作

节日到了，除了去放松和娱乐，也不要忘了给家人和朋友送上自己的祝福。对于电子贺卡我们已经不陌生了，与传统贺卡相比，网络贺卡具有声情并茂、发送快捷、节省费用等特点。在网络盛行的今天，Flash 贺卡已成为电子贺卡的主要表现形式。许多网站都提供邮寄网络贺卡的服务，不过如果能够亲手制作一张具有个性的贺卡，会令自己的祝福更加真诚，收到贺卡的亲朋好友也会因此而更加感动和感到幸福。

下面就来制作一个静中有动的Flash电子贺卡，如图6-1所示。其中字母a上方的火焰在不停闪烁，字母i上方的圆点在不停旋转，将一幅春意盎然又略带动感的快乐画面传递给远方的友人。

图6-1 Happy Time电子贺卡效果图

1. 案例分析

本案例通过一个简单的电子贺卡的制作，来重点介绍Flash文档属性的设置、Flash绘图工具的使用和文字效果的添加。通过本案例的学习，使读者快速掌握创建动画文档并使用Flash绘图工具绘制素材的方法。整个制作过程可以分解为如下几个任务。

任务1：创建并设置文档属性。

任务2：绘制素材。

任务3：添加文字。

任务4：加入简单特效。

2. 相关知识点

(1) 动画的基本原理

动画是物体在一定的时间内发生的变化过程，包括动作、位置、颜色、形状、角度等的变化。在计算机中用一幅幅的图片来表现一段时间内物体的变化，每一幅图片称为一帧，当这些图片以一定的顺序连续播放时，因为人眼的视觉暂留，就会给人以画面在动的感觉。

(2) 关于Flash软件

Flash是目前最流行的网络动画制作软件，也是在中国使用最广泛的二维动画制作软件，在多媒体互动软件业处于霸主地位。

小知识

Flash软件的前身是一家小公司Future Wave开发的矢量动画制作软件Future Splash。1996年Macromedia公司收购了该款软件并改名为Flash，之后推出多个版本，成为最流行的网络矢量动画制作软件，与Dreamweaver、Fireworks合称为网页三剑客。2005年Adobe公司收购Macromedia公司，现Flash最新版为Flash CS5。

(3) Flash 动画的特点

Flash 动画具有如下特点。

① 动画文件小。Flash 动画主要由矢量图形组成,具有任意缩放不失真,所需存储容量小的特点。

② 表现力强,简单易学。Flash 不但具有强大的绘图功能,能轻松制作出各种图形效果,而且还具有自动生成动画的能力,使制作 Flash 动画的过程变得更加简单,不必掌握高深的动画知识,就可以制作出令人心动的动画效果。

③ 交互力强。通过编写 ActionScript 动作脚本,可以实现用户与动画的交互,这一个特点奠定了 Flash 在游戏制作领域的重要地位。

④ 便于在网络上传播。Flash 动画以"流"媒体的形式进行播放,可以边下载边观看,在网速良好的情况下基本感觉不到文件的下载过程,所以 Flash 动画在互联网上被广泛传播。

(4) Flash 动画的应用领域

Flash 动画在如下一些领域中得到了广泛的应用与推广。

① Flash 动画短片。Flash 非常适合制作动画短片,再配上适当的音乐,比传统的动漫更具有吸引力,而且使用 Flash 制作的动画文件很小,更适合网络传播。

② Flash MTV。使用 Flash 制作的 MTV 已经逐渐走上了商业化的道路,很多唱片公司开始推出使用 Flash 技术制作的 MTV,开启了商业公司探索网络的又一途径。

③ 网页设计。在早期的网站中只有一些静态的图像与文字,页面显得十分呆板,Flash 的出现则改变了这种现象,使用 Flash 可以更好地表现出图像的动态效果,而且生成的文件体积很小,可以很快显示出来,所以现在的网页中越来越多地使用 Flash 动画来装饰页面的效果,如 Flash 制作的网站 Logo、Banner 等。

④ Flash 商业广告。Flash 广告是使用 Flash 动画的形式宣传产品的广告,主要用于在互联网上进行产品、服务或者企业形象的宣传。Flash 广告动画中一般会采用很多电视媒体制作的表现手法,而且其短小、精悍,适合网络传输,是互联网上非常好的广告表现形式。

⑤ Flash 游戏。Flash 是目前制作网络交互动画最优秀的工具,支持动画、声音以及视频,并且通过 Flash 的交互性可以制作出简单风趣、寓教于乐的 Flash 小游戏。

⑥ Flash 贺卡。Flash 制作的贺卡与过去单一文字或图像的静态贺卡相比互动性强、表现形式多样、文件体积小,在一个特别的日子为亲友送出精心制作的 Flash 电子贺卡,可以更好地表达亲人、朋友的亲情与友情。

⑦ Flash 教学课件。使用 Flash 制作的课件可以很好地表达教学内容,增强学生的学习兴趣,现在已经越来越多地应用到学校的教学工作中。

⑧ Flash 网站。Flash 网站与普通网站相比具有很强的动态效果,比较适合开发那些需要有很强的视觉冲击力、文字内容不太多、以图片、动画效果为主的网站。

⑨ 手机应用。Flash 作为一款跨媒体的软件在很多领域得到应用,尤其是在 Adobe 公司加大了 Flash 对手机应用的支持后,使用 Flash 可以制作出包括手机屏保、手机主题、手机游戏等应用,随着手机浏览器 Flash Lite 版本的不断提高,以及各款手机对 Flash 的不断支持,Flash 在手机方面的应用将会越来越广。

⑩ Flash 视频。自从 Flash MX 版本开始全面支持视频文件的导入和处理,在随后的版本中不断加强了对 Flash 视频的编辑处理和导出功能,并且 Flash 支持自主的视频格式

“.flv”，此格式的视频可以实现流式下载，文件体积非常小，所以在互联网中得到大量的应用，现在很多大型教程视频网站都采用 Flash 视频技术实现在线视频的点播与观看。

(5) Flash 工作界面

每次启动 Flash 时，系统会自动弹出启动向导对话框，用于快速访问最近使用过的文档、创建不同类型的文档以及使用教程资源等，Flash 的启动画面，如图 6-2 所示。

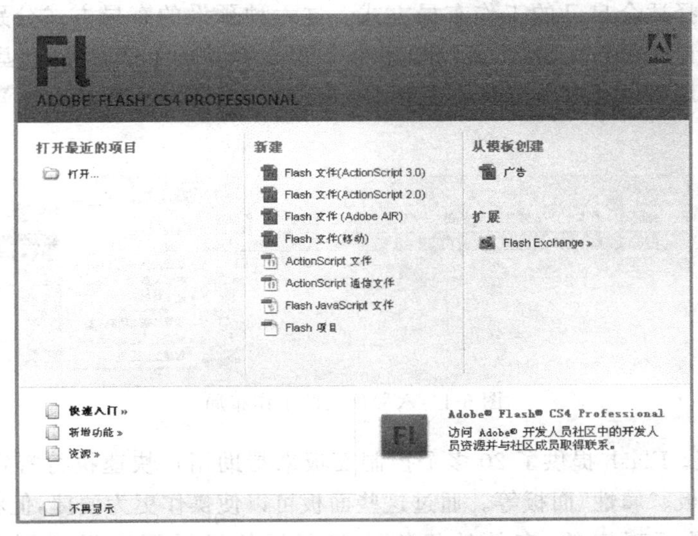

图 6-2 Flash 启动画面

打开或新建一个文档后，将出现 Flash 默认的工作界面。Flash 默认的工作界面由菜单栏、标题栏、编辑栏、工作区域、舞台、时间轴面板、属性面板、工具面板组成，如图 6-3 所示。

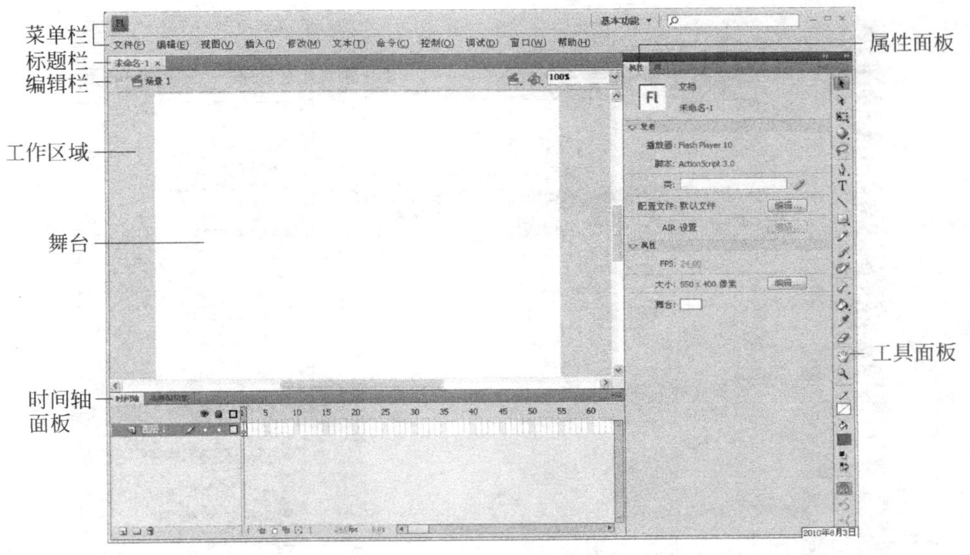

图 6-3 Flash 默认界面

(6) 自定义工作界面

Flash 中有六种预设的工作布局，用户可以根据自己的工作习惯选择自己喜欢的工作布局，但是这六种预设的工作布局不一定都能够满足用户的工作需求，这时可以继续通过调整面板来设计完全符合自己喜好的工作界面。

① 定义工作布局。在 Flash 中，根据用户的不同类型定义了六种预设的工作布局，不同的用户可以选择适合自己的工作布局方式。这六种预设的布局方式分别为“动画”、“传统”、“调试”、“设计人员”、“开发人员”和“基本功能”。默认的工作布局为“基本功能”。这六种预设的工作布局可以通过单击菜单栏上方的【基本功能】按钮，在弹出的菜单中进行选择，如图 6-4 所示。

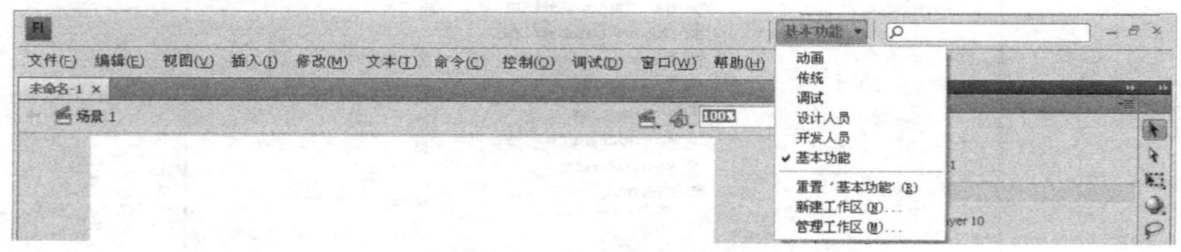

图 6-4　六种预设的工作布局

② 调整面板。Flash 提供了 20 多个控制面板来帮助用户快速执行特定的命令，如“颜色”面板、“库”面板、“属性”面板等。通过这些面板可以使操作更为便捷，但将所有的面板都显示在界面上是不现实的，有效地组织这些面板的显示可以得到更多的操作空间。Flash 中所有的面板均有收放特性，可自由组合和放置。通过【窗口】菜单可以打开其他未显示的面板。

如图 6-5 所示为采用预设的“设计人员”布局，再通过调整“属性面板”、“工具面板”的位置和大小得到的界面布局。

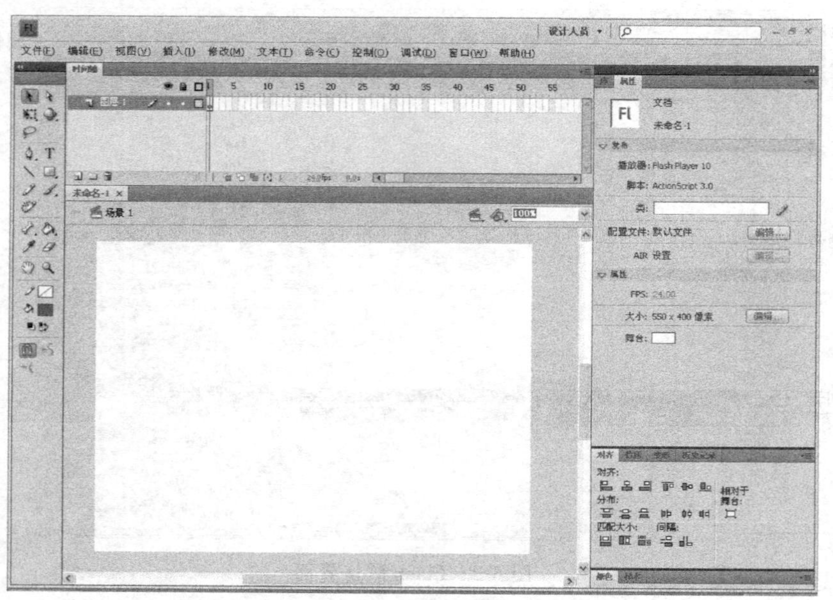

图 6-5　自定义的工作布局

(7) 绘图工具与文字工具

Flash提供了简单易用的绘图工具和文字工具,可以帮助使用者绘制出动画中所需的各种图形素材和文字素材。如图6-6所示,为工具箱中常用的绘图工具。

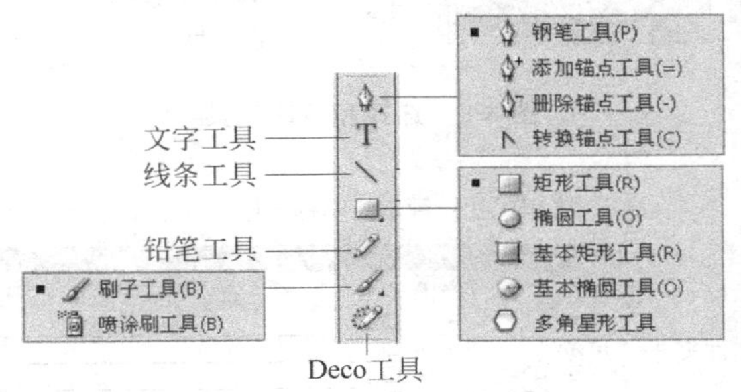

图6-6　常用绘图工具

(8) 颜色填充

在Flash中绘制的图形由外部的轮廓线条和内部的填充颜色组成。可以通过工具箱中的【颜料桶工具】修改内部的填充颜色,通过【墨水瓶工具】修改外部的线条颜色。具体的颜色设置则可以通过工具箱中的【调色板】或者是【颜色面板】来进行,设置的颜色类型可以是纯色、线性渐变色、放射状渐变色和位图。如图6-7所示,为工具箱中的【颜色填充工具】,如图6-8所示,为颜色面板中渐变色颜色设置。

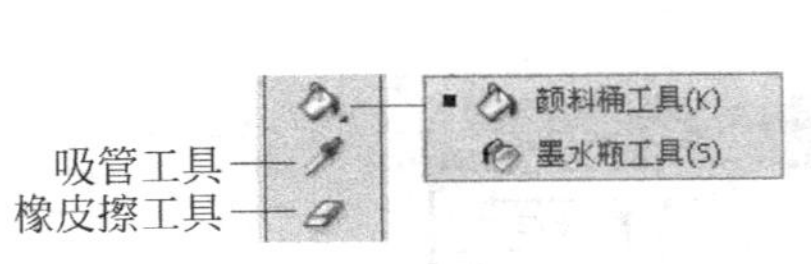

图6-7　颜色填充工具

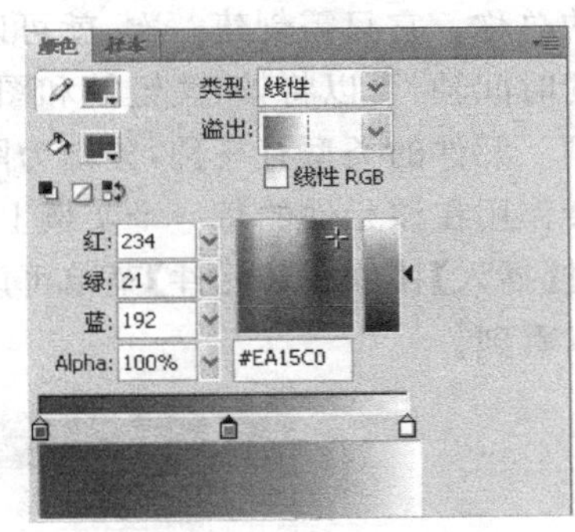

图6-8　渐变色颜色设置

小知识

在调制渐变色时,单击渐变色条上的滑块可以修改过渡色的颜色和透明度;在渐变色条上单击可以增加新的过渡色滑块;按住【Ctrl】键的同时单击过渡色滑块可以删除该滑块。

(9) 选择和修改图形

在绘制图形的过程中,如果需要对图形进行进一步的编辑和修改,可以使用各种选择工具对对象进行修改操作。如图6-9所示,可以通过移动、复制、删除、变形、缩放、旋转等操作来编辑处理图形对象,使其达到预期的效果。

(10) 图层操作

与Photoshop等图像编辑软件相同,Flash中也有图层的概念。Flash图层好比一张张透明的纸,在这些透明的纸上分别作画,再将它们按一定的顺序进行叠加,各层操作相互独立,互不影响。如图6-10所示,为时间轴中图层面板的结构。

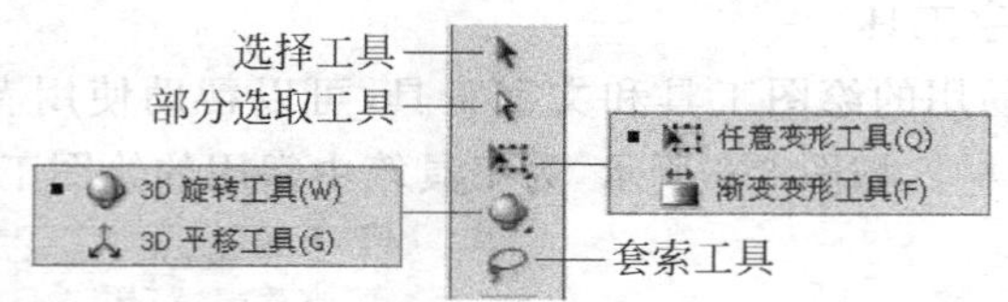

图 6-9　选择和修改工具

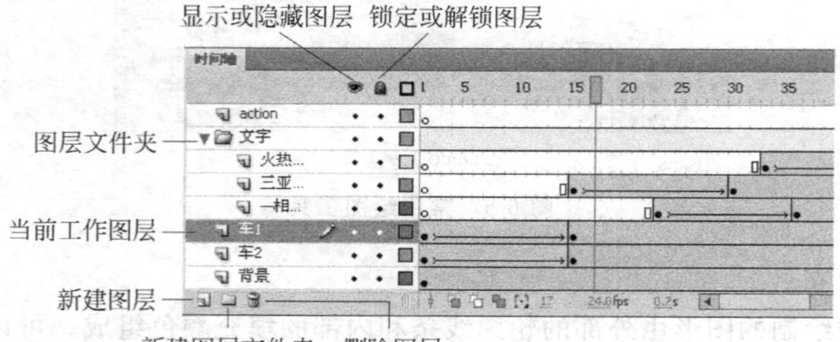

图 6-10　时间轴面板左侧的图层结构

（11）元件和库

元件是由用户创建的、存放在当前的动画库中能够反复使用的图形、按钮以及影片剪辑等资源的总称。它只需创建一次，就可以在整个文档或其他文档中重复使用。每个元件都有自己的时间轴，可以将帧、关键帧和图层添加到元件时间轴中。元件被添加到舞台中后就成为实例。元件的类型有三种，分别为图形元件、按钮元件和影片剪辑元件。对元件所作的修改将会作用在该元件的每一个实例上。

通过【插入】|【创建新元件】菜单可以创建新的元件，如图 6-11 所示，所有的元件都在库里面可以看到。

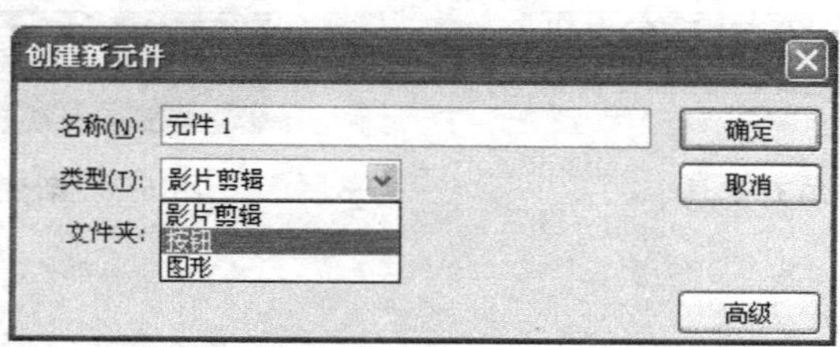

图 6-11　创建新元件

6.1.1　创建并设置文档属性

1. 任务分析

正式开始一个动画的制作之前，首先需要确定动画的尺寸、动画背景的颜色以及动画播放的帧频等属性。只有这些影片属性确定后，才可以在工作界面中进行动画的创作。这一节我们将介绍文档属性的设置方法，为下一步工作做好准备。

2. 解决方案和步骤

若是第一次使用 Flash,在正式开始动画创作之前最好先按自己的习惯设置好界面布局,然后再开始动画文档的创建。具体操作步骤如下。

(1) 选择一种自己喜欢的预设工作布局,并按照自己的操作习惯来调整浮动面板的摆放位置。

(2) 新建一个 Flash 空白文档,在工作区域的空白位置单击鼠标左键,然后在【属性】面板中单击【编辑】按钮,打开【文档属性】对话框,如图 6-12 所示。在其中设置影片的帧频为 24 帧/秒,背景颜色为白色,舞台尺寸为 600 像素×400 像素。

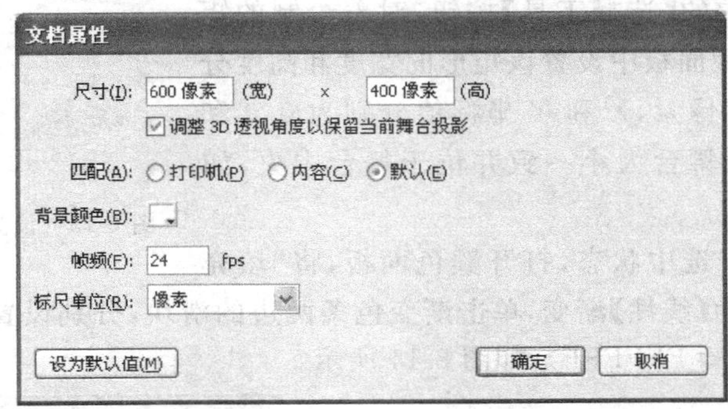

图 6-12 文档属性设置

小知识

帧频意味着动画播放的速度,以每秒播放的帧数为度量。帧频太慢会使动画看起来一顿一顿的、不流畅,帧频太快会使动画的细节变得模糊。如果动画只需在网络上播放,每秒 12 帧就可以得到较佳的效果;而如果动画要在电视或者电影上播放,帧频应设为每秒 24 帧。

(3) 单击【文件】|【保存】菜单将新文档保存,命名为“HappyTime 电子贺卡”。

(4) 通过【控制】|【测试影片】菜单或者快捷键【Ctrl+Enter】测试并观看动画的播放效果。

小知识

Flash 文档的保存格式为 fla,它是动画的源文件,可以在 Flash 中打开后进行修改。通过【控制】|【测试影片】或者快捷键【Ctrl+Enter】进行影片的测试后,会在源文件同一路径下自动创建一个 swf 文件,它是动画的影片文件,也就是动画最后产生的作品格式,swf 文件不能够直接打开进行修改。

6.1.2 绘制素材

1. 任务分析

在创建并设置好文档属性后,就可以开始动画中素材的绘制工作。在 HappyTime 贺卡中,需要绘制的素材包括树叶、树干、小鸟、小草等,为了在后面的操作中能方便地随时使用这些画好的素材，在绘制素材时最好将它们创建为元件。整个过程分为绘制舞台背景、绘制树叶、绘制树枝、绘制树干、绘制小鸟、导入小狗素材、整合图形这七个步骤，并分别就这七个步骤来介绍具体的实现方法（请见光盘中的素材\chapter06\源文件\HapptTime 贺卡.fla）。

2. 解决方案和步骤

（1）绘制舞台背景

① 单击工具箱中的【矩形工具】按钮，将调色板中的【笔触颜色】设为无，任意设置一种“填充颜色”，在舞台中绘制一个任意大小的矩形。

② 单击工具箱中的【选择工具】按钮，对着绘制的矩形单击选中它，在属性面板中设置该矩形的宽度和高度分别为 600 像素和 400 像素，X 和 Y 坐标值分别为 0.0 和 0.0，使得它的大小和舞台大小一致并位于舞台中央，如图 6-13 所示。

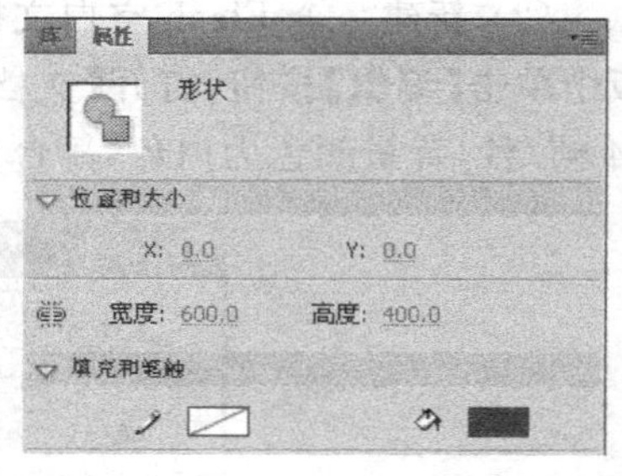

图 6-13　设置矩形的大小和位置

③ 保持矩形处于选中状态，打开颜色面板，将“填充颜色”的填充类型设为【线性】渐变，单击渐变色条两边的滑块，分别设置它们的颜色为蓝色（#5FBEFE）和白色（#FFFFFF），如图 6-14 所示。

图 6-14　填充线性渐变色

④ 保持矩形处于选中状态，单击工具箱中的【渐变变形工具】，调整填充的范围和方向，将背景变成自上而下的蓝白渐变，并且使渐变范围和矩形范围一致，如图 6-15 所示。

⑤ 将矩形所在的图层重命名为“背景”，并将其锁定，如图 6-16 所示。

图 6-15　调整渐变色填充

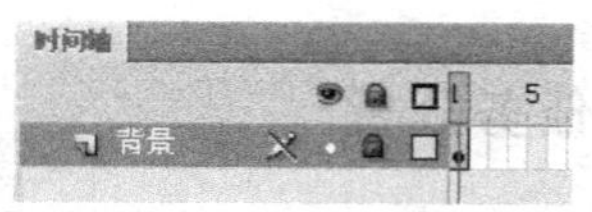

图 6-16　锁定背景图层

(2) 绘制树叶

① 单击【插入】|【创建新元件】创建一个新的图形元件，取名为“树叶”，如图 6-17 所示。

② 单击工具箱中的【钢笔工具】按钮，然后修改笔触颜色为深绿色(＃009800)，笔触粗细为 2.00，并取消选中【对象绘制】按钮，如图 6-18 所示。

图 6-17 创建“树叶”图形元件

图 6-18 设置“钢笔工具”的属性

③ 在舞台的合适位置单击鼠标创建第一个锚点，在第一个锚点的下方单击并向右拖动创建第 2 个锚点，绘制出一条曲线，然后在第一个锚点上单击使图形封闭。单击工具箱中的【部分选取工具】按钮，选择锚点进行细致调节，对树叶的形状进行修改。如图 6-19 所示。

④ 设置工具箱中的【填充颜色】为浅绿色(＃00CC00)，单击【颜料桶工具】，在封闭曲线图形里单击进行填充。如图 6-20 所示。

图 6-19 绘制树叶形状

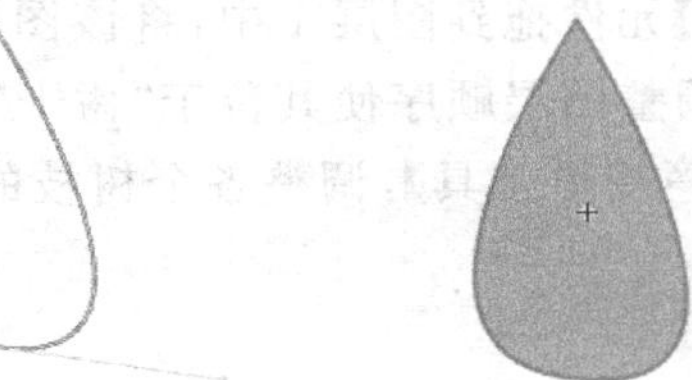

图 6-20 填充颜色

⑤ 单击工具箱中的【线条工具】按钮，并将【紧贴至对象】按钮按下，在树叶的上部和底部之间绘制一条直线作为树叶的主叶脉。单击【选择工具】按钮，将鼠标指针放在直线上，当光标变成状时，按住鼠标左键并微微拖动，使直线变成曲线。修改线条粗细为 1，继续绘制出叶片的全部叶纹，如图 6-21 所示。

图 6-21 绘制直线

(3) 绘制树枝

① 单击【插入】|【新建元件】创建一个新的图形元件，取名为“树枝”。

② 将库里面的【树叶】元件拖到舞台上，按住【Ctrl】键拖动叶片，每次拖动可以复制出一片树叶，共复制 6 片，如图 6-22 所示。

③ 单击工具箱中的【任意变形工具】按钮，分别调整 6 片树叶的大小、位置和旋转角度，如图 6-23 所示。

④ 单击【线条工具】按钮，设置笔触粗细为 1.5，笔触颜色为棕色(＃663300)，绘制每片树叶的叶柄。单击【铅笔工具】按钮，选择【平滑绘图】模式，修改笔触粗细为 3，绘制树叶的枝，如图 6-24 所示。

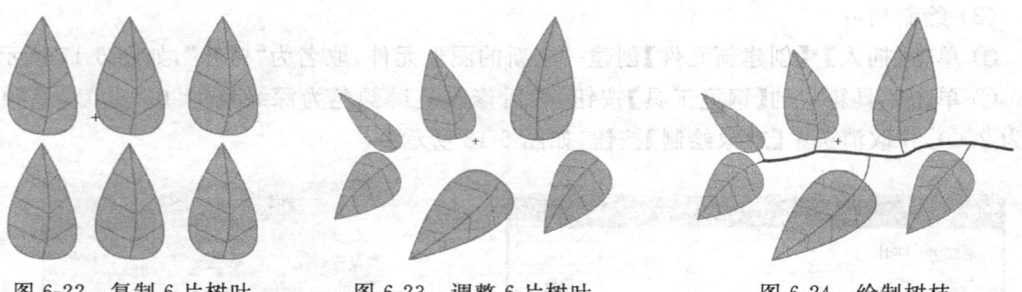

图 6-22　复制 6 片树叶　　图 6-23　调整 6 片树叶　　图 6-24　绘制树枝

(4) 绘制树干

① 单击【插入】|【新建元件】创建一个新的图形元件，取名为“树干”。

② 单击【铅笔工具】按钮，设置笔触粗细为 1，颜色为黑色（＃000000），绘图模式为“平滑”，来绘制树干的轮廓线，绘制过程中需要借助【选择工具】来调整线条的形状。如图 6-25 所示。

③ 在颜色面板中单击【填充颜色】按钮，在【类型】下拉列表中选择【线性】渐变，设置从“浅棕（＃E7D0CB）”到“深棕（＃B05146）”的渐变效果。单击【颜料桶工具】填充树干，然后再使用【渐变变形工具】调整渐变的方向，得到的效果如图 6-26 所示。

④ 单击【插入】|【新建元件】创建一个新的图形元件，取名为“大树”。将库里面的【树干】元件拖到图层 1 中，将该图层重命名为“树干”。新建一个新的图层，取名为“树枝”，调整图层顺序使其位于“树干”图层之下。多次拖动【树枝】元件到“树枝”图层中，使用【任意变形工具】，调整各个树枝的大小和旋转角度，最后得到完整的大树效果如图 6-27 所示。

图 6-25　树干的外观轮廓图

图 6-26　填充树干

图 6-27　完成后的大树效果

(5) 绘制小鸟

① 单击【插入】|【新建元件】创建一个新的图形元件，取名为“小鸟”。

② 使用【椭圆工具】绘制小鸟的头部，使用【铅笔工具】的平滑模式绘制小鸟的身体，使用【刷子工具】来绘制小鸟的眼睛，使用【选择工具】来调整线条的形状，得到小鸟的轮廓线，如图 6-28 所示。

③ 使用【颜料桶工具】为小鸟上色，然后删除小鸟身上多余的线条，如图 6-29 所示。

(6) 导入小狗素材

① 执行【文件】|【导入到库】命令，将素材图片“女孩与小狗.gif”导入到库里面。

图 6-28　小鸟轮廓

图 6-29　给小鸟上色

② 单击【插入】|【新建元件】创建一个新的图形元件，取名为“小狗”。将库里面的【女孩与小狗】图片拖到【小狗】元件的工作区里。

③ 鼠标单击选中图片，【修改】|【分离】将图片分离打散。使用工具箱中的【套索工具】，沿着小狗四周拖动鼠标将小狗大致选中，然后将小狗移动到旁边，删除图片的剩余部分，如图 6-30 所示。

④ 使用工具箱中的【套索工具】，单击选项中的【魔术棒设置】按钮，在阈值中输入“30”，在平滑选项中选择“平滑”，如图 6-31 所示。然后单击【魔术棒】按钮，再单击小狗周围多余的部分选中后删除。

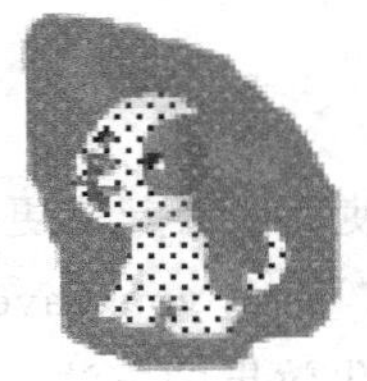

图 6-30　大致选出小狗

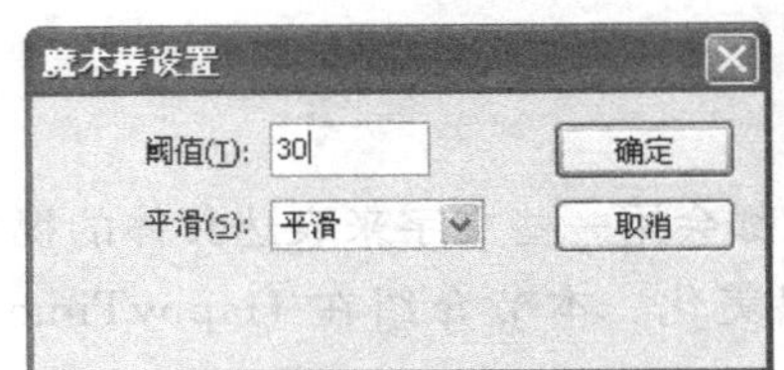

图 6-31　魔术棒设置

(7) 整合图形

① 在时间轴上新建一个图层取名为“草地”，位于“背景”图层之上。在该图层中使用【矩形工具】绘制一个矩形，该矩形无线条颜色，填充颜色为“绿色(＃50FD24)”。然后使用【选择工具】来调整线条的形状，得到草地的效果，如图 6-32 所示。

② 在时间轴上新建一个图层取名为“大树”，拖动库里面的【大树】元件，放到舞台的合适位置并调整大小。

③ 在时间轴上新建一个图层取名为“小鸟”，从库里面拖动 3 次【小鸟】元件到舞台的合适位置并调整大小，效果如图 6-33 所示。

图 6-32　绘制草地

图 6-33　加入大树和小鸟

④ 在时间轴上新建一个图层取名为“小草”，单击“刷子工具”，设置填充颜色为“深绿色(＃1A7502)”，适当调整笔刷大小，在草地上绘制小草。得到的效果如图 6-34 所示。

⑤ 在时间轴上新建一个图层取名为“小狗”，拖动库里面的【小狗】元件，放到舞台的合适位置，效果如图 6-35 所示。

图 6-34 加入小草

图 6-35 加入小狗

6.1.3 添加文字

1. 任务分析

电子贺卡中一般都会用一些文字来表达具体的祝贺内容，为了使贺卡看起来更具美感，对这些文字都会加以美化。本节介绍在 HappyTime 贺卡中加入“Wish you have Happy Time”这段祝贺文字，以及为“Happy Time”这几个字母制作特殊美化效果的方法。

2. 解决方案和步骤

(1) 在时间轴上新建一个图层取名为“Wish you have”，在其中使用【文字工具】书写“Wish you have”这段文字，字体为“Brush Script MT”，大小为“34”，颜色为“白色”。

(2) 通过【所有程序】|【控制面板】|【字体】将素材中的 Maiandra GD 字体添加到系统字体库中。新建一个图层取名为“happy time”，在其中书写文字“Happy Time”，字体为“Maiandra GD”，大小为“80”，颜色为“紫色(＃CC99FF)”，如图 6-36 所示。

(3) 选中“Happy Time”文字，通过【修改】|【分离】将文字分离成单个字，重新调整文字的位置，用【任意变形工具】对个别文字进行旋转放大调整。

(4) 选中“Happy Time”中的所有文字，通过【修改】|【分离】将文字完全打散，然后单击【修改】|【形状】|【扩展填充】菜单项，将文字扩展 4 个像素，使文字看起来更饱满一些，如图 6-37 所示。

(5) 单击【墨水瓶工具】，设置笔触颜色为“白色”，笔触粗细为“3”，给文字描上白边。单击【颜料桶工具】，设置填充颜色为“红色”，给字母“a”着色。将填充颜色改为“黑色”，给字母“p”、“p”和“e”着色，如图 6-38 所示。

(6) 单击【刷子工具】，将填充颜色设为“红色”，在字母“a”的上方画出三个红色的点，再用【墨水瓶工具】为这三个点描上粗细为“2”，颜色为“白色”的边。

图 6-36 加入文字

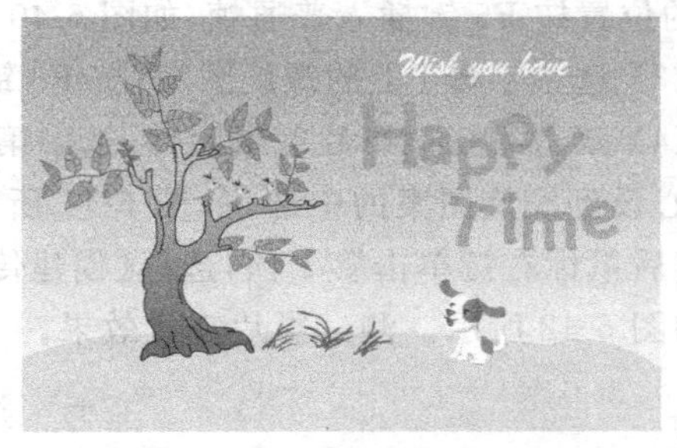

图 6-37 对文字“Happy Time”进行美化

(7) 双击选中字母“i”上面的圆点，将其删除。单击【铅笔工具】按钮，设置笔触粗细为“4”，笔触颜色为“蓝色(＃3399FF)”，在舞台的空白地方绘制一个螺旋的圆圈。然后单击【修改】|【形状】|【将线条转换为填充】，这样蓝色笔触颜色就变为填充颜色。再用【墨水瓶工具】为螺旋圆圈描上粗细为“2”，颜色为“白色”的边。

(8) 选中画好的螺旋圆圈右击，选择【转换为元件】，将其转换为名字叫“圈”的图形元件。将“圈”拖到字母“i”的上方，调整好位置和大小，得到如图 6-39 所示的效果。

图 6-38 调整文字颜色

图 6-39 加入美化效果

6.1.4 加入简单特效

1. 任务分析

到现在为止，HappyTime 电子贺卡已基本完成，但是整个贺卡是静止不动的，未能展示出 Flash 作品动感的特点。Flash 动画效果的制作，将在下一个项目中进行详细的介绍，在这里我们就简单地给 HappyTime 电子贺卡加上一点动态的效果，让我们的贺卡动起来。本节完成后，有兴趣的读者可以给这个贺卡加入更多的动感特效进去。

2. 解决方案和步骤

(1) 选中字母 a 上面的三个点，按 F8 键将其转换为名称是“a 上的三点”的影片剪辑元件。

(2) 双击编辑该影片剪辑元件，在时间轴的第 3 帧位置按 F6 键插入关键帧，将三点的填充颜色改为黄色。再在第 5 帧位置插入关键帧，将三点的填充颜色改为蓝色。最后在第

6 帧的位置按 F5 键插入普通帧，如图 6-40 所示。通过【控制】|【测试影片】观看效果。

(3) 选中字母 i 上的螺旋图案，按 F8 键将其转换为名称是“转圈”的影片剪辑元件。

(4) 双击编辑该影片剪辑元件，选中第 1 帧中的螺旋图案。单击【任意变形工具】，将旋转中心设到螺旋图案的中部，如图 6-41 所示。在时间轴的第 20 帧位置按 F6 键插入关键帧，然后鼠标右键单击第 1 帧，选择【创建传统补间】，在属性面板中设置旋转为“顺时针”“1”圈，如图 6-42 所示。测试影片观看效果。

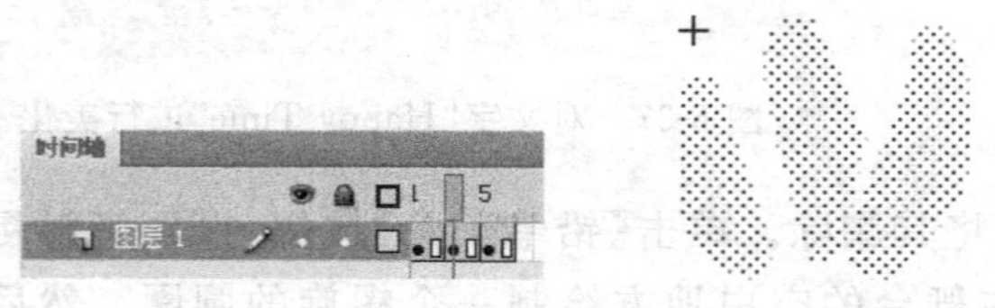

图 6-40　为“a”上的三点制作闪烁效果

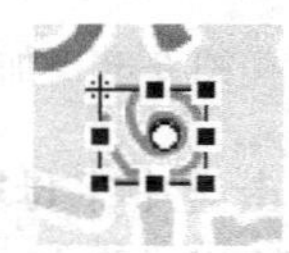

图 6-41　设置旋转中心

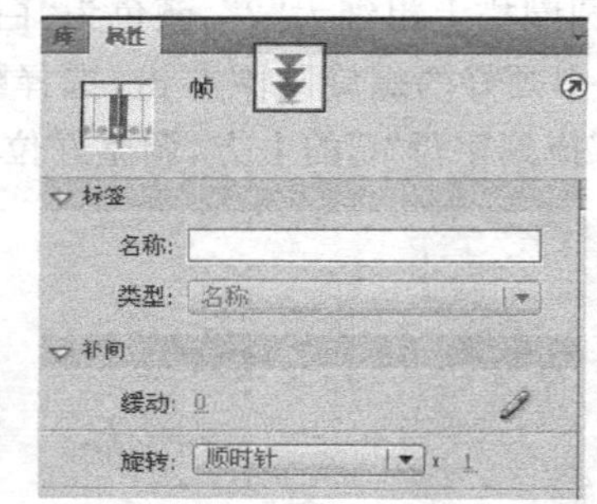

图 6-42　创建传统补间

6.1.5　实训课堂

设计并制作一个节日贺卡，主题可以为春节、圣诞、国庆等节日，要求设计的贺卡能够很好地体现 Flash 贺卡动感的特点，主题突出、内容明确，具体要求如下：

(1) 设计并实现贺卡内容及背景的绘制；

(2) 设计祝福文字的内容，并在贺卡中以较美观的方式表现出来；

(3) 选择一段与贺卡主题相配的音乐，使用声音编辑软件做适当的处理后导入到贺卡中作为背景音乐；

(4) 为贺卡内容设计一定的动态效果，并实现动态效果的制作。

6.2　“两只老虎”动画短片的制作

短片是 Flash 最为广泛的应用。随着新世纪大门的开启，我国的动画产业出现了蓬勃发展的旺势。作为一门实践性很强的艺术，短片创作为我们提供了一个行之有效的方法。短片创作是一个痛并快乐的工作。首先，它很艰苦，工作量非常之大。其次，在创作过程中你会收获很多东西，在这期间你会遇到很多这样或那样的困难，把它解决了，你便学到了知识。同时看到自己的辛苦工作变成了活动的影像，就会有收获的快乐感。

下面将会制作一段儿歌的配乐动画。以儿歌歌词内容为基础，设计出色彩明快、主题鲜明的动画短片，从视觉效果上吸引小朋友甚至是大人的眼球。

本段动画的主角是两只小老虎，从野生动物园逃出来，然后在街头奔跑的画面，如图 6-43 所示。

图 6-43 项目效果预览

1. 案例分析

本案例通过一个简单的动画短片的制作，来重点介绍 Flash 中动画设计和实现的方法。通过本项目的学习，使读者快速掌握 Flash 动画短片制作时分镜头的设计、角色的设计、背景的设计、动作的设计和动画效果的实现。整个制作过程可以分解为如下 4 个任务。

任务 1：创意分析及分镜头设计。

任务 2：角色和场景设计。

任务 3：动作设计。

任务 4：整合动画。

2. 相关知识点

在 Flash 中，主要有两种制作动画的基本方法：逐帧动画和补间动画。而补间动画又可以分为传统补间动画和形状补间动画。

(1) 逐帧动画

逐帧动画是动画中最基本的类型。同传统的动画制作方法类似，它的制作原理是在连续的关键帧中分解动画，即每一帧中的内容不同，使其连续播放而成动画。在制作逐帧动画的过程中，需要手动制作每一个关键帧中的内容，因此工作量极大，并且要求制作者有比较强的逻辑思维和一定的绘图功底。虽然如此，逐帧动画的优势还是十分明显的，适合表现一些细腻的动画，例如面部表情、走路、奔跑、转身等，缺点是动画文件较大。

(2) 传统补间动画

传统补间动画是 Flash 中较为常见的基础动画类型，使用它可以制作出对象的位移、变形、旋转、透明度、滤镜以及色彩变化的动画效果。与逐帧动画不同，使用传统补间创建动画时，只要将两个关键帧中的对象效果制作出来即可。两个关键帧之间的过渡帧由 Flash 自动创建，并且只有关键帧是可以进行编辑的，而各过渡帧虽然可以查看，但是不能直接进行编辑。除此之外，在制作时还需要满足以下条件：

① 在一个传统补间动画中至少要有两个关键帧；

② 这两个关键帧中的对象必须是同一个对象；

③ 这两个关键帧中的对象必须有一些变化，否则制作出来的动画将没有动作变化的效果。

(3) 形状补间动画

形状补间动画用于创建形状变化的动画效果，使一个形状变成另一个形状，同时也可以实现形状、位置、大小、颜色的变化。形状补间动画的创建方法和传统补间动画类似，只要创建出两个关键帧中的对象，其他过渡帧便可通过 Flash 自己制作出来，当然创建形状补间动画也需要一定的条件，如下所示：

① 在一个形状补间动画中至少要有两个关键帧；

② 这两个关键帧中的对象必须是可编辑的图形，如果是其他类型的对象，则必须将其转换为可编辑的图形；

③ 这两个关键帧中的对象必须有一些变化，否则制作出来的动画将没有形状变化的效果。

6.2.1 创意分析及分镜头设计

首先根据歌词来设计剧本，设计好剧情后再搜集相关的素材资料。做好前期的动画素材准备之后，就可以开始在 Flash 中制作动画了。在整个过程中，前期的准备显得尤其重要，特别是编写剧本这一环节，这关系到作品的质量。

(1) 编写剧本

这个动画片是根据歌词、围绕小老虎特征展开的。通过简单的构思，确定故事情节，主要分为如下场景：

① 两只小老虎从“野生动物园”中跑出来；

② 两只小老虎不守交通规则，过马路闯红灯；

③ 两只小老虎在大街上狂奔。

(2) 分镜头设计

根据整体创意的思路，围绕老虎的主题选择相应的元素，画面分镜头设计如表 6-1 所示。

表 6-1 分镜头设计

镜头	动作	文字(歌词)	背景
镜头 1	两只老虎一前一后从屏幕下方冒出来	两只老虎，两只老虎	野生动物园
镜头 2	两只老虎从动物园中飞快地向外跑	跑得快(第一句)	野生动物园大门
镜头 3	两只老虎在红灯时横穿马路	跑得快(第二句)	大街上红灯场景
镜头 4	着重显示一只老虎没有眼睛和另一只老虎没有尾巴	一只没有眼睛，一只没有尾巴，真奇怪，真奇怪	大街

6.2.2 角色和场景设计

有了题材和剧本后就可以确定动画中的卡通形象了。该动画的角色主要是老虎，根据动画内容的需要，本节将重点为老虎设计正面和侧面形象，如果是一些更复杂的动画片，可能还会需要进行背面、俯视、仰视形象的设计。

(1) 新建文档并命名

新建 Flash 文档,设置背景色为“白色”,动画尺寸为“550 像素×400 像素”,帧频为“25fps”,保存文档,命名为“两只老虎”。

(2) 绘制老虎正面

① 使用【线条工具】结合【选择工具】的变形功能,勾勒出如图 6-44 所示的老虎正面左边脸的形状,然后全选左边脸并进行复制、粘贴。单击【修改】|【变形】|【水平翻转】,然后调整右脸到适当位置,使两边脸闭合,如图 6-45 所示。

② 为脸部上色。使用“黄色(#E2AB59)”填充脸部,“土黄色(#DB9835)”填充内耳,“褐色(#5D471E)”填充斑纹,黑色填充鼻子,白色填充嘴巴四周。然后删除脸部的多余线条,效果如图 6-46 所示。

图 6-44 勾勒左脸线条

图 6-45 复制得到全脸

图 6-46 脸部上色

③ 选中嘴巴部分的三叉线条,按 F8 键转换成名称为“正面嘴”的图形元件。选中整个头部,按 F8 键转换成名为“正面头”的图形元件。

④ 新建一个名为“老虎正面”的图形元件,从库里将“正面头”拖到工作区里,并将该图层命名为“头”。

⑤ 新建一个图层取名为“眼睛”,使用【椭圆工具】按住【Shift】键画一个黑色的正圆作为眼睛。选中眼睛,按 F8 键转换为图形元件“正面眼睛”。双击“正面眼睛”元件进入工作区,在其中新建一个图层,绘制一个更小的白色正圆,放在眼睛中间作为眼珠。退回“正面头”元件工作区,按住【Ctrl】键拖动左边眼睛,复制出另一只眼睛,如图 6-47 所示。

⑥ 新建一个图层取名为“身体”,放在“头”图层的下方。参照头部的绘制方法,绘制如图 6-48 所示的身体图案。选中身体,按 F8 键转换为图形元件“正面身体”。

⑦ 新建一个图层取名为“左手”,放在“身体”图层的下方,绘制如图 6-49 的手部图案。选中手按 F8 键,转换为图形元件“正面手”。新建图层取名为“右手”,放在“左手”图层的下方,选中舞台上的左手进行复制得到右手,调整右手的位置,效果如图 6-50 所示。

图 6-47 绘制眼睛

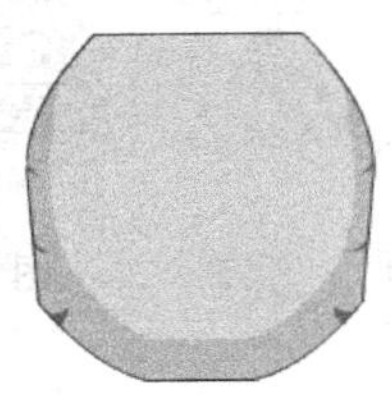

图 6-48 绘制身体

图 6-49 绘制手部

图 6-50 加入双手

⑧ 新建图层取名为“左脚”，并放在“右手”图层的下方，绘制如图 6-51 的脚图案。选中脚按 F8 键，转换为图形元件“正面脚”。新建“右脚”图层，同理复制出右脚。如图 6-52 所示。

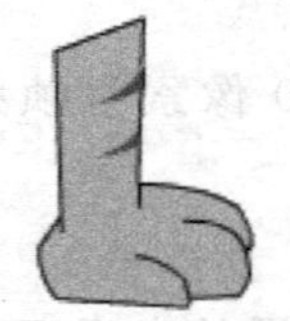

图 6-51 绘制脚部

⑨ 新建图层取名为“胡须”，并放在图层最上方。使用【线条工具】，在嘴巴的左右两边各绘制出三根胡须。选中胡须按 F8 键，转换为图形元件“正面胡须”。

⑩ 新建图层取名为“尾巴”，并放在“右脚”图层下层，绘制如图 6-53 所示尾巴图案。选中尾巴按 F8 键，转换为图形元件“尾巴”。

⑪ 新建图层取名为“阴影”，并放到图层最下方。将填充颜色设为“灰色(＃999999)”，使用【椭圆工具】绘制一个阴影图案，如图 6-54 所示，为老虎正面的最终效果图。“老虎正面”元件的图层结构，如图 6-55 所示。

图 6-52 加入双脚

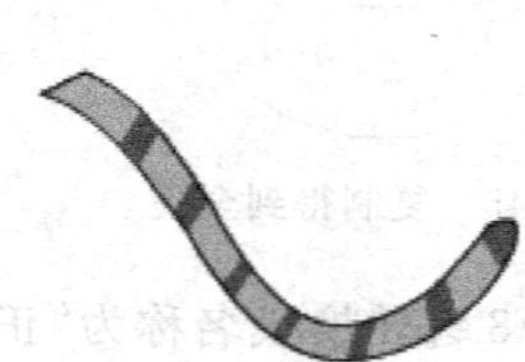

图 6-53 绘制尾巴

图 6-54 加入阴影

(3) 绘制老虎侧面

新建一个名为“老虎侧面”的图形元件，在其中绘制老虎侧面的方法和步骤与绘制老虎正面类似，这里就不再详细描述过程了。绘制出来的老虎侧面效果如图 6-56 所示。为了便于进行侧面行走动作的制作，与正面老虎制作时一样，将老虎侧面中的头、胡须、眼睛、手、身体、尾巴和脚制作成为单独的元件，“老虎侧面”元件的图层结构，如图 6-57 所示。

图 6-55 “老虎正面”元件各图层

图 6-56 老虎侧面最终效果

图 6-57 “老虎侧面”元件各图层

到目前为止，库里面已经有了十多个元件，为了便于管理，在库里新建两个文件夹，分别为“正面老虎素材”和“侧面老虎素材”，将相应的元件放入这两个文件夹中进行管理，如图 6-58 所示。

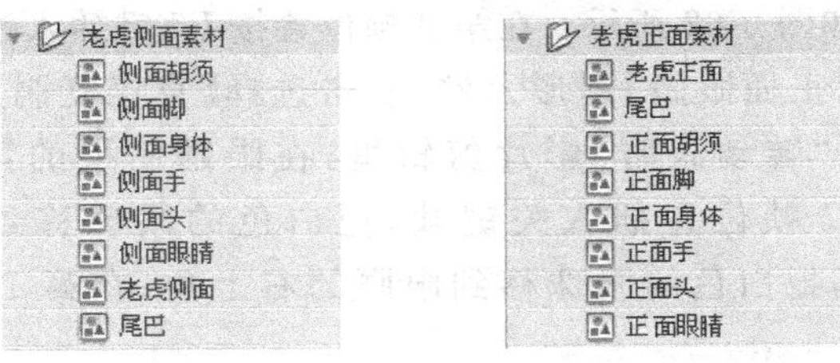

图 6-58　用两个文件夹来管理正面和侧面素材元件

(4) 绘制场景

本动画中一共用到 3 个场景，分别为动物园大门、街头红绿灯和大街，此处不再介绍具体的绘制方法，大家可以参考图 6-59～图 6-61 的图片在 Flash 或者其他图像软件中进行绘制。

图 6-59　动物园大门

图 6-60　街头红绿灯

图 6-61　大街

6.2.3　动作设计

1. 任务分析

在这部动画里，老虎主要有正面说话、正面跑步和侧面跑步这几个动作。对于说话、跑步等动作，主要使用逐帧动画的方式来制作，本节将介绍上面几种老虎动作的具体实现方法（见光盘中素材\chapter06\两只小老虎.fla）。

2. 解决方案和步骤

(1) 老虎正面说话动作的实现

① 选中库里面的“正面嘴”图形元件，右击选择【直接

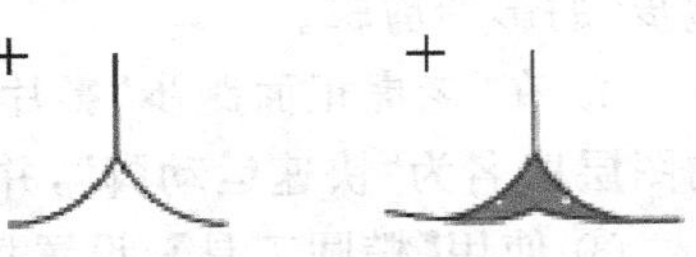

图 6-62　张嘴动作效果

复制】，新建一个名为“正面张嘴”的影片剪辑。

② 在“正面张嘴”影片剪辑里，在第5帧位置右击选择【插入关键帧】，在此帧中绘制出嘴巴张开的效果，填充嘴巴内部颜色为“红色（#CC3300）”，再在嘴里使用【刷子工具】绘制两颗白色的牙齿，效果如图6-62所示。在第9帧位置按F5键插入帧，如图6-63所示。

③ 选中库里面的【正面眼睛】图形元件，右击选择【直接复制】，新建一个名为“转动眼睛”的影片剪辑。在“转动眼睛”影片剪辑里，在眼眶图层的第19帧位置插入普通帧。在眼珠图层的第7帧位置插入关键帧，把白色的眼珠移到眼眶的右下角；在第11帧位置插入关键帧，把白色的眼珠移到眼眶的右上角；在第19帧位置插入普通帧。如图6-64所示。

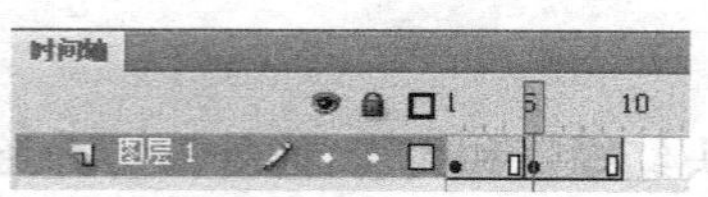

图 6-63　张嘴动作时间轴实现

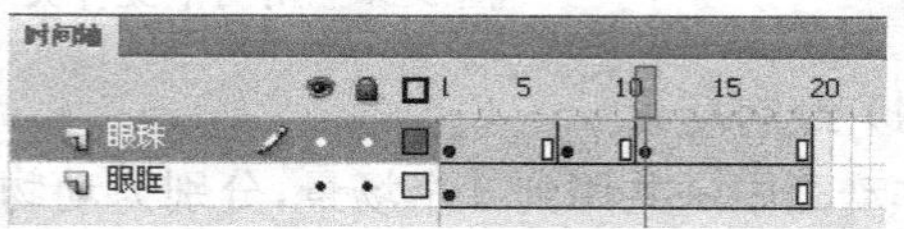

图 6-64　转动眼睛动作时间轴实现

④ 选中库里面的“正面老虎”图形元件，单击鼠标右键选择【直接复制】，新建一个名为“老虎正面说话”的影片剪辑。在“老虎正面说话”影片剪辑中，单击选中左眼，在属性面板中单击【交换】按钮，替换为“转动眼睛”影片剪辑元件，如图6-65所示，同时将属性面板中的元件类型更改为“影片剪辑”，如图6-66所示。用同样的方法对右眼进行替换。

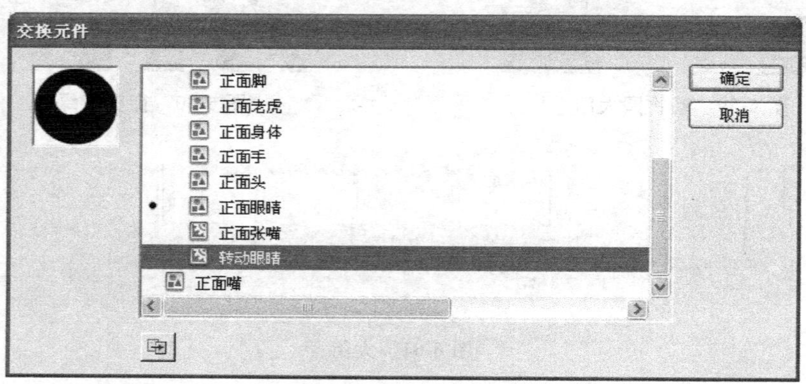

图 6-65　交换元件

⑤ 在“老虎正面说话”影片剪辑中新建一个图层，取名为“嘴巴”，将库里面的【正面张嘴】影片剪辑元件拖到该层中，并调整位置与原来的嘴巴图案重叠。

⑥ 将“老虎正面说话”影片剪辑拖到舞台上，测试效果。

(2) 老虎正面跑步动作的实现

① 选中库里面的“老虎正面”图形元件，右击选择【直接复制】，新建一个名为“老虎正面跑步”的影片剪辑。

② 在“老虎正面跑步”影片剪辑中，将“左脚”、“右脚”和“阴影”图层删除。插入一个新的图层取名为“快速运动脚”，并放在“身体”图层的下方。

③ 使用【椭圆工具】，设置填充颜色为“黄色（#E2AB59）”，将笔触颜色设为“无”，按住【Shift】键，绘制出大小不一的几个圆，如图6-67所示。选中所有的小圆圈，按F8键转换为

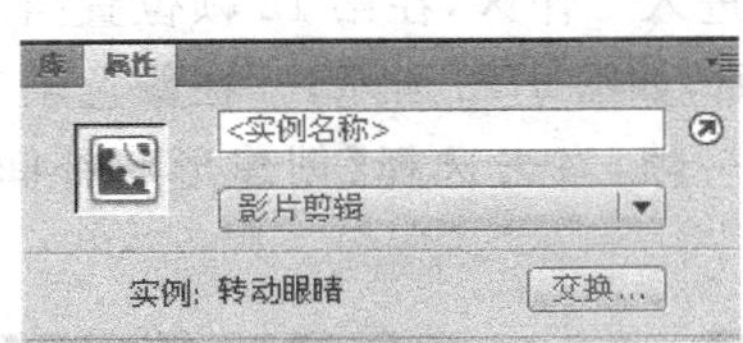

图 6-66　修改元件类型

图 6-67　快速运动脚效果

影片剪辑元件“快速运动脚”。

④ 双击舞台上的“快速运动脚”元件实例，进入元件工作区。在第 3、5、7 帧处插入关键帧，调整各帧中大小圆的位置。在第 8 帧位置插入普通帧。

⑤ 选中库里面的【正面手】图形元件，右击选择【直接复制】，新建一个名为“手运动”的影片剪辑。在“老虎正面跑步”影片剪辑中，单击选中左手，在属性面板中单击【交换】按钮，替换为“手运动”影片剪辑元件，同时将属性面板中的元件类型改为“影片剪辑”。同样的方法对右手进行替换。

⑥ 双击舞台上的【手运动】元件实例，进入元件工作区，在第 3 帧处插入关键帧，使用【任意变形工具】拖动旋转中心到手臂的上方，将手臂稍微向上旋转，如图 6-68 所示。在第 4 帧位置插入普通帧。

⑦ 选中库里面的【正面胡须】图形元件，【直接复制】出一个名为“晃动胡须”的影片剪辑。在“老虎正面跑步”影片剪辑中，将胡须替换为“晃动胡须”影片剪辑元件。双击舞台上的“晃动胡须”元件实例，在第 5 帧处插入关键帧。使用【选择工具】将胡须拉弯，如图 6-69 所示。在第 8 帧位置插入普通帧。

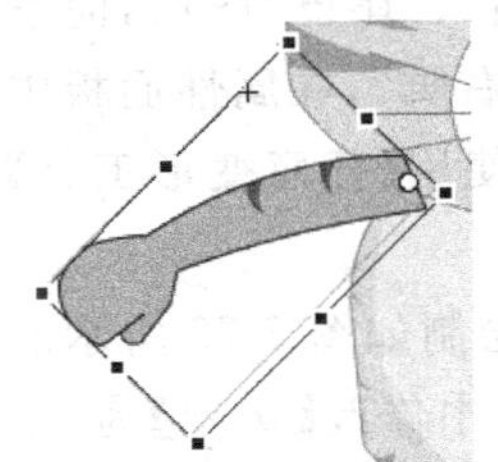

图 6-68　将手臂向上旋转

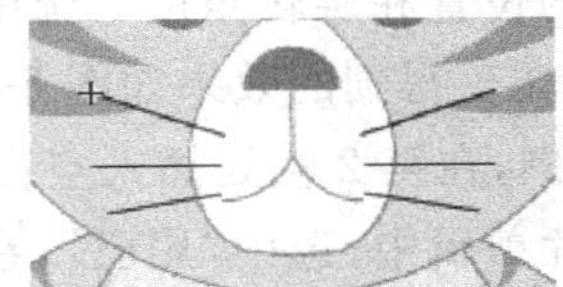
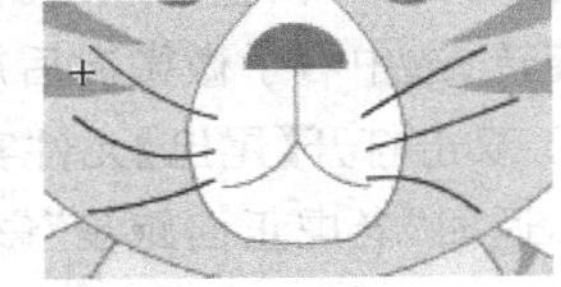

图 6-69　胡须晃动效果

⑧ 选中库里面的【尾巴】图形元件，【直接复制】出一个名为“晃动尾巴”的影片剪辑。在“老虎正面跑步”影片剪辑中，将尾巴替换为“晃动尾巴”影片剪辑元件。双击舞台上的【晃动尾巴】元件实例，在第 5 帧处插入关键帧。使用【任意变形工具】调整尾巴的位置和旋转角度，如图 6-70 所示。在第 8 帧位置插入普通帧。

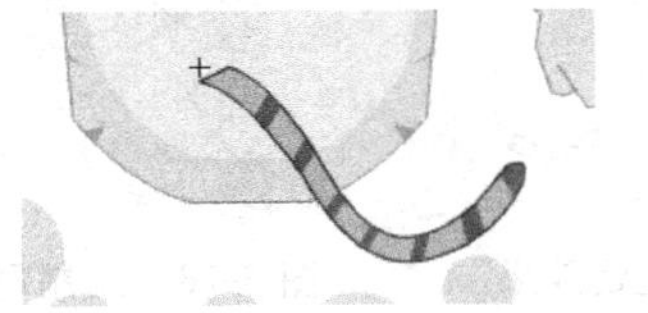
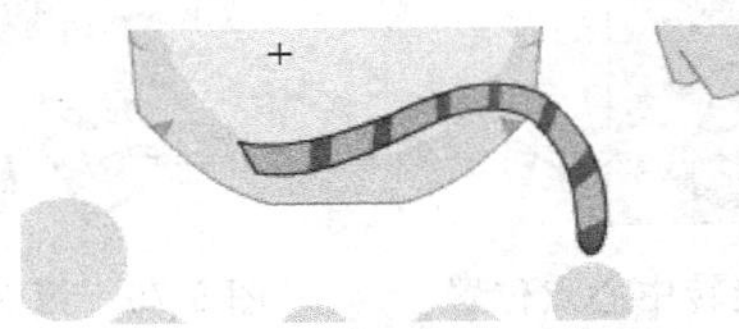

图 6-70　尾巴晃动效果

⑨ 在“老虎正面跑步”影片剪辑中新建一个图层，取名为“烟雾”，位于所有图层之下。在其中使用【椭圆工具】绘制，如图 6-71 所示的烟雾形状，选中烟雾图案单击 F8 键，转换为名为“烟雾 1”的影片剪辑元件。双击舞台上的烟雾 1 进入工作区，在第 12 帧位置插入关键帧。使用【选择工具】将烟雾随意切割几块，并移到外面，如图 6-72 所示，并在颜色填充面板中将“Alpha”值设为“0%”。在第 1～11 帧之间任选一帧，右击选择【创建形状补间】。如图 6-73 所示，为老虎跑步中加入烟雾后的效果。

图 6-71 绘制的烟雾

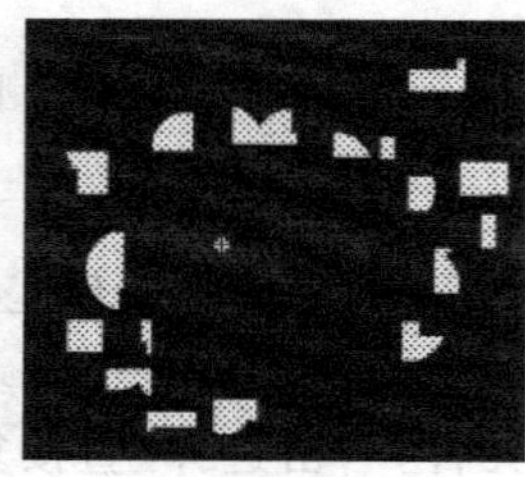

图 6-72 将烟雾切割

图 6-73 老虎跑步中加入烟雾

⑩ 将“老虎正面跑步”影片剪辑拖到舞台上测试效果。

(3) 老虎侧面跑步动作的实现

① 选中库里面的【老虎侧面】图形元件，右击选择【直接复制】，新建一个名为“老虎侧面跑步”的影片剪辑。

② 在“老虎侧面跑步”影片剪辑中，选中头、左手、右手、左脚、右脚，使用【任意变形工具】分别调整它们的旋转中心，其中头的旋转中心在头的下部，手的在手臂根部，脚的在大腿根部，如图 6-74 所示。

③ 选中第 3 帧，单击“胡须”层，按住【Shift】键再单击“阴影”层，全选所有图层，按 F6 键插入关键帧。选中“身体”、“头部”、“眼睛”、“左手”、“右手”、“胡须”、“尾巴”图层，向下移动 4 个像素。选中“左脚”，在属性面板中修改“第一帧”为“1”；选中“右脚”，在属性面板中修改“第一帧”为“2”，调整好左右脚的位置和旋转角度。选中“左手”，使用【任意变形工具】微微向前旋转，选中右手微微向后旋转。得到的效果如图 6-75 所示。

④ 双击打开【尾巴】元件实例，在第 2 帧处插入空白关键帧，绘制如图 6-76 所示的尾巴图案。返回“老虎正面跑步”影片剪辑中，选中“尾巴”，在属性面板中修改【选项】为“单帧”，“第一帧”为“2”。

图 6-74 调整旋转中心点位置

图 6-75 第 3 帧处效果

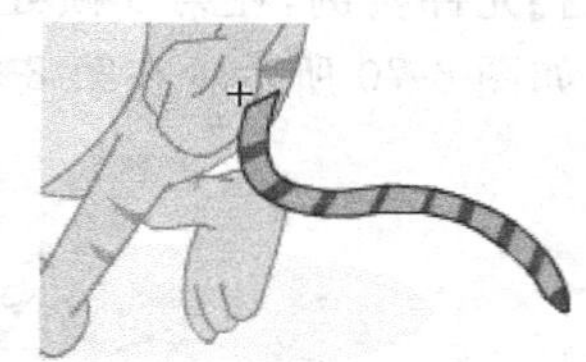

图 6-76 绘制尾巴元件第 2 帧

⑤ 双击打开【胡须】元件实例，在第 2 帧处插入关键帧。使用【选择工具】将胡须拉弯，如图 6-77 所示。返回“老虎正面跑步”影片剪辑中，选中“胡须”，在属性面板中修改【选项】为“单帧”，“第一帧”为“2”。

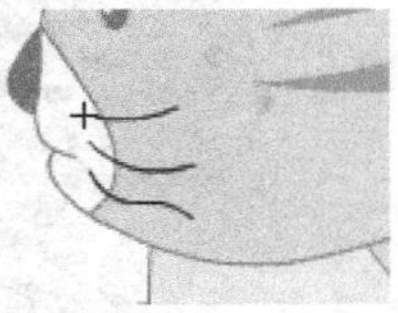

⑥ 选中“阴影”图层，在变形面板中设置它的长宽分别为原来的 110%。第 3 帧处最终效果如图 6-78 所示。

图 6-77 绘制胡须元件第 2 帧

⑦ 选中“胡须”层的第 5 帧，按住【Shift】键再单击“阴影”层的第 5 帧，全选所有图层，按 F6 键插入关键帧。分别选中“胡须”、“尾巴”、“阴影”图层的第 1 帧进行复制，然后在第 5 帧处粘贴。选中“身体”、“头部”、“眼睛”、“左手”、“右手”图层，向上移动 4 个像素。选中“左脚”，在属性面板中修改“第一帧”为“3”，调整好左右脚的位置和旋转角度。选中“左手”稍微向前旋转，选中右手稍微向后旋转。得到的效果如图 6-79 所示。

⑧ 选中“胡须”层的第 7 帧，按住【Shift】键再单击“阴影”层的第 7 帧，全选所有图层，按 F6 键插入关键帧。分别选中“胡须”、“尾巴”、“阴影”图层的第 3 帧进行复制，然后在第 7 帧处粘贴。选中“身体”、“头部”、“眼睛”、“左手”、“右手”、“胡须”、“尾巴”图层，向上移动 4 个像素。选中“左脚”，在属性面板中修改“第一帧”为“1”，调整好左、右脚的位置和旋转角度。选中“左手”稍微向前旋转，选中右手稍微向后旋转。得到的效果如图 6-80 所示。

图 6-78 第 3 帧处最终效果

图 6-79 第 5 帧处最终效果

图 6-80 第 7 帧处最终效果

⑨ 选中“胡须”层的第 9 帧，按住【Shift】键再单击“阴影”层的第 9 帧，全选所有图层，按 F6 键插入关键帧。分别选中“胡须”、“尾巴”、“阴影”图层的第 5 帧进行复制，然后在第 9 帧处粘贴。选中“身体”、“头部”、“眼睛”、“左手”、“右手”图层，向下移动 8 个像素。选中“胡须”、“尾巴”图层，向下移动 4 个像素。选中“左脚”，在属性面板中修改“第一帧”为“1”，调整好左右脚的位置和旋转角度。选中“左手”稍微向前旋转，选中右手稍微向后旋转。得到的效果如图 6-81 所示。

⑩ 选中“胡须”层的第 11 帧，按住【Shift】键再单击“阴影”层的第 11 帧，全选所有图层，按 F6 键插入关键帧。分别选中“胡须”、“尾巴”、“阴影”图层的第 7 帧进行复制，然后在第 11 帧处粘贴。选中“身体”、“头部”、“眼睛”、“左手”、“右手”图层，向下移动 8 个像素。调整左右脚的位置和旋转角度。选中“左手”稍微向前旋转，选中右手稍微向后旋转。得到的效果如图 6-82 所示。

⑪ 将“老虎侧面跑步”影片剪辑拖到舞台上测试效果。

图 6-81　第 9 帧处最终效果

图 6-82　第 11 帧处最终效果

6.2.4　整合动画

1. 任务分析

到目前为止,动画里的主角老虎的形象和动作都已设计并制作好了。接下来需要做的就是在动画中导入音乐和背景图片,根据音乐添加歌词,并根据歌词将上节中制作好的动作素材整合到动画里。我们将在这一节中详细介绍动画整合的具体过程。

2. 解决方案和步骤

(1) 导入背景图片和背景音乐

① 通过【文件】|【导入】|【导入到库】菜单,将素材里的“动物园大门.jpg”、“街头红绿灯.jpg”和“大街.jpg”三幅背景图片,以及“两只老虎.mp3”导入到库里面。

② 右击库里面的“两只老虎.mp3”,选择【属性】,可以查看到这首歌的时间长度为14.3 秒,计算出动画的总帧数应为 14.3×25=358 帧。

③ 修改“图层 1”的名字为“音乐”,将音乐“两只老虎.mp3”拖到舞台上,在属性面板中修改声音的同步类型为“数据流”,如图 6-83 所示。在第 360 帧位置插入普通帧。

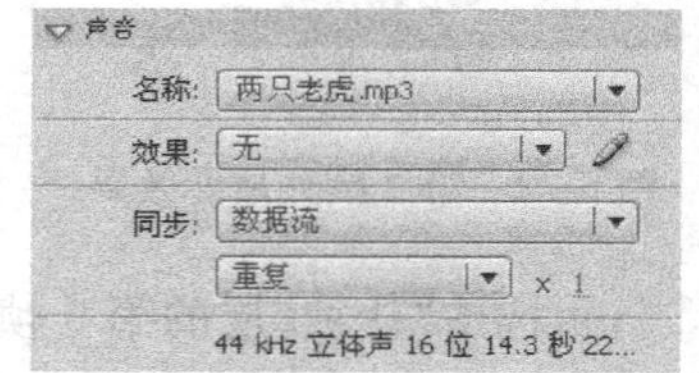

图 6-83　设置声音的同步类型

(2) 制作音乐与歌词的同步

① 将歌曲里的每一句歌词都做成一个图形元件保存在库里面,文字的字体为“黑体”,大小为 23.0,字母间距为 10.0,颜色为白色,如图 6-84 所示。每句歌词写好后都选中歌词,打开【对齐面板】,把【相对于舞台】选中,然后分别单击一下水平居中对齐和垂直居中对齐按钮,使文字居中对齐,如图 6-85 所示。

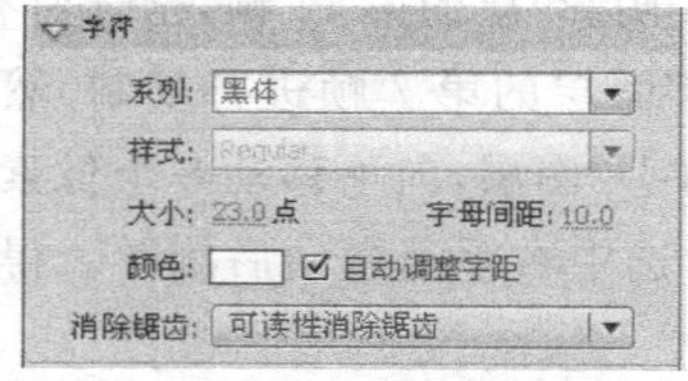

图 6-84　设置字体样式

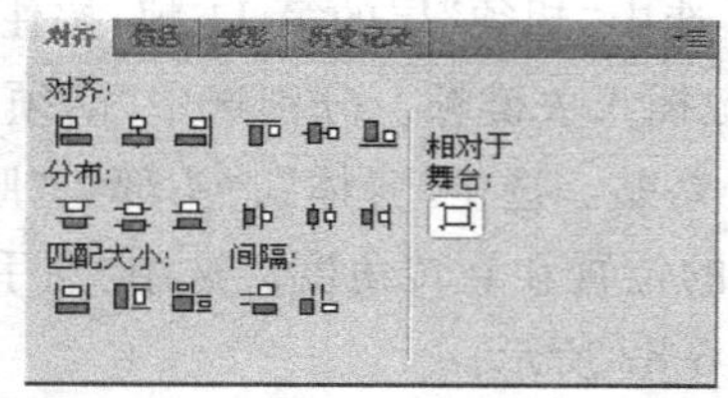

图 6-85　相对于舞台居中对齐

② 在库里面新建一个文件夹，取名为“歌词”，把做好的歌词元件都拖到该文件夹中。

③ 在时间轴上新建一个图层，取名为“歌词背景”，在其中用“矩形工具”画一个黑色的长条矩形，放在舞台的下端。然后在第 360 帧位置插入普通帧，如图 6-86 所示。

④ 在时间轴上新建一个图层，取名为“歌词”，把已经做好的第一句歌词“两只老虎”元件拖到第一帧位置，放在黑色的歌词背景的中间，如图 6-87 所示。

图 6-86　加入黑色歌词背景

图 6-87　加入歌词

⑤ 把播放头调整到时间轴的第一帧位置，按键盘上的回车键播放音乐。在每句歌词开始的地方按回车键停止播放，在停止位置插入一个关键帧。选中该帧中原来的歌词，在属性面板中将它交换为下一句歌词元件。

⑥【控制】|【测试影片】观看歌词同步的效果，有不够准确的地方回时间轴上继续调整。

(3) 实现场景 1 的动画

① 在时间轴上新建一个图层，取名为“场景 1”，位于“歌词背景”图层之下。在第一帧位置将库里面的“动物园大门.jpg”拖到舞台上，在对齐面板中设置其与舞台居中对齐。

② 选中舞台上的动物园大门图片，按 F8 键将其转换为名称是“场景 1”的影片剪辑。在“场景 1”影片剪辑中，将“图层 1”重命名为“背景”，选中该图层上的动物园大门图片，按 F8 键将其转换为名为“动物园大门”的影片剪辑，然后在属性面板中展开滤镜一栏，单击【添加滤镜】按钮，选择【模糊】效果，设置【模糊 X】和【模糊 Y】的值均为“23”，如图 6-88 所示。

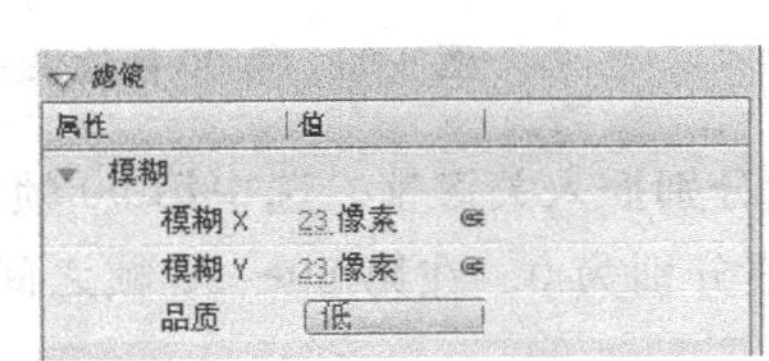

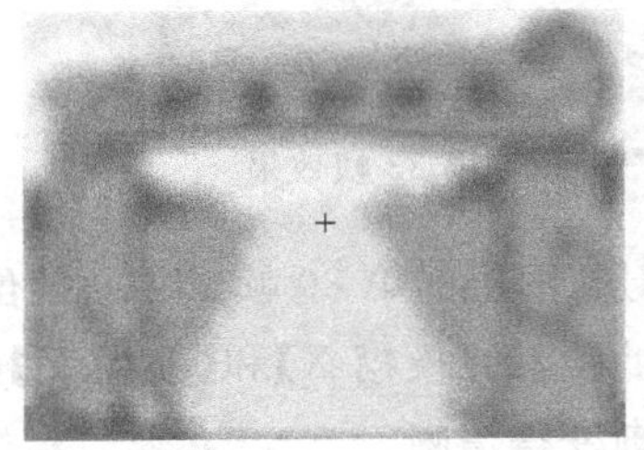

图 6-88　为背景设置模糊效果

小知识

在 Flash 8 以上的版本中提供了滤镜的功能，但滤镜只能作用于文本、影片剪辑元件实例和按钮元件实例。滤镜的效果包括投影、模糊、发光、斜角、渐变发光、渐变斜角、调整颜色。

③ 在“场景1”中新建一个图层，取名为“老虎1”，位于“背景”图层之上。将库里面的“老虎正面说话”影片剪辑拖到第1帧，将其适当放大，并顺时针旋转15°左右，调整位置位于舞台的左下角，如图6-89所示。在第13帧位置插入关键帧，将老虎位置调整到舞台上方，如图6-90所示。在第1～12帧之间任选一帧右击，选择【创建传统补间】。在第33帧、第42帧位置分别插入关键帧，选中第42帧，将老虎移出舞台外，如图6-91所示，在第33～42帧之间创建传统补间。在第43帧位置插入空白关键帧。

图6-89　第1帧效果

图6-90　第13帧效果

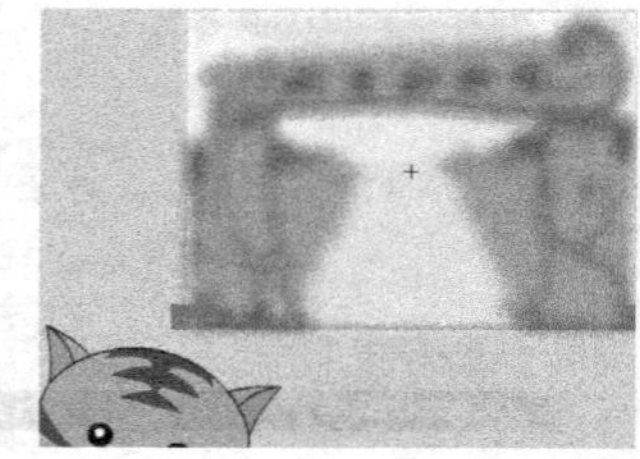

图6-91　第42帧效果

④ 在时间轴上新建一个图层，取名为“老虎2”，位于“老虎1”图层之下。在第33帧位置插入关键帧，拖入“老虎正面说话”影片剪辑，将其适当放大，并逆时针旋转10°左右，调整位置位于舞台的右下角之外，如图6-92所示。在第42帧位置插入关键帧，将老虎移入舞台，在第33～42帧之间创建传统补间。在第80帧、第90帧位置分别插入关键帧，选中第90帧，将老虎缩小并放到舞台右下角，在属性面板中展开【色彩效果】，在【样式】一栏选择【Alpha】，设置Alpha值为0%，将老虎变得透明，如图6-93所示。在第80～90帧之间创建传统补间。

图6-92　第33帧效果

图6-93　第90帧效果

⑤ 在“背景”图层的第80帧、第90帧位置分别插入关键帧。选中第90帧，在属性面板中修改【模糊滤镜】的【模糊X】和【模糊Y】的值分别为0。在第80～90帧之间创建传统补间，使背景逐渐变得清晰。

⑥ 在“老虎1”图层的第86帧插入空白关键帧，拖入“老虎正面跑步”影片剪辑，将其适当缩小，并顺时针旋转15°左右，如图6-94所示。在第101帧位置插入关键帧，将老虎适当放大，并逆时针旋转15°左右，如图6-95所示。在第86～101帧之间创建传统补间。在第131帧位置插入关键帧，将老虎放大，如图6-96所示。在第101～131帧之间创建传统补间。在第138帧位置插入关键帧，将老虎稍放大一些，在属性面板中设置Alpha值为0，将老虎设为透明。在第131～138帧之间创建传统补间。

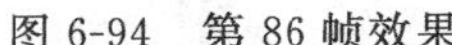

图 6-94　第 86 帧效果

图 6-95　第 101 帧效果

图 6-96　第 131 帧效果

⑦ 在时间轴上新建一个图层，取名为“老虎 3”，位于“老虎 1”图层之上。在第 89 帧位置插入关键帧，拖入“老虎正面跑步”影片剪辑，将其适当缩小，并顺时针旋转 30°左右，如图 6-97 所示。在第 101 帧位置插入关键帧，将老虎放大，旋转角度改为逆时针 45°，如图 6-98 所示，在第 89～101 之间创建传统补间。在第 134 帧位置插入关键帧，将老虎放大，如图 6-99 所示，在第 101～134 帧之间创建传统补间。在第 142 帧位置插入关键帧，将老虎稍稍放大一些，在属性面板中设置 Alpha 值为 0%，将老虎设为透明，在第 134～142 帧之间创建传统补间。

图 6-97　第 89 帧效果

图 6-98　第 101 帧效果

图 6-99　第 134 帧效果

⑧ 在“背景”图层的第 131 帧和第 148 帧位置分别插入关键帧。选中第 148 帧，在属性面板中设置 Alpha 值为 0%，将背景设为透明，在第 131～148 帧之间创建传统补间。图 6-100 所示为“场景 1”影片剪辑的最终时间轴状态。

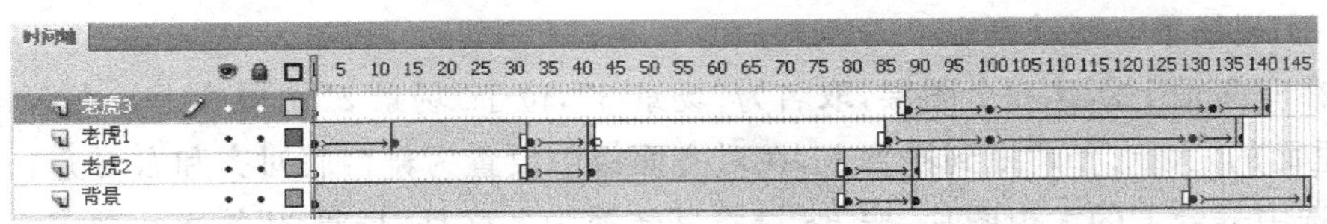

图 6-100　“场景 1”影片剪辑的时间轴状态

⑨ 返回主时间轴中，在场景 1 图层的第 149 帧位置插入空白关键帧。

(4) 实现场景 2 的动画

① 在时间轴上新建一个图层，取名为“场景 2”，位于“场景 1”图层之上。在第 135 帧位置将库里面的“街头红绿灯.jpg”拖到舞台上，在对齐面板中设置与舞台居中对齐。

② 选中舞台上的街头红绿灯图片，按 F8 键转换为名称是“场景 2”的影片剪辑。在“场景 2”影片剪辑中，将“图层 1”重命名为“背景”。选中该图层上的街头红绿灯图片，按 F8 键将其转换为名称是“街头红绿灯”的图形元件。在第 5 帧位置插入关键帧，选中第 1 帧中的背景图片，在属性面板中设置 Alpha 值为 0%，将背景设为透明。在第 1～5 帧之间创建传

统补间。在第 40 帧位置插入普通帧。

③ 在"场景 2"中新建一个图层，取名为"老虎"，位于"背景"图层之上。将库里面的"老虎侧面跑步"影片剪辑拖两个到舞台上，调整大小和位置如图 6-101 所示。在第 40 帧位置插入关键帧，调整老虎的位置如图 6-102 所示，在第 1～40 帧之间创建传统补间。

图 6-101 第 1 帧效果

图 6-102 第 40 帧效果

④ 在"场景 2"中新建一个图层，取名为"烟雾"，位于"背景"图层和"老虎"图层之间。在第 1 帧位置绘制如图 6-103 所示的烟雾图案，并将其转换为影片剪辑元件"烟雾 2"。双击舞台上的烟雾 2 进入工作区，在第 20 帧位置插入关键帧，使用【选择工具】将烟雾随意切割几块，并移到外面，如图 6-104 所示，并在颜色填充面板中将"Alpha"值设为 0%。在第 1～20 帧之间任选一帧，右击选择【创建形状补间】。

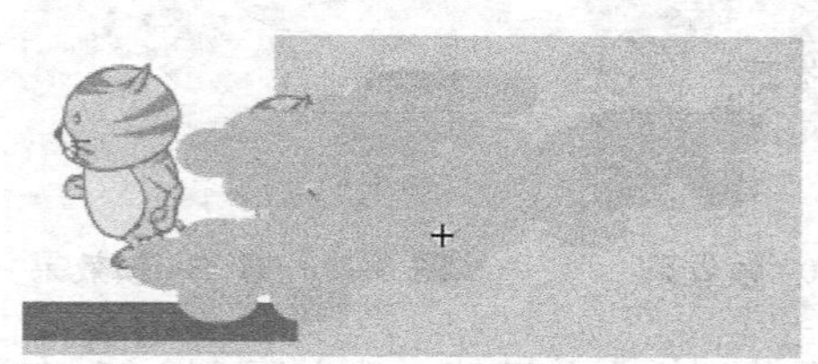
图 6-103 绘制烟雾图案

图 6-104 切割烟雾

⑤ 返回主时间轴中，在场景 2 图层的第 179 帧位置插入空白关键帧。

(5) 实现场景 3 的动画

① 在时间轴上新建一个图层，取名为"场景 3"，位于"场景 2"图层之上。在第 175 帧位置将库里面的"大街.jpg"拖到舞台上，在对齐面板中设置为舞台底对齐和右对齐。

② 选中舞台上的大街图片，按 F8 键将其转换为名称是"场景 3"的影片剪辑。在"场景 3"影片剪辑中，将"图层 1"重命名为"背景"。选中该图层上的大街图片，按 F8 键将其转换为名称是"大街"的图形元件。在第 5 帧位置插入关键帧，选中第 1 帧中的背景图片，在属性面板中设置 Alpha 值为 0%，将背景设为透明。在第 1～5 帧之间创建传统补间。在第 180 帧位置插入关键帧，调整大街图片的位置为与背景的舞台左边对齐，在第 5～180 帧之间创建传统补间。在第 186 帧位置插入关键帧，在属性面板中设置亮度值为"－100%"，在第 180～186 帧之间创建传统补间。选中第 186 帧，在该帧上右击，选择【动作】，打开动作面板，在其中输入代码"stop();"。

③ 选中库里面的"老虎侧面跑步"影片剪辑元件，右击选择【直接复制】，新建一个名为"侧面跑步无尾巴"的影片剪辑，删除这个影片剪辑中的"尾巴"图层。再次选中库里面的"老

虎侧面跑步"影片剪辑元件，直接复制出一个名为"侧面跑步无眼睛"的影片剪辑，删除这个影片剪辑中的"眼睛"图层。

④ 在"场景 3"影片剪辑中新建一个名为"老虎"的图层，位于"背景"图层之上，将库里面的"侧面跑步无尾巴"和"侧面跑步无眼睛"影片剪辑拖到舞台上，并调整大小和位置，如图 6-105 所示。在第 180 帧位置插入普通帧。

⑤ 在"场景 3"影片剪辑中新建一个名为"烟雾"的图层，位于"背景"和"老虎"图层之间，将库里面的"烟雾 2"影片剪辑拖到舞台中，并调整位置，如图 6-106 所示。在第 180 帧位置插入普通帧。

图 6-105 加入两只老虎

图 6-106 加入烟雾

⑥ 在"场景 3"影片剪辑中新建一个名为"mask"的图层，位于所有图层之上。在颜色面板中选择【填充颜色】，设置【填充类型】为"放射状"填充，单击渐变色条左边的滑块，设置颜色为白色，Alpha 值为 0%；单击渐变色条右边的滑块，设置颜色为黑色，Alpha 值为 0%，如图 6-107 所示。在第 1 帧里使用【椭圆工具】画一个大小超过舞台的圆，如图 6-108 所示。

⑦ 在"mask"图层的第 10 帧插入关键帧，在第 10 帧中将填充颜色右边滑块的 Alpha 值设为 100%，使用【渐变变形工具】向内缩小椭圆的填充范围，将填充区域缩小到没有眼睛的老虎头部，如图 6-109 所示。在第 1～10 帧之间创建形状补间。

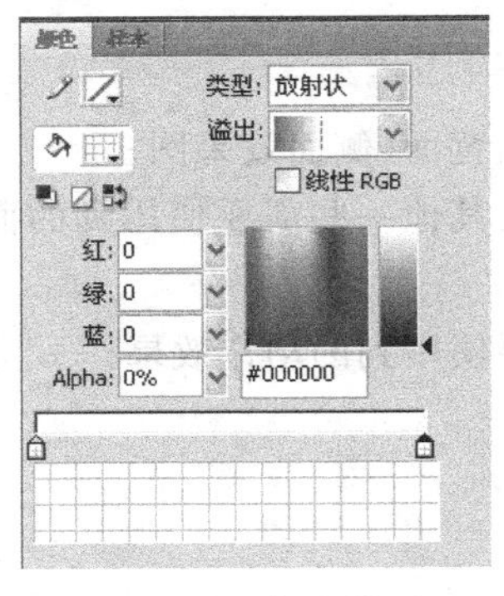

图 6-107 颜色设置

图 6-108 绘制椭圆形

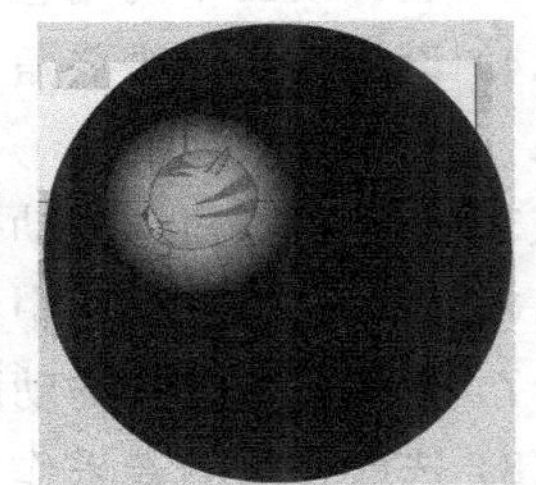

图 6-109 聚焦没有眼睛的老虎

⑧ 在"mask"图层的第 40 帧和第 60 帧位置插入关键帧，在第 60 帧中使用【渐变变形工具】将填充区域移到没有尾巴的老虎的尾部，如图 6-110 所示。在第 40～60 帧之间创建形状补间。

⑨ 在"mask"图层的第 90 帧和第 180 帧位置插入关键帧。在第 180 帧中将填充范围向外拉大，将填充颜色右边滑块的 Alpha 值设为 0%。在第 90～180 帧之间创建形状补间。

⑩ 在"场景 1"中新建一个名为"按钮"的图层，位于"歌词"图层之上。在该图层的第 360 帧位置插入关键帧。单击【窗口】|【公用库】|【按钮】，选择【Playback Flat】文件夹中的

【Flat Grey Play】按钮拖入舞台，将其放大为原来的两倍左右，并放在舞台的右下角，如图 6-111 所示。在属性面板中给该按钮实例命名为“stop_btn”。

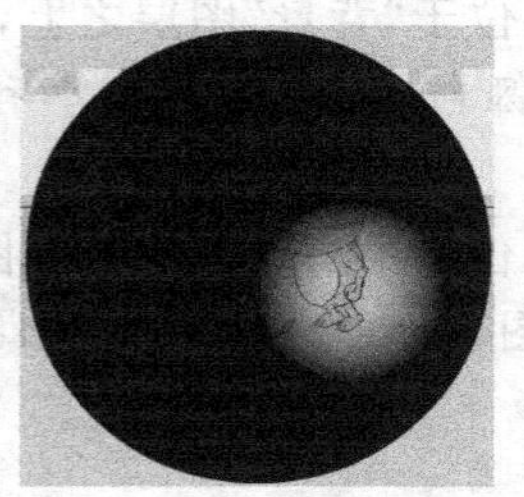

图 6-110　聚焦没有尾巴的老虎

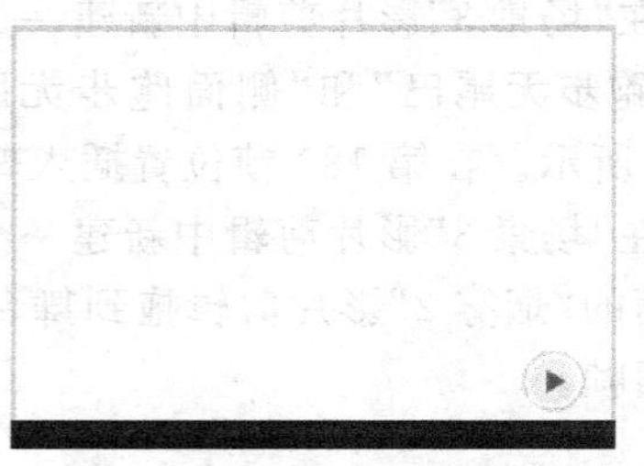

图 6-111　片尾画面

⑪ 在场景 1 中新建一个名为“代码”的图层，位于所有图层之上。在该图层的第 360 帧位置插入关键帧，打开动作面板，在其中输入如下代码：

```
stop_btn.addEventListener(MouseEvent.CLICK,st);
function st(e:MouseEvent){
    gotoAndPlay(1);
}
stop();
```

6.2.5　实训课堂

设计并制作一段动画短片，内容可以选择讲述一个小故事、宣传某个公益项目等，具体要求如下：

(1) 动画大小为 720 像素×576 像素，25 帧/秒；

(2) 为动画的剧情进行脚本创作与分镜头设计；

(3) 设计动画中的角色，为动画中的主要角色绘制出正面、背面、侧面效果图；

(4) 设计动画中主要角色的面部表情，制作出说话、笑以及其他一些需要使用到的面部表情；

(5) 设计动画角色的动作，制作出走、跑以及其他一些需要使用到的动作效果；

(6) 设计并绘制动画中各个场景的背景画面；

(7) 实现各分镜头的动画效果；

(8) 选取合适的音乐作为背景音乐，添加必要的音效效果；

(9) 视剧情需要可以加入配音或旁白，使用录音软件录制好声音后在声音处理软件中进行降噪等处理，然后加入到动画中。

6.3　某摄影工作室网站片头动画的制作

Flash 广告是广告客户在进行 WEB 宣传时最主要的表现形式之一，而如果网站把片头动画作为过渡页，就如电视栏目一样，可以在很短的时间内把自己的整体信息传播给访问者，同时，也能给访问者留下良好的印象。

本案例中主要包括两个画面，分别用来显示一幅人像作品和网站网址，效果如图 6-112 所示。

图 6-112 项目效果预览

1. 案例分析

本案例通过一个摄影工作室的网站商业片头动画的制作，来重点介绍 Flash 中高级动画效果的实现方法。通过本案例的学习，使读者快速掌握 Flash 中引导层动画和遮罩层动画的制作方法，以及 Flash 广告动画片的常用制作技术。整个制作过程可以分解为如下 3 个任务。

任务 1：前期准备。

任务 2：主场景效果制作。

任务 3：片尾动画效果的制作。

2. 相关知识点

(1) 引导层动画

在前面介绍的各种补间动画中，对象在运动时总是沿着直线路径从起点运动到终点。如果想制作更特殊的运动路径效果，比如做曲线运动，就要使用引导层动画。引导层动画是指对象沿着某个特定的轨迹进行运动的动画，特定的轨迹也被称为引导线。作为动画的一种特殊类型，引导层动画的制作需要使用至少两个图层，一个是用于绘制引导线的引导层，一个是运动对象所在的图层。在最终生成的动画中，引导层中的引导线不会显示出来。

引导层就是绘制对象运动路径的图层。通过此图层中的运动路径，可以引导被引导层中的对象沿着绘制的路径运动。在【时间轴】面板中，一个引导层下可以有多个被引导层，也就是多个对象可以沿着同一条路径同时运动。在 Flash 中，创建引导层的方法如下。

Step1：在【时间轴】面板中选择需要创建引导层动画的对象的所在图层。

Step2：右击，在弹出菜单中选择【添加传统运动引导层】命令，就可在刚才所选图层的上面创建一个引导层，并且将原来所选的图层设为被引导层。

(2) 遮罩层动画

遮罩层其实是由普通图层转化而来的，Flash 会忽略遮罩层中的位图、渐变色、透明、颜色和线条样式，其中任何填充区域都是完全透明的，任何非填充区域都是不透明的，因此遮罩层中的对象将作为镂空的对象存在。

同引导层动画相同，在 Flash 中遮罩动画的创建也至少需要两个图层才能完成，分别是遮罩层和被遮罩层。位于上方用于设置遮罩范围的图层称为遮罩层，而位于下方的则是被遮罩层。另外，在制作遮罩动画时还需要注意，一个遮罩层以下可以包括多个被遮罩层，不过按钮内部不能有遮罩层，也不能将一个遮罩应用于另一个遮罩。

遮罩层如同一个窗口，透过遮罩层中有填充颜色的区域，可以看到其下被遮罩层中的对象，而被遮罩层中其他区域的对象将不会显示。在 Flash 中，创建遮罩层的方法如下。

Step1：在【时间轴】面板中选择需要设置为遮罩层的图层。

Step2：右击，在弹出菜单中选择【遮罩层】命令，即可将当前图层设为遮罩层，其下一层图层自动被设为被遮罩层。

6.3.1 前期准备

1. 任务分析

本项目是一个摄影工作室的网站片头宣传动画，打开该工作室的网站时都会首先观看这段动画，然后才会跳转到网站的主界面。这段动画对于观看者来说，可以在进入网站的主界面之前，以一种更直观、动感、唯美的方式来预先展示网站的主要宣传内容，给人以强大的视觉冲击力，使观看者对其后将要看到的网站主界面充满期望，对网站的内容更感兴趣。本节主要介绍网站商业片头动画的设计过程。

2. 解决方案和步骤

(1) 前期策划

当接到客户要求制作的动画项目时，不要马上打开计算机开始制作，而是应该先进行策划，即明确该 Flash 动画项目的创作背景与目的以及动画制作的规划。

客户：某摄影工作室

内容：该工作室网站的片头动画

要求：在较短的时间内以动感的效果展示出该工作室的主要业务，视觉效果好，对该网站的业务以较深的印象

时间：18 秒

播放速度：12 帧/秒

尺寸：740 像素×350 像素

投放媒体：网络

(2) 创意分析

以红色和灰色作为主色调，设计一个主场景来展示该工作室的一幅作品，色彩的搭配和所选择的照片内容一致、有一丝怀旧的气息，并在其中加入了两条动态出现的弧形线条来突出动感，对业务的文字介绍以自由浮动的方式来表现，在作品展示的主场景和片尾显示网址的场景之间加入了别致的转场效果，网站网址的显示加入了类似“眩光＋粒子”的效果，使人对这个地址更加印象深刻。

(3) 新建并设置文档属性，添加素材

① 新建一个空白文档，设置背景色为深灰色(＃333333)，动画尺寸为 740 像素×350 像

素，帧频为 12fps，如图 6-113 所示。保存文档，命名为“片头动画”。

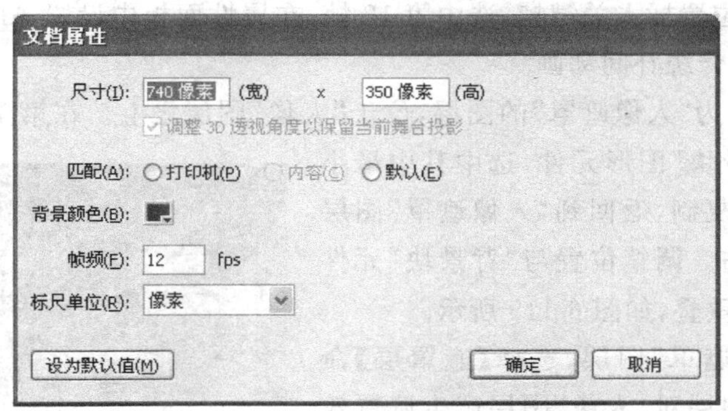

图 6-113　文档设置

② 通过【所有程序】|【控制面板】|【字体】将素材中的“汉仪中黑简”、“汉仪中圆简”、“汉仪粗黑简”字体添加到系统字体库中。

③ 通过【文件】|【导入】|【导入到库】将素材文件夹中的“素材人像.png”、“打字.wav”导入到库里面。

6.3.2　主场景效果制作

1. 任务分析

本场景在一个三角形区域中显示了该工作室的一幅作品，在其中加入了两段带动感的弧形线条，并出现了一段广告文字。本场景结束时采用了扇形关闭的效果来结束画面。在本节中我们将详细介绍该场景的实现步骤(请见光盘素材\chapter\网站片头.fla)。

2. 解决方案和步骤

(1) 绘制三角图案背景

① 新建一个图层并命名为“背景”，在该图层中，绘制三个重叠在一起的三角图案，颜色分别为深红色(#760101)、浅灰色(#666666)和深灰色(#333333)，如图 6-114 所示。

图 6-114　三角图案背景

② 选中这三个三角图案，按 F8 键转换为名为“背景块”的图形元件。

③ 在第 15 帧位置插入关键帧，选中第 1 帧，在属性面板中设置 Alpha 值为 0%，在第 1～15 帧之间创建传统补间动画。在第 100 帧位置插入普通帧。

(2) 加入人像

① 在“场景 1”中新建一个名为“人像”的图层，位于“背景”图层之上。在第 12 帧位置插入关键帧，将库里面的“人像.png”拖到舞台上，并调整位置使人像头部基本位于三角背景

图案之内。

② 在第 25 帧位置插入关键帧，选中第 12 帧，在属性面板中设置 Alpha 值为 0%，在第 12～25 帧之间创建传统补间动画。

③ 新建一个名为“人像遮罩”的图层，位于“人像”图层之上。在第 12 帧位置插入关键帧。双击打开“背景块”图形元件，选中其中最小的那个三角图案并复制，返回到“人像遮罩”图层的第 12 帧进行粘贴。调整位置与“背景块”元件实例中的对应图案重叠，如图 6-115 所示。

图 6-115 “人像 2 遮罩”图层内容

④ 右击“人像遮罩”图层，选择【遮罩层】命令，让“人像遮罩”图层对“人像”图层产生遮罩效果，如图 6-116 所示。

(3) 添加文字动画

① 新建一个名为“文字”的图层，在其中分别输入文字“专业时尚”，字体“汉仪中圆简”，颜色为红色(#A70303)；文字“留住真实・精彩瞬间”，字体“汉仪粗黑简”，颜色为浅灰色(#999999)；文字“Mode Speciality”，字体“Arial”，颜色为橙色(#FF9900)，文字效果如图 6-117 所示。

图 6-116 设置遮罩效果

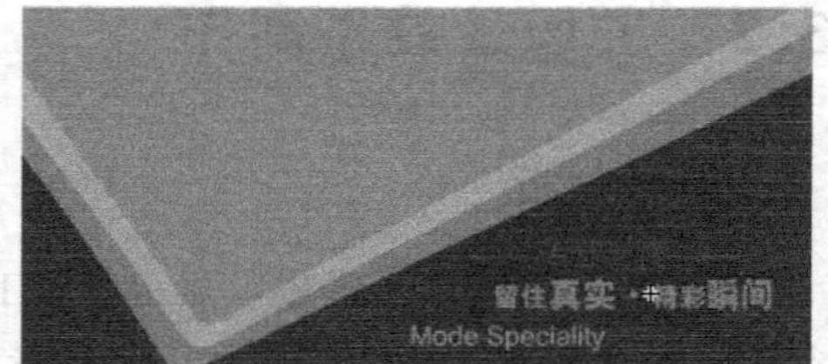

图 6-117 加入文字

② 选中这三段文字，按 F8 键将它们转换为名称是“运动文字”的影片剪辑元件。

③ 双击舞台上的“运动文字”进入工作区，选中这三段文字右击，执行【分散到图层】命令，将这三段文字分别放到 3 个图层中。这时原来的图层已成空白图层，将其删除。

④ 选中“专业时尚”文字段，按 F8 键将其转换为名称是“专业”的图形元件。选中“留住真实・精彩瞬间”文字段，按 F8 键将其转换为名称是“留住”的图形元件。选中“Mode Speciality”文字段，按 F8 键将其转换为名称是“mod”的图形元件。

⑤ 选中舞台上的“专业”元件实例，在属性面板中修改 Alpha 值为 0%，使其透明。在第 11 帧位置插入关键帧，修改“专业”元件实例的 Alpha 值为 100%，然后稍向下移动其位置。在第 1～11 帧之间创建传统补间动画。

⑥ 在第 11～85 帧之间轻微调整“专业”元件的位置，并创建传统补间动画，制造文字浮动的效果，浮动范围局限于右下角的三角形区域中，不超过上面的红色区域。

⑦ 在第 100 帧位置插入关键帧，将其中的“专业”元件实例稍向上移动，在属性面板中设置 Alpha 值为 0%。在第 85～100 帧之间创建传统补间动画。

⑧ 用同样的办法，创建另外两段文字的动画。其动画效果基本一致，只是移动的速度和方向略有差异。时间轴上各图层情况如图 6-118 所示。

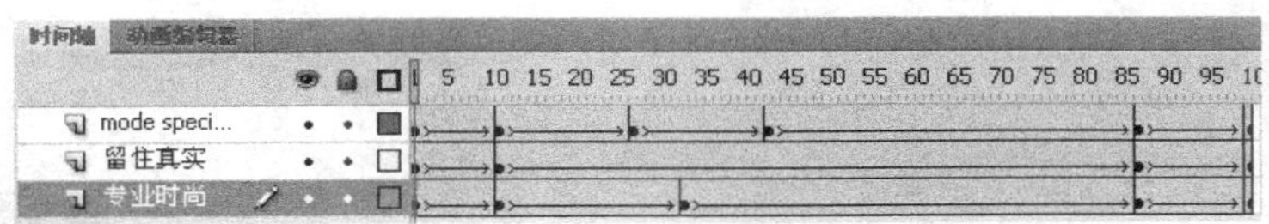

图 6-118 时间轴各图层情况

(4) 添加线条动画

① 新建一个名为“光影效果”的图层,位于所有图层的上方。在第 17 帧位置插入关键帧,使用【钢笔工具】,设置笔触大小为 4,颜色任意,绘制如图 6-119 的两条曲线。然后选中曲线,单击【修改】|【形状】|【将线条转换为填充】命令,将这两条线段转换为可用作遮罩的填充色块。选中这两条线段,按 F8 键转换为名称是“光影效果”的影片剪辑,在其中修改“图层 1”的名字为“线条”图层。

② 在“线条”图层的第 25 帧位置插入关键帧,用同样方法绘制如图 6-120 的两条曲线,颜色任意。在第 49 帧位置插入普通帧。

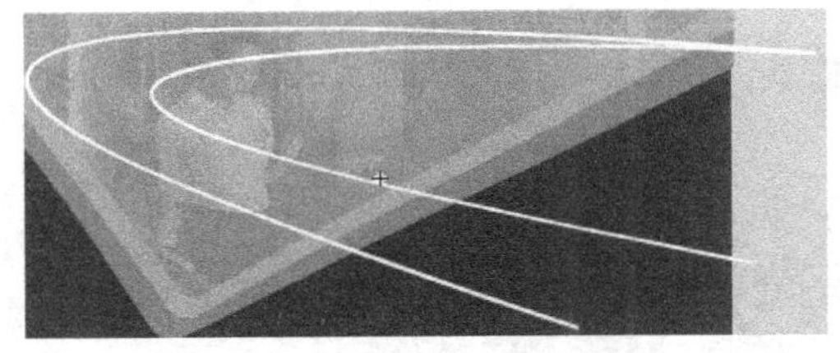
图 6-119 第 17 帧的曲线

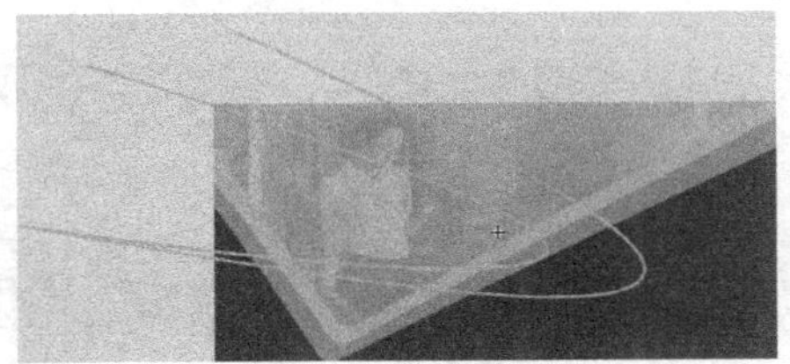
图 6-120 第 25 帧的曲线

③ 新建一个名为“圆形”的图形元件,在其中使用【椭圆工具】绘制一个正圆,无线条轮廓,大小为 840 像素左右,在颜色面板中设置圆形的填充类型为“放射状”填充,左边的渐变色滑块为白色不透明,右边的滑块为白色透明,如图 6-121 所示。

④ 双击舞台上的“光影效果”元件实例进入工作区,在其中新建一个名为“光”的图层,位于“线条”图层之下。将库里面的“圆形”元件拖到舞台中,并调整位置使其位于舞台的右外上侧,如图 6-122 所示。

图 6-121 绘制渐变色正圆

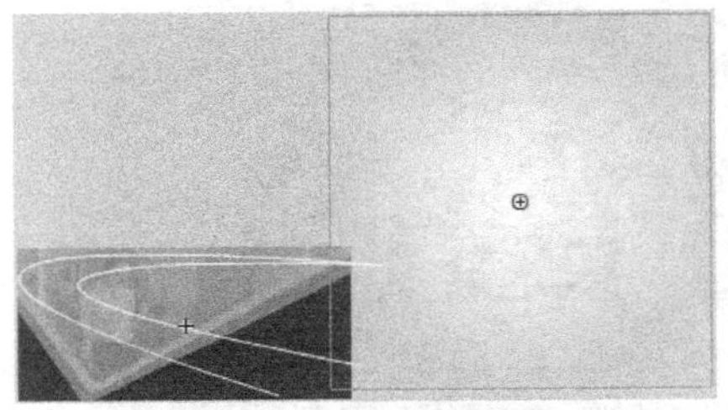
图 6-122 添加“圆形”到舞台右上侧

⑤ 在“光”图层的第 10 帧位置插入关键帧,将“圆形”对象向左移动,如图 6-123 所示。在第 1~10 帧之间创建传统补间。

⑥ 在“光”图层的第 17 帧位置插入关键帧,将“圆形”对象向左下移动,如图 6-124 所示。在第 10~17 帧之间创建传统补间。

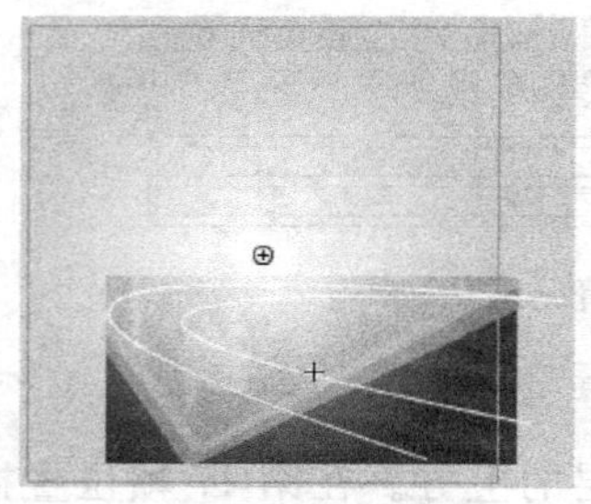

图 6-123　第 10 帧效果

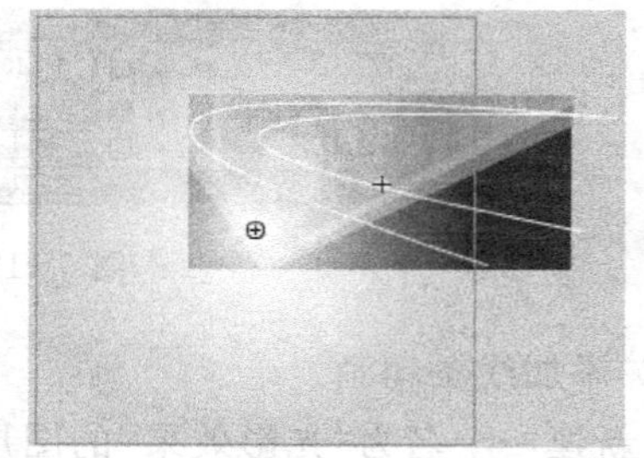

图 6-124　第 17 帧效果

⑦ 在"光"图层的第 24 帧位置插入关键帧，将"圆形"对象继续向右下移动，如图 6-125 所示。在第 17～24 帧之间创建传统补间。

⑧ 在"光"图层的第 25 帧位置插入关键帧，选中舞台上的"圆形"元件实例，在属性面板的【色彩效果】一项中，选择【样式】为"色调"，修改色调值为 60%，颜色为橘黄色"255,102,0"。然后移动它的位置到舞台的左外上侧，如图 6-126 所示。

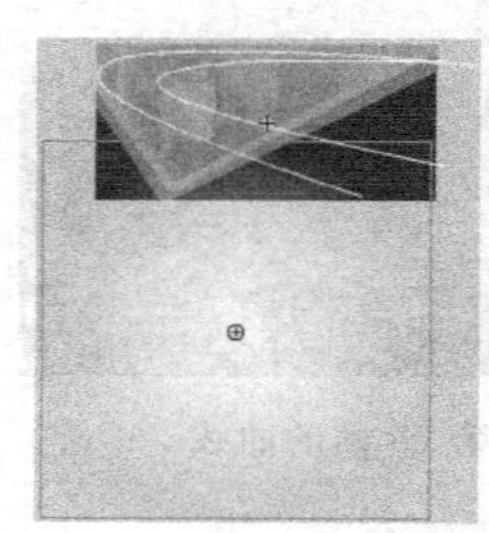

图 6-125　第 24 帧效果

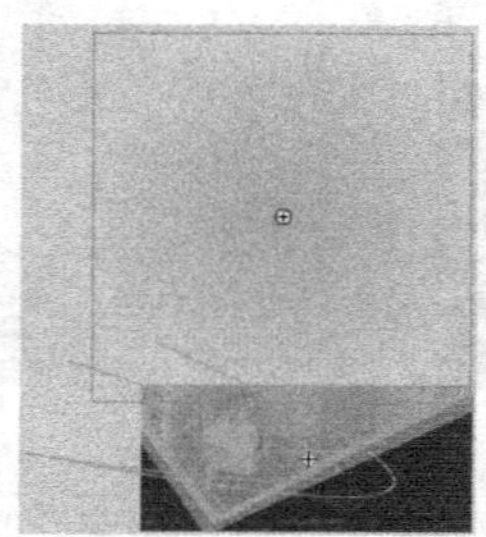

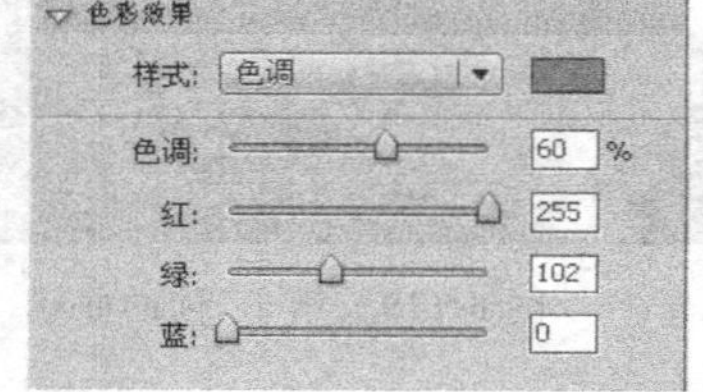

图 6-126　将"圆形"调整为橘黄色

⑨ 在"光"图层的第 37 帧位置插入关键帧，将"圆形"对象向右下移动，如图 6-127 所示。在第 25～37 帧之间创建传统补间。

⑩ 在"光"图层的第 49 帧位置插入关键帧，将"圆形"对象向左下移动，如图 6-128 所示。在第 37～49 帧之间创建传统补间。

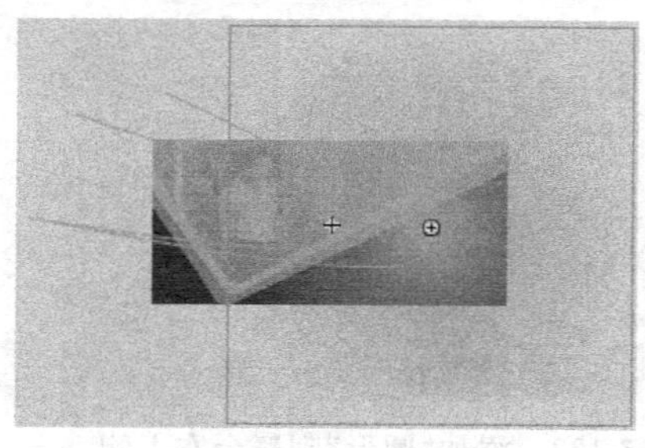

图 6-127　第 37 帧效果

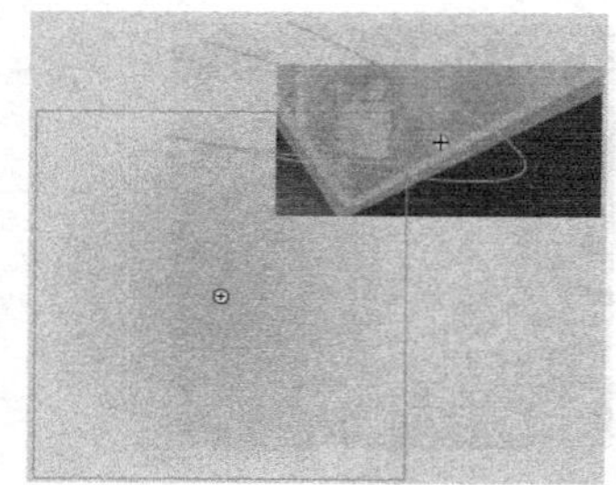

图 6-128　第 49 帧效果

⑪ 右击"线条"图层，选择【遮罩层】命令，让"线条"图层对"光"图层产生遮罩效果。测试影片，画面中产生了光线掠过的动画效果，如图 6-129 所示。"光影效果"影片剪辑的时间轴情况如图 6-130 所示。

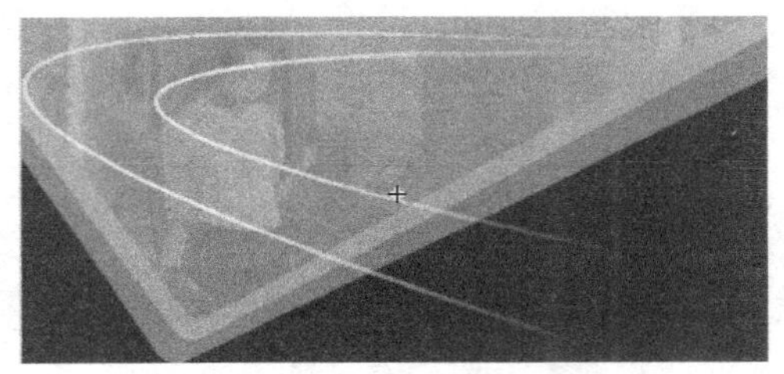

图 6-129　遮罩效果

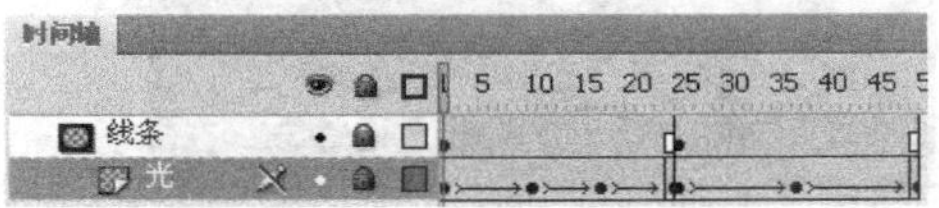

图 6-130　“光影效果”影片剪辑的时间轴情况

⑫ 返回“场景 1”，在“光影效果”图层的第 66 帧位置插入空白关键帧，时间轴情况如图 6-131 所示。

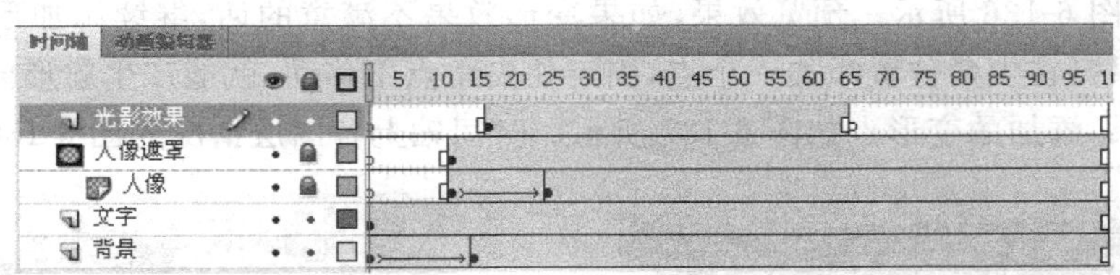

图 6-131　时间轴各图层情况

(5) 加入扇形结束效果

① 新建一个名为“转场遮罩”的图层，位于所有的图层之上。在该图层的第 80 帧位置插入关键帧，在舞台的右上角画一个如图 6-132 所示的无边线矩形，填充颜色为深灰色(#333333)。

② 在第 90 帧位置插入关键帧，单击【选择工具】，在矩形图案未选中的状态下，将鼠标放在矩形左边线的中部，当光标变成形状时，按住键盘上的【Alt】键的同时拖动鼠标，在矩形左边线上拉出一个拐点，并一直向左下拉出舞台，如图 6-133 所示。

图 6-132　绘制矩形

图 6-133　将矩形变形

③ 在第 80～90 帧之间创建形状补间。预览效果，会发现这段变形的效果不够理想，本来是希望矩形的左边线慢慢延伸出去到舞台之外的，可是现在整个矩形都发生了变形。可以使用形状提示来做精细调节。选中第 80 帧，执行【修改】|【形状】|【添加形状提示】。在出现的形状提示字母“a”上右击，选择【添加提示】，创建“a”、“b”、“c”、“d”4 个形状提示点，并调整它们的位置如图 6-134 所示。选中第 90 帧，调整这 4 个形状提示点的结束位置，如图 6-135 所示。再次预览效果，已按设想的效果工作。

图 6-134　添加起始关键帧的形状提示点

图 6-135　调整结束关键帧的形状提示点位置

④ 在第 100 帧位置插入关键帧，移动鼠标到靠近尖角形状的左下角位置。当光标变成形状时，按住键盘上的【Alt】键的同时拖动鼠标，在该位置拉出一个拐点，并一直向左上拉出舞台，如图 6-136 所示。预览效果，如果变形效果不满意的话，继续添加形状提示点来调节。此处只需在尖角位置添加一个点，固定住尖角点不移动，就能产生扇形向左上逐渐展开的变形效果，添加的变形点如图 6-137 所示。时间轴上各图层情况如图 6-138 所示。

图 6-136　将尖角图案变形

图 6-137　添加形状提示点

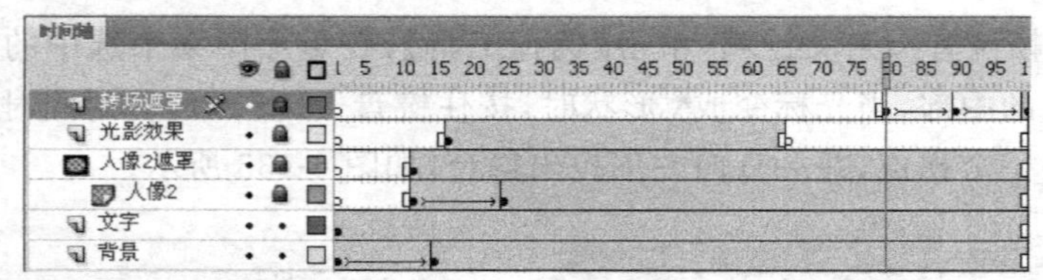

图 6-138　场景 2 的时间轴上各图层情况

6.3.3　片尾动画效果的制作

1. 任务分析

这段动画的最后一个场景就是工作室网址的显示。为了使这个网址能给人以较深的印象，在网址显示的同时，在它的上面加了类似“眩光＋粒子”的效果，从网址的每个字上闪过去，给人以极强的视觉冲击力，看完之后使人印象深刻。在制作类似粒子的效果时，使用到了引导层动画。在本节中我们就来详细介绍片尾动画的具体实现步骤。

2. 解决方案和步骤

(1) 显示网址

① 执行【插入】|【场景】命令创建一个新的场景，该场景默认的名字为“场景 2”。新建一

个图层并命名为“网址”。在“网址”图层中使用文字工具输入“www.sdpt.com.cn”，字体为“汉仪中圆简”，大小为30，颜色为白色，如图6-139所示。

② 选中输入的文字，按F8键转换为名称是“网址”的图形元件。在第20帧位置插入关键帧。选中第1帧，在属性面板中设置文字的Alpha值为0%，在第1～20帧之间创建传统补间动画。在第110帧位置插入普通帧。

(2) 制作逐渐消失的光斑动画

① 新建一个名为“火花”的影片剪辑元件，修改“图层1”名字为“圆”，在其中绘制一个无边线正圆，大小为22像素左右，填充颜色为“放射状”渐变，渐变过程为白色到红色(#FE6D8E)再到橘色(#FF8000，Alpha值设置为3%)。在对齐面板中设置圆形相对于舞台居中对齐，如图6-140所示。

图6-139 显示网址

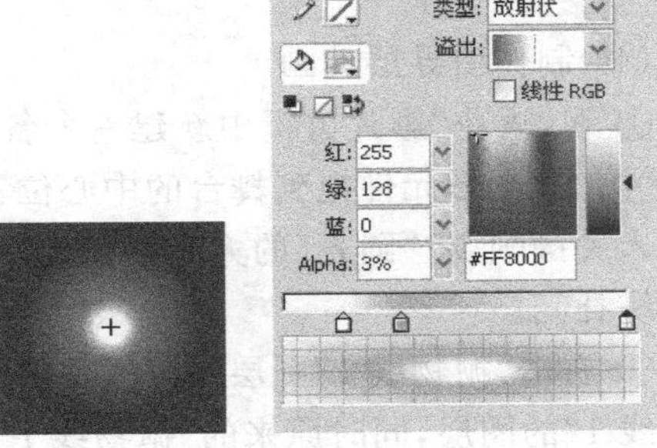

图6-140 绘制圆形效果

② 选中绘制的圆形，按F8键转换为名称是“圆光”的图形元件。在第5帧位置插入关键帧，在属性面板中设置“圆光”的大小为48像素左右，设置完记得再次与舞台居中对齐。在第1～5帧之间创建传统补间。

③ 在第10帧位置插入关键帧，将“圆光”大小缩小为40像素左右，并将它的透明度降低为80。在第5～10帧之间创建传统补间。

④ 在第12帧位置插入关键帧，将“圆光”大小缩小为33像素左右，并将它的透明度降低为0。在第10～12帧之间创建传统补间。

(3) 制作星星闪烁动画

① 在“火花”影片剪辑中新建一个名为“星星”的图层，在其中使用【椭圆工具】绘制3个长条椭圆，类型设置为“放射状”渐变，渐变过程为淡紫(#A969EB，Alpha值为100%)到白色再到透明白色，颜色面板设置如图6-141所示，效果如图6-142所示。

② 选中完整的星星图案，按F8键转换为名称是“星光”的图形元件。

③ 在第5帧位置插入关键帧，将“星光”的大小稍微放大一些，和“圆光”一致。在第1～5帧之间创建传统补间。

④ 在第12帧位置插入关键帧，将“星光”的大小稍微缩小一些，并将它的透明度降低为0，在第5～12帧之间创建传统补间。

⑤ 选中第1帧，将库里面的声音元件“打字声”拖到舞台上，设置同步类型为“事件”声音。

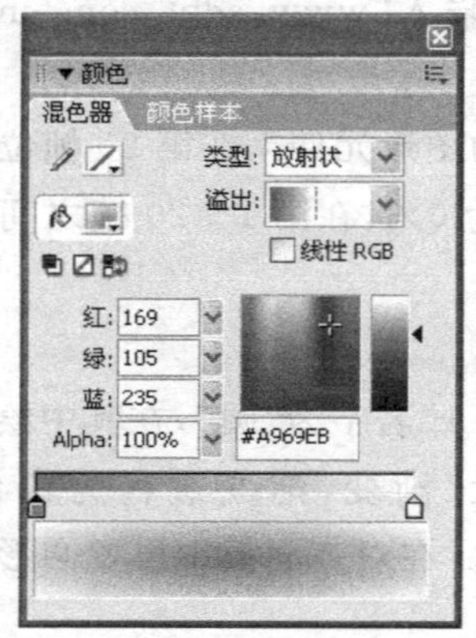

图 6-141　颜色面板设置

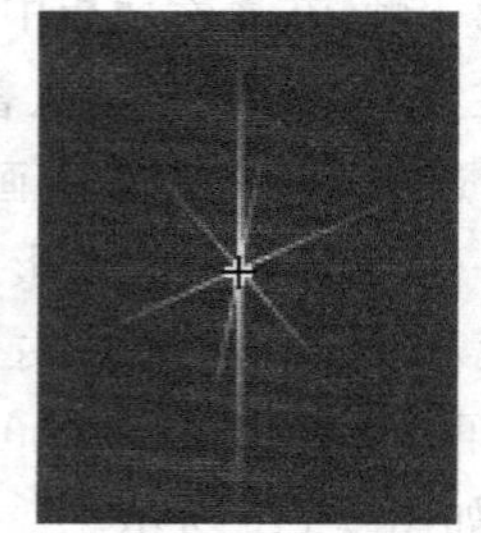

图 6-142　绘制星星图案

(4) 制作引导层动画

① 在“火花”影片剪辑中新建一个名为“抛物线 1”的图层，位于“圆”图层的下方，将库里面的“圆光”图形元件拖到舞台的中心位置，并将它的大小缩小为 5 像素左右。在第 36 帧位置插入关键帧，将“圆光”的大小稍微缩小，并将它的透明度降低为 0，在第 1～36 帧之间创建传统补间。

② 右击“抛物线 1”图层，选择【添加传统运动引导层】。这时将新建一个名为“引导层：抛物线 1”的图层，同时原来的“抛物线 1”图层自动成为被引导层。在“引导层：抛物线 1”图层中绘制一条如图 6-143 的抛物线。选中“抛物线 1”图层的第 1 帧，将“紧贴至对象”按钮按下，拖动“圆光”对象对齐到引导线的上部端点；选中“抛物线 1”图层的第 36 帧，拖动“圆光”对象对齐到引导线的下部端点。预览效果，可以看到“圆光”对象沿着引导线的轨迹运动了。

③ 用同样的方法，再创建 3 个引导层动画，其起始位置一致，但运动的轨迹略有差异，以模拟火花四散下落的动画效果，如图 6-144 所示。

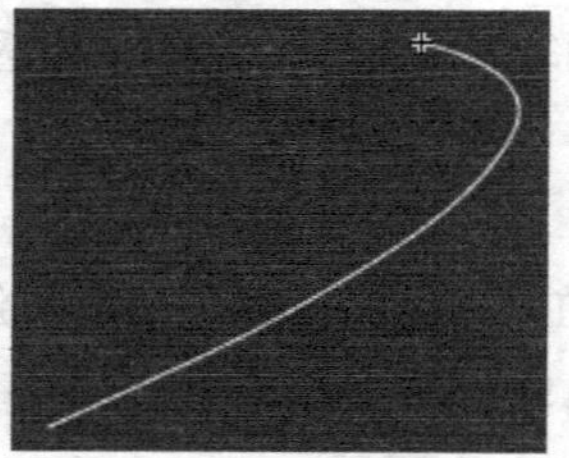

图 6-143　1 条运动轨迹

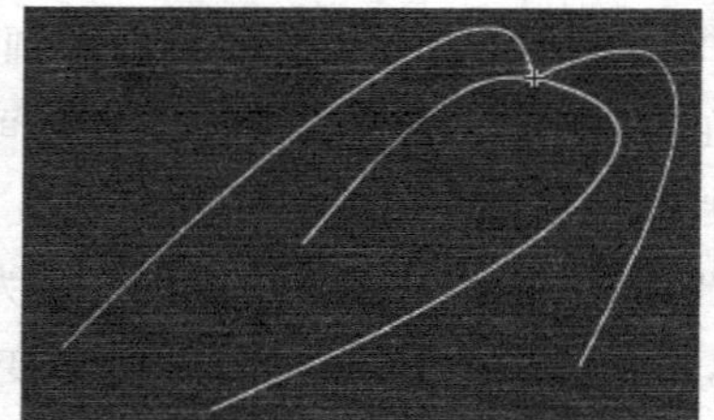

图 6-144　4 条运动轨迹

④ 在“火花”影片剪辑中新建一个名为“as”的图层，位于所有图层的上方。在第 45 帧位置插入空白关键帧。选中此帧按 F9 键打开动作面板，在其中输入动作命令“stop();”。此时“火花”影片剪辑的时间轴各层情况如下图 6-145 所示。

(5) 合成“眩光＋粒子”动画效果

① 在“场景 2”中新建图层，取名为“火花 1”。在第 23 帧位置插入关键帧。将库里面的“火花”影片剪辑拖到舞台上，调整位置，使其位于网址文字的第一个文字上面。在第 110 帧

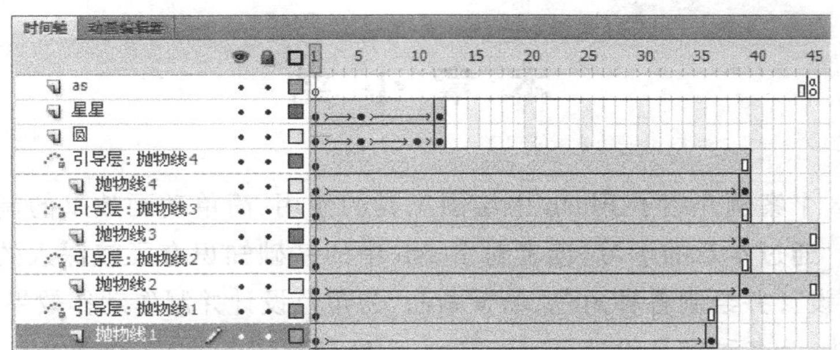

图 6-145　时间轴各图层情况

位置插入普通帧。

② 同样的方法新建 11 个图层，分别为“火花 2”到“火花 12”。每个火花相隔 2 帧出现，分别位于网址的不同文字上面，如图 6-146 所示。时间轴上各层的情况如图 6-147 所示。

图 6-146　每个文字上都放一个火花

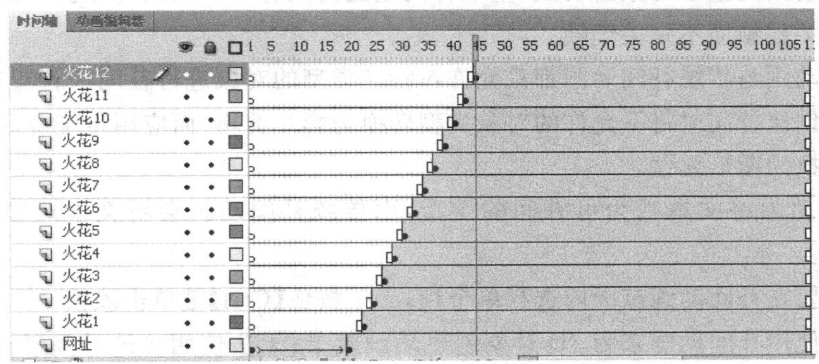

图 6-147　时间轴上各图层的情况

6.3.4　实训课堂

1. 为自己所在的学校或系或单位设计网站 Banner 动画。如果该学校和单位原来已有网站，注意色调和原网站的色调一致协调，大小和原来网站的 Banner 大小一样。

2. 选择一个产品为它设计 Flash 产品广告。要求要有一定的创意，能很好地突出产品的优点，看完广告后容易对产品产生好感。

本章小结

本章通过3个案例介绍了Flash中绘图工具的使用、简单动画效果的制作以及高级动画效果的制作。通过本章的学习,读者对Flash中的基础知识有了较深入的了解和较好的掌握,可以自行设计并绘制各种角色、场景画面,为角色设计并制作动作效果,为动画书写脚本并设计分镜头,为各种产品设计Flash广告,为网站制作各种Flash元素。

知识拓展——Flash动画设计与制作知识补充

在本章的3个案例中虽然已经涵盖了Flash动画设计与制作中的大部分知识点内容,但是仍有一部分未包括在案例中的知识,将在这一节中给大家做个简单介绍。

(1) 补间动画

补间动画是Flash中一种全新的动画类型。它是Flash新增功能的核心之一,大大简化了Flash动画的制作过程。补间动画是一种基于对象的动画,不再是作用于关键帧,而是作用于动画元件本身。

① 补间动画与传统补间动画的区别

- 补间动画是基于对象的动画,整个补间范围内只有一个动画对象。动画中使用的是属性关键帧而不是关键帧。
- 补间动画与传统补间动画都只允许对特定类型的对象进行补间。若应用补间动画,会在创建补间时将不允许的对象类型转换为影片剪辑,而应用传统补间会将这些对象转换为图形元件。
- 补间动画将文本视为可补间的类型,而传统补间动画会将文本对象转换为图形元件。
- 如果要在补间动画范围内选择单个帧,必须按住【Ctrl】键单击该帧
- 只能使用补间动画来为3D对象创建动画效果;无法使用传统补间动画为3D对象创建动画效果。

② 创建补间动画的方法。在时间轴上选中某帧,然后右击,选择【创建补间动画】,就可以为该帧中的对象创建补间动画。补间动画只能应用于元件实例和文本对象,并且要求同一图层中只能选择一个对象。如果同一图层中选中多个对象,将会把选中的多个对象转换为元件。

③ 编辑属性关键帧。选中补间动画中的某帧,就可以在舞台上通过各种工具或面板设置属性关键帧的各项属性,包括位置、大小、旋转、倾斜、颜色等。如图6-148所示,对补间动画中的两个属性关键帧进行了设置。

(2) 骨骼动画

骨骼动画也称为反向运动(IK)动画,是一种使用骨骼的关节结构对一个对象或彼此相

关的一组对象进行动画处理的方法。在 Flash 中创建的骨骼对象分为两种，一种是元件的实例对象，另一种是图形形状。首先使用【骨骼工具】在元件的实例对象或者形状上创建出对象的骨骼，然后移动其中的一个骨骼，与这个骨骼相连的其他骨骼也会移动。通过这些骨骼的移动即可创建出骨骼动画。使用骨骼进行动画处理时，只需指定对象的开始位置与结束位置即可，然后通过反向运动，即可轻松自然地创建出骨骼的运动。

图 6-149 为制作的袋鼠跳跃的骨骼动画。图 6-150 为第 1 帧属性关键帧状态，图 6-151 为第 10 帧属性关键帧状态，图 6-152 为第 20 帧属性关键帧状态。

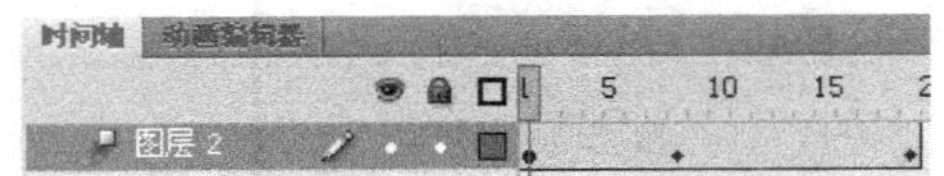

图 6-148　设置属性关键帧

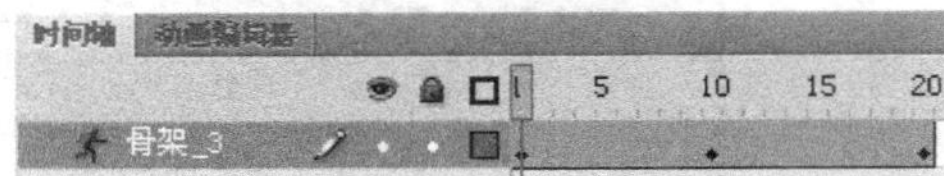

图 6-149　袋鼠跳跃骨骼动画

图 6-150　第 1 帧状态

图 6-151　第 10 帧状态

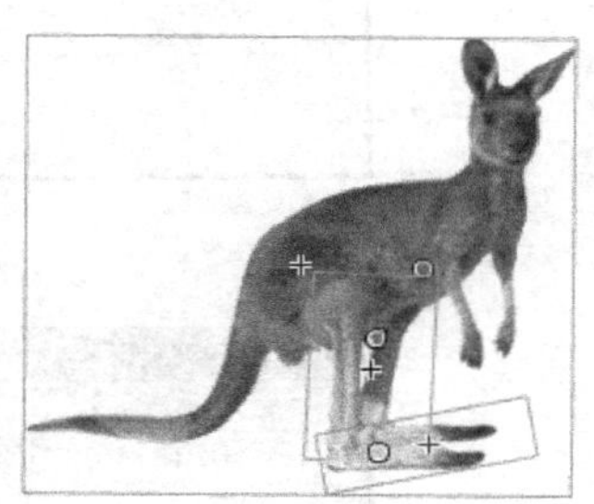

图 6-152　第 20 帧状态

(3) 按钮元件

按钮是一种特殊的元件类型，在动画中使用按钮元件可以实现动画与用户的交互。当创建一个按钮元件时，Flash 会创建一个拥有 4 帧的时间轴，分别为弹起、指针经过、按下和点击，如图 6-153 所示。其中，前 3 帧显示按钮在鼠标弹起、指针经过、按下时的 3 种状态，第 4 帧用于定义按钮的活动区域。实际上该时间轴并不播放，它只是对指针运动和动作做出的反应，跳到相应的帧。

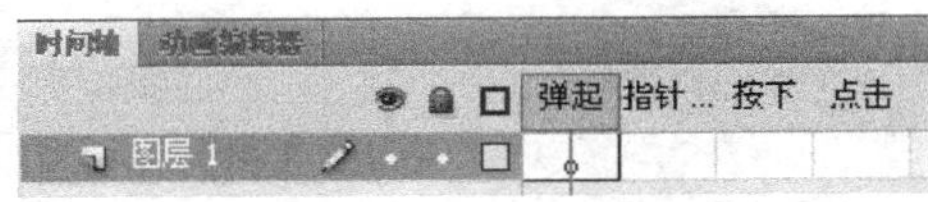

图 6-153　按钮元件的时间轴

(4) 在 Flash 中插入视频

① 导入链接视频。在 Flash 中有两种导入视频的方式：链接视频和嵌入视频。链接视频在播放时从外部以流式加载的方式下载，适用于文件较大的视频。

执行【文件】|【导入】|【导入视频】，可以打开【导入视频】窗口，单击【浏览】按钮选择要导入的视频文件，选中“使用回放组件加载外部视频”，如图 6-154 所示。接下来选择播放控制器的外观，就完成链接视频的导入了，如图 6-155 所示。

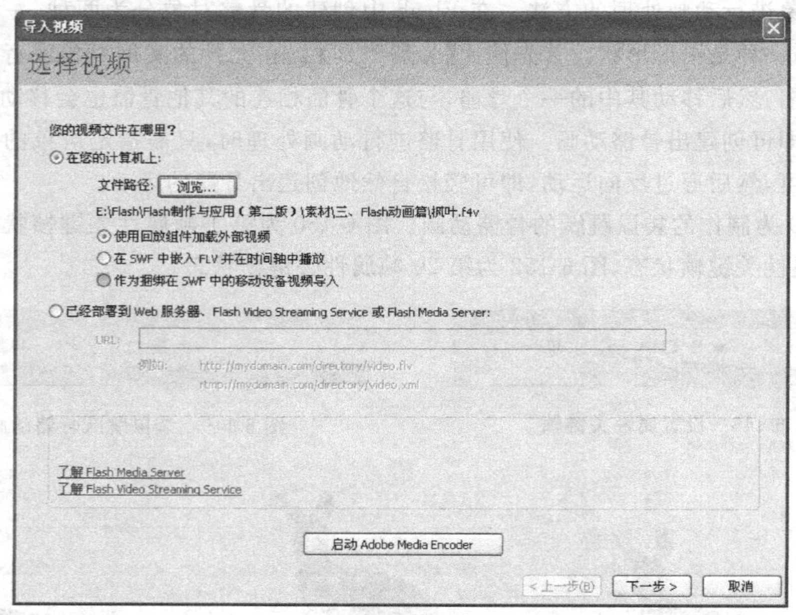

图 6-154　导入链接视频

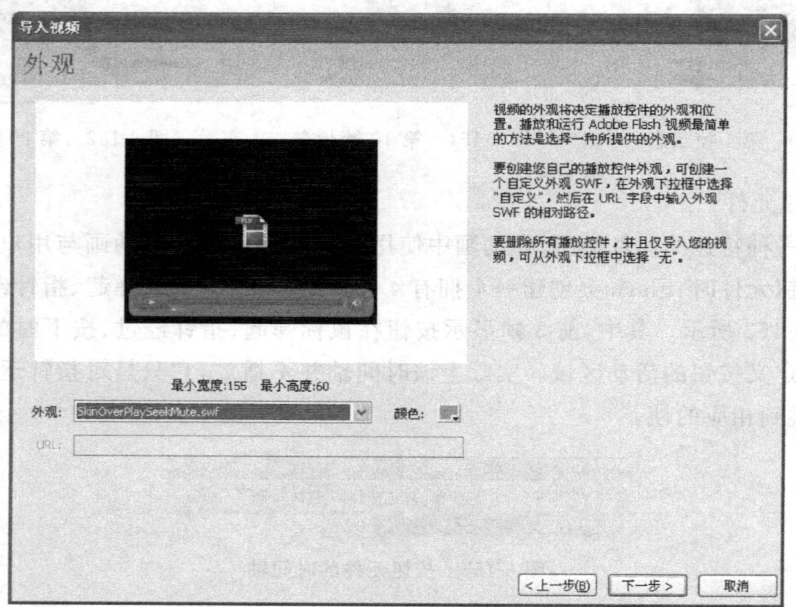

图 6-155　选择播放控制器外观

② 导入嵌入视频。嵌入视频将会完全嵌入到 Flash 文件中，不需要单独的外部视频文件。视频中的每一帧与时间轴上的帧对应，可以通过时间轴的控制函数来控制视频的播放，适用于文件较小的视频。图 6-156 所示为导入嵌入视频的方法，在导入视频窗口中选中“在 SWF 中嵌入 FLV 并在时间轴中播放”。

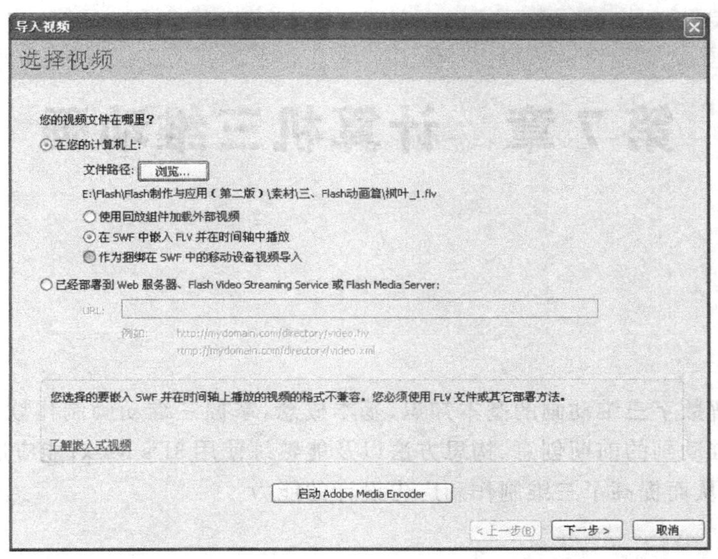

图 6-156　导入嵌入视频

思考与练习

1. 制作 Flash 动画的基本流程是什么?

2. 使用元件有什么好处? Flash 中有几类元件? 分析它们各自的特点、制作步骤及应用场所?

3. 遮罩动画中两个图层各有什么特点,在其上面能放置哪些对象?

4. 根据图 6-157 所示的青蛙侧面图,分别绘制出青蛙的正面图和背面图。

图 6-157　青蛙侧面图

5. 根据图 6-157 所示的青蛙侧面图,制作一组青蛙走路的动画。

6. 选择一首自己喜欢的歌曲,制作一部 Flash MV。要求有一定的创意,做到词曲同步。

第 7 章　计算机三维动画

学习目标

让读者了解数字三维动画的基本知识、基本概念，掌握三维动画制作软件 3Ds Max；通过学习培养三维动画的前期创意、构思方法以及能熟练使用 3Ds Max；能应用三维制作软件制作广告片头，从而提高了三维制作和广告设计的能力。

学习内容

① 了解三维制作的基本知识；

② 熟悉三维广告制作的主要流程；

③ 掌握三维制作软件 3Ds Max 的应用；

④ 熟悉使用 3Ds Max 软件进行商业广告制作的基本方法。

教学目标	主要描述	学生自测
能力目标	能独立完成基本的三维动画制作；独立完成基本的商业广告的设计和制作	能利用三维制作软件 3Ds Max 设计和制作各种广告
知识目标	掌握 3Ds Max 中文字工具、修改器、动画时间轴的应用	了解商业广告制作的基本流程，对商业广告制作有初步的认识
教学重点	使用曲线编辑器制作三维动画	能根据设计制作各种三维动画
教学难点	曲线编辑器的应用	能使用曲线编辑器制作所需的三维动画

7.1　基本动画——弹弹球的制作

在 3Ds Max 中，一个物体的参数变化、位置的变换，包括编辑修改器参数的变化等都可以轻松地被记录成动画。下面将制作一个球体变换的动画，完成后的动画效果以线框连续帧显示的方式提供给观众，这样在制作的过程中可以参照效果图进行制作和调试。效果图如图 7-1 所示。

图 7-1　效果图

1. 案例分析

本案例将通过 4 个阶段来制作一个完整的弹弹球动画。通过本案例的制作，读者可以快速掌握基本动画的制作流程。具体来说，完成弹弹球的制作，可以分成 4 个任务来完成。

任务 1：创建动画。

任务 2：修改动画运动范围。

任务 3：设置动画变形。

任务 4：灯光和材质动画制作。

2. 相关知识点

(1) 什么是三维动画

三维动画作为近年来新兴的计算机艺术，发展势头非常迅猛，已经在许多行业中得到了广泛的应用。三维动画的创作由于极具挑战性与趣味性，在造就大量的三维动画制作人员的同时，也吸引了越来越多的爱好者，成为计算机艺术与应用的一道新的风景线。

所谓三维动画，就是利用计算机进行动画的设计与创作，产生真实的立体场景与动画。与传统的二维手工制作的动画相比，计算机第一次真正地使三维动画成为可能，极大地提高了工作效率，增强了动画制作效果。利用计算机进行三维动画的创作不仅使动画制作摆脱了传统的手工劳动的烦琐，把人真正地解放出来，也使动画制作跨入一个全新的时代。

根据人的视觉暂留原理，如果许多动作连贯的单张图像以至少每秒 12 张的速度播放，观看者就认为这些图像是连续、活动的。一般来说，传统的手工动画制作要完成一分钟的动画制作，就需要手工绘制 720 张以上的图片。尽管其中也有制作技巧可以节省部分工作量，但是制作过程还是相当烦琐的，一般人根本无法参与这样的动画制作活动。但是借助于一台普通的计算机，就可以使每个人都能拥有属于自己的个人动画“工作室”、使每个人都能享受到自己动手制作动画的乐趣；同时使每个人都有了充分展示自己的才华、进行创造性劳动的机会。因此，计算机动画制作受到了广泛的欢迎。图 7-2 所示即是使用著名的三维动画制作软件 3Ds Max 创造出的恐龙动画中的一幅画面，场景非常逼真。

图 7-2 计算机三维动画中的一幅画面

(2) 计算机三维动画应用领域

目前三维动画在众多领域得到了应用。根据国内外的实际情况，三维动画主要应用在以下方面。

① 影视广告制作。在国内，计算机三维动画目前广泛应用于影视广告制作行业。不论是科幻影片、电视片头，还是行业广告，都可以看到三维动画的踪影。可能大家对“失落的世界”等世界巨片中恐龙狂奔的镜头还记忆犹新。如果没有借助计算机，使早已从地球上灭绝的恐龙栩栩如生地出现在电影镜头上几乎是不可能的。各个电视台的片头大多可以看到计算机三维动画的踪迹。制作软件多为 XSI 和一些非编软件等。

② 建筑效果图制作。这是目前国内的一个相当巨大的产业，提供了很多的工作机会，例如室内装潢效果图的制作，在进行投资很大的装潢施工之前，为了避免浪费，可以通过三维软件进行模拟并做出多角度的照片级效果图，以观察装潢后的效果。如果效果不满意，可以改变为其他施工方案，从而节约时间与金钱。制作软件多为 3Ds VIZ 或 Lightscape 等软件。不过由于种种限制(主要是目前计算机的运算速度)，本行业目前一般只提供计算机渲染出来的静态图片以供参考，相信不久的将来，照片式效果图将会被三维漫游动画录像所

替代。

③ 计算机游戏制作。这在国外比较盛行，有很多著名的计算机游戏中的三维场景与角色就是利用一些三维软件制作而成的。例如，网络上非常热门的即时战略游戏"魔兽争霸"，就是利用著名的三维动画制作软件 3Ds Max 来完成人物角色的设计、三维场景的制作。如图 7-3 所示为"魔兽争霸"游戏 Demo 中的一个画面。

图 7-3 利用三维动画软件进行计算机游戏的辅助制作

④ 其他方面。三维动画在其他很多方面同样得到了应用。例如在国防军事方面，用三维动画来模拟火箭的发射，进行飞行模拟训练等非常直观有效，节省资金。在工业制造、医疗卫生、法律(例如事故分析)、娱乐、教育等方面同样得到了一定的应用。

(3) 初识 3Ds Max

三维动画制作软件为数不少，各有所长。目前三维制作软件界公认的三大软件分别是 3Ds Max、XSI 与 Maya。下面具体介绍 3Ds Max。

3D Studio Max(简称 3Ds Max)是 Autodesk 公司设计的三维动画制作软件。它是以 DOS 操作系统下的 3D Studio 为基础，重新设计后在 Windows XP 或更高级的系统平台下运行的三维动画软件。它具有极其强大的功能，制作的三维动画效果完全可以和在图形工作站上的三维动画软件制作的效果相媲美。在当今的社会中，三维动画设计制作技术的应用相当广泛，在影视媒体、广告设计、建筑装饰、工业制图等行业中都不乏三维设计。因此，掌握这门技术对于从事这些行业的工作者来说是非常重要的。在众多的三维动画设计软件中，3D Studio Max 虽然在功能和适用范围上较 Maya 或 Softimage 有一些差别，但 3Ds Max 也有其自己的长处。不仅在软件价格方面可以让用户承受，在使用方面它更较其他的软件容易掌握，适合于大众使用。

3Ds Max 主要拥有以下特色。

① 提供了强大的建模功能。具有各种方便、快捷、高效的建模方式与工具，提供了多边形建模、放样、表面建模工具、NURBS 等方便有效的建模手段。使模型的创建工作变得轻松有趣。

② 易学易用，操作更加简便。非常具有个性的工作界面随意定制，各种工具也方便易用。

③ 特殊效果与强大的渲染能力。增加了若干新功能，用来增强渲染质量与提高渲染速度，例如新增 Active Shade 渲染方式提高了创作的交互性与可视性。

④ 角色动画制作能力有了较大提高。例如跟软件配套的外挂插件"Character Studio"(角色动画工作室)的功能得到极大的增强，加上新设计的骨骼系统与其他特色，使人物角色动画的创建变得更加方便、直观与高效。

(4) 3Ds Max 界面布局

3Ds Max 是在 Windows 操作系统下运行的软件，它的操作界面具有一般窗口式软件的特征。运行 3Ds Max 程序后，计算机屏幕上就会出现窗口式的工作界面，如图 7-4 所示。

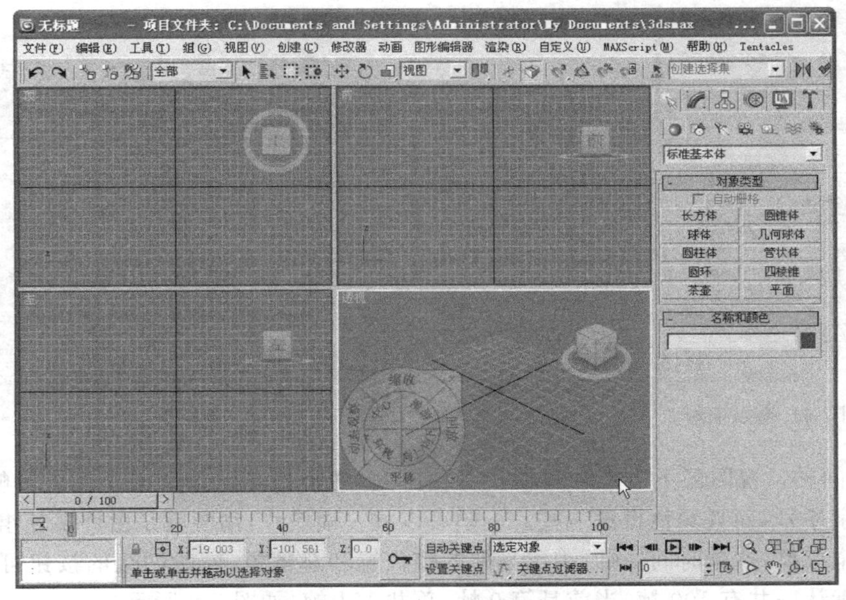

图 7-4　3Ds Max 的操作界面

由图中可以看出，3Ds Max 的操作界面大致可分为：标题栏、菜单栏、工具栏、视图显示区、命令面板、状态栏、提示栏、捕捉控制区和视图控制区。除了主界面上显示的菜单栏外，在制作动画时，我们还可以使用其他的快捷面板或工具栏。另外，在制作场景中的对象或某些功能按钮上右击，会弹出与该项目编辑状态有关的快捷菜单。下面我们来学习它们。

① 3Ds Max 快速菜单栏。启动 3Ds Max 后会出现一个窗口，物体制作就在这个窗口中。窗口的最上面是蓝色的标题栏，保存后文件名称会出现在最左边，在【保存】文件时要改成一个有意义的文件名称。标题栏下面是菜单栏，菜单是一组命令，菜单栏下面是工具栏，工具栏中放的是最常用的菜单命令，而且是用图标来表示的，便于形象记忆，如图 7-5 所示。

图 7-5　快速菜单栏

② 命令面板。工具栏下面就是工作区了，在工作区的右边是命令面板，上面有六个标签，第一个是【创建】基本形体，第二个是修改标签，可以对基本形体进行名称、大小、颜色的设定，如图 7-6 所示。

③ 视图区。在命令面板旁边的视图区分成了四块，分别是顶视图、前视图、左视图和透视图，其中镶着黄边的是当前活动视图。每个视图代表着从一个方向所看到物体的面，其中透视图是立体的状态图，其他三个只看到物体的一个平面。注意物体有六个面：前面(正面)、后面、左面、右面、上面和下面。正常的物体如果前后错误，物体就是反的了；上下错误，物体就是倒的了，就像挂在墙上的画。有的物体既可以平放，也可以竖着放，还可以侧着放，就像砖块；有的物体则只能竖着放，而不能倒过来，像水杯子、饭碗等，如图 7-7 所示。

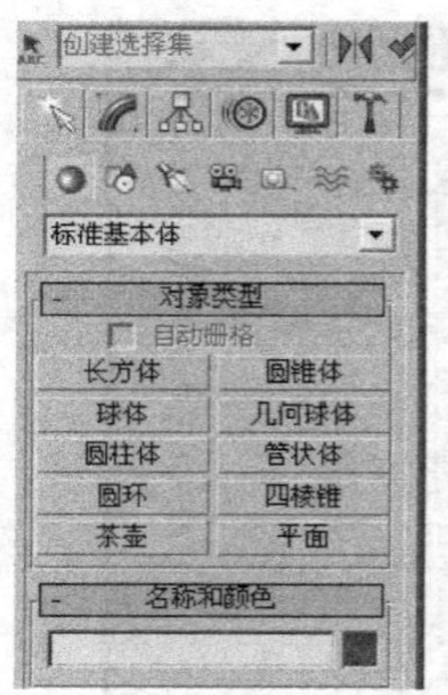

图 7-6 命令面板

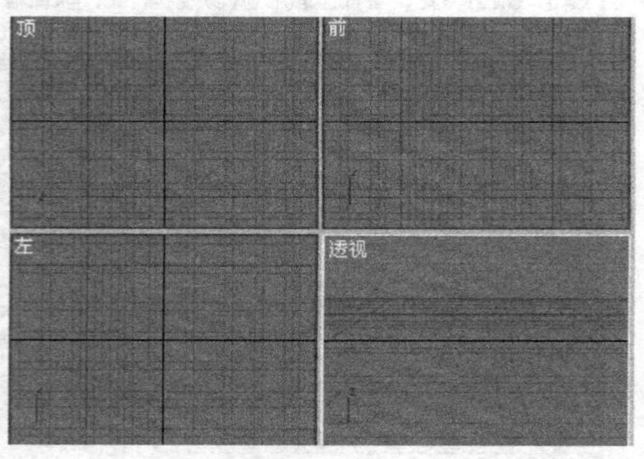

图 7-7 视图区

④ 时间轴。视图区下边是时间轴，上面有许多的小格子。每个格子代表一帧，整数的帧上有数字序号，而且颜色也深一些。一帧可以放一幅图片，动画就是由许多帧组成的。帧上面有一个标尺，这是时间指针，表示当前的帧位置和总帧数，同时两边的按钮可以单步移动指针。默认一共有 100 帧，当前是第 0 帧，总共 101 帧，如图 7-8 所示。

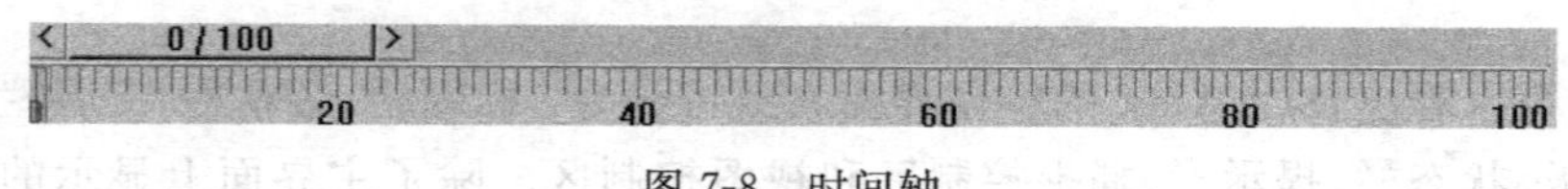

图 7-8 时间轴

⑤ 状态栏。窗口的最下方是状态栏。状态栏中间有一个坐标区，可以指示物体的当前位置。在 3Ds Max 中，一个物体由三个坐标轴确定，X 是横坐标、Y 是纵坐标、Z 是垂直坐标，也就是所谓的三维空间坐标或立体坐标。在平面视图中只能看到两个方向(不是坐标)。在右下角是视图控制区，有八个按钮，可以缩放、移动、旋转和全屏切换视图，以便于我们仔细观察物体的各个面，如图 7-9 和图 7-10 所示。

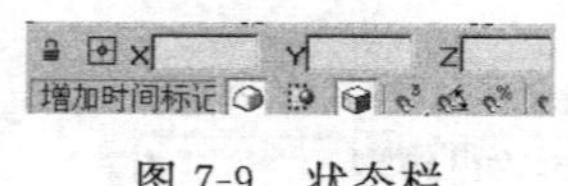

图 7-9 状态栏

图 7-10 状态栏视图控制区

7.1.1 创建动画

1. 任务分析

本节主要介绍在 3Ds Max 中如何创建动画，主要动画配置窗口和动画时间轴的设置。

2. 解决方案和步骤

下面将介绍使用 3Ds Max 创建动画的具体操作步骤。

(1) 打开网上下载的本书的素材文件 chapter07\弹弹球的制作文件夹中的 Animation-Ball1. max 文件，如图 7-11 所示。

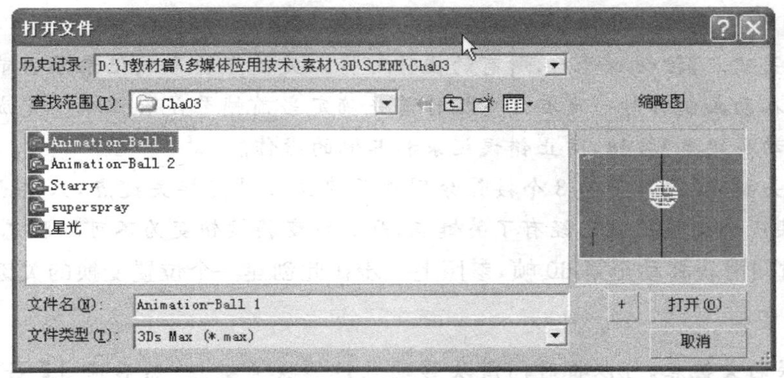

图 7-11 打开素材文件

(2) 单击动画控制工具中的时间配置按钮打开时间设置对话框,在"动画"参数区将【结束时间】设置为90,最后按下【确定】按钮,如图7-12所示。

小知识

【长度】参数用于设置动画的长度,它由【开始/结束时间】设置得出结果,直接更改它的值也会影响【结束时间】的数值。

(3) 将时间滑块移动至第90帧,按下【自动关键点】按钮使其呈红色显示。使用工具行中的工具在"顶视图"中选择球体,并沿X轴向右移动其到立方体右边缘位置,如图7-13所示。

(4) 完成动画制作后,关闭【自动关键点】动画记录按钮。将时间滑块移动至第30帧,单击按钮进入【动画】命令面板,在【PRS参数】卷展栏下的【创建关键点】按下【位置】按钮。在第30帧处创建一个关键点,如图7-14所示。

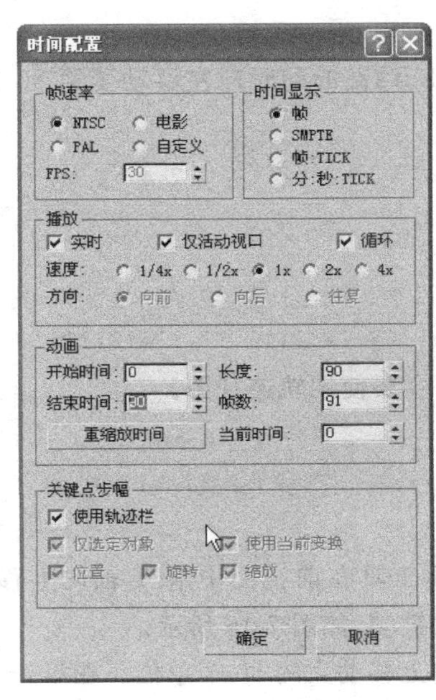

图 7-12 配置时间参数

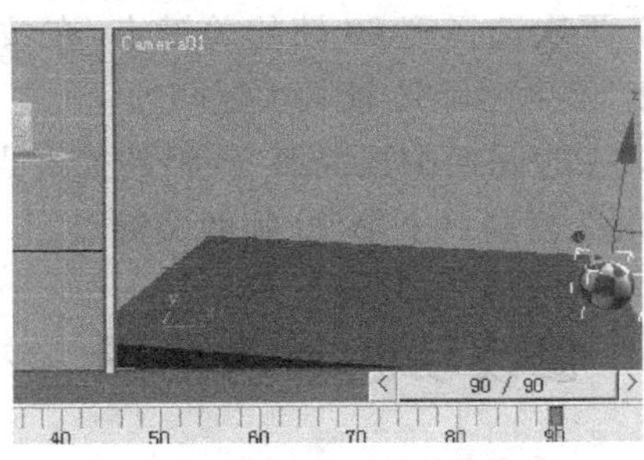

图 7-13 设置时间轴第90帧时的状态

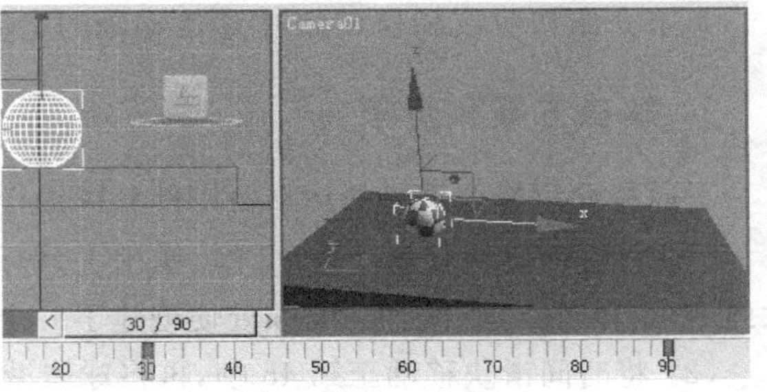

图 7-14 设置时间轴第30帧时的状态

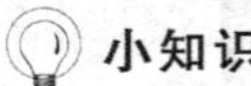

当【自动关键点】按钮打开后，所有的操作都将以关键点的形式记录于当前帧的轨迹数据中。所以，在动画制作时一定要注意操作前先确定当前帧号是否正确。完成动画制作后应立即关闭【动画记录】按钮，防止错误记录和其他的操作。

在“创建关键点”项目下的3个按钮分别用于建立3种变换关键点，只要点击即可。如果当前帧的某一个变换项目已经有了关键点，那么该变换按钮变为不可取状态。

(5) 将时间滑块移动至第60帧，参照上一步在此创建一个位置变换的关键点。

小知识

建立错误的关键点，可以将时间滑块移动至该错误关键点，然后通过【RPS参数】卷展栏下右侧【删除关键点】下的3个按钮来进行删除。

(6) 在屏幕底部的时间栏中选择第0帧的关键点，在按住【Shift】键的同时向右移动该关键点至第5帧。这样在第5帧便复制了一个关键点，如图7-15所示。

图7-15 设置时间轴第0帧时的状态

(7) 在时间栏中选择第30帧的关键点，在按住【Shift】键的同时向左移动至第25帧。在第25帧处复制一个第30帧的关键点。

(8) 再次选择第30帧的关键点，在按住【Shift】键的同时向右移动至第35帧。在第35帧处复制一个第30帧的关键点。

(9) 在时间栏中选择第60帧的关键点，在按住【Shift】键的同时向左移动至第55帧。在第55帧处复制一个第60帧的关键点。

(10) 再次选择第60帧的关键点，在按住【Shift】键的同时向右移动至第65帧。在第65帧处复制一个第60帧的关键点。

(11) 在时间栏中选择第90帧的关键点，在按住【Shift】键的同时向左移动至第85帧。在第85帧处复制一个第90帧的关键点。

7.1.2 修改动画运动范围

1. 任务分析

本节介绍如何在3Ds Max中修改动画的运动范围，主要使用轨迹视图。

2. 解决方案和步骤

下面将介绍修改动画的运动范围的具体操作步骤。

(1) 将时间滑块移动至第15帧，使用工具行中的✥工具在前视图中沿Y轴向上移动大约80个单位。这样在第15帧处便创建了一个位移关键帧，如图7-16所示。

(2) 将时间滑块移动至第45帧，再将球体沿Y轴向上移动大约80个单位。在第45帧处创建位移关键帧，如图7-17所示。

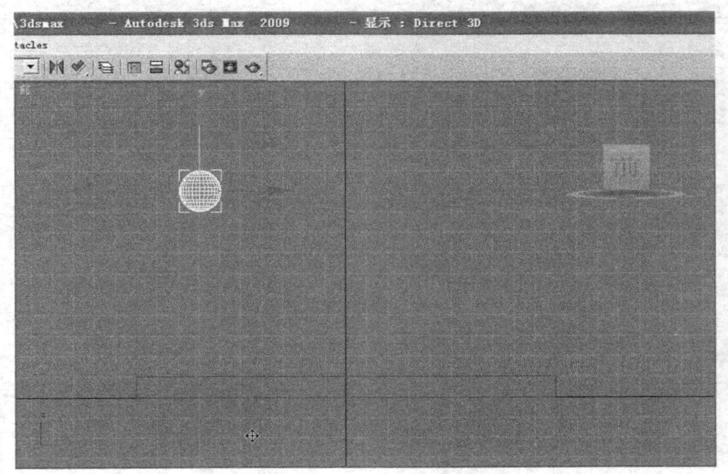

图 7-16　移动对象图

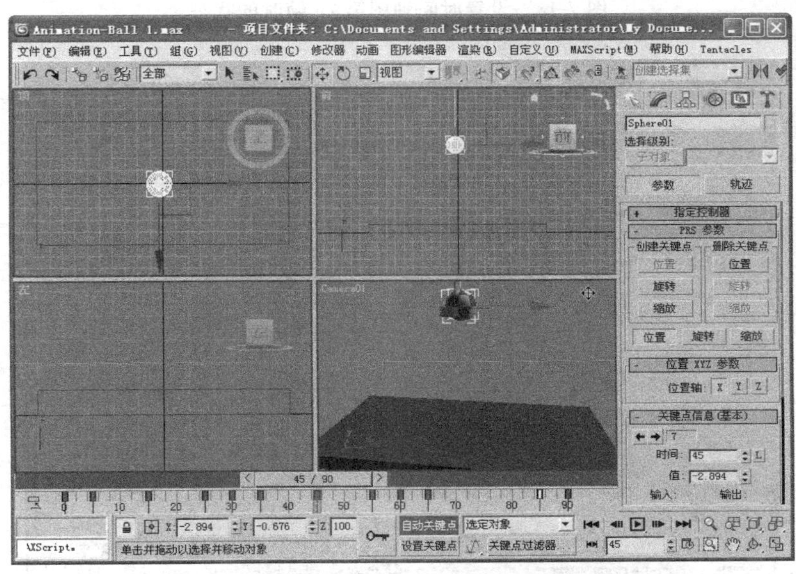

图 7-17　设置时间轴第 45 帧时的状态

小知识

如果选择物体在某一帧处进行变换操作，并在操作的同时打开【自动关键点】按钮，这时在这一帧处就会产生一个变换关键点。这是创建变换关键点的常用方法。

(3) 最后，将时间滑块移动至第 75 帧，再将球体沿 Y 轴向上移动大约 80 个单位。在第 75 帧处创建位移关键帧，如图 7-18 所示。

(4) 关闭【自动关键点】按钮。按下动画控制工具中的按钮，播放动画，可以看到球体跳跃的平滑过渡动画，如图 7-19 所示。

小知识

打开了【视图】|【显示重影】菜单命令。在制作动画时，重影设置会在它变动时留下一串

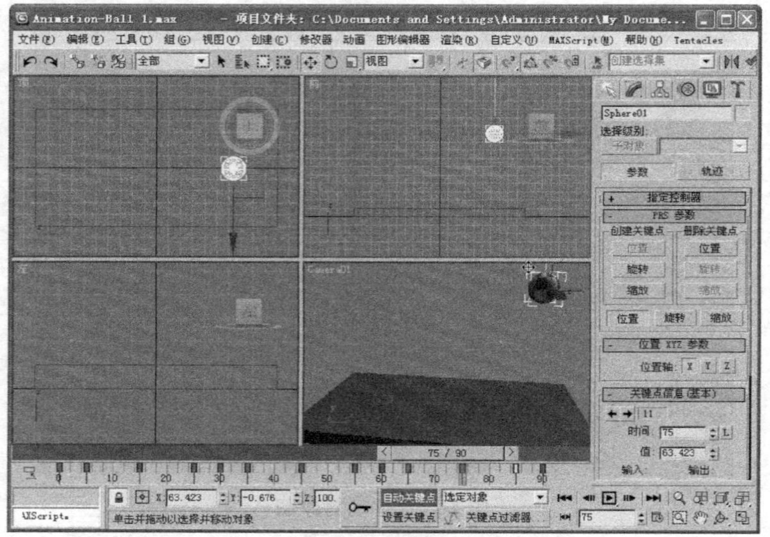

图 7-18 设置时间轴图第 75 帧时的状态

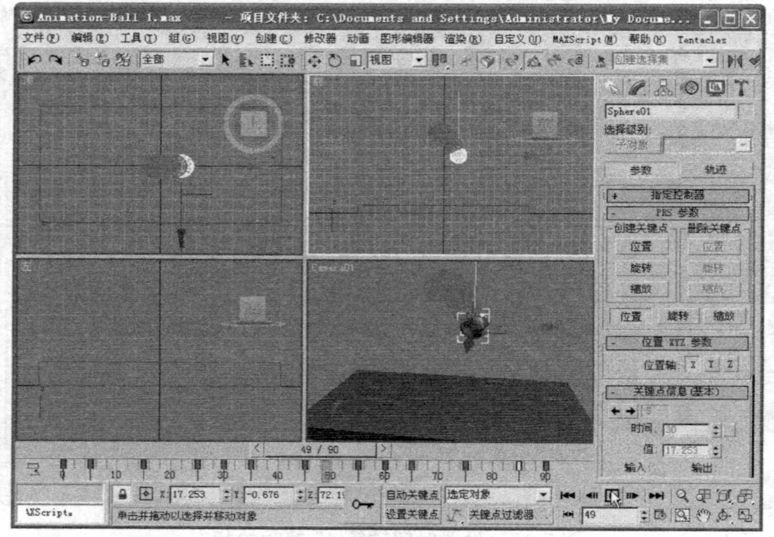

图 7-19 播放动画

连续的幻影，这样便于动画的调整，可以在一帧中同时看到前帧和后帧的动画效果。再次选择该菜单命令将其关闭。

(5) 按下工具行中的按钮打开轨迹视图，如图 7-20 所示。

(6) 在【变换】项目下选择【位置】，在轨迹视图工具行中选择【控制器】|【指定】菜单命令，在弹出的对话框中选择【位置 XYZ】控制器并按下【确定】按钮确认，如图 7-21 所示。

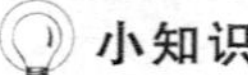

小知识

轨迹视图通过工具栏中的按钮来显示，也可以通过【图形编辑器】|【轨迹视图】菜单命令来打开，轨迹视图可以以【曲线编辑器】和【摄影表】两种不同的模式显示关键帧的内容。

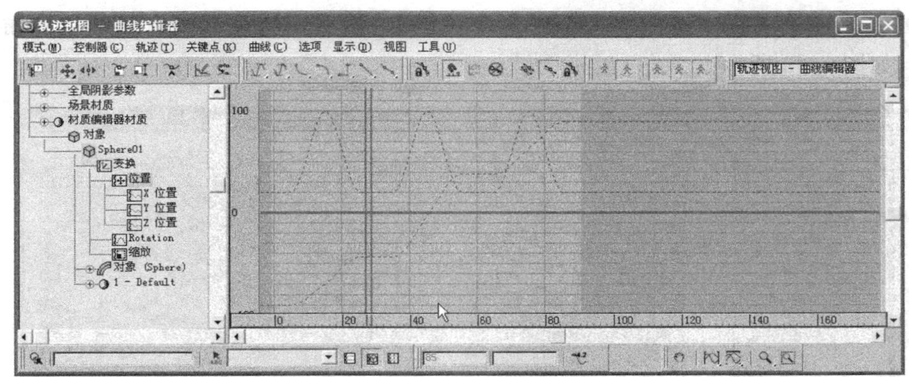
图 7-20 打开轨迹视图

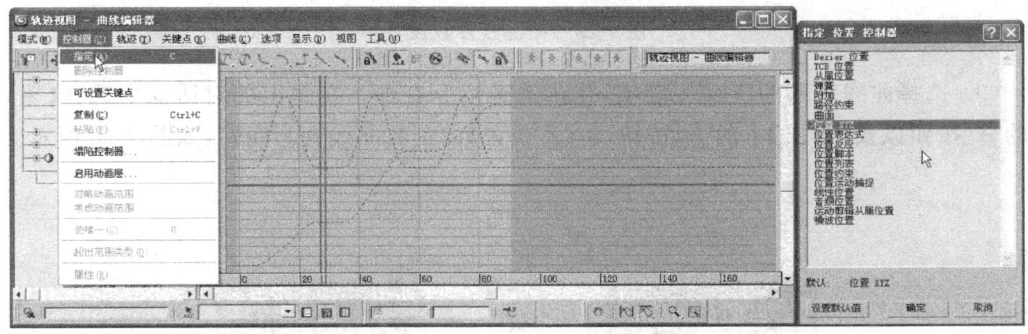
图 7-21 设置轨迹视图参数

其中【曲线编辑器】模式可以让动画以函数曲线的方式显示。轨迹视图可以显示与每个对象相连的动画参数，是动画创作的重要窗口。轨迹视图不仅可以灵活地编辑动作，还可以直接创建动作，对动作的发生时间、持续时间、运动状态都可以轻松自如地进行调节。在屏幕左下方选择按钮，同样可以打开轨迹视图。【位置 XYZ】控制器将【位置】控制项目分离为X、Y、Z 这 3 个独立的控制项目，可以单独为每一个指定其他的控制器。

(7) 单击【位置】下方的【Z 位置】选项，轨迹视图中便显示出该项目的位移变换函数曲线，如图 7-22 所示。

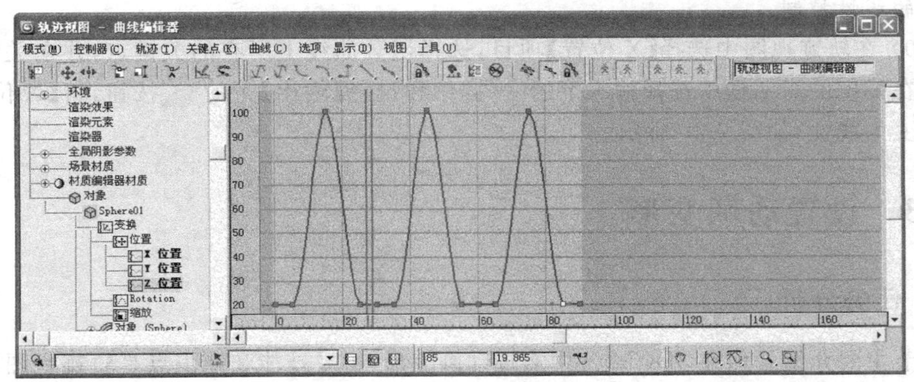
图 7-22 变换函数曲线

(8) 在轨迹视图框中选曲线上部的3个关键点，然后在轨迹视图右侧的空白输入框中输入80，如图7-23所示。

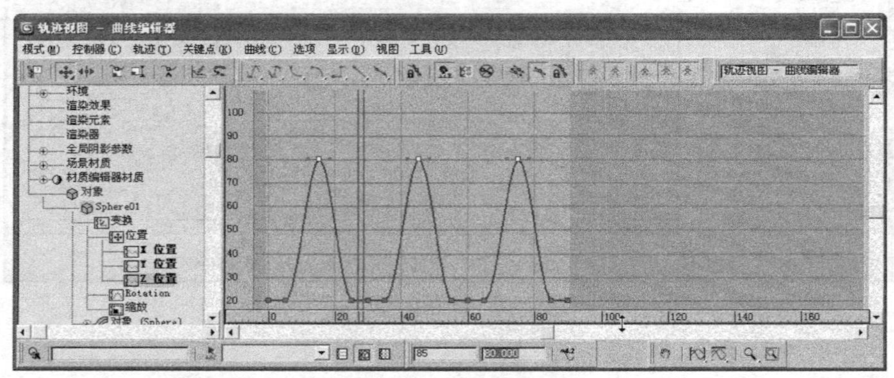

图 7-23 关键点参数设置

(9) 选择曲线底部的所有关键帧，并在关键帧上右击。在弹出的对话框中选择【输入】下的按钮以及【输出】下的按钮，将【Z 位置】的函数曲线变为线性，如图7-24所示。

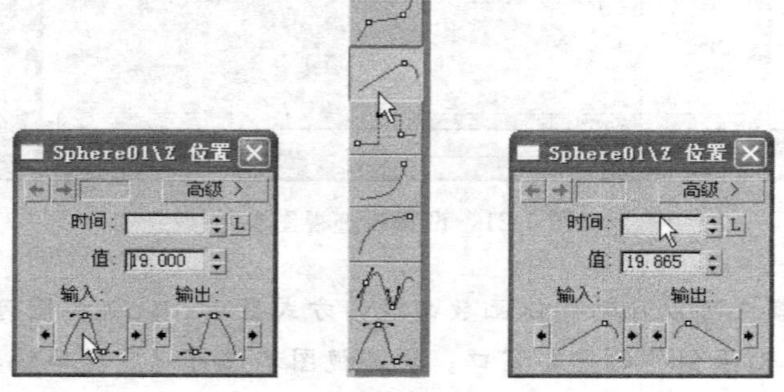

图 7-24 设置曲线底部关键帧

小知识

线性控制分为左右两种形态，一种决定左侧曲线为直线，一种决定右侧曲线为直线。如果要使两个关键点之间的曲线为直线，而两侧为曲线，对它们分别在【输入】和【输出】使用两种方向的线性控制。

(10) 在轨迹视图中选择【X 位置】项目，选择函数曲线上所有的关键点，并在关键点上右击。在弹出的对话框中选择输入下的按钮和选择【输出】下的按钮，将【X 位置】函数曲线变为线性，如图7-25所示。

7.1.3 设置动画变形

1. 任务分析

本节主要介绍如何在3Ds Max中实现动画变形，主要技能和知识点是轨迹视图和变形工具的综合应用。

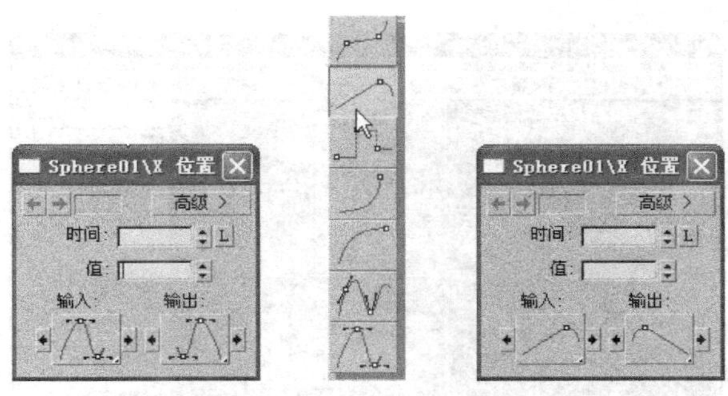

图 7-25 将X位置函数曲线变为线性

2. 解决方案和步骤

下面将介绍设置动画变形的具体操作步骤。

(1) 关闭【轨迹视图】。将动画时间滑块拖至0帧位置处,选择 |【修改列表】|【拉伸】编辑修改器。如图7-26(a)所示。在编辑修改器堆栈中将当前选择集定义为“中心”,使用工具行中 工具在“左视图”中将其移动至球体的成端,如图7-26(b)所示。定义当前选择集为“gizmo”,使用工具行中的 工具在左视图中将场景的黄色线框缩放至170%,如图7-26(c)所示。

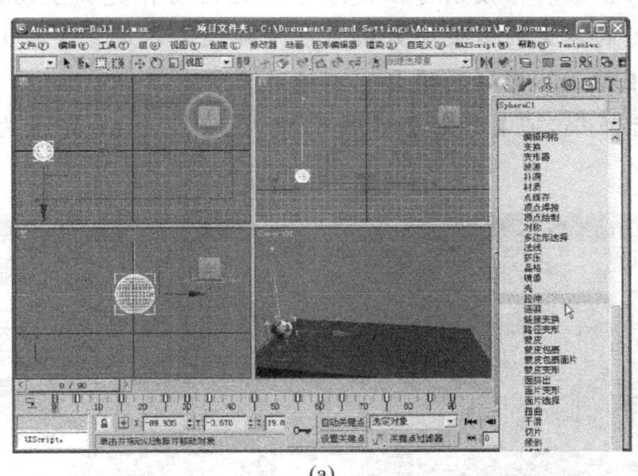

(a)

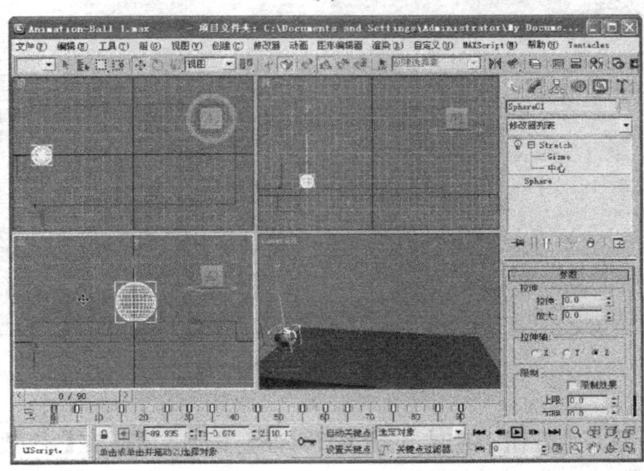

(b)

图 7-26 设置拉伸值

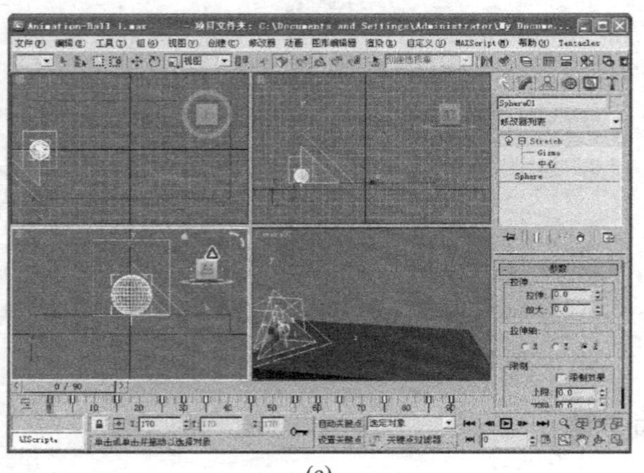

(c)

图 7-26 （续）

小知识

【拉伸】编辑修改器可以沿指定轴向拉伸或挤压物体，在保持体积不变的前提下改变物体的形态，在此处加入该编辑修改器可以使球体弹跳的动作更加生动。当使用编辑修改器的界限时，编辑修改器的最大或者最小效果可能不强或者不足。要扩大编辑修改器的效果，需要对“gizmo”执行相对于其中心的均匀比例缩放。

(2) 关闭当前选择集，在【参数】卷展栏中将拉伸参数设置为“-0.6”，如图 7-27 所示。

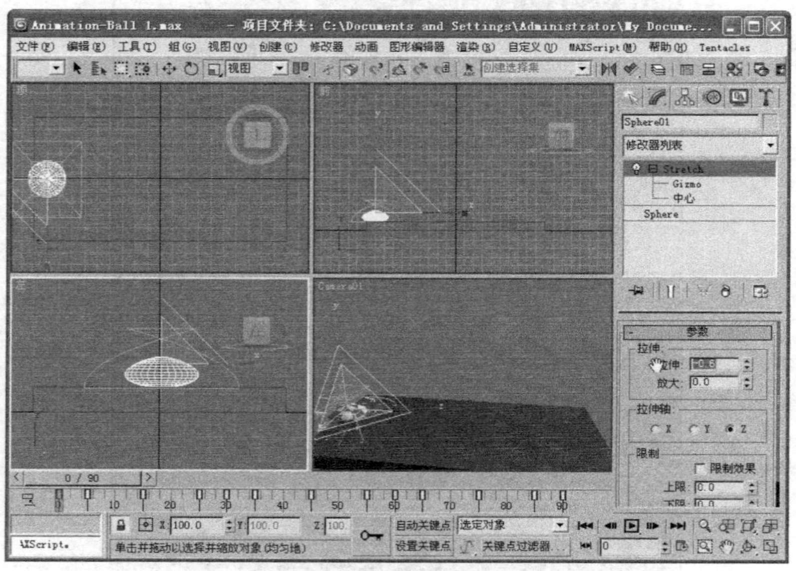

图 7-27 设置拉伸参数

(3) 打开【自动关键点】按钮，将时间滑块移动至第 15 帧，在【参数】卷展栏中将拉伸值设置为“1.0”，如图 7-28 所示。

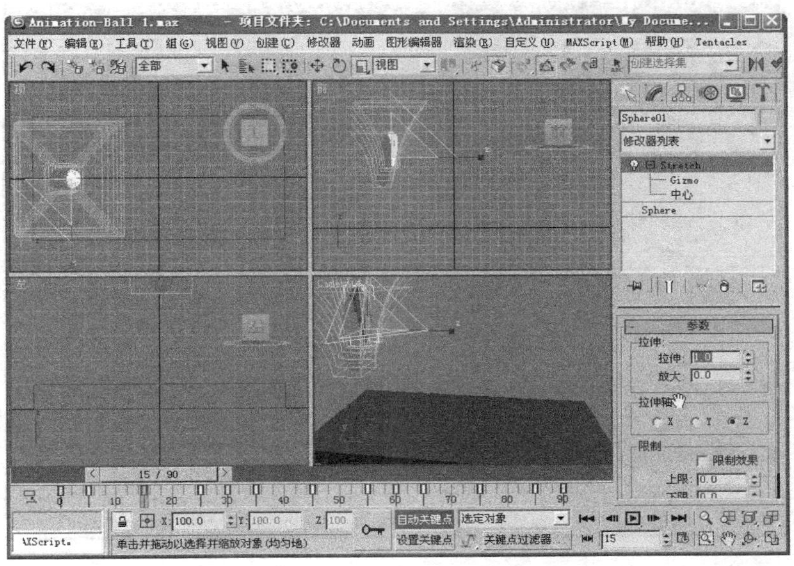

图 7-28 设置第 15 帧拉伸数值

提示：球体在第 0 帧时，球体压，就像人的跳跃时产生蹲下预备姿势一样。

(4) 将时间滑块移动至第 30 帧，然后在【参数】卷展栏中将拉伸设置为“－0.6”，如图 7-29 所示。

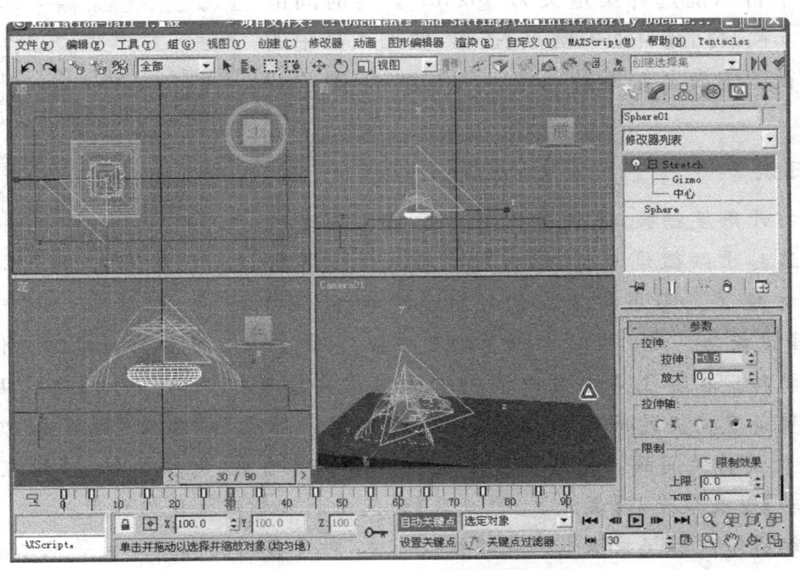

图 7-29 设置时间轴第 30 帧参数

(5) 参照上面介绍的方法和图示将时间滑块移动至第 45 帧，在【参数】卷展栏中将拉伸值设置为“1.0”；将时间滑块移动至第 60 帧，在【参数】卷展栏中将拉伸值设置为“－0.6”；将时间滑块移动至第 75 帧，在【参数】卷展栏中将拉伸值设置为“1.0”；将时间滑块移动至第 90 帧，在【参数】卷展栏中将拉伸值设置为“－0.6”，如图 7-30 所示。

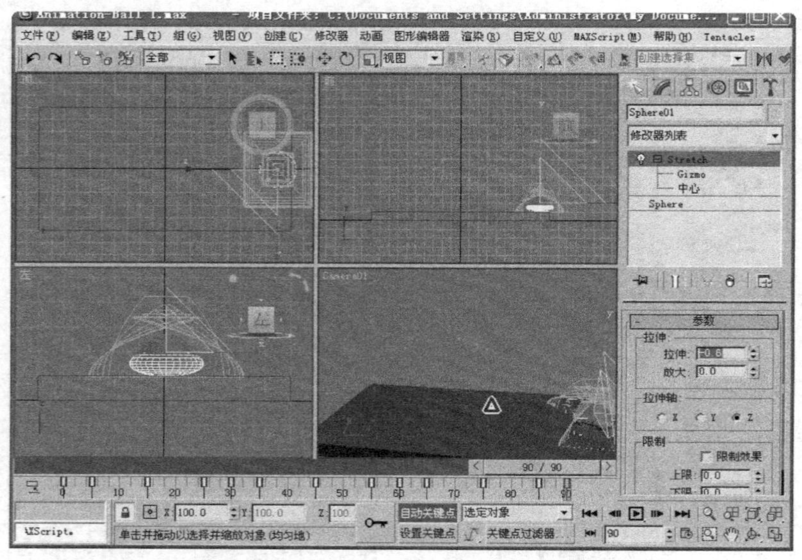

图 7-30　设置时间轴第 60 帧和第 70 帧参数

(6) 按下控制按钮。在该按钮上右击，在弹出的对话框中将角度值设置为“20.0”，然后关闭该对话框，如图 7-31 所示。

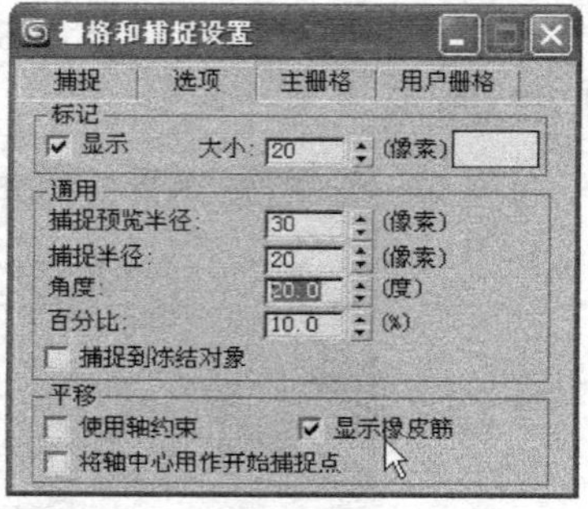

图 7-31　设置角度值

(7) 选择【修改列表】|【变换】编辑修改器。在编辑修改器的堆栈中将当前选择集定义为“gizmo”。将时间滑块移动至第 5 帧，打开【自动关键点】按钮，使用工具中的工具在前视图中沿 Z 轴旋转球体“－20”度，如图 7-32 所示。

小知识

如果不打开角度捕捉，系统会以 0.5 度作为角度的变化间隔。这对于细微调节有用，但对于要求快速的角度旋转就不方便了。而事实上我们经常要进行 90 度、180 度等整角度旋转。这时需要打开角度捕捉钮，系统会以 5 度作为角度的变化间隔，有利于大角度的旋转。在其上右击可以调出栅格与捕捉设置框。在【选项】项目中，可以通过【角度】值设置角度捕捉的间隔角度值，缺省为 5 度。通过将“角度”设置为 20.0，可以以 20 度作为一次旋转的间隔。角度捕捉不仅对旋转工具有效，对摄影机的【摇摆】、【环游】、【视野】、【旋转】以及聚光灯【聚光区/衰减区】的范围调节都产生捕捉作用。

【变换】编辑修改器记录基本的变换修改信息，对于移动、旋转、缩放等基本的变换，起着双重作用，如果想要在将来编辑动画或删除这个变换修改，必须使用【变换】编辑修改器，即先把物体加入【变换】编辑修改器，再对其 gizmo 进行修改。如果要进行移动、旋转、缩放，一定要在【变换】中进行，否则在动画编辑时会遇到调节困难。【变换】编辑修改器没有任何参数可调。

(8) 将时间滑块移动至第 25 帧处，使用工具行中的工具沿 Z 轴旋转球 40 度，如图 7-33 所示。

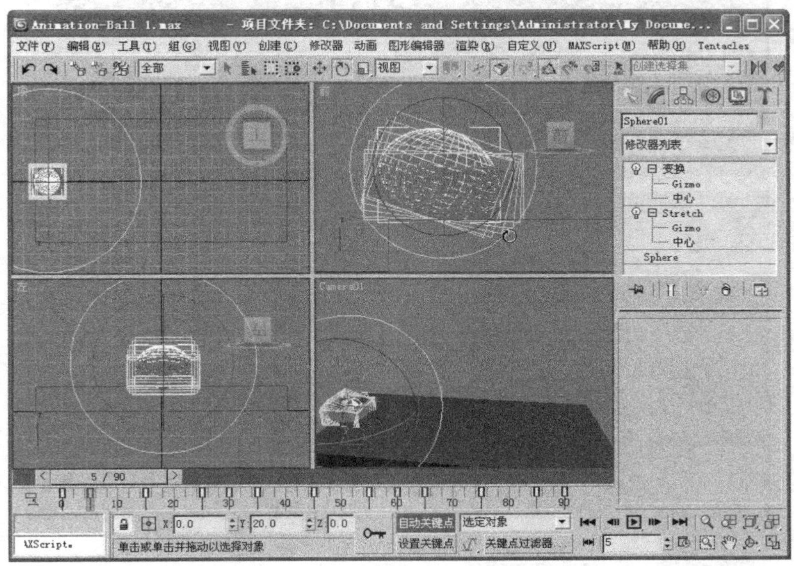

图 7-32 设置时间轴第 5 帧参数

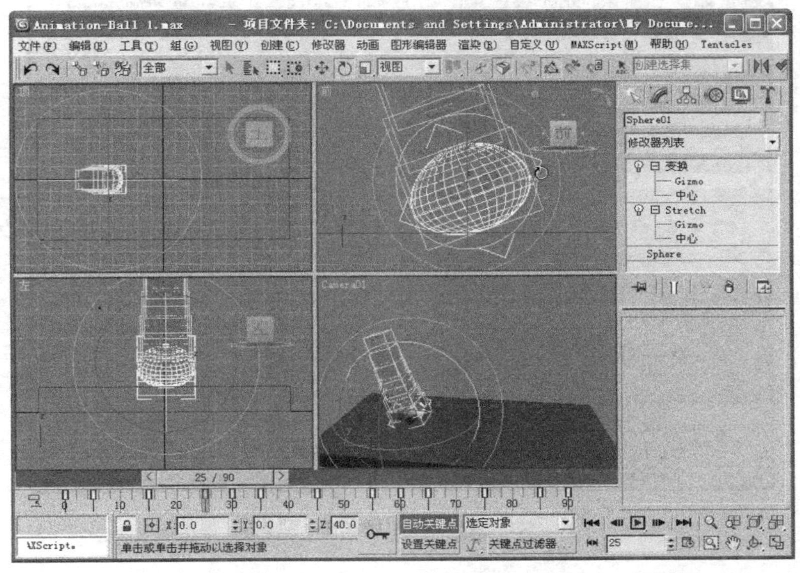

图 7-33 设置时间轴第 22 帧参数

(9) 将时间滑块移动至第 35 帧，使用工具行中的工具沿 Z 轴旋转球的－40 度，如图 7-34 所示。

注意

因为关键帧动画制作非常的微妙，所以在进行关键帧的设置时一定要认真对待。

(10) 将时间滑块移动至第 55 帧，使用工具行中的工具沿 Z 轴旋转球“40”度；将时间滑块移动至第 65 帧，使用工具行中的工具沿 Z 轴旋转球“－40”度，如图 7-35 所示；将时间滑块移动至第 85 帧，使用工具行中的工具沿 Z 轴旋转球“40”度；将时间滑块移动至第

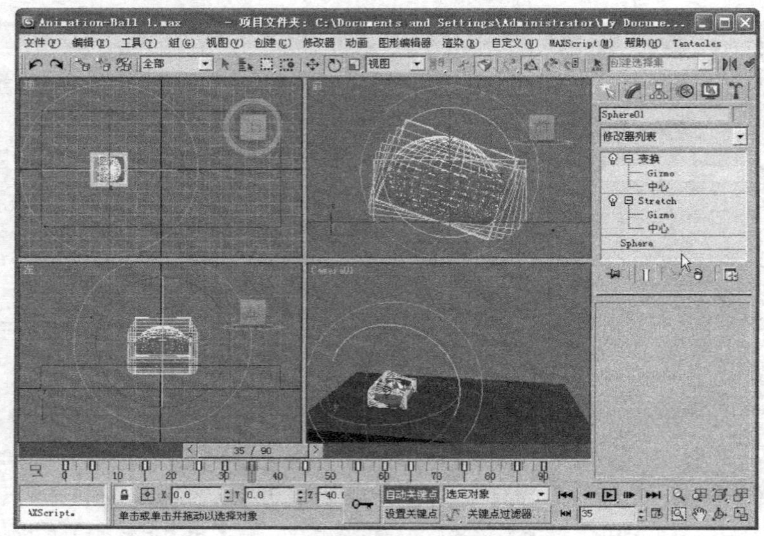

图 7-34 设置时间轴第 35 帧参数

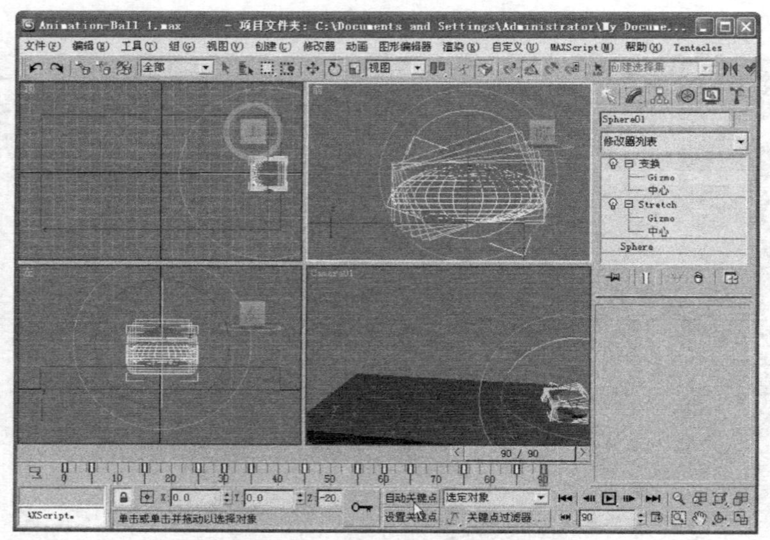

图 7-35 设置时间轴第 55 帧参数

90 帧,使用工具行中的工具沿 Z 轴旋转球"－20"度;最后将【自动关键点】按钮关闭。此时动画的制作便完成了,按下按钮播放动画即可观看球体弹跳的效果。

7.1.4 灯光和材质动画制作

1. 任务分析

本节主要讲解一下灯光和材质的动画制作,主要技能和知识点是材质窗口和灯光命令的应用。

2. 解决方案和步骤

下面将介绍灯光和材质的动画制作的具体操作步骤。

(1) 灯光动画制作。打开网上下载的本书素材文件夹中的 Animation-Ball 2. max 文件,为该动画加入灯光的动画。

(2) 按下键盘上的【Shift + L】键将隐藏的灯光显示出来,然后将它们选中并按下【Delete】键将它们删除。如图 7-36 所示。

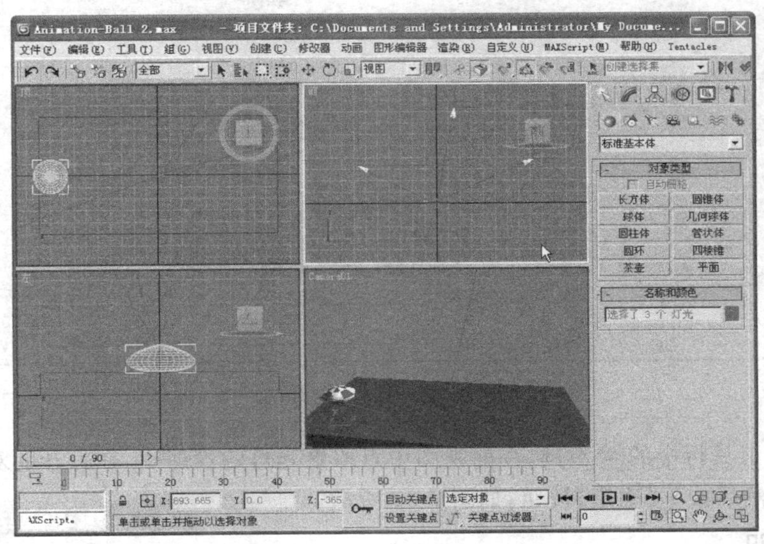

图 7-36 删除灯光

(3) 选择 | |【目标聚光灯】创建工具,在前视图中从上向下拖出一盏聚光灯。在【聚光区/光束】卷展栏中将【衰减区/区域】设置为"22.0",如图 7-37 所示。

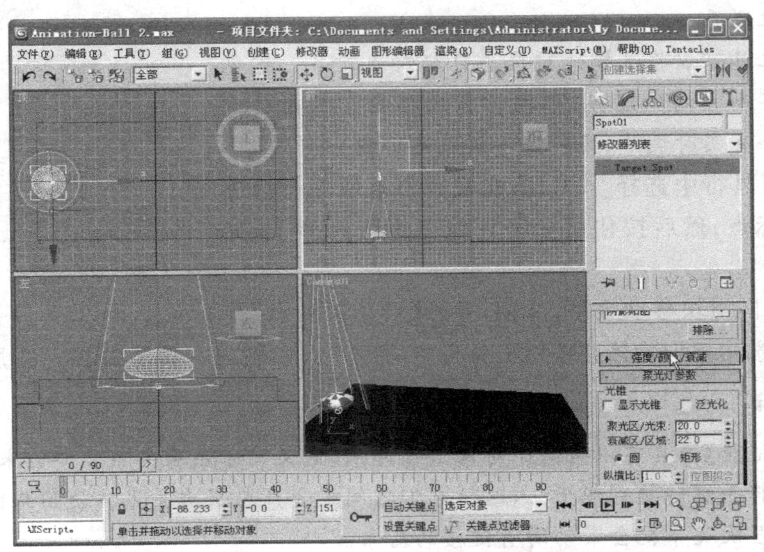

图 7-37 创建目标聚光灯

(4) 选择 | |【虚拟对象】创建工具,在前视图中创建一个虚拟物体,如图 7-38 所示。

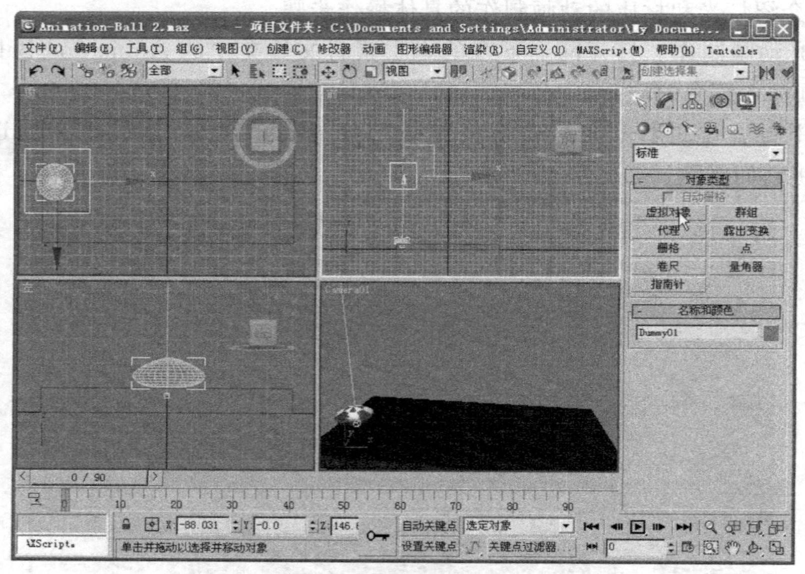

图 7-38 创建虚拟对象

(5) 选择工具行中的工具,在前视图中点取聚光灯的投射点,在打开的对话框中选择 X、Y 复选框,然后按下【确定】按钮,如图 7-39 所示。

小知识

【虚拟对象】是一个线框正方体,只有名称,没有任何参数,不能进行变动修改,也不能被渲染。它真实的作用在于,它的中心点常用于变动的参考影响、进行链接、将它与其他物体建立联系。

【对齐】工具可以将选择的对象与目标对象对齐。这包括位置的对齐和方向的对齐,根据各自的轴心点三角轴完成。这个命令有实时调节,实时显示效果的功能。

对齐当前选择 (Spot01)
对齐位置(屏幕):
X 位置　Y 位置　Z 位置
当前对象:最小　中心　轴点　最大
目标对象:最小　中心　轴点　最大
对齐方向(局部):
X 轴　Y 轴　Z 轴
匹配比例:
X 轴　Y 轴　Z 轴
应用　确定　取消

图 7-39 设置对齐工具

(6) 在工具行中选择工具,在视图中点取聚光灯的投射点与目标点,然后按住鼠标将其拖至虚拟物体上,如图 7-40 所示。

(7) 将时间滑块移动至第 90 帧,打开【自动关键点】按钮,在视图中选中虚拟物体并使用工具行中的工具沿轴向右移至如图 7-41 所示的位置。

小知识

【选择并链接】工具可以将两个对象链接起来,定义父子层次关系。举例来说,将手链接到手臂上,再将手臂链接到躯干上,这样它们之间就会产生层次关系。使用正向运动或反向运动操作时,层次关系就会带动所有链接的对象。

因为聚光灯的投射点和目标点都被链接到了虚拟物体上,它们都是虚拟物体的子物体,

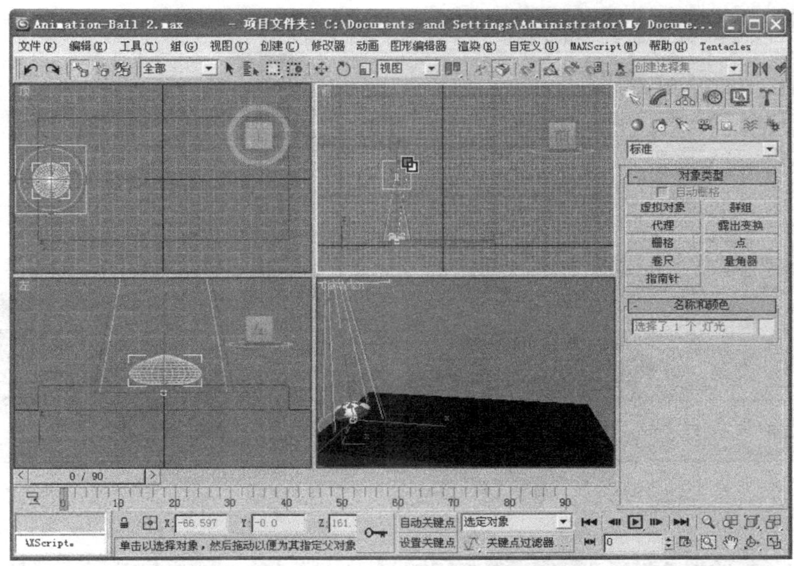

图 7-40 链接虚拟物体

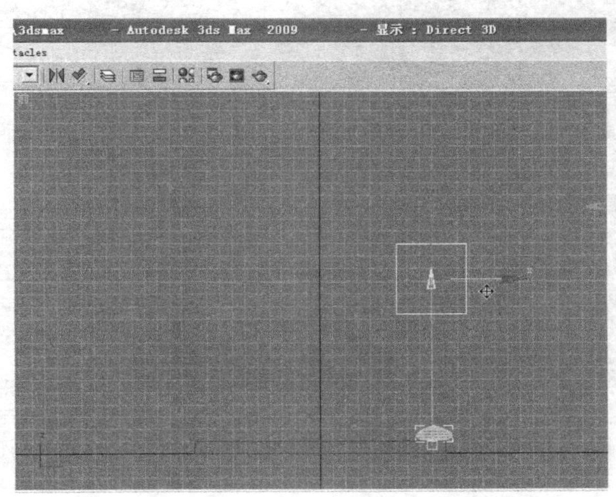

图 7-41 移动虚拟物体

所以当移动虚拟物体时，灯光对象也会跟着移动。

(8) 将时间滑块移动至第 15 帧处，然后单击按钮进入【修改】面板，在【强度/颜色/衰减】卷展栏中单击“倍增”右侧的颜色块打开颜色选择器，将 RGB 值设置为“255、0、0”，如图 7-42 所示。

 **注意**

观察颜色的变化，在第 0 帧时灯光的颜色为白色，而在第 15 帧处灯光的颜色将由白色向红色过渡。

(9) 将时间滑块移动至第 30 帧，将灯光颜色的 RGB 值设置为“255、255、0”，该设置为黄色光线的灯光；将时间滑块移动至第 50 帧，将灯光颜色的 RGB 值设置为“0、255、0”，该设

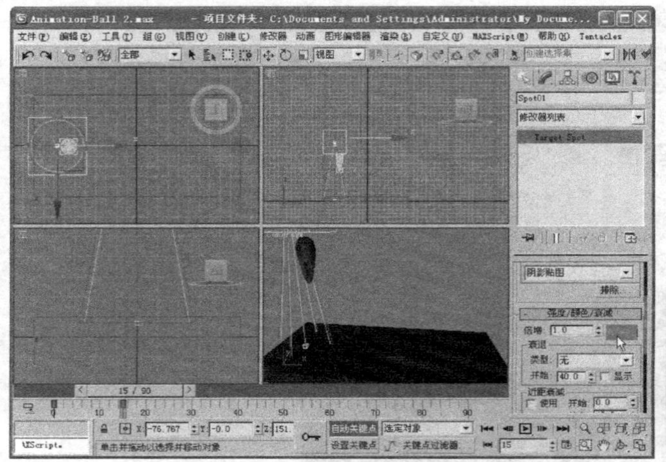

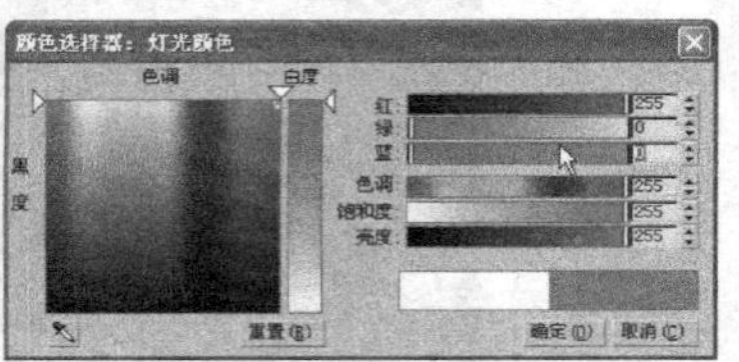

图 7-42　设置强度/颜色/衰减

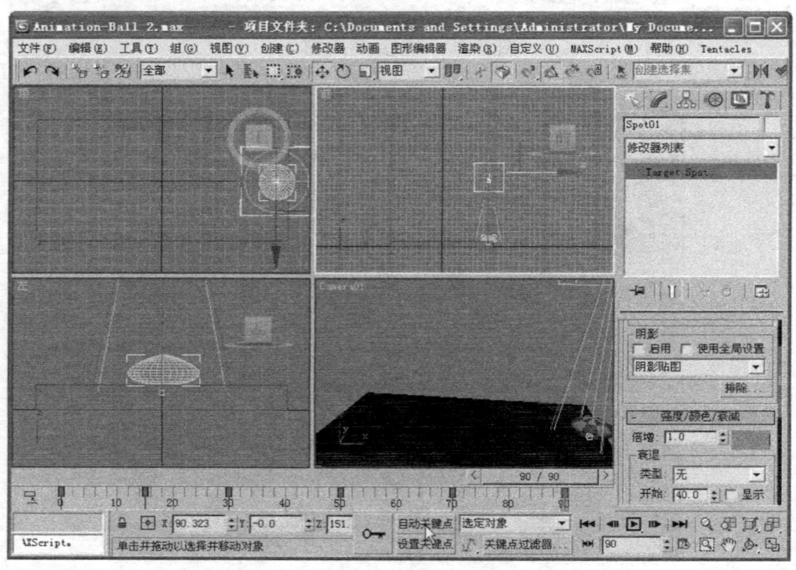

图 7-43　设置灯光颜色

置代表绿色光线的灯光；将时间滑块移动至第 70 帧，将灯光颜色的 RGB 值设置为“0、0、255”，该设置代表蓝色光线的灯光；将时间滑块移动至第 90 帧，将灯光颜色的 RGB 值设置为“255、0、255”，该设置代表藕荷色光线的灯光。完成设置后按下【自动关键点】按钮关闭动画记录按钮，如图 7-43 所示。

(10) 选择 | |【泛光灯】创建工具，在 Box 的上方创建一盏泛光灯，用来照亮整个场景，如图 7-44 所示。

(11) 设置材质动画

材质是三维世界的一个重要概念，是对现实世界中各种材料视觉效果的模拟。这些视觉效果包含颜色、感光特性、反射、折射、透明度、表面粗糙程度以及纹理等。在 3Ds Max 中

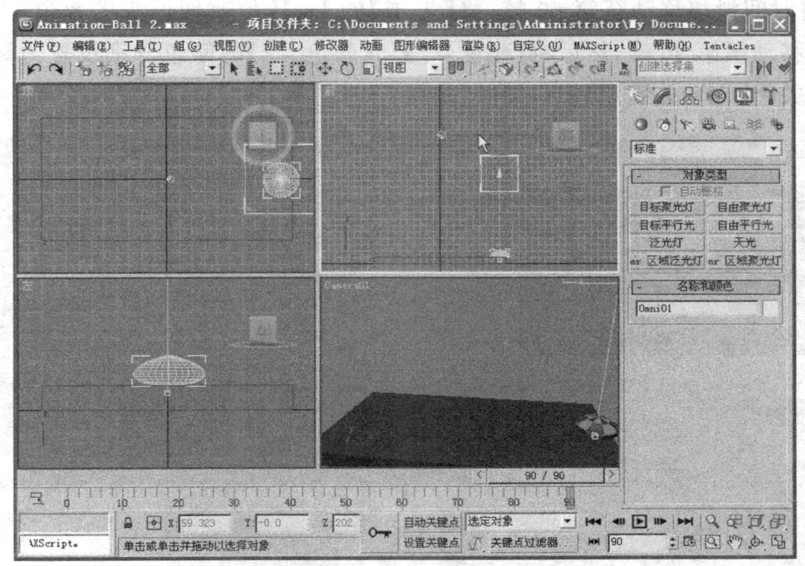

图 7-44　创建泛光灯

创建一个模型，其本身不具备任何表面特征，但是通过材质自身的参数控制可以模拟现实世界中的种种视觉效果。材质编辑器则是一个神奇的实验室，可以使用它创造你所能想象的任何表面现象。材质编辑器是一个开放的环境，它的功能和界面随材质和贴图的不同而变化。在工具行中按下按钮打开材质编辑器，开始设置球体的材质动画，单击【漫反射】右侧带的"M"字母的按钮进入【漫反射颜色】的checker材质层。打开【自动关键点】按钮，移动时间滑块至第30帧，将【平铺】的U、V值分别设置为"6.0、3.0"，如图7-45所示。

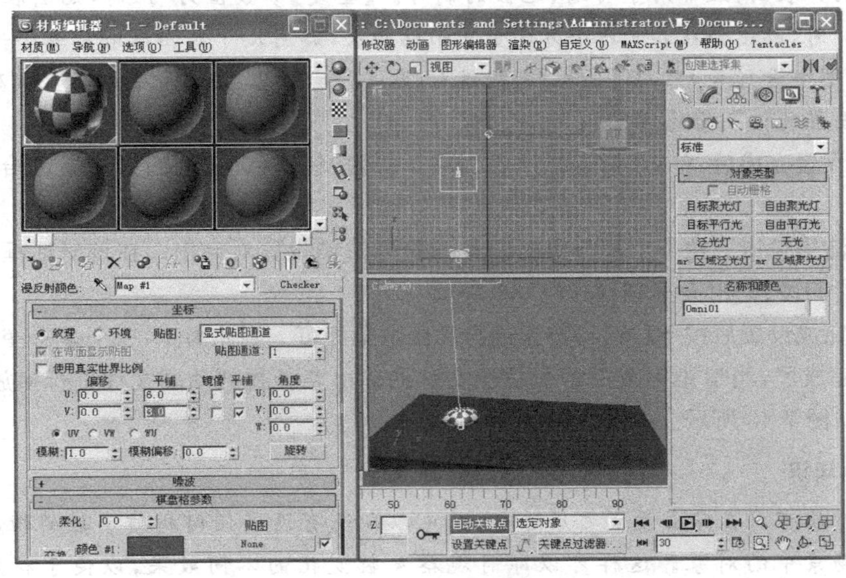

图 7-45　设置漫反射颜色

(12) 将时间滑块移动至第 60 帧,将【平铺】的 U、V 值改回原来的数值:“4.0、2.0”。将时间滑块移动至第 90 帧,然后将【颜色 # 1】和【颜色 # 2】的颜色分别设置为绿色和黄色。设置完成后关闭【自动关键点】按钮即可,如图 7-46 所示。

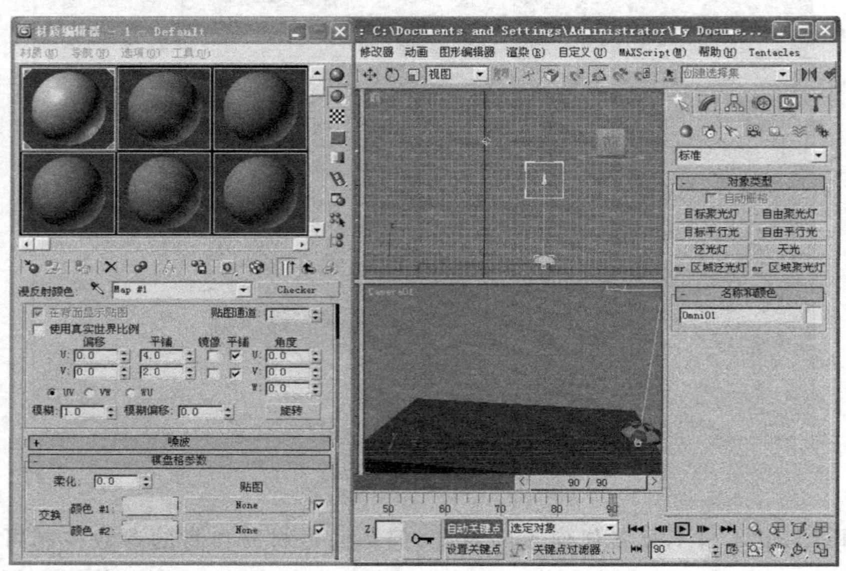

图 7-46 设置平铺值

小知识

材质动画的记录不会在时间栏中显示关键点。【重复】参数用于设置水平和垂直方向上贴图重复的次数。当然,右侧【重叠】复选框要打开长起作用。材质动画可以将纹理连续不断地贴在物体表面,经常用于砖墙、地板的制作。【重复】参数值为“1”时,贴图在表面贴一次,值为“2”时,贴图会在表面各个方向重复而贴两次,贴图尺寸会相应地都缩小一倍;值小于 1 时,贴图会进行放大。而【偏移】则提供 U(水平)和 V(垂直)方向上的位置偏移设置,以此调节贴图在物体表面的位置。

(13) 设置完成后,单击【指定材质到当前选择】按钮,将设置好的材质指定给场景中的球体对象。

(14) 渲染输出。按下工具行中的按钮打开渲染设置对话框。在该对话框中设置文件输出的时间段、输出大小等,如图 7-47 所示。

(15) 完成设置后按下【渲染】按钮进行动画渲染即可。到此为止,一个多彩变换的弹跳球动画便完成了,当渲染完成后即可按照文件的输出路径找到动画文件进行播放欣赏了。最终效果如图 7-48 所示。

小知识

指定材质可以在完成设置之后进行,也可以在没有设置任何材质参数的情况下先将其指定给场景中的对象。这样可以即时观察参数变化的不同效果,以便于材质参数的调节。

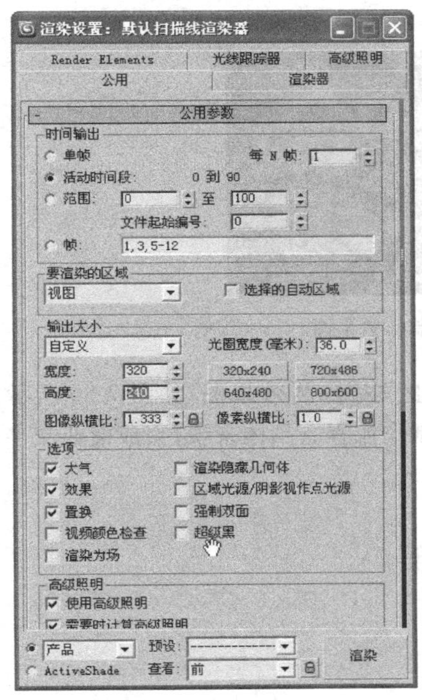

图 7-47　设置渲染场景

图 7-48　最终效果图

7.1.5　实训课堂

运用上面所学的知识点和技能制作一个螳螂动画，效果图如图 7-49 所示。

图 7-49　螳螂动画效果图

7.2　文字广告动画制作

文字动画在影视广告领域中应用十分广泛。在现实生活中，基本上所有广告都要用到文字。文字是表达广告思想的重要工具。本案例通过制作一个完整的商业文字广告的整个流程，让学习者掌握 3Ds Max 中的文字工具、修改器、时间轴和轨迹视图的运用文字广告动画制作效果图，如图 7-50 所示。

图 7-50　文字广告动画制作效果图

本案例将通过 4 个阶段，来制作一张完整的商业文字广告效果图，如图 7-50 所示。通过本案例的制作，使读者快速掌握商业文字广告的制作流程。具体来说，完成商业文字广告的制作，可以分成 4 个任务。

任务 1：制作文字标题。

任务 2：制作光影。

任务 3：光影动画制作。

任务 4：设置背景。

7.2.1　制作文字标题

1. 任务分析

本节主要讲解如何在 3Ds Max 中创建和制作文字，主要技能和知识点是文字工具的使用。

2. 解决方案和步骤

下面将介绍制作文字标题的具体操作步骤。

(1) 运行 3Ds Max，按【S】键打开三维捕捉，选择 | |【文本工具】。在【参数】卷展栏中的字体列表中选择一种所需字体，在这里使用的是【隶书】。在【文本】下面的输入框中输入“笑哈哈”，然后在前视图中 0 坐标处创建“笑哈哈”文字标题，并将其命名为“笑哈哈”，如图 7-51 所示。

(2) 按【Alt＋W】键将前视图最大化显示，切换到 命令面板，选择【修改列表】|【编辑样条线】修改器，定义当前选择集为“点”。使用 工具将“笑”字扩大显示，在不影响文字造型的基础上减少文字图形上的点，如图 7-52 所示。

小知识

在一般情况下，利用文字工具创建的文字图形会有非常多的点。这些点用来维护文字的圆滑程度。但是，过多的点会给系统的运行带来负担，造成运算缓慢，从而导致半途中断。实际上，在这些文字图形中，有些点是多余的，可以把它删除，从而减轻系统的负担。

(3) 按【Alt＋W】键将当前视图最大化显示。选择【修改器列表】|【倒角】修改器，在

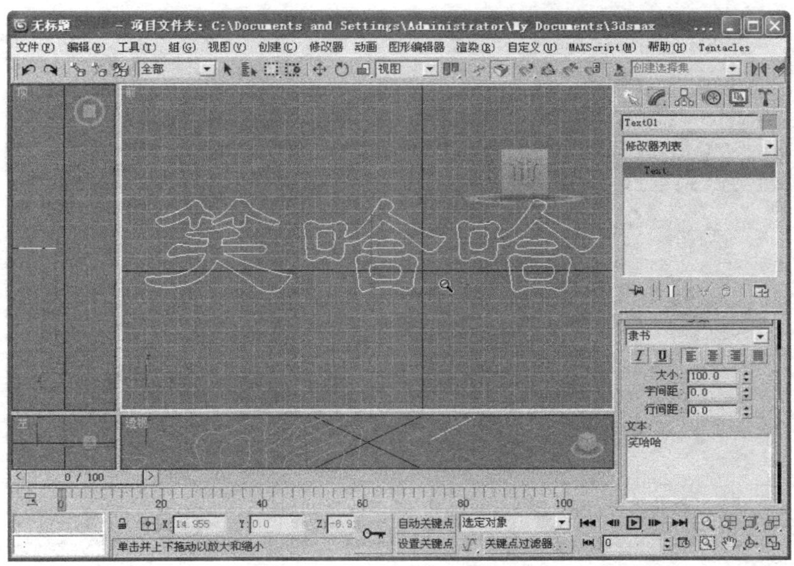

图 7-51　设置文本

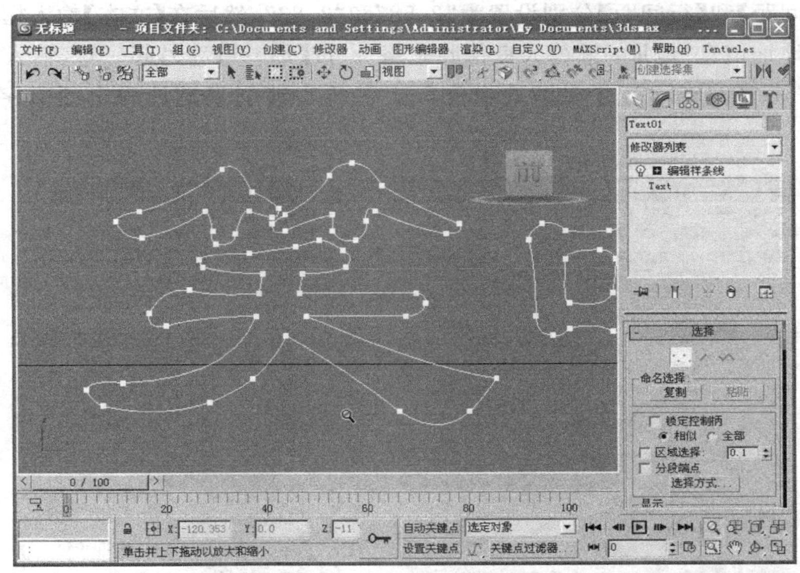

图 7-52　编辑样条线

【倒角值】卷展栏中将【级别 1】下面的【高度】设置为“3.0”，选择【级别 2】复选框，将它下面的【高度】和【轮廓】分别设置为“1.0”和“－1.2”，如图 7-53 所示。

(4) 选择 | |【文字工具】，在【参数】卷展栏中的字体列表中选择一种字体。在这里使用【华文仿宋】，将【大小】设置为“5”，然后在【文本】输入框中输入商品的出品单位“顺德职业技术学院出品”，并在前视图中“笑哈哈”的底部创建文字，将它命名为“单位”。

(5) 选择 |【修改列表】|【挤出】，使用默认的设置。

(6) 选择 | |【文字工具】，在【参数】卷展栏中选择 (中心对齐)，将【大小】设置为

图 7-53 设置倒角参数

“10.0”,【字间距】和【行间距】分别设置为“2.58”和“3.83”,然后在【文本】输入框中输入商品公司所在的地址信息“地址：顺德大良德胜东路”。按【Enter】键另起一行,输入电话号码信息“电话：0757-12345678”,并在场景中公司文字的底部创建地址和电话文字,如图 7-54 所示。

图 7-54 设置文字参数

(7) 选择 |【修改列表】|【挤出修改器】,使用默认的设置。

(8) 选择 | |【目标工具】,然后在顶视窗中创建一个摄像机对象,激活透视视窗,然后按下键盘上的“C”键将当前视窗转换成为摄像机视窗。最后再按下“Shift+F”键为摄像

机视窗添加安全框，如图 7-55 所示。

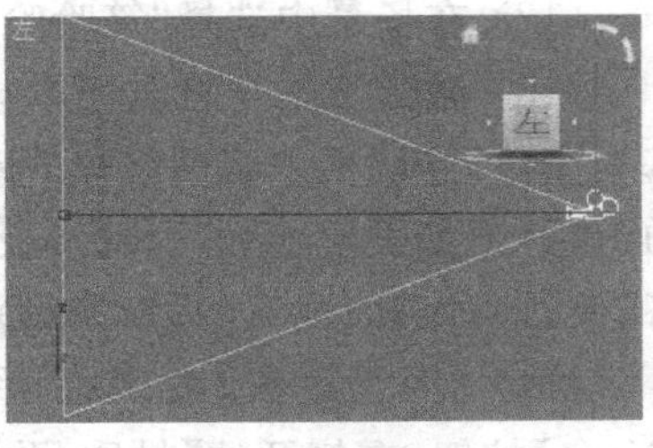
图 7-55 创建摄像机

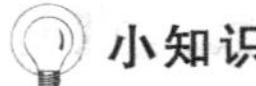

小知识

要显示安全框，另一种方法就是在激活视图中的视图名称下右击。在弹出的快捷菜单中选择【显示安全框】命令，这时在视图的周围出现一个由杏黄色、绿色、黄色 3 个同心矩形组成的边框，这个边框就是安全框了。安全框表示在最后渲染时，哪些对象在渲染范围之内，哪些对象超出了渲染范围。在【视图】菜单下选择【视口配置】命令可以调出【视图配置】面板，在面板中选择【安全框】可以对安全框的范围进行设置。在【安全框】设置面板中，“最外面的黄色矩形框”表示将渲染的准确区域。“中间的绿色矩形”对操作来讲是安全的区域，在大部分电视屏幕上，这个区域内的对象不会被裁剪。“里边的杏黄色矩形”对文字标题等来讲是安全的区域，在大多数的电视屏幕上，这个区域很少变形。

(9) 下面制作文字标题的动画材质。在工具栏中单击按钮，打开材质编辑器。将第 1 个材质样本球命名为“笑哈哈”，然后设置材质的参数。在【明暗器基本参数】卷展栏中将明暗模式定义为“(M)金属”。在【金属基本参数】卷展栏中将【环境光】的 RGB 值都设置为“0”，将【漫反射】色的 RGB 值分别设置为“240”、“190”、“30”；将【反射高光】区域下的【高光级别】和【光泽度】分别设置为“200”和“90”，如图 7-56 所示。

(10) 打开【贴图】卷展栏，单击【反时】通道后的【None】按钮。在打开的【材质/贴图浏览器】中选择【位图】贴图，单击【确定】按钮。然后在打开的【选择位图图像文件】对话框中选择素材文件夹中的“Gold04. jpg”文件，单击【打开】按钮，打开位图文件。

(11) 将时间滑块拖动至第 100 帧位置处，然后打开【自动关键点】按钮，开始记录动画：在【坐标】卷展栏中将【偏移】的 U、V 分别设置为“0. 2”和“0. 1”，设置完后关闭【自动关键点】按钮。再从【位图参数】卷展栏中将【应用】复选框选中，并单击【查看图像】按钮。在打开的对话框中，将当前贴图的有效区域进行设置，如图 7-57 所示。

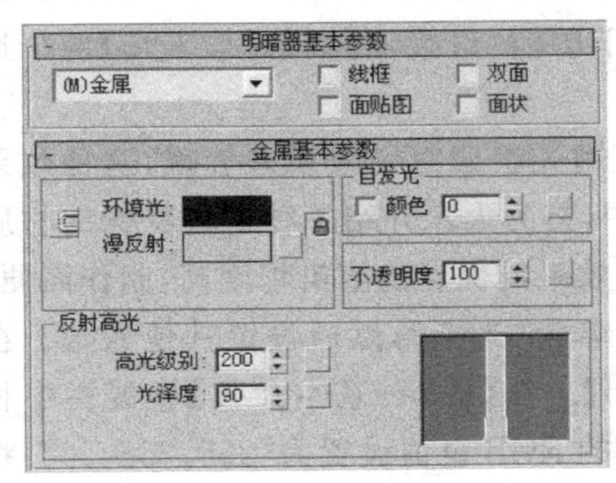

图 7-56 设置明暗器基本参数

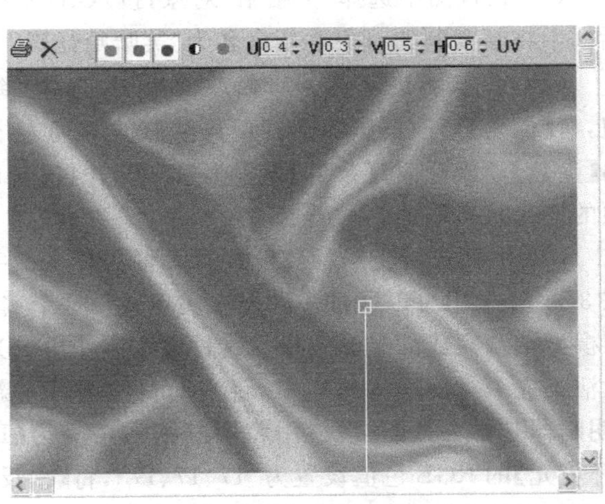

图 7-57 设置位图参数

(12) 在场景中选择“笑哈哈”标题,单击按钮将设置好的“笑哈哈”材质指定给它。

(13) 激活第二个材质样本球示窗,将它命名为“信息”,然后设置它的参数。在【明暗器基本参数】卷展栏中将明暗模式定义为“金属”。在【金属基本参数】卷展栏中将【环境光】色的 RGB 值都设置为“0”,将【漫反射】色的 RGB 值都设置为“255”,将【自发光】设置为“25”;将【反射高光】区域下的【高光级别】和【光泽度】分别设置为“250”和“75”。

(14) 打开【贴图】卷展栏,将【反射】后的【数量】值设置为“80”,然后单击它后面的【None】按钮,在打开的【材质/贴图】浏览器中选择【位图】贴图,单击【确定】按钮。接下来打开【选择位图图像文件】对话框,选择素材文件夹中的“Metals.jpg”,单击【打开】按钮。

(15) 将时间滑块拖至第 100 帧位置处,打开【自动关键点】按钮开始记录动画。在【坐标】卷展栏中将【偏移】的 U、V 分别设置为“0.1”和“0.1”,完成动画设置后关闭【自动关键点】按钮,如图 7-58 所示。

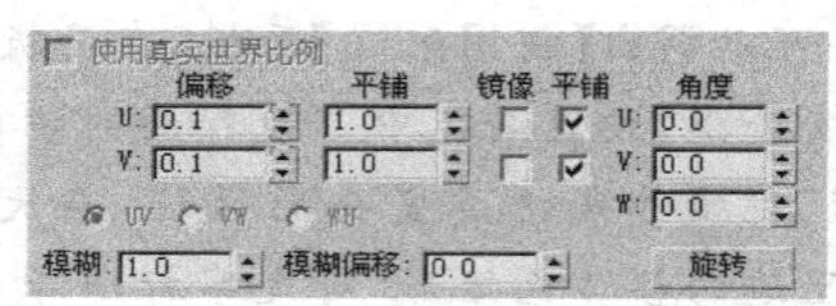

图 7-58 设置偏移值

(16) 在场景中选择【单位】和【地址】两组标题,单击按钮将设置好的【信息】材质指定给场景中的两组标题。

7.2.2 制作光影

1. 任务分析

本节主要讲解如何在 3Ds Max 中制作文字光影,主要技能和知识点是材质窗口相关命令的应用。

2. 解决方案和步骤

下面将介绍制作光影的具体操作步骤。

(1) 在视图中选择“笑哈哈”对象,按【Ctrl+V】键对它进行复制,在打开【克隆选项】对话框中将新复制的对象重新命名为“笑哈哈光影”,单击【确定】按钮,如图 7-59 所示。

(2) 单击进入到编辑修改面板中,选择【倒角】修改器。然后单击堆栈下方的按钮,将【倒角】修改器删除。然后再从修改器列表中选择【挤出】修改器,如图 7-60 所示。打出【参数】卷展栏,将【数量】设置为“250”,并将【封口】下的【封口始端】和【封口末端】两个选项的选择状态取消。

(3) 下面进行光影材质设置。大量的片头文字使用光芒四射的效果来表现,这种效果在 3Ds Max 中可以通过多种方法实现。在这个实例中,将为大家介绍一种通过特殊的材质与模型结合完成的光影效果。这种方法制作出的光影效果的优点是渲染程度高,制作简便。激活第三个材质样本球窗口,将当前材质名称重新命名为“光影”,然后设置其他参数。在【明暗器基本参数】卷展栏中将明暗模式定义为【Blinn】。在【Blinn 基本参数】卷展栏中将【环境光】的 RGB 色值设置为“17、17、17”,将【漫反射】的 RGB 色值设置为“255、255、50”;将【自发光】值设置为“100”;将【反射高光】区域下的【高光级别】设置为“0”;将【光泽度】设置为“0”,如图 7-61 所示。

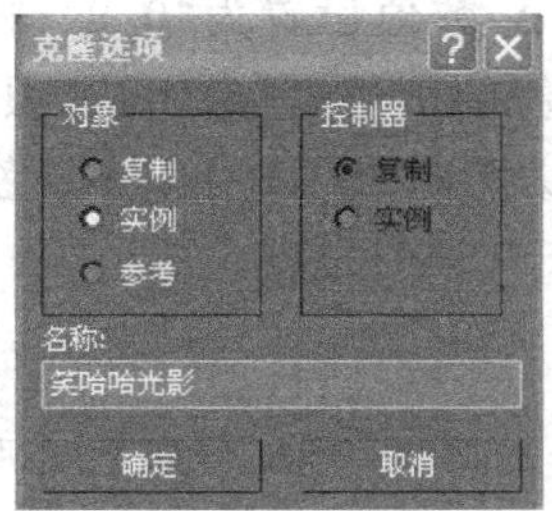

图 7-59　克隆对象

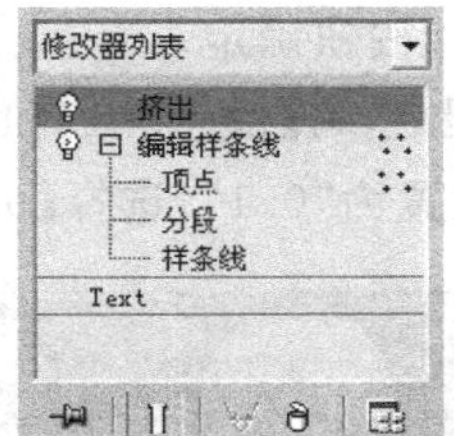

图 7-60　选择【挤出】修改器

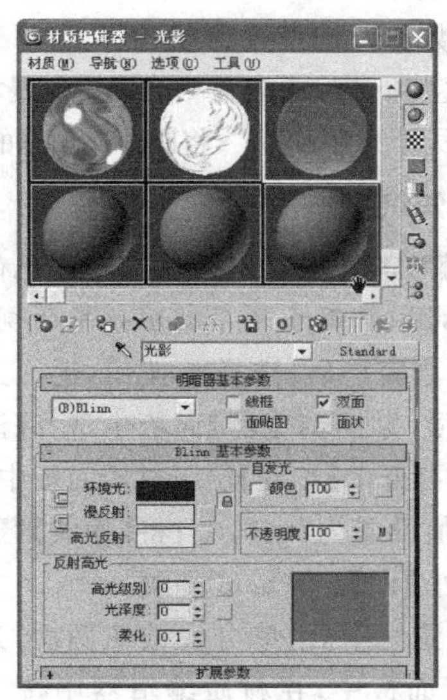

图 7-61　设置明暗器基本参数

(4) 打开【Maps】卷展栏，单击【不透明度】后的灰色条形按钮，并在打开的【材质/贴图浏览器】面板中选择【遮罩】选项，单击【确定】按钮，如图 7-62 所示。

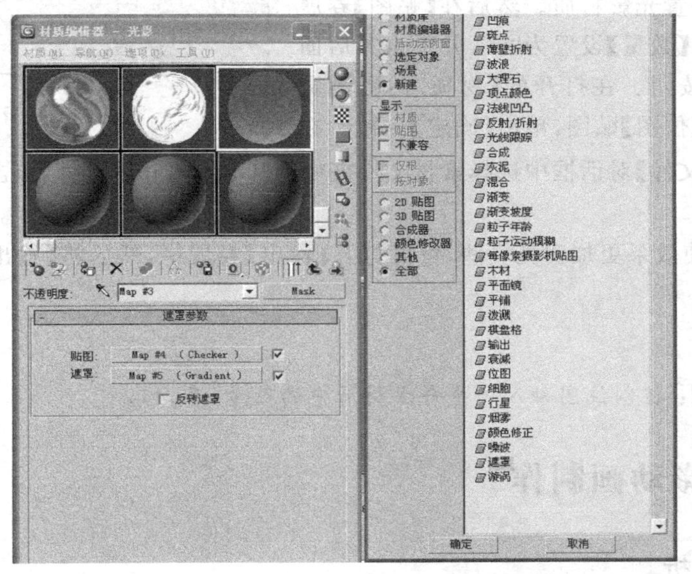

图 7-62　选择【遮罩】选项

小知识

“遮罩”是使用一张贴图作为罩框，透过它来观看上面的材质效果，罩框图本身的明暗强度将决定透明的程度。

(5) 进入到【遮罩】二级材质设置面板中，首先选择【贴图】后的灰色条形按钮，在打开的【材质/贴图浏览器】面板中选择【棋盘格】选项，单击【确定】按钮。

(6) 在打开的【棋盘格】层级材质面板中，将【偏移】下的V数值设置为“0.0”；将【平铺】下的U、V数值分别设置为“250、-0.001”；打开【噪波】参数卷展栏，选择【启用】选项，然后将【大小】设置“5”；打开【棋盘格参数】卷展栏，将【柔化】选项设置为“0.001”；将【颜色＃1】的RGB数值设置为“0、0、0”；将【颜色＃2】的RGB值设置为“156、156、156”。

小知识

【噪波】贴图类型可以通过两种颜色的随机混合，产生一种噪波效果。它是使用比较频繁的一种贴图，常用于无序贴图效果的制作。

(7) 设置完毕后，选择按钮，返回到【遮罩】层级。单击【遮罩】后的灰色条形按钮，在打开的【材质/贴图浏览器】面板中选择【渐变】选项，单击【确定】按钮确定。

(8) 在打开的【渐变】层级材质面板中，打开【渐变参数】卷展栏，将【颜色＃1】和【颜色＃2】的RGB数值设置为“0、0、0”；将【噪波】区域下的【数量】数值设置为“0.1”；选择【分形】选项，最后将【大小】设置为“5.0”即可。

(9) 设置完毕后，单击按钮两次，退回到父材质级设置面板中，在材质编辑器中按下样本球下的按钮，将当前材质赋予视窗中的“笑哈哈光影”对象，如图7-63所示。

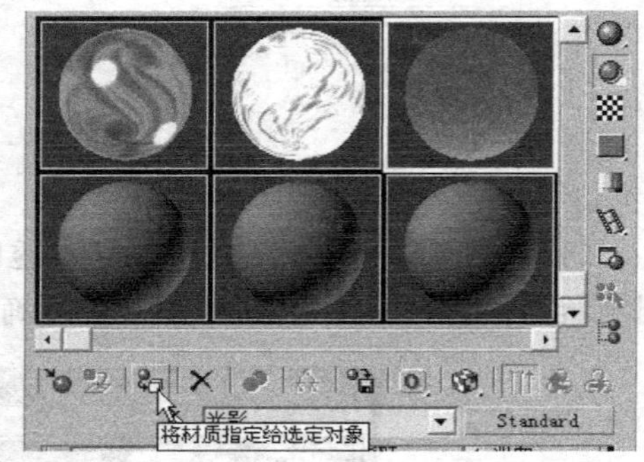

图7-63 赋予材质

(10) 为了更好地突出光影效果，下面继续在材质编辑器中设置光影材质。然后在【贴图】卷展栏中将【反射】的【数量】设置为“5”，并单击其后面的【None】贴图按钮。在打开的【材质/贴图浏览器】面板中选择【位图】贴图，单击【确定】按钮。在【选择位图图像文件】对话框中选择素材文件夹中的“Gold04.jpg”文件，点击【打开】按钮，打开位图文件。

(11) 为了使效果更加明亮一些，可以打开【输出】卷展栏，然后将【输出量】的数值设置为1.35。

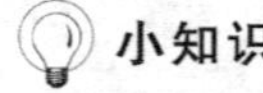

小知识

【输出数量】：控制位图融入一个合成材质中的数量(多少)。

7.2.3 光影动画制作

1. 任务分析

本节主要讲解如何在3Ds Max中制作光影动画，主要技能和知识点是轨迹视图和时间轴的综合应用。

2. 解决方案和步骤

下面将介绍光影动画制作的具体操作步骤。

(1) 选中“笑哈哈光影”对象，单击按钮进入到编辑修改面板中，选择【修改器列表】，在打开的下拉式选项中选择【锥化】修改器。在打开的【参数】卷展栏中将【数量】设置为“1.0”，如图 7-64 所示。

(2) 按下键盘上的【H】键，打开【从场景中选择】对话框。在该对话框中选中“笑哈哈”和“笑哈哈光影”对象的名称，并单击【确定】按钮。然后在顶视窗中选中工具，并确定当前作用轴为 Y 轴，将其移动至摄像机对象的下方，如图 7-65 所示。

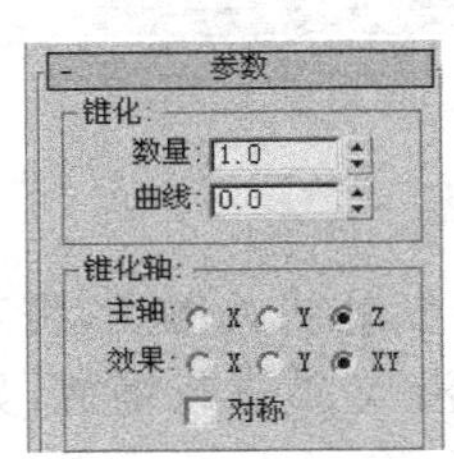

图 7-64　设置【锥化】修改

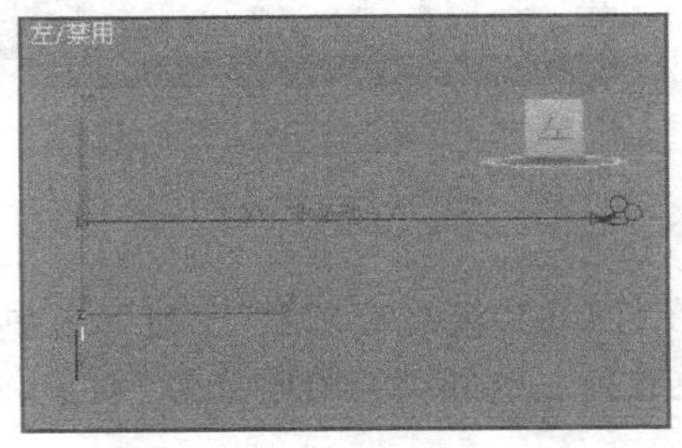

图 7-65　移动 Y 轴至摄像机对象的下方

小知识

【锥化】编辑修改器可通过放缩物体的两端而产生锥形的轮廓，同时还可以加入光滑的曲线轮廓，允许你控制导边的倾斜度及曲线轮廓的曲度，还可以限制局部导边效果。

(3) 将视窗底端的时间滑块拖拽至第 60 帧位置处，按下【自动关键点】按钮，然后将两个对象重新移动回原位置，如图 7-66 所示。

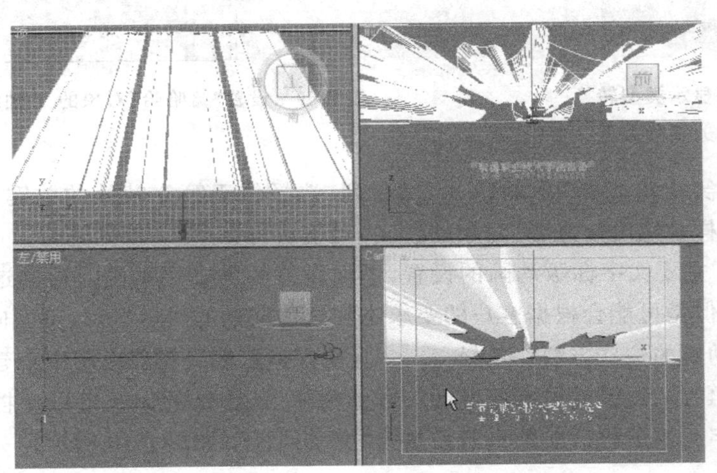

图 7-66　移动“笑哈哈”和“笑哈哈”光影

(4) 将时间滑块拖至第 80 帧位置处，在面板中将【锥化】修改器的【数量】项设置为“0”，关闭【自动关键点】按钮。

(5) 确定当前帧仍然为 80 帧，选择工具。然后确定当前作用轴为 Y 轴，将其缩放至“1”，如图 7-67 所示。

(6) 关闭【自动关键点】按钮。确定“笑哈哈光影”对象仍然处于选中状态，在工具栏中单击按钮，打开轨迹视窗。选择【模式】|【摄影表】菜单命令，将显示类型转换为关键帧类

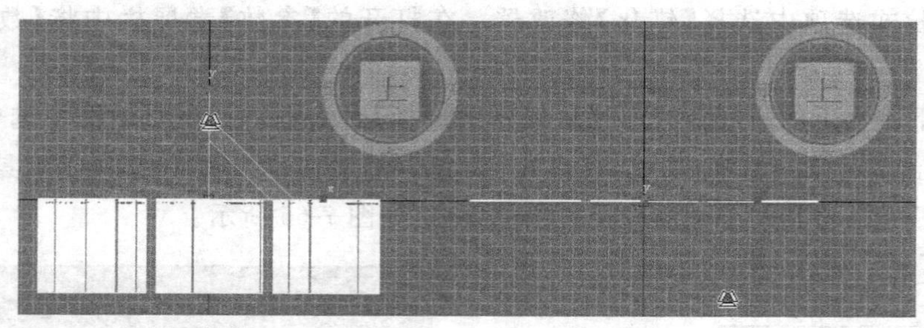

图 7-67　缩放 Y 轴

型，如图 7-68 所示。

(7) 在打开的“笑哈哈光影”序列下选中【缩放】选项后第 0 帧处的关键点，将其移动至第 60 帧位置处。这样，“笑哈哈光影”对象将在第 60 帧位置处沿 Y 轴进行缩放，如图 7-69 所示。

图 7-68　将显示类型转换为关键帧类型

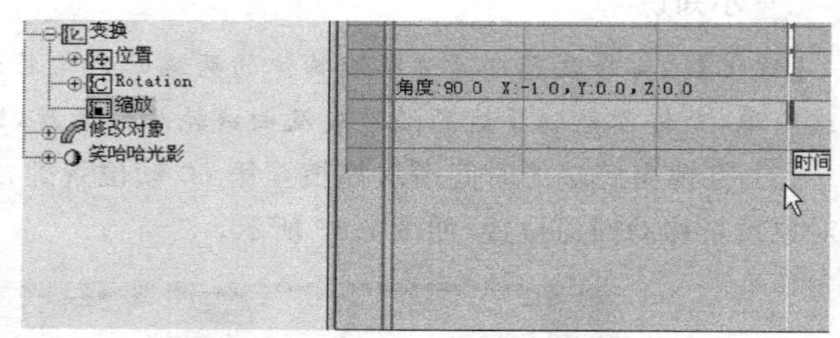

图 7-69　设置“笑哈哈”对象的 Y 轴缩放

(8) 打开“笑哈哈光影”下的【Taper】序列，选择位于第 0 帧处的关键点，将其移动至第 60 帧处。这样，“笑哈哈光影”对象的【Taper】缩放将在第 60 帧处进行。

(9) 完成了主要文字标版动画的设置，下面设置辅助文字动画。通常这些文字在广告中是不出现的，但是可能会根据客户的要求添加这些辅助的提示显示，下面向读者介绍针对这种情况设置动画的一些方法。选择 | |【长方体】，然后在前视图中创建一个长、宽、高分别为“40.0、240.0、0.0”的没有厚度的长方体物体，该物体的大小可以遮挡文字“笑哈哈”下方的辅助文字。最后将该对象重新命名为“文字挡板”，如图 7-70 所示。

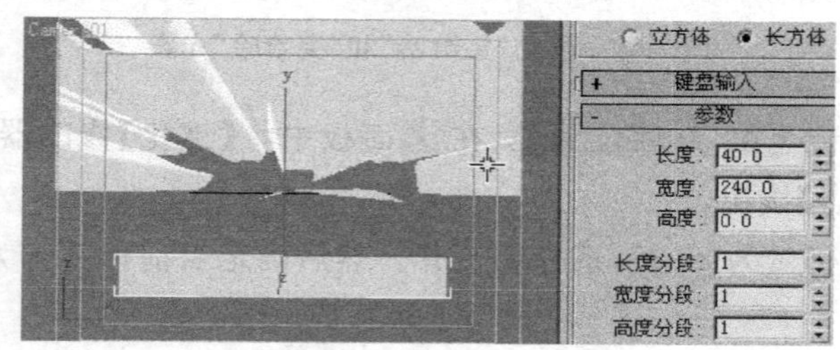

图 7-70　创建长方体

(10) 打开材质编辑器,激活第四个样本视窗,并将当前材质重新命名为“文字挡板”。单击位于样本球视图右下方的【标准】按钮,并在打开的【材质/贴图浏览器】面板中选择【无光/投影】,单击【确定】按钮。最后在打开的【无光/投影】层级面板中使用系统默认的设置即可,如图 7-71 所示。

(11) 为了使整个动画更加协调,下面我们为上面所设置的文字挡板对象以及部分文字设置必要的动画。确定文字挡板对象仍然处于选中状态,选择进入层次命令面板,在“轴”标签面板中选择【调整轴】参数卷展栏,选中【仅影响轴】选项。然后选择工具,并在视图中选择文字挡板对象,在打开的【对齐】面板中进行设置,如图 7-72 所示。

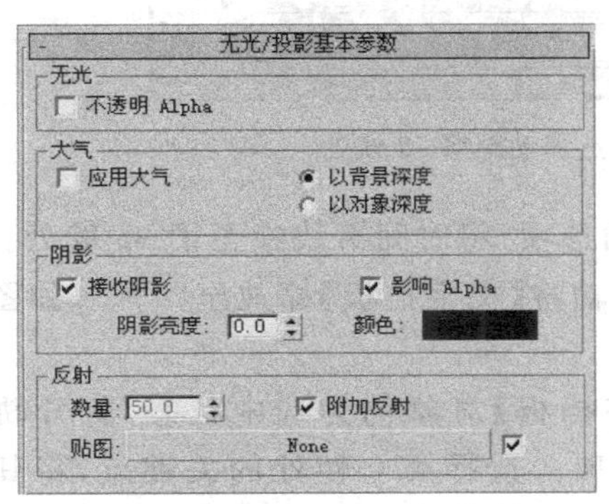

图 7-71 选择“无光/投影”

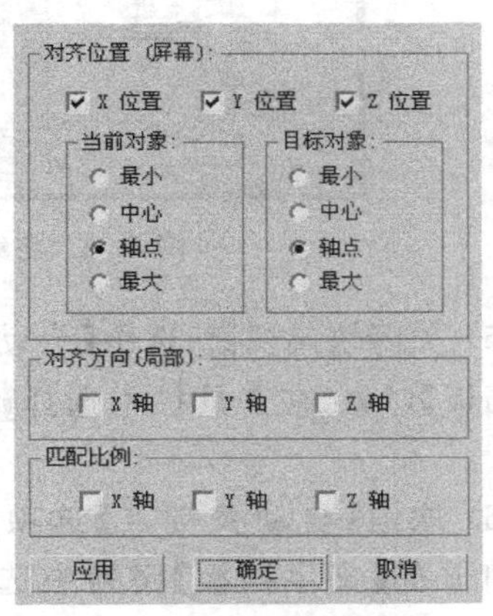

图 7-72 调整对齐参数

小知识

“无光/投影”材质类型可以使物体成为一种不可见物体,这种物体在渲染时无法看到,它也不会对环境背景进行遮挡,但对于场景中的物体可以起到遮挡作用,并且可以仅表现出投影和接受投影的效果。这种材质在组合特效上起着非常重要的作用,例如我们可以制作挡板物体遮挡,挡板正好与背景中的大楼边界吻合。这样将挡板移动,从而动态地显示出被挡住的物体。这种方法可以用来制作车轮产生的痕迹,片头中划出的字幕;还可以只利用其投影和接受阴影的功能,这样可以对人工制造阴影与背景进行组合。

【对齐】工具可以将选择的对象与目标对象对齐,这包括位置的对齐和方向的对齐,根据各自的轴心点三角轴完成。这个命令有实时调节,实时显示效果的功能。【仅影响轴心点】选项仅对当前选中物体的轴心点产生变换影响,这时使用移动工具和旋转工具可以调节轴心点的位置和方向。

(12) 设置完毕后单击【确定】按钮,取消【仅影响轴】选项,选择“单位”文字,然后将其沿 Y 轴移动至【文字挡板】的下方,使【文字挡板】对象遮挡住该文字,如图 7-73 所示。

图 7-73 移动文字挡板

(13) 选中【自动关键点】选项,将时间滑块调整到第 85 帧处,沿 Y 轴将“单位”文字向上移动到它原来的位置。

(14) 取消【自动关键点】选项,确定“单位”对象仍处于选中状态，选择[图标]打开轨迹视窗。再打开“单位”的序列中选择位于第 0 帧处的关键点，将其移动至第 75 帧处。这样，“单位”对象将在第 75～85 帧之间由【文字挡板】对象的底部移动到挡板对象的上面，如图 7-74 所示。

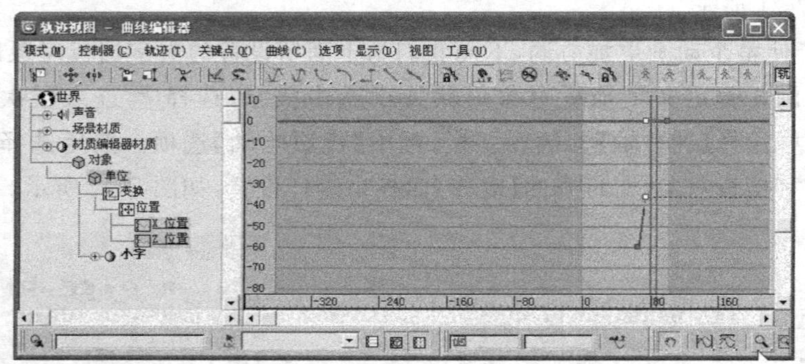

图 7-74　将第 0 帧处的关键点移动至第 75 帧处

(15) 关闭轨迹视窗，选中【自动关键点】动画选项，将时间滑块拖至第 95 帧处。选择【文字挡板】对象，在工具栏中选择[图标]工具，沿 Y 轴将【文字挡板】缩放至“1%”，如图 7-75 所示。

(16) 取消【自动关键点】选项。确定【文字挡板】对象仍为选中状态，打开轨迹视图，在打开的【文字挡板】序列中选择【缩放】选项。选择第 0 帧处的关键点，将其移动到第 85 帧处。这样，【文字档板】对象在第 85 帧之前将底部的文字全部挡住，而在第 85～95 帧之间，底部的文字逐渐显示，如图 7-76 所示。

图 7-75　缩放文字挡板

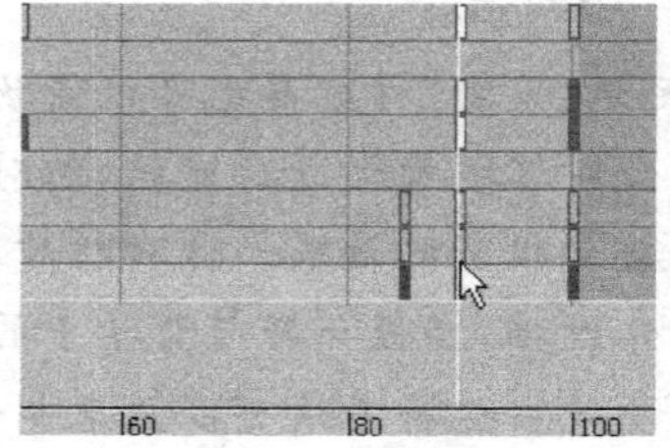

图 7-76　底部文字显示设置

7.2.4　设置背景

1. 任务分析

本节主要讲解如何在 3Ds Max 中设置动画背景，主要技能和知识点是背景设置窗口和动画输出窗口的应用。

2. 解决方案和步骤

下面将介绍设置背景的具体操作步骤。

(1) 选择【渲染】|【环境】菜单命令，打开环境编辑器。在环境编辑器中单击【背景】区域

下的【环境贴图】按钮，打开【材质/贴图浏览器】。选择“渐变”贴图，单击【确定】按钮，为场景设置一个渐变背景，如图 7-77 所示。

(2) 打开材质编辑器，在材质编辑器中拖动【环境贴图】按钮到材质编辑器中的一个新的材质样本球示窗中。在打开的【实例/副本贴图】对话框中使用默认的【实例】设置，单击【确定】按钮。这样，材质编辑器中的渐变贴图与环境编辑器中的渐变贴图将保持一种关联关系，通过改变材质编辑器中的渐变贴图参数，即可改变环境贴图背景，如图 7-78 所示。

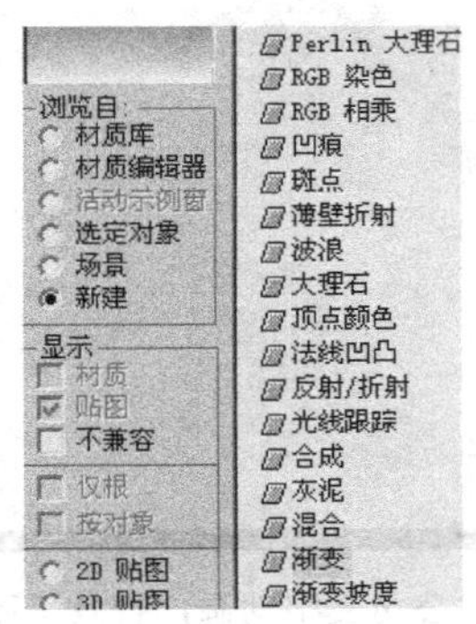

图 7-77 选择“渐变”贴图

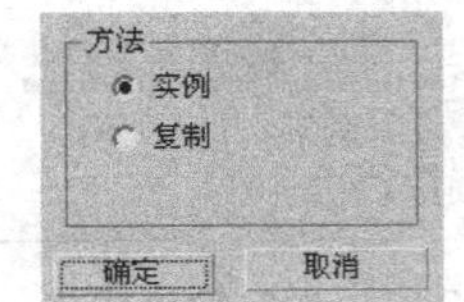

图 7-78 设置实例/副本

相关知识

【渐变】贴图类型将产生三色的渐变过渡效果。它的可扩展性非常强，有线性渐变和放射渐变两种类型。3 个色彩可随意调节，相互区域比例的大小也可调节，通过贴图可产生无限级别的渐变和图像嵌套效果，另外自身还有【噪波】参数可调，用于控制相互区域之间融合时产生的杂乱效果。

(3) 关闭环境编辑器。在材质编辑器中打开的【贴图】卷展栏中将【颜色＃1】和【颜色＃3】的 RGB 值设置为“0、3、59”，将【颜色＃2】的 RGB 值设置为“79、75、167”。

(4) 关闭材质编辑器，选择【视图】|【视图背景】菜单命令，打开视图背景对话框。在【背景源】区域下选中【使用环境背景】复选框和【显示背景】复选框，如图 7-79 所示。

(5) 在视图背景对话框中单击【确定】按钮，即可在视图中看到渐变背景，如图 7-80 所示。在摄像机视图的左上角右击，在弹出的快捷菜单中可以看到【显示背景】选项的前面被打上一个对钩，这是视图背景的快捷开关。

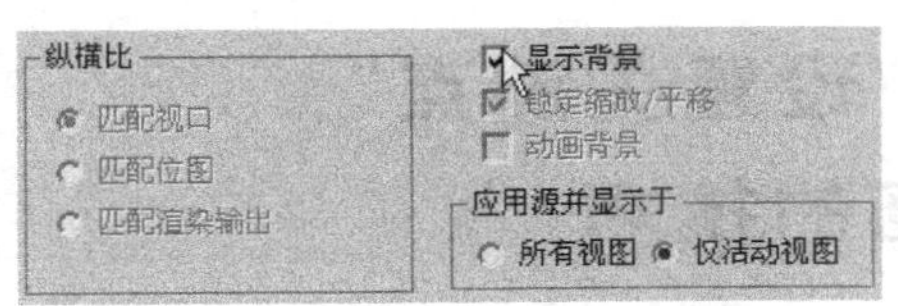

图 7-79 设置视图背景

图 7-80 渐变背景效果图

(6) 选择【文件】|【另存为】菜单命令，在打开的【文件另存为】对话框中，将当前场景命名为“笑哈哈文字广告”，然后单击【保存】按钮，将当前场景进行存储。

(7) 在工具栏中单击工具，对摄像机视图进行动画渲染。在打开的【渲染设置】面板中将【时间输出】设定为“活动时间段”；将【输出大小】定义为“自定义”制式，高度宽度分别为

320、240。单击【渲染输出】区域下的【文件】按钮，在打开的【渲染输出】对话框中将当前输出的名称定义为“scene1”，保存类型为“avi”，单击“保存”按钮。在打开的视频压缩对话框中将压缩程序定义为 Indeo video 5.10，将压缩质量设置为“100”，将帧间隔值设置为“0”。单击【确定】按钮，退回到【渲染设置】面板中，单击【渲染】按钮进行渲染。完成渲染后，按照保存的文件名称和路径找到渲染的动画文件并将它打开，即可进行动画的播放，如图 7-81 所示。

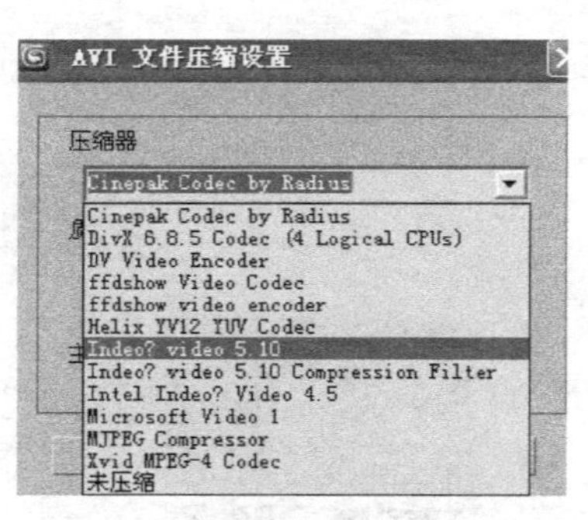

图 7-81　设定输出格式

图 7-82　公司文字动画广告效果图

7.2.5　实训课堂

应用上面所学的知识点和技能制作一个公司的文字动画广告，效果图如图 7-82 所示。

本 章 小 结

本章我们主要讲述了利用 3Ds Max 工具制作动画的基本应用方法。另外，对动画的含义、动画命令面板、时间轴、动画渲染等也有一定的介绍。通过基本动画和单位文字广告的制作，让大家了解到广告动画的制作流程。在实际的工作过程中，这些常用的动画制作命令是经常运用的，特别是在广告的设计与制作的过程中，必须灵活运用这些命令才能做出预期的效果。

知识拓展——使用“设置关键点”模式创建动画的技巧

使用“设置关键点”模式比“自动关键点”方法有更多的控制。通过该模式动画师可以验证想法，并且快速放弃他们不想应用的动画效果，而不用撤销所有的动画设置工作。通过“设置关键点”，可以给角色设置姿势，然后通过使用“轨迹视图”中的“关键点过滤器”和“可设置关键点的”轨迹，选择性地给某些对象的某些轨迹设置关键点。

(1)“设置关键点”和“自动关键点”模式的区别

在“自动关键点”模式当中,工作流程是启用“自动关键点”,然后移动时间滑块到指定时间处,最后变换对象或者更改它们的参数,所有的改动将会被自动记录为关键帧。“自动关键点”模式关闭时,是不能再创建关键点的。当“自动关键点”模式关闭后,对象的更改将会全部应用于动画。而在“设置关键点”模式中,工作流程是启用“设置关键点”,然后移动时间滑块到指定的时间上。在变换或者更改对象参数之前,需要使用“轨迹视图”和“过滤器”中的“可设置关键点”图标来确定对哪些轨迹可以设置关键点。通过单击【设置关键点】按钮或者按键盘上的 K 键就可以设置关键点,如果不执行该操作,则不会设置关键点。

(2) 对反向运动学使用“设置关键点”模式

在关键点过滤器中选择 IK 参数后,我们可以使用“设置关键点”来给反向运动学设置关键帧。它主要用来给 IK 目标设置关键点和末端的效应器,后者使用“设置关键点”模式以及其他 IK 参数,例如【旋转角度】或【扭曲】。在使用“设置关键点”时,我们可以通过合并带有【关键点过滤器】的【轨迹视图】中的【可设置关键点】图标,以有选择性地给轨迹设置关键帧。需要说明的是,“设置关键点”目前还不支持“IK/FK 启用”,因此在实际制作动画过程中,不要尝试用【设置关键点】模式或者键盘快捷键来给【启用】按钮设置关键帧,如果想要使用“IK/FK 混合”时,只能使用“自动关键点”的方法来实现。

(3) 为材质设置关键点

通过勾选【关键点过滤器】中的材质选项,可以使用“设置关键点”来为材质创建关键点,在使用过程中我们需要使用【可设置关键点图标】来限制已设置关键点的轨迹。在实际操作过程中,如果我们只是简单地启用【材质】并设置关键点,那么就会在每一个【材质】轨迹上都放置关键点,这是我们不希望发生的。

(4)“设置关键点”动画的操作步骤

① 单击“设置关键点”按钮以启用“设置关键点”模式。当按钮显示为红色时,就表示当前正处于“设置关键点”模式。

② 打开【曲线编辑器】或【摄影表】。

③ 在【轨迹视图】工具栏上单击【显示可设置关键点】按钮。

④ 关闭所有其他不想设置关键帧的轨迹。红色的关键点表示轨迹将被设置为关键点,如果我们单击红色的关键点,那么它将会变成灰色,表示轨迹不能被设置关键点。我们可以通过使用【控制器】|【可设置关键点】菜单命令,把多个轨迹切换为“可设置关键点的”轨迹。完成后,最小化或者关闭【轨迹视图】。

⑤ 单击【关键点过滤器】按钮,然后启用【过滤器】以选择要设置关键帧的轨迹。在默认情况下,位置、旋转和缩放都处于启用状态。我们可以使用【关键点过滤器】对各个轨迹选择性地进行操作。例如,如果现在处于【轨迹视图】模式下,并且角色手臂的【旋转】和【位置】轨迹可设置关键点,则可以使用关键点过滤器来关闭【位置】过滤器并仅对【旋转】轨迹进行操作。

⑥ 移动时间滑块至时间线上的另一点,然后在命令面板中变换对象或者更改参数以创建动画。在此过程中是不会创建关键帧的,设置完成后我们需要单击【设置关键点】按钮或是在键盘上按下 K 键来设置关键点。

⑦ 当按钮变成红色时,我们就设置完成了出现在时间标尺上的关键点。关键点是带颜

色的编码，它反映了哪些轨迹设置了关键点，哪些没有设置关键点。如果不单击【设置关键点】按钮并移动到时间上的另一点处，颜色就会丢失。

思考与练习

1. 应用文字工具和动画命令，制作镂空文字和非镂空文字的广告动画。在制作镂空文字时，可以先制作一个文字图形和一个矩形图形，然后将它们两个连接在一起，并设置它的透明度，从而形成银色镂空的文字效果。其效果图如图 7-83 所示。

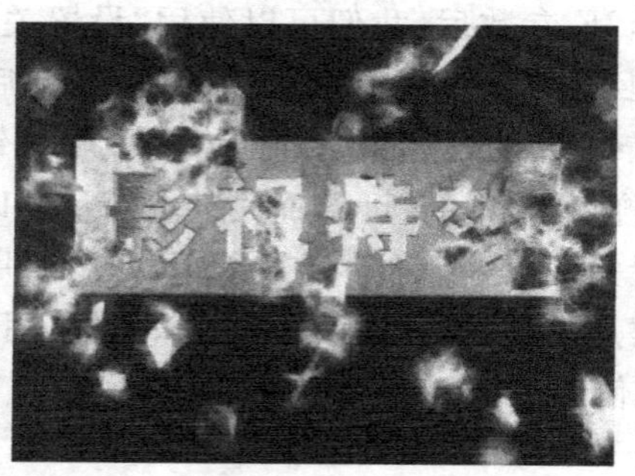

图 7-83　文字动画广告效果图

2. 通过前面的学习，下面构思一个以数字为主题的动画，大家可以在学习完本章的内容以后再辅以标版文字，可以组合成一个完整的动画片头，制作出如图 7-83 所示的相似效果。

第8章 数字视频

学习目标

本章通过完成三个项目的制作，介绍了数字视频的基本知识、数字视频的采集、视频作品的编辑等内容，使学生初步了解数字视频制作的流程和技巧，熟悉制作视频的多种方法和多种途径，并掌握使用 Premiere 软件制作影片作品的基本方法与技巧。

学习内容

① 认识数字视频；
② 理解视频色彩和颜色深度；
③ 了解线性编辑与非线性编辑系统的特点；
④ 掌握视频的采集、镜头组接的规律和方法；
⑤ 掌握非线性视频编辑软件 Premiere 的基本操作；
⑥ 掌握使用 Premiere 视频编辑软件制作影片的流程及技巧。

教学目标	主要描述	学生自测
能力目标	能独立完成视频素材的采集、能够使用 Premiere 制作影片，能为视频制作各种特效，会根据影视制作流程制作影片	会利用不同的方式获取视频素材，会使用 DV 拍摄视频，会使用 Premiere 采集视频素材，能根据镜头组接规律与技巧剪辑视频素材
知识目标	理解数字视频的基本概念，掌握影片作品制作的基本流程以及技巧，会使用镜头组接方法剪辑视频，掌握 DV 的使用技巧，掌握视频制作流程及相关技术的应用，熟练运用各种视频特效	了解影视制作的基本流程，对影视制作有初步的认识，会使用 Premiere 进行视频采集、编辑和输出的基本方法
教学重点	Premiere 视频编辑软件的熟练操作，镜头组接规律和技巧，使用 Premiere 编辑视频的基本方法与技巧	使用 Premiere 处理视频文件的基本技巧
教学难点	视频的裁剪、组接以及特效的制作	能实现使用 Premiere 制作并输出完整的影片

随着数字时代的来临，计算机和摄录机已经越来越普及。由于数字视频产品在音视频效果及信息的互动方面存在传统的模拟视频产品无法比拟的优越性，因此数字视频技术成了影视节目的新宠。利用数字视频技术，可以对采集到的视频素材进行随意分割、组接、删除等操作，从而制作出精彩纷呈的影视作品。

8.1 制作一个简单影片

要制作一部完整的影片，首先要有一个好的创作构思把这个故事描述出来，这就是一个故事的大纲，也就是初步的脚本。一般脚本是需要多次修改和完善的，根据故事大纲来尽量做好详细的细节描述，以作为影片制作的参考指导。

根据脚本的指导将各种素材准备好之后，将所有素材保存到计算机中的指定文件夹下以便管理，然后就可以在 Premiere Pro 中开始编辑工作了。

本案例将制作名为“我的海底之旅”的简单影片，最终效果如图 8-1 所示。

图 8-1 “我的海底之旅”

1. 案例分析

本案例将通过采集素材、导入素材、编辑素材、添加特效、输出影片 5 个阶段，来制作一部电影。通过本案例的制作，使读者快速学会使用 Premiere 视频编辑软件，并掌握影片制作的基本流程。具体来说，完成“我的海底之旅”的制作，可以分成 5 个任务。

任务 1：采集视频素材。

任务 2：新建项目并导入素材。

任务 3：编辑素材并添加特效。

任务 4：添加字幕和音乐。

任务 5：输出影片。

2. 相关知识点

本节主要讲解完成本章案例所涉及的一些知识点。虽然在后面具体步骤还会详细阐述，但在动手制作视频短片之前了解一些基本的概念是很有必要的。本案例涉及视频、模拟视频和数字视频、视频格式、视频制作的基本流程、Premiere Pro 视频编辑软件的基础操作内容。下面简单介绍一下这些知识点。

(1) 视频

视频(英文：Video,又翻译为视讯)泛指将一系列的静态影像以电信号方式加以捕捉、记录、处理、储存、传送、与重现的各种技术。

小知识：视频的特点

① 表现能力强。视频画面具有时间连续性的特点,非常适合表示事件的演化过程,比静态图像更强、更生动、更具有自然表现力。

② 数据量大。由于视频数据量大,必须采用有效的压缩方法才能在计算机中使用。

③ 相关性。视频和动画的帧与帧之间有很强的相关性,相关性是视频和动画联系动作的基础,也是进行数据压缩的基本条件。

④ 实时性。视频、动画对实时性要求很高,必须在规定的时间内完成更换画面播放的过程。这要求计算机的处理速度、显示速度以及数据的读取速度都应该达到一定的要求。

(2) 模拟视频和数字视频

目前,视频可以分为模拟视频和数字视频两大类。模拟视频通过电磁信号的变化来支持图像和声音信息的传播和显示。现在我们一般在电视机上收看的节目都是模拟视频。数字视频则是使用计算机将模拟视频转换成数字信号来储存,我们观看的 VCD 和 DVD 影碟以及计算机上的视频文件都是数字视频。模拟和数字的差别在于其记录方式,如同我们原来使用的磁带(保存声音模拟信号)和现在使用的 MP3(保存数字声音信息)。

(3) 电视制式

电视制式指的是一个国家按照国际上的有关规定、具体国情和技术能力所采取的电视广播技术标准,是一种电视的播放标准。不同制式的视频信号的编码、解码、扫描频率和界面的分辨率均不同。不同制式的电视机只能接受相应制式的电视信号。因此,如果计算机系统处理的视频信号与连接的视频设备制式不同,播放时图像的效果就会明显下降,有的甚至无法播放。几种常见的电视制式见表 8-1 所示。

表 8-1 常见电视制式表

制式	国 家	水平线数(分辨率)	帧数	画面宽高比
NTSC	韩国、美国、加拿大、日本、墨西哥	525 线	30frame/s	4∶3
PAL	澳大利亚、中国、南非共和国、欧洲大多数国家	625 线	25frame/s	4∶3
SECAM	法国、中东地区、非洲大多数国家	625 线	25frame/s	4∶3

(4) 视频压缩

视频压缩也称编码,是一种相当复杂的数学运算过程,其目的是通过减少文件的数据冗余来节省存储空间,缩短处理时间,以及节约传送通道等。另外,根据应用领域的实际需要,不同的信号源以及存储和传播的媒介决定了压缩编码的方式,而且压缩比率和压缩的效果也各不相同。目前,常见压缩编码技术主要有 JPEG、MPEG 两种。我们观看的 VCD 和 DVD 影碟采用的 MPEG 压缩,网上的 WMV 和 RMVB 视频都是有损压缩。

(5) 帧速率、场和分辨率

在对影片进行编辑时,首先要了解一些视频编辑技术的名词,这样有助于更快地了解视频编辑过程，并且还可以更快地掌握各种视频编辑软件的使用方法。

① 帧速率。帧是构成动画的最小单位，在动画中每一幅静态图像就被称为一帧。而帧速率是指每秒钟能够播放或录制多少格画面，其单位是帧/秒(fps)。使高的帧速率可以得到更流畅、更逼真的动画效果。一般情况下，电影播放画面的帧速率为 24 帧/秒，在美国和其他使用 NTSC 制式作为标准的电视中视频的帧速率为 29.97 帧/秒，而在使用 PAL 制式为标准的英国和部分欧洲地区、亚非地区和中东地区，电视中视频的帧速率为 25 帧/秒。

② 场。场以水平分隔线的方式保存帧的内容，在显示时先显示第一个场的交错间隔内容，然后显示第二个场来填充第一个场留下的缝隙。每一个 NTSC 视频的帧大约显示 1/30 秒，每一场大约显示 1/60 秒，而 PAL 制式视频的一帧显示时间是 1/25 秒，每一个场显示为 1/50 秒。在 Premiere 中称为上场或下场，这些场按顺序显示在 NTSC 或 PAL 制式的监视器上，能产生高质量平滑的图像。

③ 分辨率。视频分辨率是指视频所成图像的大小或尺寸，单位 dpi，以影像清晰度或浓度作为度量标准。它表示一个平面图像的精细程度，通常是以横向和纵向点的数量来衡量的，表示成“水平点数×垂直点数”的形式。

(6) 线性编辑和非线性编辑

① 线性编辑。所谓线性编辑，实际上是一种传统的视频编辑方式。它的工作原理是通过一台或多台录像机、放像机和编辑控制器组成复制线性编辑系统，然后将母带上的素材剪接成第二版的完成带。这个过程一旦转换完成就记录成了磁迹无法随意修改。一旦需要中间插入新的视频素材或修改某部分视频长度，那整个后面的内容就全部重新进行编辑。同时，完成一个视频的剪辑要反复更换录像带，寻找出我们所需要的视频片段，整个制作过程非常烦琐；而且经过多次的重复编辑还会降低视频质量。

② 非线性编辑。非线性编辑是视频节目中的一种编辑方式，它能实现对原素材任意部分的随机存取、修改和处理，开创了原来磁带编辑系统所没有的新天地。非线性编辑的实现，要靠软件与硬件的支持。一个非线性编辑系统从硬件上看，可以由计算机、视频卡或 IEEE 1394 卡、声卡、高速 AV 硬盘、专业版卡(如特技加卡)以及外围设备构成。非线性编辑系统设备小型化，功能集成度高，与其他非线性编辑系统或普通个人计算机易于联网形成网络资源的共享。

小知识：非线性编辑的特点

- 收集素材时具有实时性。非线性编辑系统使用实时视音频采集回放卡来记录素材，可以使编辑的特技和字幕的制作效果实时播放。
- 后期节目制作更方便。节目制作人员可以将图像、文字、声音、特技、动画等完全融入自己的创作环境中，在一个系统中用全数字化的方式完成制作。
- 容易实现资源共享。非线性编辑系统是建立在计算机基础上的，其设备小，功能集成度高，与其他非线性编辑系统或普通个人计算机易于联网，并实现资源共享。

(7) 非线性编辑的流程

任何非线性编辑的工作流程都可以简单的看成输入、编辑、输出这 3 个步骤。当然由于不同软件功能的差异，其使用流程还可以进一步细化。以 Premiere 为例，其使用流程主要分成如下 5 个步骤，如图 8-2 所示。

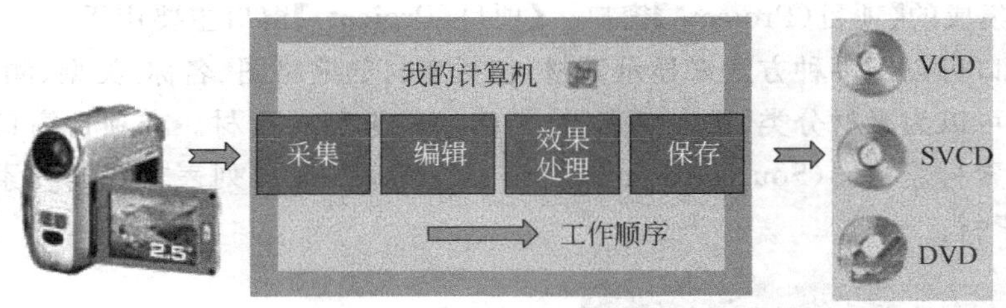

图 8-2 视频制作流程

① 素材采集与输入。采集是利用 Premiere 将模拟视频、音频信号转换成数字信号存储到计算机中,或者将外部的数字视频存储到计算机中,成为可以处理的素材。输入主要是把其他软件处理过的图像、声音等导入 Premiere 中。

② 素材编辑。素材编辑就是设置素材的入点与出点,以选择最合适的部分,然后按照时间顺序组接不同的素材的过程。

③ 特技处理。对视频素材,特技处理包括转场、特效、合成叠加。对于音频素材,特技处理包括转场、特技。令人震撼的画面效果就是在这一过程中产生的。而非线性编辑软件功能的强弱,往往体现在这方面。配合某些硬件,Premiere 还能够实现特技播放。

④ 字幕制作。字幕是节目中非常重要的部分,它包括文字和图形两个方面。Premiere 中制作字幕很方便,几乎没有无法实现的效果,并且还有大量的模板可以选择。

⑤ 输出与生成影片。节目编辑完成后,就可以输出回录到录像带上,也可以生产视频文件,发布到网上、刻录 VCD 和 DVD 等。

(8) 影片编辑方式

随着数字化技术的发展,影视节目的后期制作显得越来越重要,特别是计算机技术与电影制作的融合,使影视合成软件的作用越来越明显。

一般来讲,利用计算机对影片进行后期处理的过程可以分为素材的采集、编辑、特效处理、字幕制作及输出等几个过程。不同节目的制作在声音和影像的处理上要用到不同的编辑方式,常见的有联机编辑方式、脱机编辑方式和替代编辑和联合编辑方式三种。

8.1.1 采集视频素材

1. 任务分析

制作视频影片,是离不开各类图像和视频素材的;否则,巧妇也难为无米之炊。下面将介绍采集视频素材的步骤和方法,为制作视频影片做好前期准备。

2. 相关知识点

(1) Premiere 操作界面介绍。Premiere 的音视频编辑功能非常完善,其操作界面根据不同的功能和作用分为多个工作窗口和功能面板,使用这些工作窗口可以处理各种不同的素材或者进行不同阶段的编辑工作。在学习非线性编辑之前,首先来认识一下 Premiere 的常用工作窗口和功能面板。

① 高度集成的【项目(Project)】窗口。【项目(Project)】窗口主要用于导入、存放和管理素材，项目窗口可以用多种方式来显示素材，包括素材的缩略图、名称、类型、颜色标签、出入点等信息，也可以为素材分类、重命名素材、新建一些类型的素材。在项目窗口双击某一素材可以打开【素材监视器(Source Monitor)】窗口。图 8-3 是以列表方式排列素材和以缩略图方式排列素材。

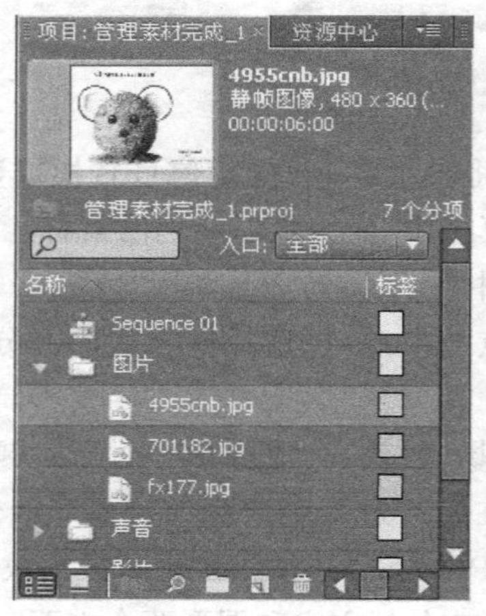

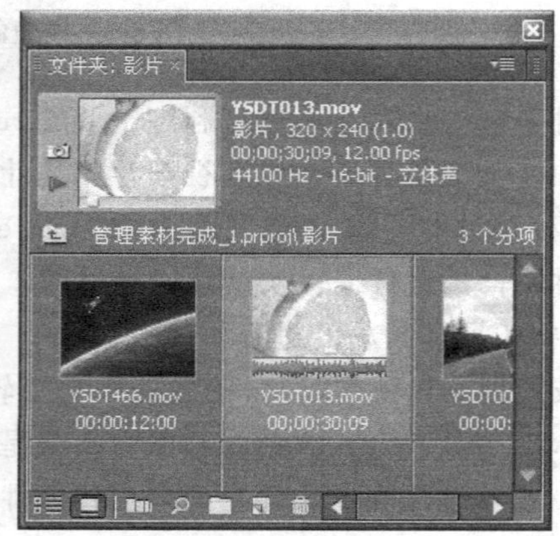

图 8-3　项目窗口两种排列方式

② 【素材监视器(Source Monitor)】窗口。【素材监视器(Source Monitor)】窗口主要用于播放、预览素材，并可以对素材进行初步的编辑操作，如设置素材的出入点、添加标记等；如果是音频素材就会以波形图方式显示，如图 8-4 所示；如果素材既包括视频也包括音频部分，则可以切换选择显示视频部分或者音频部分。

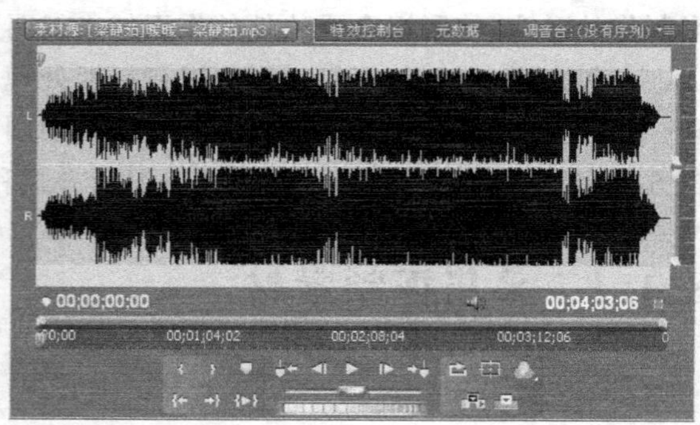

图 8-4　显示视频和音频波形图

③ 【时间线(Timeline)】窗口。【时间线(Timeline)】窗口是 Premiere 最主要的编辑窗口，在这里可以按照时间顺序来排列和连接各种素材，可以编辑片段和叠加图层，设置动画关键帧和合成效果。【时间线(Timeline)】还可多重嵌套，这对于制作影视长片或者复杂特效是非常有用的。【时间线(Timeline)】窗口的功能非常强大，关于它的使用方法将在后面的章节中重点讲解。如图 8-5 所示。

④ 【工具(Tools)】面板。【工具(Tools)】面板中存放着各种常用的操作工具，这些工具主要用于在【工具(Tools)】窗口的编辑操作，如选择、移动、裁剪等，如图 8-6 所示。

图 8-5　时间线窗口

图 8-6　工具面板

⑤【特效(Effects)】面板。【特效(Effects)】面板存放着 Premiere 自带的各种音视频特效和预设特效,按照功能分为 5 大类,而每一个大类下面又按照效果细分为很多小类。如果安装了第三方插件特效,也将出现在该面板的相应类别的特效文件夹下。通过单击该面板右上角的下拉按钮,可以在打开的扩展菜单中执行导入、导出预设特效或者创建自定义文件夹等操作,如图 8-7 所示。

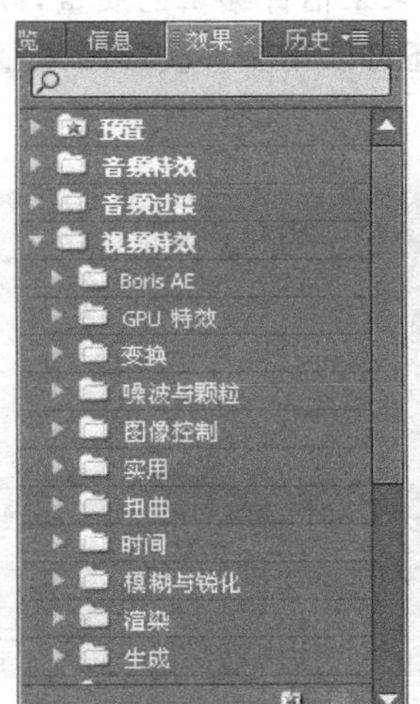

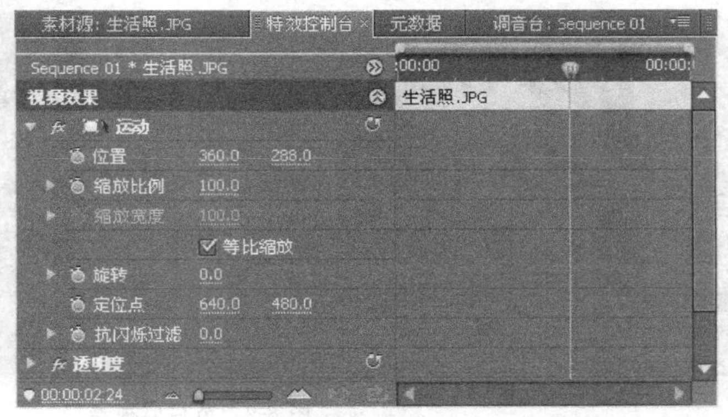

图 8-7　特效面板和特效控制面板

⑥【特效控制(Effect Controls)】面板。当为某一段素材添加音频、视频或转场特效后,就需要在【特效控制(Effect Controls)】面板进行相应的参数设置或添加关键帧,画面的运动特效也可以在这里设置,该面板会根据素材和特效的不同来显示不同的内容。

⑦【多角度相机监视器(Multi-Camera Monitor)】窗口。【多角度相机监视器(Multi-Camera Monitor)】窗口是 Premiere Pro 新增加的编辑窗口,其作用主要是方便读者进行多轨道嵌套时间线的编辑工作,在这里可以快速切换并编辑不同轨道上的素材,并且能够实时观察到效果。在窗口左边可以最多显示 4 个子轨道,右边则放大显示当前选择的轨道,如图 8-8 所示。

图 8-8　多机位相机监视器

⑧【节目监视器(Program Monitor)】窗口。【节目监视器(Program Monitor)】窗口显示的是音视频节目编辑合成的最终效果,可以通过预览最终效果来估计编辑的质量,以便进行必要的调整和修改,【节目监视器(Program Monitor)】窗口还可以用多种波形图来显示画面的参数变化,如图 8-9 所示。

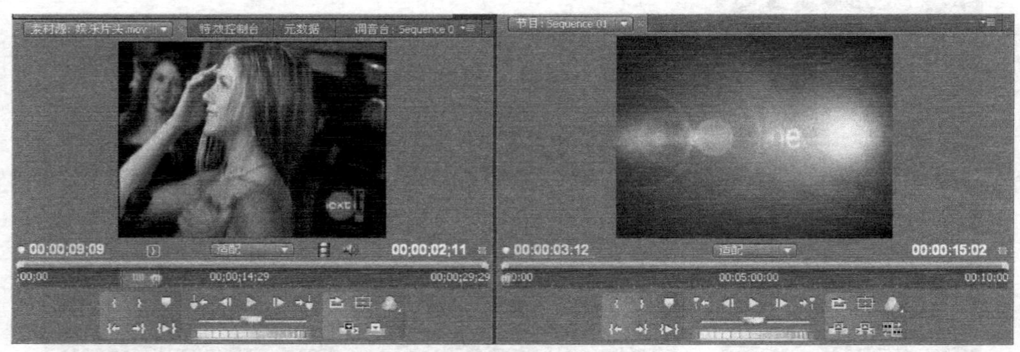

图 8-9　节目监视器

⑨【字幕设计(Title Designer)】窗口。在 Premiere 中,所有的文字都是在【字幕设计(Title Designer)】窗口创建的,【字幕设计(Title Designer)】窗口的功能强大,不仅可以创建各种各样的文字效果,而且能够绘制各种图形,这为文字编辑工作带来了极大的方便,如图 8-10 所示。

⑩【调音台(Audio Mixer)】面板。【调音台(Audio Mixer)】面板主要用于完成对音频素材的各种处理工作,如混合音频轨道、调整各声道音量平衡和录音等,如图 8-11 所示。

(2) 多种操作界面布局

Premiere 的功能强大,有很多功能窗口和控制面板,要同时将所有面板在界面中显示出来是不可能的,读者可以根据需要随意打开和关闭每一个面板。考虑到读者工作的侧重点不同,Premiere 提供了 4 种预设界面布局供读者选择使用。

图 8-10　字幕设计窗口

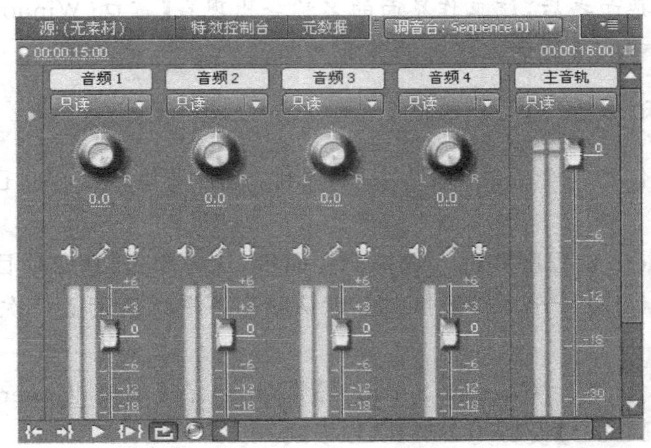

图 8-11　调音台面板

①【编辑(Editing)】模式工作界面。【编辑(Editing)】模式是 Premiere Pro 的默认界面模式,如果要从其他模式变为 Editing(编辑)模式,只需要单击菜单栏中的【窗口(Window)】|【工作界面(Workspace)】|【编辑(Editing)】命令即可。该界面模式的显著特点是打开了【时间线(Timeline)】窗口和【素材监视器(Source Monitor)】窗口,最适合于视频片段的剪辑和连接工作。

②【特效(Effects)】模式工作界面。单击菜单栏中的【窗口(Window)】|【工作界面(Workspace)】|【特效(Effects)】,工作界面将变为【特效(Effects)】模式。特效模式界面的显著特点是同时打开了【特效(Effects)】面板和【特效控制(Effects Controls)】面板,对于影片的特效添加和调试操作是最方便的。

③【音频(Audio)】模式工作界面。单击菜单栏中的【窗口(Window)】|【工作界面(Workspace)】|【音频(Audio)】,工作界面将变为【音频(Audio)】模式。该界面模式的显著特点是打开了【调音台(Audio Mixer)】面板,主要用于对影片音频部分的编辑操作,如调整

声道平衡、添加音频效果等。

④【颜色修正(Color Correction)】模式工作界面。单击菜单栏中的【窗口(Window)】|【工作界面(Workspace)】|【颜色修正(Color Correction)】命令，工作界面将变为【颜色修正(Color Correction)】模式。该工作模式的显著特点是同时打开了【参考监视器(Reference)】和【特效控制(Effects Controls)】面板，主要用于对视频素材的颜色调节操作。

Premiere的各个功能面板可以随意组合，而且还可以把自己设置的界面布局保存为通用操作界面，这样在以后的编辑工作中可以从一种界面模式快速切换到另外一种界面模式，从而提高工作效率。

小知识：将自己设置的界面布局保存为预设工作界面

读者可以把自己习惯的界面布局保存在预设操作界面，以后可以随时调用。

- 要保存自己设置的界面布局，可以单击菜单栏中的【窗口(Window)】|【工作界面(Workspace)】命令。
- 在弹出的【保存工作界面(Save Workspace)】对话框中输入一个名称，单击【保存(Save)】按钮，即可把界面布局保存为预设工作界面了。
- 保存了工作界面之后，该工作界面的名称会出现在【窗口(Window)】菜单下，只需单击该命令就可以快速调出保存的界面布局。

3. 解决方法和步骤

在本案例中，将创建一个标准的DV编辑项目，然后采集并保存自己的录像，具体操作步骤如下。

(1) 启动Premiere主程序并进入选择功能面板，这时单击【新建项目(New Project)】图标。弹出【新建项目(New Project)】对话框，默认状态下系统选定上一次使用的格式作为项目文件的格式。

(2) 展开【自定义设置(Custom Setting)】选项卡，在【常规(General)】选项面板中将【编辑模式(Editing Mode)】设置为DV PAL模式。

(3) 由于摄像机是采用16∶9格式录像，因此在【视频(Video)】选项区中将【像素屏幕高宽(Pixel Aspect Ratio)】设置为D1/DV PAL，如图8-12所示。

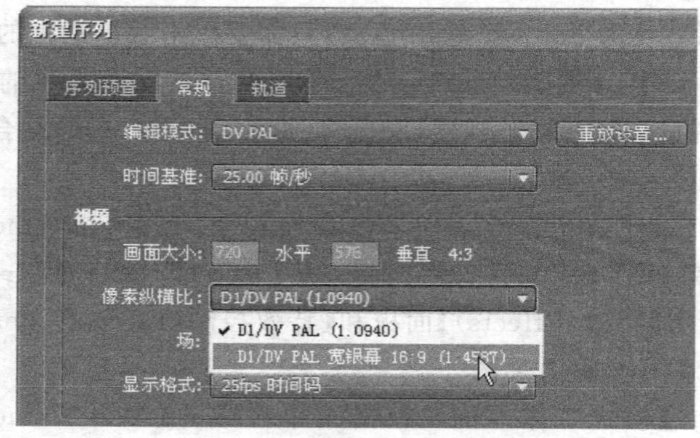

图8-12 设置像素纵横比

(4) 把 Field(场)选项设置为【下场优先(Lower Field First)】,与摄像机的格式相合。

(5) 在 Audio(音频)选项区域中将【采样频率(Sample Rate)】设置为 3200Hz,这一点必须注意。绝大多数家用摄像机的音频采样率都是 3200Hz,而默认 DV 项目格式是 44100Hz 或者 48000Hz,如果不修改其参数,输出的影片中很可能会产生音频失真。

(6) 展开【采集(Capture)】选项面板,将【采集格式(Capture Format)】设置为 DV 采用格式。单击【位置(Location)】选项右侧的【浏览(Browse)】按钮选项好项目文件的保存路径,然后在【名称(Name)】文本框中输入名称“制作一个简单影片”,然后单击【确定】按钮。

(7) 进入 Premiere 的操作界面,单击菜单栏中的【编辑(Edit)】|【采集(Capture)】命令。弹出【参数设置(Preferences)】对话框,在【采集(Capture)】选项面板中勾选【丢失帧时自动采集】复选框。

(8) 展开【临时磁盘(Scratch Disks)】选项面板,将【采集视频(Capture Video)】选项的临时磁盘设置为【与项目相同(Same as Project)】,即保存到项目文件所在的文件夹,这样便于以后查找,单击【确定】按钮,如图 8-13 所示。

图 8-13 设置临时磁盘

(9) 将 DV 摄像机通过 1394 接口与计算机连接,打开摄像机电源将摄像机设置为 Play(播放)工作状态。这时系统检测到摄像机,弹出一个“数字视频设备”对话框让读者选择视频采集方法,这里使用 Adobe Premiere Pro 选项。

(10) 直接进入到刚才新建的项目中,打开【项目设置(Project Setting)】对话框,在【采集(Capture)】选项面板中单击【设置(Setting)】按钮(如果没有摄像机与计算机连接,就不会看到该按钮)。在弹出的 DV 采集选项对话框勾选所有复选框,这样就可以一边采集一边预览音频内容了。

(11) 单击菜单栏中的【文件(File)】|【采集(Capture)】命令,弹出【采集(Capture)】窗口。由于摄像机还没有开始播放,这里显示【Stopped】(停止)提示语。

(12) 展开【设置(Setting)】选项卡,可以看到文件的保存路径和刚才的设置是相同的。展开【记录(Logging)】选项卡,在【磁带名称(Tape Name)】文件框和【素材名称(Clip Name)】文件框中输入名称“制作一部简单的影片”。

8.1.2 新建项目并导入素材

1. 任务分析

工欲善其事，必先利其器。要制作出一个有创意的动物世界栏目片头，是离不开视频编辑的利器 Premiere 的。这一节将介绍使用 Premiere 软件来编辑一部影片。首先应该创建一个符合要求的项目文件，然后把准备好的素材导入【项目(Project)】窗口中备用。

2. 相关知识点

(1) 设置项目参数

在创建一个视频合成文件之前，首先需要创建一个新项目，此项目主要用来保存合成视频所需的各种素材，并且在时间线中记录这种素材的合成方式。因此，新建项目文件是制作音视频作品的第一步。具体操作如下。

① 启动 Premiere 程序，会出现一个选择功能面板，读者可以在【最近项目(Recent Projects)】列表中选择最近编辑过的一个项目文件继续进行编辑，或者通过单击【打开项目(Open Projects)】按钮来查找一个已有的项目文件。现在要建立一个全新的编辑项目，就单击【新建项目(New Project)】按钮。

② 在弹出【新建项目(New Project)】对话框，在【载入预设】选项卡的【有效预选】选项区域中排列着预设的所有项目格式，选择任何一种预设格式，在对话框右边会显示该项目文件的尺寸大小、帧频等基本信息。

③ 单击展开【自定义设置(Custom Settings)】选项卡，可以对项目文件的各项参数进行详细的设置，如图 8-14 所示。

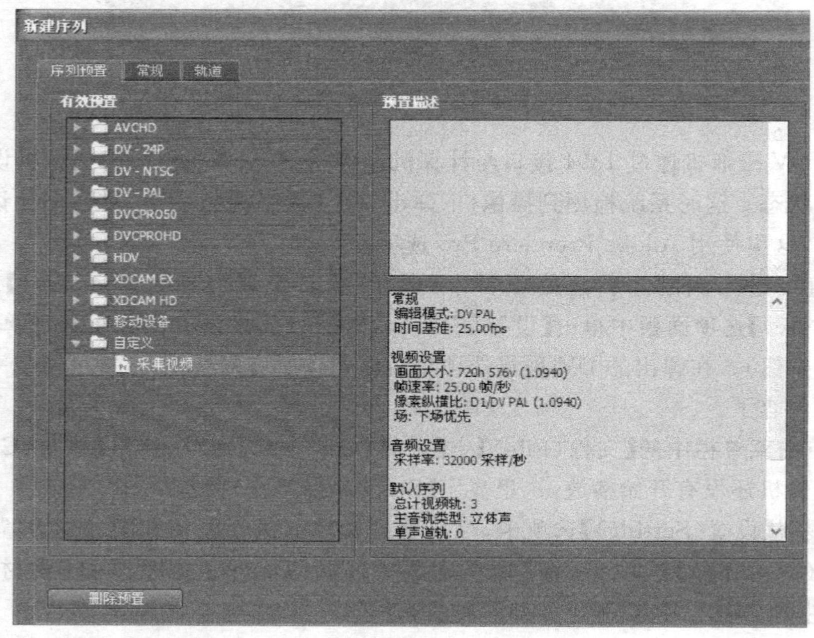

图 8-14 【自定义】选项

④ 在【常规(General)】选项面板中单击展开【编辑模式(Editing Mode)】下拉列表，这里包括了几乎所有流行的视频格式供选用。如果这里没有读者需要的格式，可以选择【桌面(Desktop)】编辑模式以自行设置项目格式，如图 8-15 所示。

⑤ 在【时间基准(Timebase)】下拉列表中设置视频的帧频，即每秒播放的帧数。

⑥ 展开【像素屏幕高宽比(Pixel Aspect Ratio)】下拉列表，在这里设置像素的尺寸比例，一般选择 Square Pixels(1.0)或者 D1/DV PAL 规格，如果制作宽银幕影片可以选择 D1/DV PAL Widescreen16∶9(1.422)等规格。

⑦【场(Fields)】下拉列表用于设置影片的场选项，设置正确的场选项可以有效地制作画面闪烁现象，中国的电视系统一般应该选择【下场优先(Lower Fields First)】，由于逐行摄像机和逐行电视回放系统的出现，在制作该类视频作品时可以选择【无场(No Fields)】选项，这样可以达到最佳的画面效果，如图 8-16 所示。

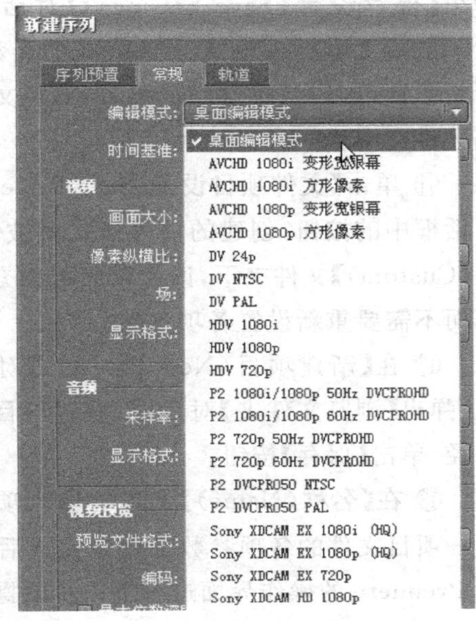

图 8-15 选择编辑模式

⑧【字幕安全框(Title Safe Area)】和【动作安全框(Action Safe Area)】选项的参数用于设置安全框在屏幕中的位置，一般可以保存默认参数设置不变。该项值不能设置得太小，以免画面的主要部分或者文字在不同制式的电视机中回放时出现变形。

⑨【音频(Audio)】选框中展开【采样率(Sample Rate)】下拉列表设置音频的采样频率，这里的参数应该尽可能与音频素材的采样频率吻合，不然输出的影片中有可能会产生噪声，如图 8-17 所示。

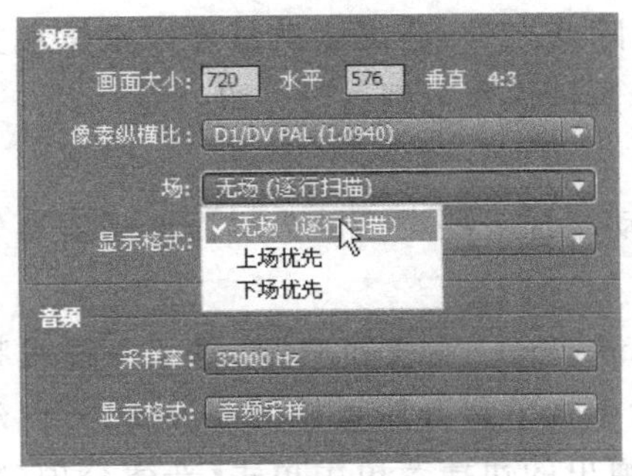

图 8-16 设置场选项

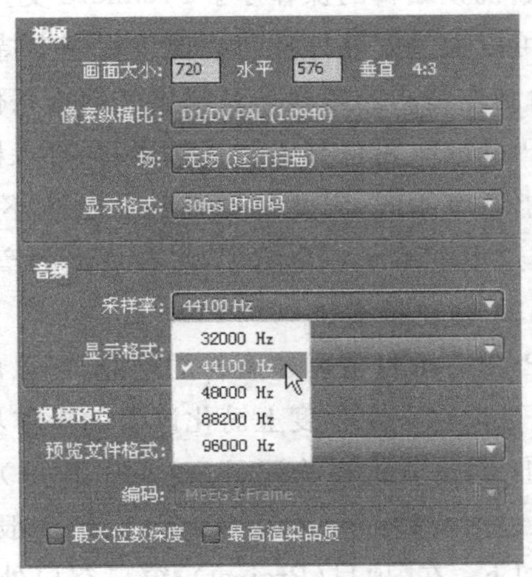

图 8-17 设置采样率图

⑩ 设置好了项目文件的规格参数后，可以将其保存为预设格式方便以后使用，单击【New Project(新建项目)】对话框中的【确定】按钮，弹出【保存设置(Save Settings)】对话框，在【名称(Name)】文本框中输入项目格式的名称，如图 8-18 所示。还可以在【描述(Description)】文本框中输入描述性文字。

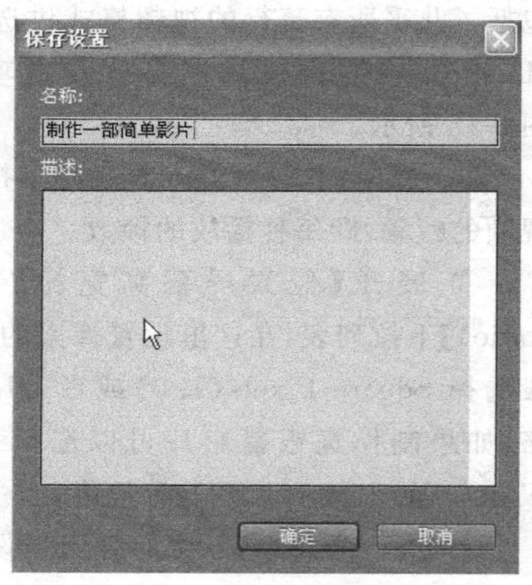

图 8-18 保持预设格式

⑪ 单击【文件项目设置(Save Project Settings)】对话框中的按钮，创建的项目格式就被保存到【自定义(Custom)】文件夹下，读者以后可以方便地直接调用而不需要重新设置各项参数。

⑫ 在【新建项目(New Project)】对话框单击按钮，弹出【浏览文件夹】对话框，设置项目文件的保存路径，单击【保存】按钮。

⑬ 在【名称(Name)】文本框输入项目文件的名称。项目文件的各项参数都设置完成后，单击【新建项目(New Project)】对话框的按钮，进入 Premiere 的操作界面进行下一步的操作。

小知识：如何改变项目文件参数设置

在影片编辑过程中，可以随时改变项目参数设置，当然只能改变其中一部分参数。

在进入操作界面之后，读者如果想改变项目参数设置，可以通过单击菜单栏中的【项目(Project)】|【项目设置(Project Settings)】|【常规(General)】命令，调出【项目设置(Project Settings)】对话框对部分参数进行修改。

(2) 导入各种类型的素材

创建了一个新项目文件，并且设置好了 Premiere 的工作参数，下面就可以导入素材，准备开始视频编辑的操作了。Premiere 支持处理多种格式的图像、视频和音频文件，而且读者还可以通过安装外挂解码器使程序支持更多类型的素材文件，这极大地丰富了素材的来源，为制作精彩的影视作品提供了前提条件。

Premiere 可以导入音视频素材、导入图像素材和导入图层素材等。由于各种类型文件的特点各有不同，因此其导入的方法也不尽相同。除此之外，还可以批量导入素材和文件夹，在这里就不一一介绍了，将在后面的章节中结合具体操作案例进行介绍。

(3) 创建新素材

Premiere 自带创建素材的功能，可以由程序自动添加一些类型的素材而不需要事先准备，这可以在一定程度上简化读者的操作步骤。

① 创建节线和单调(Bars and Tone)。Bars and Tone(节线和单调)属于一种视频文件，既包括视频部分又包括音频部分，一般用来表示电视节目开始播放的荧屏暂停，创建的步骤如下：在【项目(Project)】窗口空白处右击，在弹出的快捷菜单中单击【新建分项(New Item)】|【彩条(Bars and Tone)】命令，系统随即添加一个彩条文件到【项目(Project)】窗口，如图 8-19 所示。

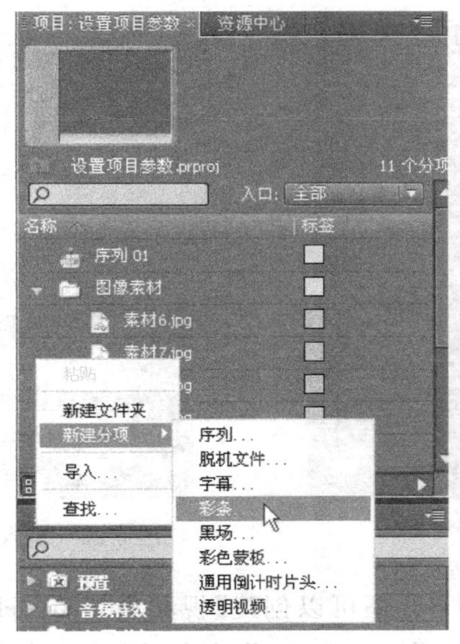

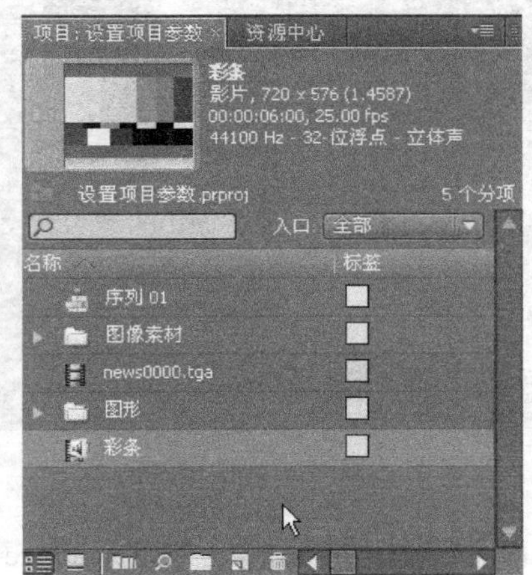

图 8-19　新建彩条

在【项目(Project)】窗口双击“Bars and Tone”文件可以将它导入【素材监视器(Source Monitor)】窗口中查看，还可以切换到音频轨道查看其音频波形图。

② 创建【离线文件(Offline File)】。【离线文件(Offline File)】可以理解为虚拟素材，使用虚拟素材代替真实素材进行编辑，可以极大地提高工作效率。创建【离线文件(Offline File)】：右击【项目(Project)】窗口空白处，在弹出的快捷菜单中单击【新建项目(New Project)】|【离线文件(Offline File)】命令，即可在这里对虚拟素材的参数进行详细的设置。

提示

在使用虚拟素材代替真实素材进行编辑之后，需要将虚拟素材替换成真实素材，然后再渲染输出。只有虚拟素材和真实素材的类型一致才能够进行替换，因此在创建虚拟素材时必须先确定真实素材的类型，以免最后无法匹配真实素材。

③ 创建【颜色遮罩(Color Matte)】。【颜色遮罩(Color Matte)】可以理解为一张纯色的图片，一般用做其他图像的背景或者遮罩图层，也可以在其上添加视频特效以制作其他效果。创建【颜色遮罩(Color Matte)】的方法为：单击位于【项目(Project)】窗口下方工具条中的按钮，在弹出的下拉菜单中单击【颜色遮罩(Color Matte)】命令，如图 8-20 所示。在弹出的【颜色拾取(Color Picker)】对话框中设置图像的颜色，如图 8-21 所示。单击【确定】按钮，弹出一个【选择名称(Choose Name)】对话框，输入一个比较容易识别的名称，如图 8-22 所示。

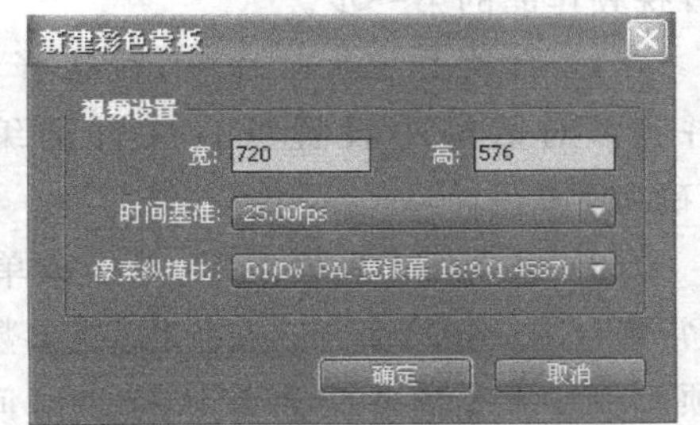

图 8-20　新建色彩蒙版

然后单击【确定】按钮，回到【项目(Project)】窗口，系统已经自动添加了一个“绿色”文件，它的尺寸大小与项目尺寸相同，持续时间与最初的参数设置一致，为 6 秒(即 150 帧)。

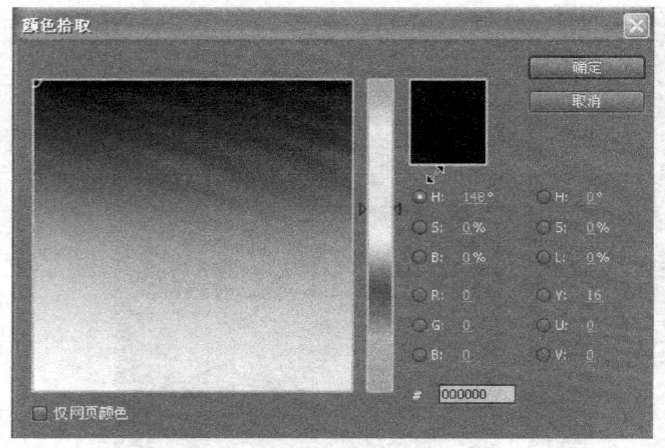

图 8-21 设置颜色

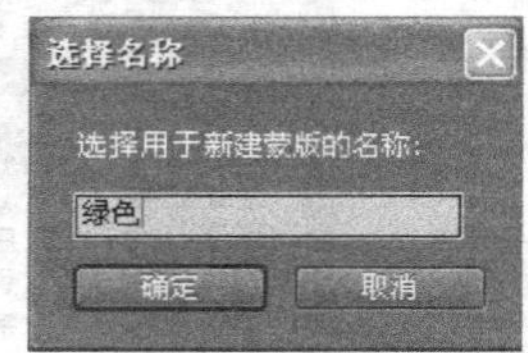

图 8-22 输入名称

除了上面介绍的这些素材之外，Premiere Pro 还可以创建【视频黑场(Black Video)】、【透明视频(Transparent Video)】和【字幕(Title)】等文件，这些将在后面的范例操作中结合具体案例进行讲解，在这里就不赘述了。

小知识：如何修改和编辑创建的素材

当读者在 Premiere 中创建了一个素材文件之后，如果对文件的某些特征不满意，可以随时修改。即使该文件已经连接到其他素材，对它的编辑也不会影响相邻素材之间的关系。

例如，读者创建了一个红色的颜色遮罩文件，如果想改变其颜色，就可以在【项目(Project)】窗口中双击该文件。在弹出的【颜色拾取(Color Picker)】对话框中，读者可以重新设置文件的颜色。

3. 解决方案和步骤

新建一个影片项目并导入素材的具体操作步骤如下。

在创建一个视频合成文件之前，首先需要创建一个新项目，此项目主要用来保存合成视频所需的各种素材，并且在时间线中记录这种素材的合成方式。因此，新建项目文件是制作音视频作品的第一步。

(1) 启动 Premiere 程序，在选择功能面板中单击【新建项目(New Project)】按钮。并在该对话框中设置项目文件的编辑模式、帧尺寸、名称和保存路径等，然后单击【确定】按钮。

(2) 进入操作界面之后，单击菜单栏中的【编辑(Edit)】|【参数设置(Preferences)】|【常规(General)】命令。在弹出的【参数设置(Preferences)】对话框中的【常规(General)】选项面板中将【静态图像默认持续时间(Still Image Default Duration)】设置为 50 帧，如图 8-23 所示，单击【确定】按钮。

(3) 双击【项目(Project)】窗口空白处，在弹出的【导入(Import)】对话框中选择附书盘的"\chapter08\制作一部简单影片"文件夹中的图片 1～10.jpg 图像文件和"背景音乐.wav"音频文件，然后单击打开按钮，如图 8-24 所示。

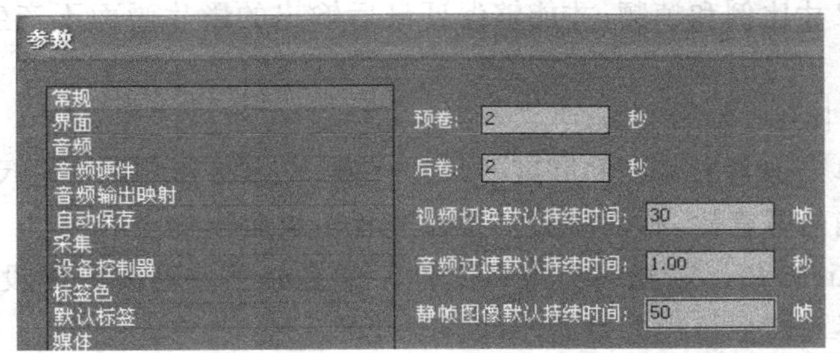

图 8-23 新建项目

图 8-24 选择导入素材

(4) 导入的素材文件保存在【项目(Project)】窗口中,现在每一张图片的默认持续时间都是 2 秒钟,即 50 帧。

8.1.3 编辑素材并添加特效

1. 任务分析

导入素材之后,接下来应该在【时间线(Timeline)】窗口编辑素材,然后使用视频特效来调整素材。

2. 相关知识点

影片或者视频有多种格式和制式,各种格式和制式的尺寸比例和播放帧频是不一样的,在视频素材被导入 Premiere 程序当中之后,系统会自动识别它们,并将其默认设置为正确的尺寸比例和帧频,系统如果不能够正确识别素材的格式,就需要读者手动调整,只有为素材设置了正确的尺寸比例和帧频，才能够保证最后输出的影片画面不产生变形并保持正确的播放速度。

(1) 改变像素比

像素比就是单个像素的宽度和高度的尺寸比例，它直接影响画面的尺寸比例，如果一个视频没有设置正确的像素比，画面就会被拉长或者压扁而导致变形。

① 启动 Premiere Pro，新建一个项目文件。这里必须注意要正确设置视频的像素比，因为在进入操作界面之后该项参数是不能够改变的。

② 单击菜单栏中的【文件(File)】|【导入(Import)】命令，导入需要的素材，这里导入的是一部影片。

③ 在【项目(Project)】窗口右击素材，随即弹出一个【属性(Properties)】面板。这里详细地记载了该素材的各种参数消息，其中的【像素纵横比(Pixel Aspect Ratio)】为 1，即为方形像素，如图 8-25 所示。

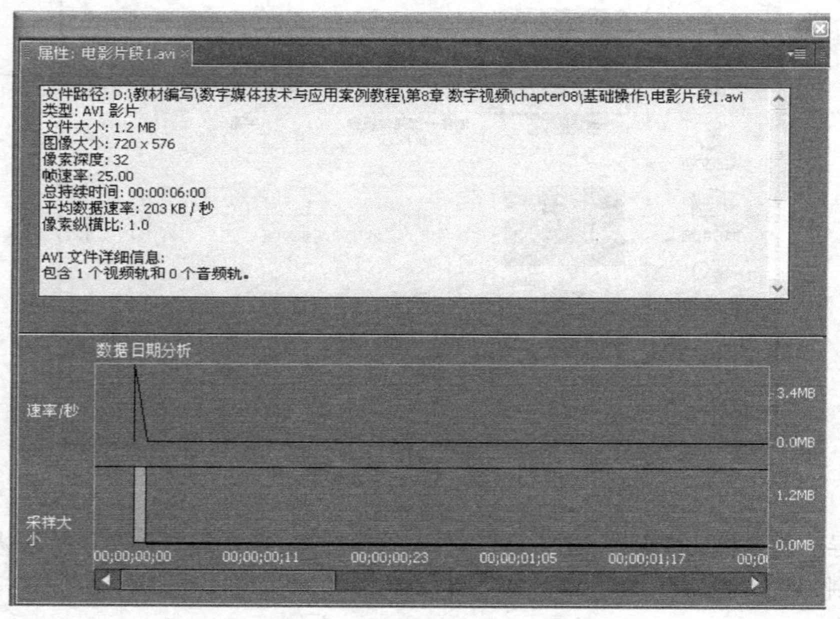

图 8-25　查看原素材像素比

④ 在【项目(Project)】窗口双击素材文件，即将它导入至【素材监视器(Source Monitor)】窗口中。从这里可以很清晰地观察素材，并发现画面是在垂直方向被拉伸变形的，如图 8-26 所示。

⑤ 回到【项目(Project)】窗口右击素材，在弹出的快捷菜单中单击【说明素材(Interpret Footage)】命令，随即弹出一个如图 8-27 所示【说明素材(Interpret Footage)】对话框，可以在该对话框中设置素材的像素比。

⑥ 在【说明素材(Interpret Footage)】对话框中的【像素纵横比(Pixel Aspect Ratio)】选项区域中勾选【确定】改变了原来变形的情况，然后在其下拉列表中单击【D1\DV PAL 宽银幕 16：9】命令，该制式影片的像素比为 1.422，如图 8-28 所示。

图 8-26 源素材效果

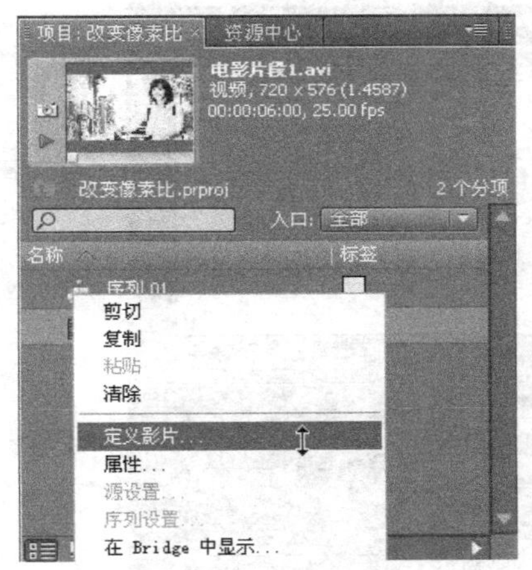

图 8-27 说明素材对话框

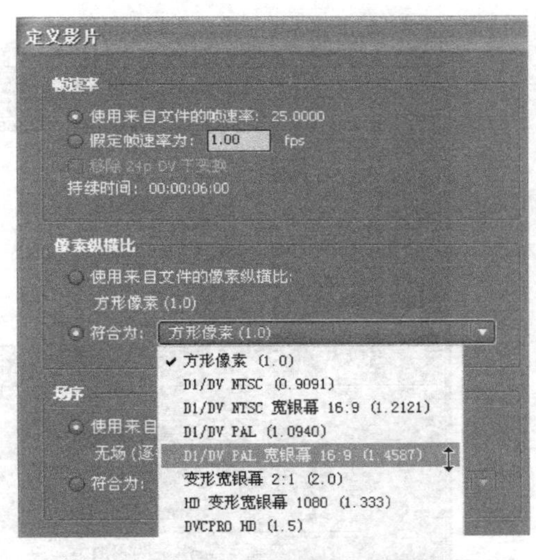

图 8-28 在【自定义影片】中改变像素比

⑦ 单击【确定】按钮，返回【素材监视器(Source Monitor)】窗口，可以看到画面的高度保持不变，宽度增加了，从而消除了原来变形的情况，如图 8-29 所示。

(2) 改变影片的帧频

影片是由一系列的帧组成的，第一秒钟播放的帧数就是该影片的帧频，一般 PAL 制式视频的帧频为 25 帧/秒，NTSC 制式视频的帧频为 30 帧/秒，电影一般是 24 帧/秒。在 Premiere 中可以随意改变影片的帧频，以适应不同的制作或者播放需要。改变影片的帧频可以参考下面的步骤完成。

① 导入附书光盘中的视频“chapter08\基础操作\咖啡广告.mpge”。在项目窗口右击素材，在弹出的快捷菜单中单击【属性】命令，随即弹出如图 8-30 所示的【属性】面板。在这里可以看到源素材的【帧频(Frame Rate)】为 31.58 帧/秒。

② 在项目窗口双击素材文件，即可把它导入【素材监视器(Source Monitor)】窗口，可以

图 8-29　改变像素后的效果

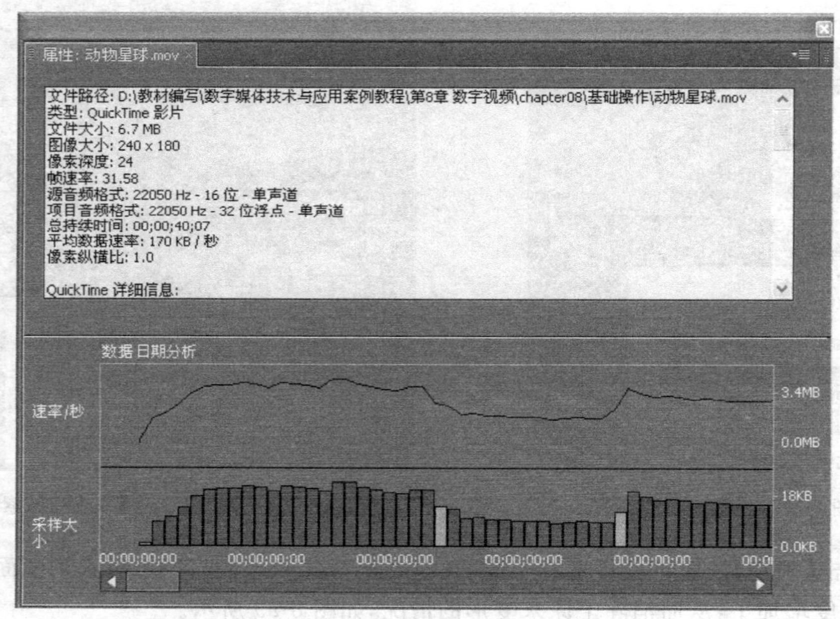

图 8-30　窗口源素材帧频

看到素材的默认持续时间为 40 秒，移动素材时间滑块到“00：00：21：24”处，此时的画面如图 8-31 所示。

③ 回到项目窗口右击素材，在弹出的快捷菜单中单击【自定义素材】命令，在【自定义素材】对话框中选择【帧频】|【使用该帧频(Assume this frame rate)】单选按钮，并将其参数设置为“25”，然后单击【确定】按钮，如图 8-32 所示。

④ 返回【素材监视器】窗口，可以发现素材的持续时间已经变成了 24 秒，而它在“00：00：21：00”处的画面也改变了。由于增加了影片的帧频，相应的，其播放速度也提高了，因此其持续时间就缩短了，改变后的效果如图 8-33 所示。

图 8-31　源素材效果

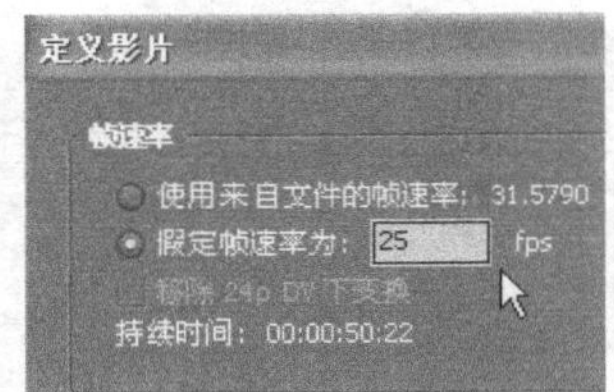

图 8-32　在【自定义素材】中改变帧频

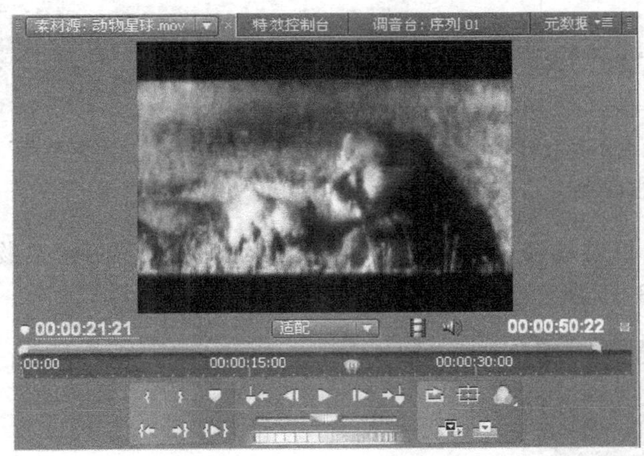

图 8-33　改变后的效果

3. 解决方案和步骤

(1) 从【项目(Project)】窗口中把所有图像文件插入【时间线(Timeline)】窗口的 Video 1 轨道中，使所有素材首尾相接，如图 8-34 所示。

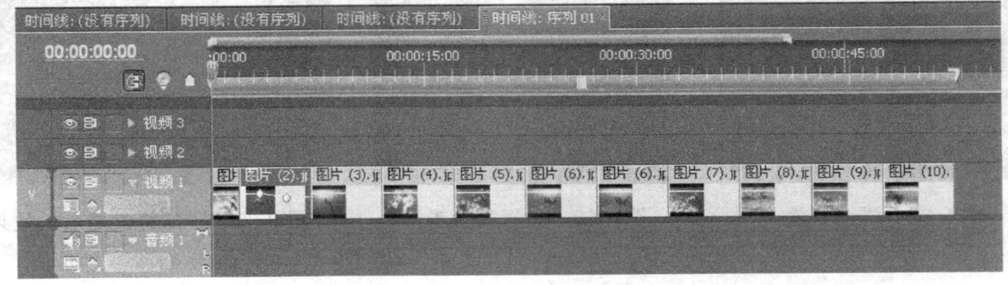

图 8-34　排列素材到时间线

(2) 在时间轴上选择所有的图像,右击,在弹出对话框中单击【适配为当前画面大小】,调整图像与【节目监视器窗口(Program Monitor)】大小匹配,如图 8-35 所示。

(3) 打开【特效(Effects)】面板,选择一个【综合(ProcAmp)】特效添加到【时间线(Timeline)】窗口的“动物 1”图层,效果如图 8-36 所示。在【特效控制台(Effects Controls)】面板中展开【调整】特效并设置参数,如图 8-37 及图 8-38 所示。

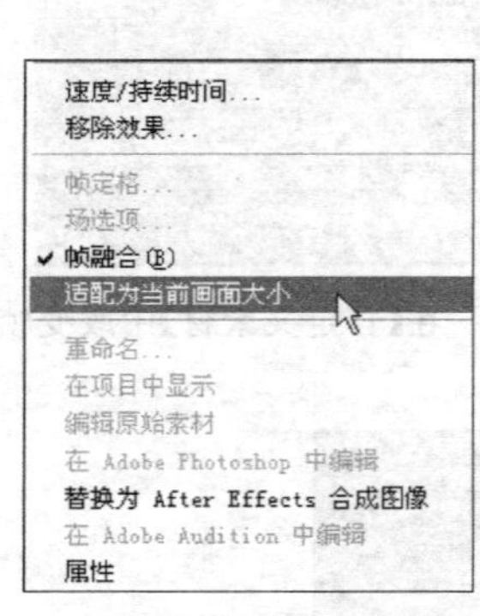

图 8-35 调整图像大小与节目监视器窗口匹配

图 8-36 素材效果

(4) 现在从【节目监视器(Program Monitor)】窗口可以看到“动物 1”图层添加特效之后的效果,如图 8-39 所示。

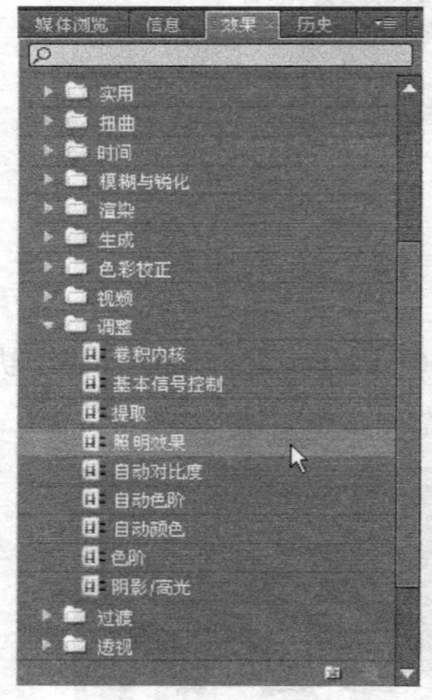

图 8-37 添加特效

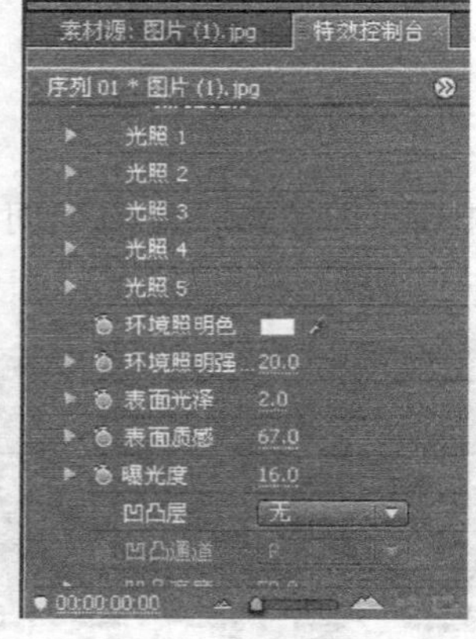

图 8-38 设置特效参数

图 8-39 添加特效之后的效果

8.1.4 添加字幕和音乐

1. 任务分析

字幕效果是影片中的重要组成元素。在本例中制作的是一个简单的缩放字幕效果，然后为影片添加背景音乐。

2. 相关知识点

文本一般是字幕的主体，在 Premiere 中所有的文本都是在【字幕设计(Title Designer)】窗口创建的。当需要字幕效果的时候，首先新建一个字幕文件，在字幕设计窗口输入文本内容，然后设置文字的各种属性，添加各种艺术效果等。

1) 创建文本

(1) 从文件菜单创建字幕文件

通过单击【文件(File)】菜单中的命令，可以开始创建一个新的字幕文件。首先，在新建的项目窗口中单击菜单栏中的【文件(File)】|【新建(New)】|【字幕(Title)】命令即可创建字幕，如图 8-40 所示。如果需要编辑文本，只需要双击项目窗口的字幕文件，会弹出【字幕设计】窗口。在默认情况下该字幕文件处于编辑状态，读者可以直接设计字幕。设计完毕后，可以直接关闭字幕设计窗口，系统将自动保存，并将项目窗口的该字幕文件同步更新。

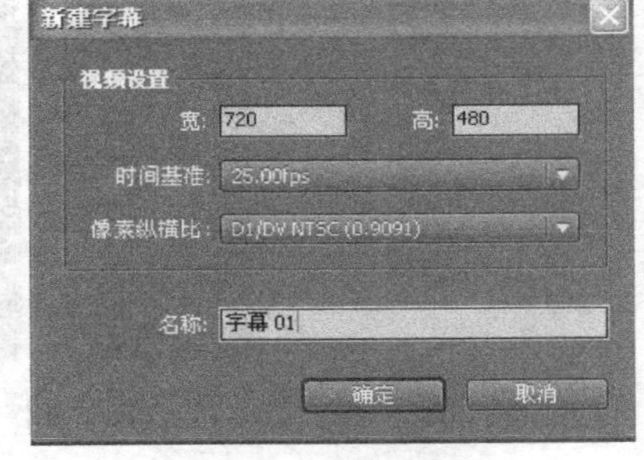

图 8-40 新建字幕窗口

(2) 从字幕菜单创建字幕文件

通过单击菜单栏中的【字幕】菜单中的命令来创建一个字幕文件。字幕文件创建后，打开字幕设计窗口，其操作与前面相同。

(3) 从字幕模板创建字幕文件

在 Premiere Pro 中，字幕模板不仅从字幕设计窗口分离了出来，并且没有包含在 Premiere Pro 软件中，包含在一个名为 Adobe Premiere Pro Functional Content 的程序当中。读者只有安装了该程序，才可以在 Premiere 中使用字幕模板。如图 8-41 所示。使用【模板(Template)】创建字幕是非常快捷的方法，它不需要读者自行设计字幕的布局，只需要对字幕模板进行简单的修改就可以轻而易举地制作具有专业外观的字幕效果。

2) 控制文本

【字幕设计(Title Designer)】窗口功能非常强大，集成了所有对文字的编辑功能，包括输入文字、选择字体、设置文字的位置、尺寸大小、添加颜色效果、阴影、辉光、纹理和应用风格效果等。

(1) 认识字幕设计窗口

【字幕设计(Title Designer)】窗口功能非常强大，是一个高度集成化的窗口，按照功能分为 5 个功能区，分别是工具栏、动作栏、设计区、属性栏和风格栏，如图 8-42 所示。

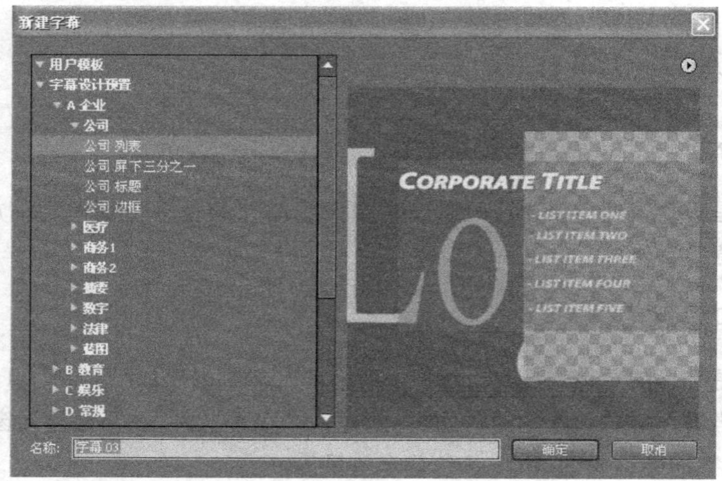

图 8-41　基于字幕模板

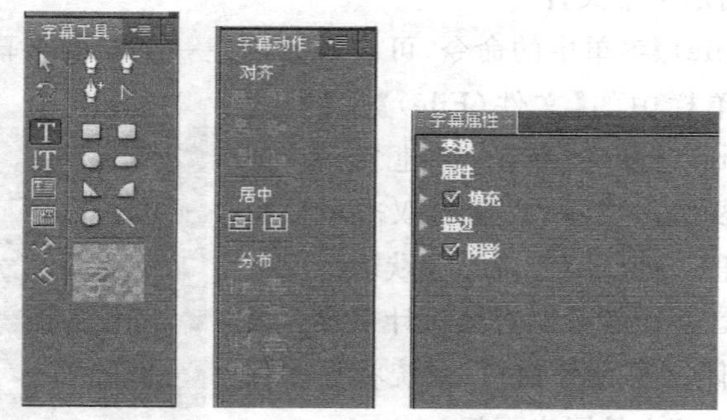

图 8-42　工具栏 、动作栏、字幕属性栏

(2) 设置基本参数

对文字的基本操作参数的设置一般是在【字幕属性(Title Properties)】栏完成的,而 Premiere 支持对文字直接操作。很多编辑操作可以通过在字幕设计区直接拖动完成,如选择字体、设置【变换(Transform)】参数。

(3) 增加艺术效果

在 Premiere 中不仅能够改变文字的颜色,而且能够添加多种颜色的渐变效果、增加色彩和纹理效果、增加描边效果、添加阴影效果。

(4) 使用路径工具

使用 Premiere 自带的路径工具可以制作路径文字效果,而且可以将路径任意变形,文字也会跟随路径一起变形。使用路径可以让制作的字幕更加多样化。

(5) 使用图形工具

在 Premiere 中的字幕设计窗口提供了一组图形工具,可以用于绘制各种图形,而且可以直接在字幕中插入图片和 Logo,为字幕效果的设计提供了丰富的扩展空间。

3) 为字幕添加特效

在 Premiere 中默认静态字幕被当做图像文件,默认滚动字幕和默认爬行字幕被当做视频文件，除了可以应用运动特效之外，它们与图像或视频文件一样可以被添加各种视频特效或者转场特效。

提示

在默认状态下，Style（风格）栏位于字幕设计窗口的中下部，这里存放着这种已经设置好了的文字效果供选用，读者可以直接使用自己喜欢的文字效果而不必再费劲地自行调试了，也可以将自己设计的文字或者图形效果保存为风格样式，以便于以后随时调用。

3. 解决方案和步骤

(1) 单击菜单栏中的【文件(File)】|【新建(New)】|【字幕(Title)】命令。在弹出的 New Title(新建字幕)对话框中输入字幕文件的名称“字幕”，然后单击【确定】按钮。然后字幕窗口中单击T按钮，在设计窗口中单击鼠标，输入文字。

(2) 为文字应用合适的风格样式。移动时间滑块到 00:00:46:00 处，打开“我的海底世界”图层的【特效控制(Effects Controls)】面板，设置其中的【缩放比例】项，此时的关键帧参数值为“0”。移动时间滑块到 00:00:49:00 处，然后设置【缩放宽度(Scale)】项此时的关键帧参数值为“100”；设置【缩放比例】此时的关键帧参数值为“104”，如图 8-43 所示。

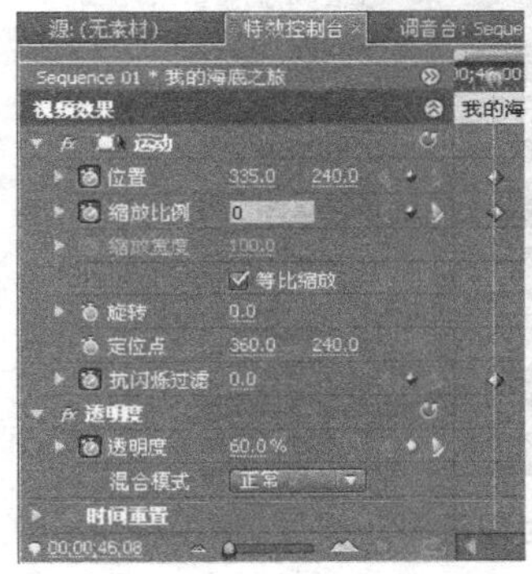

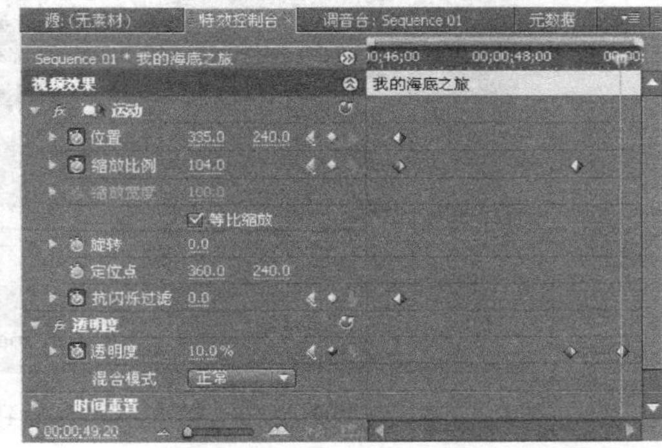

图 8-43　为字幕设置动画效果

(3) 直接关闭【字幕设计(Title Designer)】窗口，新建的字幕文件自动保存到【项目(Project)】窗口中，如图 8-44 所示。

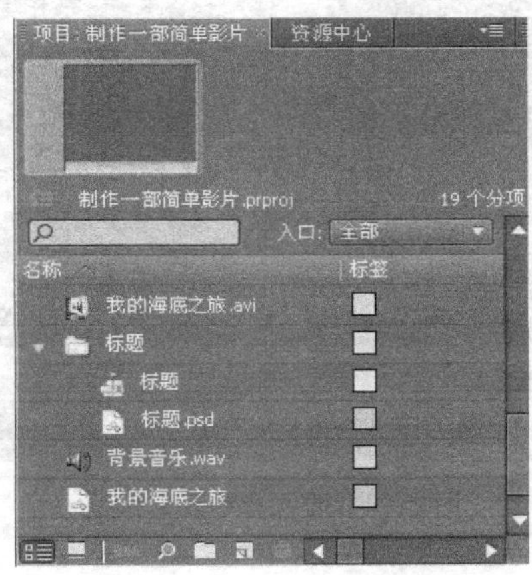

图 8-44　自动保存到项目窗口

(4) 把文件“字幕”插入【时间线(Timeline)】窗口的“视频 4”轨道,与“视频 1”轨道的素材右端对齐,如图 8-45 所示。

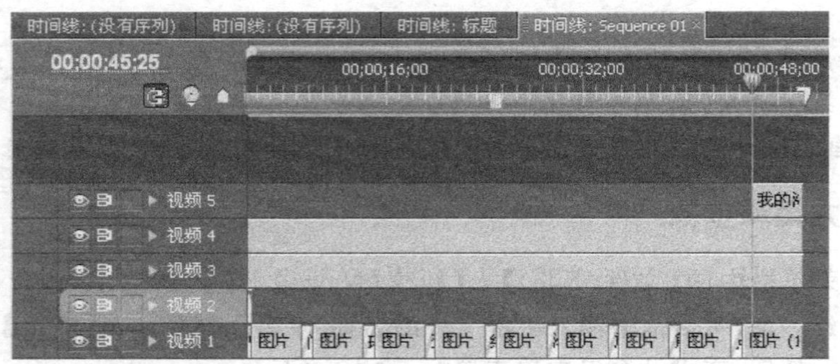

图 8-45　插入字幕到时间线

(5) 新建一个名称为“Blue”的图形字幕,颜色为蓝色,并将新建好的字幕图形插入视频轨道“视频 3”,如图 8-46 所示。

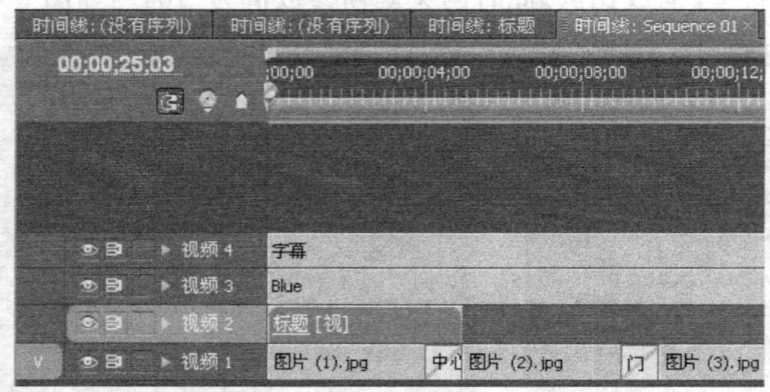

图 8-46　插入字幕图形到时间线

(6) 从【项目(Project)】窗口把“背景音乐. wav”影片文件插入【时间线(Timeline)】窗口的“视频 4”单声道音频轨道,然后将视频层的出点与视频对齐,如图 8-47 所示。

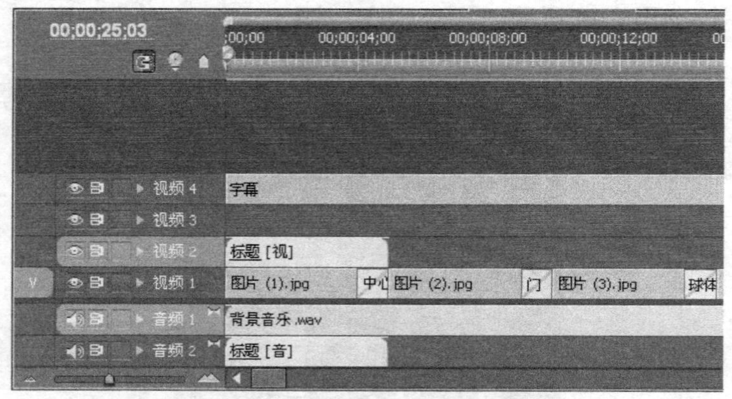

图 8-47　插入音频到时间线

8.1.5 输出影片

1. 任务分析

输出影片就是把已经编辑好的项目文件输出为视频文件，一般应该输出为既包括动态图像也包括音频效果的视频文件，而且应该根据需要为影片设置合适的压缩格式。

2. 相关知识点

在时间线窗口对所有的音频视频素材片段进行加工处理，包括剪切素材、排列位置、添加音频视频特效后，所有素材在时间线上连接成为一个有机整体，并且经过多次预演确定无误了，编辑部分的工作就完成了，接下来的工作就是按照需要输出最后的界面成品，最后输出或者发布节目成品的过程称为渲染输出。

读者在编辑完成了一个项目文件之后，可以按照不同用途将影片的全部或者部分输出为各种不同类型的文件，比较常用的输出方式和文件类型有：影片(Movie)、帧(Frame)、音频(Audio)、字幕(Title)、输出到磁带(Export to Tape)、输出到DVD(Export to DVD)和Adobe Media Encoder等。其中，Adobe Media Encoder：Premiere中自带的编码程序，可以输出各种各样格式的影片，如VCD和DVD视频。新版的Adobe Media Encoder支持输出Flash动画。

3. 解决方案和步骤

(1) 单击菜单栏中的【文件(File)】|【输出(Export)】|【影片(Movie)】命令，如图8-48所示。

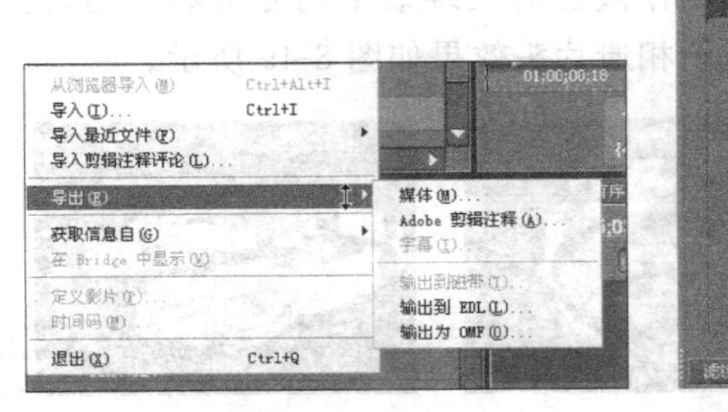

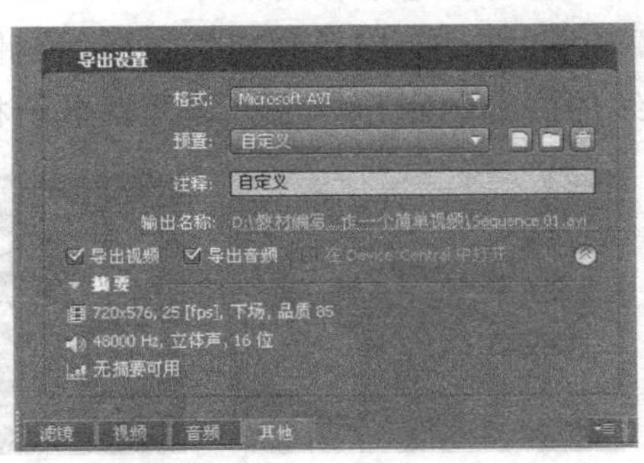

图8-48 在导出菜单中设置参数

(2) 在弹出的【输出影片(Export Movie)】对话框中设置视频文件的名称和保存路径，然后单击【设置】按钮。然后在对话框中的【常规(General)】选项面板中设置文件类型。

(3) 在【视频(Video)】选项面板中选择影片的压缩编码程序。选择好编码程序之后，单击【确认】按钮，在弹出的配置对话框中对压缩编码程序进行高级设置。设置好编码高级参数之后，关闭【配置】对话框。继续在【视频(Video)】选项面板中设置视频的颜色深度、帧尺寸、像素比和压缩质量等详细参数。

(4) 展开【关键帧和渲染(Keyframe and Rendering)】选项面板，设置视频的场选项和渲染关键帧选项。

(5) 展开【音频(Audio)】选项面板,设置音频的压缩格式、采样频率、量化标准和声道属性等参数。

(6) 在【输出影片设置(Export Movie Settings)】对话框中设置好各项参数之后,单击【确定】按钮回到【输出影片(Export Movie)】对话框。可以看见刚才设置的文件名已经添加了后缀名,它表示文件的格式,现在单击【保存】按钮。

(7) 系统开始渲染输出视频文件,并弹出一个【渲染(Rendering)】对话框显示渲染的进程,渲染结束之后,生成一个视频文件,可以用其他播放软件来播放该影片。

8.1.6 实训课堂

1. 要求学生采集数字 DV 拍摄两三组人物动态视频素材,然后利用所学的技术进行视频素材的后期编辑,并最终输出成品影片。

要求:

(1) 拍摄的每组视频素材片段的时间在 10 秒钟左右;

(2) 拍摄时控制好景别关系,丰富镜头内容;

(3) 输出成品影片文件格式为".avi"。

2. 制作一个电子相册,要求包含动态画面效果。

8.2 儿童电子相册

本案例是为儿童电子相册制作一个片头。通过本案例的制作,使读者掌握视频特效的添加、视频转场的应用,以及利用外挂插件制作嵌套的三维效果的方法和技巧,同时将介绍多重时间线的嵌套的制作方法。该儿童电子相册片头效果如图 8-49 所示。

图 8-49 儿童电子相册片头效果

本案例的制作,可以分以下 5 个任务来完成。

任务 1:创建时间线。

任务 2:插入素材到时间线。

任务 3:添加视频特效。

任务 4:添加音乐。

任务 5:合成影片。

8.2.1 创建时间线

1. 任务分析

在影片的编辑过程中，读者不仅可以根据需要来添加音视频轨道，而且可以新建多个时间线，一个时间线可以当做是一个素材文件来在另一个时间线中使用，这就叫嵌套时间线，利用这一功能，可以将一部复杂的影片链接起来，这样可以大大降低操作的难度，而且通过嵌套时间线可以制作出特殊的视觉效果。

2. 相关知识点

(1) 创建时间线

创建编辑项目之后，默认是一条时间线。如果需要随时添加时间线，新建的时间线会被当做是一个素材文件保存在项目窗口，一个时间线可以被多次使用。要添加时间线，可以新建一个项目，默认状态下在【项目(Project)】窗口有一个“Sequence01”文件，它就是一个时间线文件。可以看到它的尺寸和帧频等信息与项目的格式是一致的，在【时间线(Timeline)】窗口，默认打开的是“Sequence01”。现在【时间线(Timeline)】窗口处于可用状态，可以在其轨道上插入素材，进行编辑工作，如图 8-50 所示。

图 8-50 默认打开的时间线

创建时间线后，它会自动在【时间线(Timeline)】窗口打开。默认状态下所有时间线会被打开，但是只能有一条处于编辑状态，可以通过单击其标题栏来切换到任何一条时间线并进行编辑。

(2) 时间线嵌套

在 Premiere 中，时间线可以被多次或者多层嵌套。一个编辑项目中如果建立了多条时间线，一般说来是需要嵌套使用的。如果在最终输出影片时没有包含所有时间线的信息，也就没有必要建立这些多余的时间线了。当一条时间线被嵌套至另一条时间线里面之后，它就被作为一个音视频素材使用，对它也可以进行与其他素材一样的编辑。

3. 解决方案和步骤

在制作儿童电子相册片头过程中，创建时间线的具体步骤如下。

(1) 启动 Premiere 程序，新建一个尺寸大小为“320×240”的项目文件，将其命名为“儿童电子相册片头”。打开【参数设置(Preference)】对话框,将【静态图像默认持续时间(Still Image Default Duration)】设置为 125 帧,即 5 秒钟。

(2) 在【项目(Project)】窗口导入本书网络下载的素材:“chapter08\儿童电子相册片头\儿童相册\1～25. bmp”文件夹,该文件夹中包括 25 张素材图片。

(3) 在【项目(Project)】窗口中将默认的时间线文件“Sequence01”重命名为“片头一行”。

8.2.2 插入素材到时间线

在【项目(Project)】窗口和【素材监视器(Source Monitor)】窗口可以对单个素材进行初步的编辑,但是无法完成影片的连接工作,对影片的最终连接与合成是在【时间线(Timeline)】窗口进行的。Premiere Pro 提供了多种插入素材到时间线的方法,选择合适的插入方法可以简化后面的编辑工作,甚至可以说,在 Premiere Pro 中插入素材已经是连接影片的重要手段。

1) 拖动素材到时间线

从【项目(Project)】窗口和【素材监视器(Source Monitor)】窗口可以直接用鼠标拖动素材,然后插入到【时间线(Timeline)】窗口的指定位置,这是插入素材最简单的方法,也是最常用的方法。

(1) 从项目窗口中拖动插入

在【时间线(Timeline)】窗口中移动时间滑块到需要插入素材的位置,然后单击激活时间轴前面的【吸附】按钮。

接下来,从【项目(Project)】窗口直接拖动素材到 Timeline 窗口,素材的一端会自动与时间线滑块对齐,这样便于精确放置素材。释放鼠标左键,可以看到素材被插入到了 Timeline 窗口指定的位置。

(2) 从素材监视器窗口拖动插入

将素材导入【素材监视器(Source Monitor)】窗口并设置其出入点,然后在视图中按住鼠标左键拖动素材,这时鼠标光标会变成一个手形。拖动素材到 Timeline 窗口的 Video 轨道,使其入点与时间滑块对齐。释放鼠标左键之后,就可以看到剪切后的素材被插入到了【时间线(Timeline)】窗口指定的位置。

2) 适配素材到时间线

这是从【项目(Project)】窗口插入素材到时间线的一种比较独特的方式。其操作方法是:

先在【时间线(Timeline)】窗口移动时间滑块到将要插入素材的时间位置,然后在【项目(Project)】窗口选中要插入的素材文件,单击窗口下方工具条中的【适配到时间线(Automate to Sequence)】按钮。弹出一个如图所示的【适配到时间线(Automate to Sequence)】对话框,将【方法(Method)】选项设置为【覆盖编辑(Overlay Edit)】,然后单击【确定】按钮。返回【时间线(Timeline)】窗口,素材插入了视频 1 轨道,它的入点与时间滑块对齐并且覆盖了时间后面的素材。同时,其音频部分自动放置于音频轨道。

提示

使用【适配到时间线(Automate to Sequence)】命令可以分多种方法将素材插入到时间

线，也可以只插入素材的音频或者视频部分，系统会根据素材的类型自动将素材插入到默认最合适的轨道，而不管读者选择哪一条轨道。

3）插入素材到时间线

使用【插入（Insert）】命令可以把素材插入到时间线中的指定位置，对于【项目（Project）】窗口和【素材监视器（Source Monitor）】窗口的素材都可以使用这这种方法，主菜单栏中的【插入（Insert）】命令和窗口中的快捷菜单命令是一样的。

提示

使用【插入（Insert）】命令可以将素材插入到【时间线（Timeline）】窗口的指定轨道的指定位置。原本在插入点之后的素材不管在哪一个轨道都会自动向后移动，使素材的总长度增加，而音频部分如果与指定的轨道类型不相符就会自动插入到相同类型（声道）的音频轨道。

4）覆盖素材到时间线

【覆盖（Overlay）】命令也是一种插入素材到时间线的方法。使用覆盖素材到时间线，首先，在【时间线（Timeline）】窗口中移动时间滑块确定插入素材的位置，然后选中一条视频轨道和一条音频轨道作为将要插入素材的目标轨道。

其次，在【素材监视器（Source Monitor）】窗口设置好素材的出入点之后，单击【覆盖（Overlay）】按钮；最后，返回【时间线（Timeline）】窗口，可以看到素材插入了选中的轨道，其入点放置在之前确定插入点处，而原来在该轨道该点之后的与它相重合的素材被覆盖了。

提示

使用【覆盖（Overlay）】命令可以将素材插入到时间线中指定的轨道的指定的时间位置，原来在时间线中该轨道的素材与插入素材如果重合，将被后来的素材覆盖，而其他轨道的素材不会受影响，素材的总长度可能增加也可能保持不变。

5）三点插入法

三点插入法是比较独特的插入素材的方法，需要在【素材监视器（Source Monitor）】窗口和【节目监视器（Program Monitor）】窗口共指定3个点以确定素材插入的位置，这3个点可以是素材的入点、出点和时间线的入点、出点这4个点中任意3个。

提示

使用三点插入法可以将素材按照设置的3个点截取并放置到时间线中的指定位置，其另一个点自动适应。由于选择的3个点不同，可以产生多种效果。

6）四点插入法

四点插入法，即在确定素材的出入点的同时确定时间线的出入点，然后将素材插入到时间线中。当素材长度和时间线长度不一致时，可以分多种方式插入。

使用方法：首先，在【节目监视器（Program Monitor）】窗口设置时间线入点和出点。可以看到，在时间线入点和出点之间设定的时间范围是以蓝色表示。其次，返回【素材监视器（Source Monitor）】窗口，单击【插入（Insert）】按钮，随即弹出【匹配素材（Fit Clip）】对话框，提示“素材长度与时间线长度不一致，请选择匹配方式”。选中改变【素材速度以匹配时间长度（Change Clip Speed Fit to Fill）】单选按钮，然后单击【确定】按钮。最后，在【时间线（Timeline）】窗口可以看到素材插入到了设定的时间范围，它自动调整了播放速度以匹配规定的时间长度。

提示

在四点插入法中，如果素材长度和设定的时间线长度不一致，读者可以根据情况选择匹配的方式，其中包括调整素材速度、忽略素材入点或者出点、忽略时间线入点或者出点等几种选择。

7）在【时间线(Timeline)】窗口中编辑影片

【时间线(Timeline)】窗口的功能非常强大，是影片编辑的重要窗口。在这里可以使用很多方法来编辑影片，可以分割素材、连接影片，可以为影片添加各种艺术效果。在【时间线(Timeline)】窗口还可以为素材设置动画关键帧，并且可以通过叠加图层来制作复杂的特技效果。

（1）分割影片

在 Premiere Pro 中使用【分割】工具可以很方便地分割影片，除去不需要的画面。先将需要分割的素材拖到时间线中，拖动时间滑块到需要分割素材的位置，还可以在【节目监视器(Program Monitor)】窗口通过多次单击"步进"按钮和"步退"按钮以精确移动时间滑块到需要分割的帧。

然后打开工具面板【工具(Tools)】，单击选中其中的【剃刀工具(Razor Tool)】，确定【吸附】按钮处于激活状态。返回到【时间线(Timeline)】窗口，使用【剃刀】工具在时间滑块所在位置的素材时间条上单击，即可将该素材就从这里被分割为独立的两段。

（2）提升和析取素材

【提升(Lift)】和【析取(Extract)】是针对时间线中素材的两种快捷分割方法。

【提升(Lift)】使用的方法是在【节目监视器(Program Monitor)】窗口使用【设置入点】按钮和【设置出点】按钮确定素材需要删除的部分。返回【时间线(Timeline)】窗口，可以看到指定的时间范围时间轴以深色显示。此时，单击菜单栏中的【时间线(Timeline)】|【提升(Lift)】命令，或者直接按键盘上的【;】键，即看到规定时间线范围内的素材被删除了，它所在的位置空了出来。

【提升(Lift)】使用的方法是在【节目监视器(Program Monitor)】窗口单击【析取(Extract)】按钮，可以看到规定的素材被删除了，并且后面的素材自动向前移动并与前面的素材首尾相接。

提示

使用【提升(Lift)】命令可以快速的分割影片，并且删除素材中指定的部分；使用【析取(Extract)】命令不仅可以快速的分割素材、删除素材中指定的部分，而且能够将后面的素材自动移动并与前面的素材相连接。

8）快速剪切和恢复影片

在 Premiere 中提供了多种编辑工具来对影片进行剪切，对于已经剪切并删除的影片也可以随时恢复，这样读者就不必担心因为误操作而删除了需要的素材。而且针对不同情况的需要，读者可以选择不同的工具来操作。每一种工具都是通过鼠标拖动操作来完成，非常方便和快捷。

选择编辑。使用【工具】面板中【选择工具】选择、拖动素材。除此之外，【选择工具】还具有剪切素材的功能。当按下快捷操作键【V】键，选择【选择工具】向左拖动的右端以剪切素材，在时间条右下方显示被剪掉素材的持续时间。释放鼠标，可以发现素材被剪短了。

要恢复剪掉的素材，同样使用该工具向右拖动素材的右端以恢复被剪掉的素材延长的部分以线框显示，同时会延长时间。当观察到需要的画面显示在画面中时释放鼠标，刚才被剪掉的素材就恢复了。

波纹编辑。【波纹编辑工具(Ripple Edit Tool)】是更为强大的剪切工具，它一般用来编辑相邻的素材，因为它在剪切当前素材的同时还可以自动调整素材之间的相互位置。

9）控制音频和视频的链接

在 Premiere 中，每一个视频文件或音频文件在默认情况下都是独立的，对素材的编辑操作也是独立的。如果一个素材既包括音频又包括视频部分它就被当成一个整体，对视频部分的移动、剪切、变速等操作也会影响其音频部分。如果只需要编辑其音频或者视频部分，在时间轴上选中该素材，右击，在弹出的快捷菜单中选中【解除音视频链接】按钮。先解除音频和视频的链接关系，再对其一个音频或视频部分进行操作，还可以将任何独立的视频素材与任何独立的音频素材进行链接。

10）控制播放速度

在 Premiere 中可以随意控制影片的播放速度以制作快放或者慢镜头效果，甚至可以结合分割素材的方法制作复杂的变速效果。调整素材的速度一般有两种方法，即使用【速度/持续时间(Speed/Duration)】命令或者使用【比例伸展工具(Rate Stretch Tool)】进行调整，前者的优点是比较准确，后者的优点是比较方便、直观。

在制作儿童电子相册片头中，添加素材到时间线的操作步骤如下：

(1) 从【项目(Project)】窗口把 1. bmp～9. bmp 等 9 张图片依次插入【时间线(Timeline)】窗口的“视频 1～视频 9”轨道中，如图 8-51 所示。

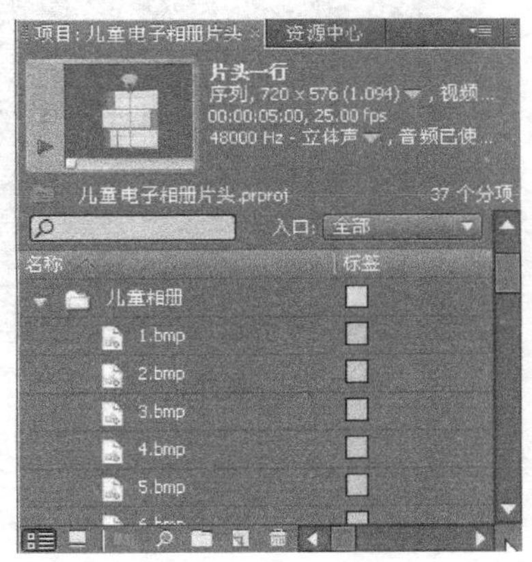

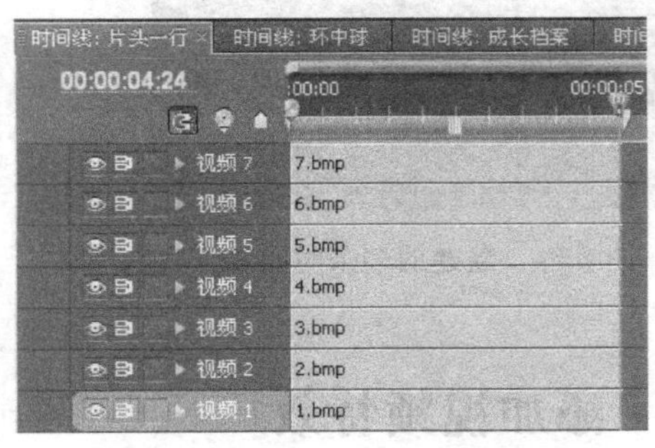

图 8-51 项目窗口中的图片素材插入时间线

(2) 在【特效控制(Effects Controls)】面板中调节各个图的【位置(Position)】参数值，使各个图层在水平方向排成一行，如图 8-52 所示。现在从【节目监视器(Program Monitor)】窗口可以看到图层排列的效果，如图 8-53 所示。

(3) 新建一条时间线并命名为“片头第二行”，然后从【项目(Project)】窗口中将另外 9 张素材图片依次插入到“视频 1～视频 9”轨道。在【特效控制(Effects Controls)】面板中调节各个突出的【位置(Position)】参数值为 680.0、288.0，使各个图层在水平方向排成一行。将素材文件从【项目(Project)】窗口插入到【时间线(Timeline)】窗口的“视频 1”轨道，使两个文件首尾相接。

图 8-52　图片素材的位置排列

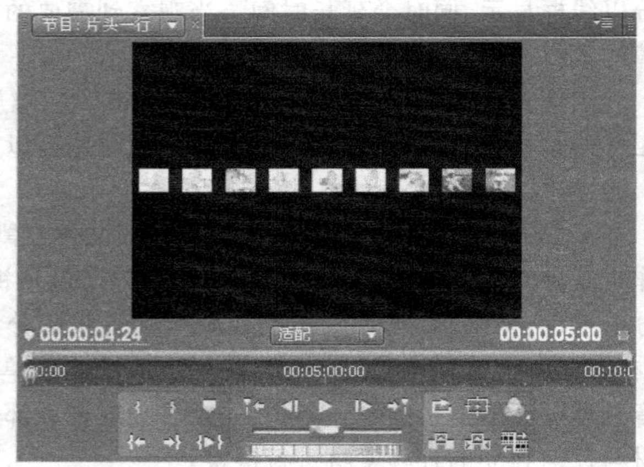

图 8-53　片头一行的排列效果

(4) 以相同的方法新建时间线“片头第三、四、五行”,并排列图层。现在【项目(Project)】窗口中一共有了 5 个时间线文件,如图 8-54 所示。

(5) 再新建一个时间线并命名为“环”,然后将“片头一行”嵌套进去,如图 8-55 所示。

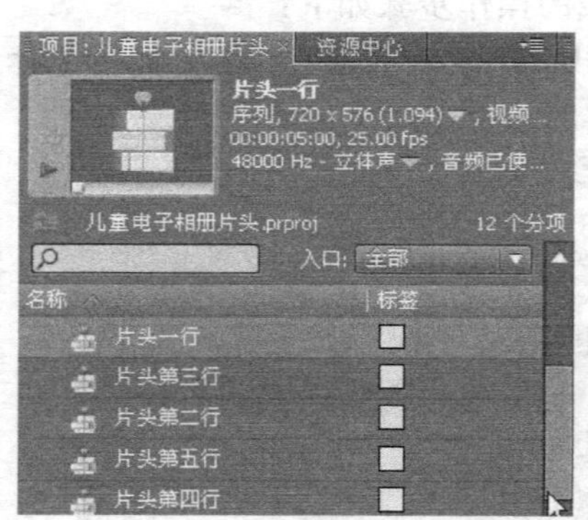

图 8-54　新建的多条时间线

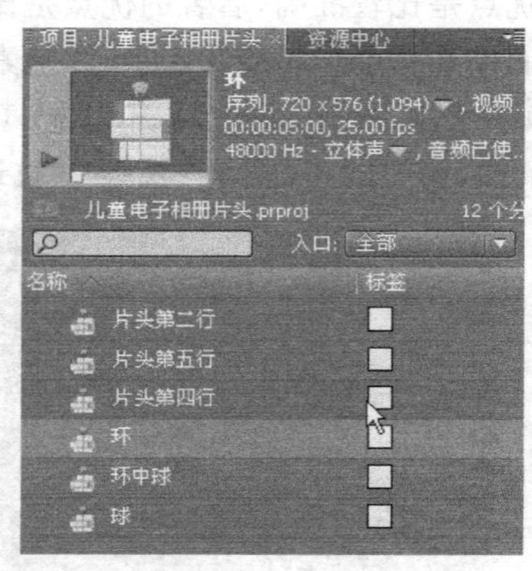

图 8-55　新建的“环”

8.2.3　添加视频特效

1. 任务分析

所谓的视频特效即视频滤镜。滤镜处理过程实际上就是将原有素材或者已经处理过的素材,经过软件中内置的数字运算和处理后再次按照读者的要求进行输出。

使用视频特效不仅能使枯燥的画面变得生动起来,如使画面产生动态的扭变、模糊、风吹、幻影等效果。还可以弥补拍摄过程中造成的画面缺陷,或根据实际需要对一些特定的画面进行修饰,以达到强化主题、增强视觉效果的目的,是为影视作品添加艺术效果的重要手段。

本小节主要学习视频特效方添加和控制方法,并通过该实例的制作,帮助读者掌握有关视频特效方面的知识。

2. 相关知识点

要在影片中制作绚丽的视觉效果，首先应该为该素材添加合适的【视频特效(Video Effects)】，然后在【特效控制(Effect Controls)】面板中调节视频特效的各种参数，配合在【节目监视器(Program Monitor)】中观看画面效果变化，以制作出需要的视觉效果。为了制作理想的视觉效果，往往需要在同一段素材上添加多个视频特效。下面将介绍添加和控制特效的方法。

1）添加特效到影片

往往只需要在影片的一个片段中添加视频特效，而不是将整部影片添加上相同的特效。因此在添加特效之前应该确定特效出现的时间，将这段素材分割出来，然后添加视频特效。如果不习惯分割素材，可以通过在特效上添加动画关键帧来控制其状态。

可以为多段素材添加同一个视频特效，也可以在一段素材上面添加多个视频特效。

(1) 添加视频特效

在【效果】面板中，打开【视频特效】文件夹，选择需要添加的视频特效，将其拖动到【时间线(Timeline)】面板的相应素材所在的轨道上。例如，选择【图像控制】文件夹中的【黑 & 白】项，拖至【视频 1】轨道的相应素材上。添加完毕视频特效后，读者可以在【节目监视器(Program Monitor)】窗口中查看视频的效果变化(由彩色图像变为黑白图像)。

读者也可以将【效果】面板中的视频特效拖至与其对应的【效果控制】面板中进行添加。例如，选择【效果】面板中的【镜头光晕】项，拖至【效果控制】面板中。添加完毕视频特效后，读者同样可以在【节目监视器】窗口中查看视频的镜头光晕效果。

提示

在将【效果】面板中的视频特效拖至【效果控制】面板之前，必须先在【时间线(Timeline)】面板中选择需要添加特效的素材，否则在【效果控制】面板中将不再显示相应的参数，也无法拖动特效至该面板中。

(2) 删除视频特效

若感觉添加的视频特效不符合影视制作的要求，或者认为该特效是多余的，可以将其删除。读者只需在【效果控制】面板中，右击需要删除的视频特效，执行【剪切】命令或者【清除】命令即可。

提示

在删除视频特效时，选择【特效控制(Effect Controls)】面板中的视频特效，按【Delete】键或【Backspace】键，都可将视频特效删除。

2）控制视频特效

为时间窗口中的某一段素材添加了特效之后，可以通过在【特效控制(Effect Controls)】面板中改变控制选项的参数值以控制特效的效果，而且可以通过为控制选项在不同的时间设置不同的关键帧参数值来制作动态变化的特效效果。

(1) 添加关键帧

在 Premiere 中使用关键帧可以使视频效果随时间而改变，每个关键帧均可以为其设置相应的过滤效果。当相邻的两个关键帧的参数设置不同时，Premiere 会自动将两个关键帧不同参数之间的效果进行差值计算，从而使过滤效果在两个关键帧之间发生不同的变化。

提示

添加完第一个关键帧后，只需拖动时间指针到一个位置，并调整相应参数设置，即可自动添加一个关键帧。

(2) 删除关键帧

如果需要删除关键帧，在【效果控制】面板中右击关键帧，执行【清除】命令或者【剪切】命令，即可将该关键帧删除。

提示

在删除关键帧时，选择【效果控制】面板中的关键帧，按【Delete】键或【Backspace】键，或者再次单击【添加/删除关键帧】按键都可将关键帧删除。

3) 使用预设特效

在 Premiere Pro 中特效参数是可以保存的，读者除了可以为素材添加特效并控制特效外，还可以直接使用系统已经设置好了的各项参数的预设特效，而读者也可以将自己调节的特效保存为预设特效供以后直接调用，节省调节时间。

4) 常用内置视频特效

与以前的版本相比，Premiere 又新增加了不少的内置特效，使它原本就非常丰富的特效功能更加强大，所有内置特效按照不同的功能和用途分为了 18 组。分别有：调整(Adjust)组特效、模糊和锐化(Blur&Sharpen)组特效、颜色修整(Color Correction)组特效、通道(Channel)组特效、扭曲(Distort)组特效、图像控制(Image Control)组特效、GPU Effects 组特效、噪波和颗粒(Noise&Grain)组特效、透视(Perspective)组特效、像素化(Pixelate)组特效、渲染(Render)组特效、风格化(Stylize)组特效等。

3. 解决方案和步骤

为本案例添加视频特效和控制效果的具体操作步骤如下：

(1) 为“片头一行”图层添加一个外挂插件的【Boris 圆柱(Boris Cylinder)】特效。打开【Spin】的动画开关，在 00:00:04:24 处添加关键帧并调整【Spin】的值为“180”、【Rotate】的值为“-10”，并设置参数，如图 8-56 所示。现在从【节目监视器(Program Monitor)】窗口中可以看到图像环效果，如图 8-57 所示。

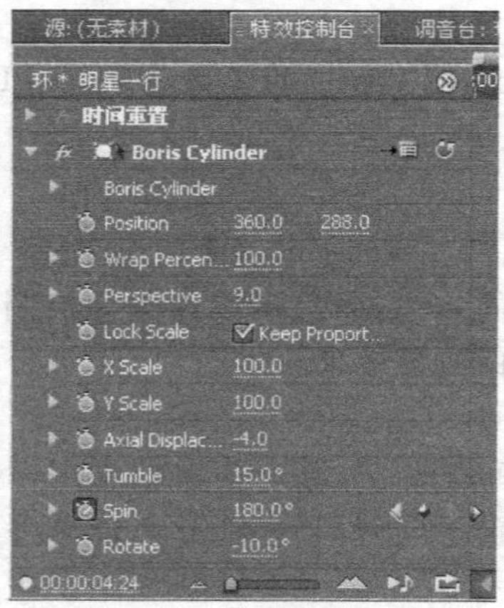

图 8-56　为“环”添加特效

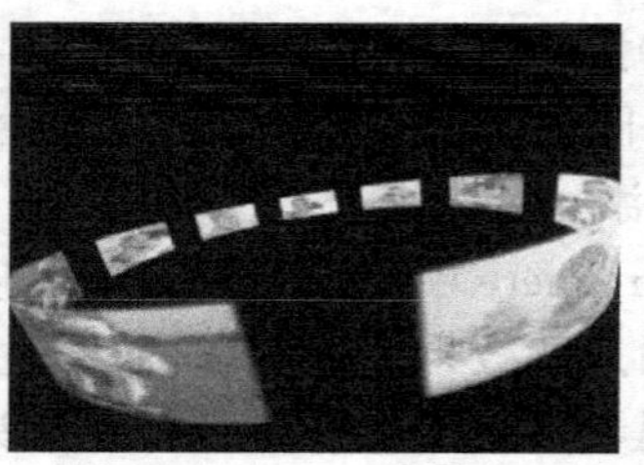

图 8-57　添加特效后的效果

(2) 新建一个时间线“整版照片”,然后将“片头一环”和“片头第2、3、4、5行”全部嵌套进去,依次排列在“视频1～视频5”轨道。在【特效控制(Effects Controls)】面板中调节各个图层的【位置】参数,使所有图层在垂直方向均匀分布。现在从【节目监视器(Program Monitor)】窗口中可以看到整版照片头像效果,如图8-58和图8-59所示。

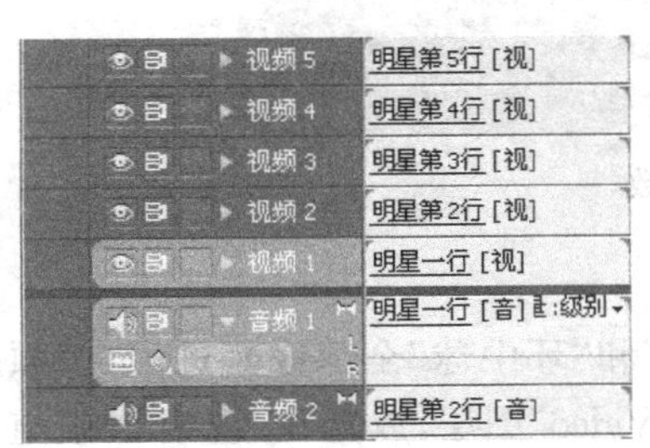

图8-58 多条时间线嵌套

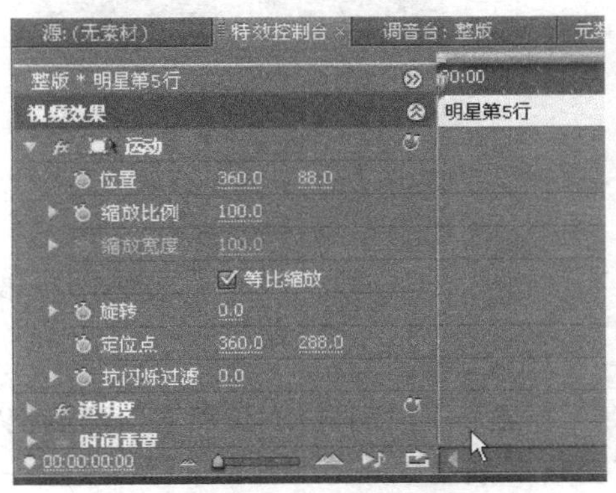

图8-59 各图层位置参数

(3) 新建一个时间线并命名为“球”。然后把“整版照片”嵌套进去,为“整版照片”图层添加一个【Boris 球体(Boris Sphere)】特效。在【特效控制(Effects Controls)】面板中设置【Boris 球体(Boris Sphere)】特效下的【Spin(旋转)】选项的动画关键帧,使图像球产生旋转效果,如图8-60所示。现在从【节目监视器(Program Monitor)】窗口可以看到三维图像球效果,如图8-61所示。

图8-60 设置特效参数

图8-61 添加【Boris Sphere】后的效果

(4) 新建一个时间线并命名为“环中球”。然后把“片头一行”和“整版照片”嵌套进去,依次放置在“视频1”和“视频2”轨道。为“片头一行”图层添加一个【Boris 圆柱(Boris Cylinder)】特效,并设置其参数和动画关键帧。设置【Spin】在“00:00:00:00”和“00:00:50:00”分别设置值为“0”和“180”,【Faces】参数为【Back】。再复制一个“片头一行”图层放置在Video轨道,然后将【Boris 圆柱(Boris Cylinder)】特效下的“Face(面)”修改为“Front(前面)”,如图8-62所示。

(5) 为“整版照片”图层添加一个【Boris 球体(Boris Sphere)】特效,并设置其参数和动画关键帧,如图8-63所示。在【节目监视器(Program Monitor)】窗口中可以看到图像环中

图 8-62　设置特效参数

包含一个图像球效果。

(6) 新建一个时间线"成长档案",然后把"环"、"球"和"环中球"全部嵌套进去,按顺序排列在"视频 2"轨道中并剪切各个素材。新建一个"Black Video"图层,放置在"视频 2"轨道中作为背景。为背景图层"Black Video"添加一个 Ramp(渐变)特效并设置其参数,如图 8-64 所示。

图 8-63　设置【Boris Sphere】参数

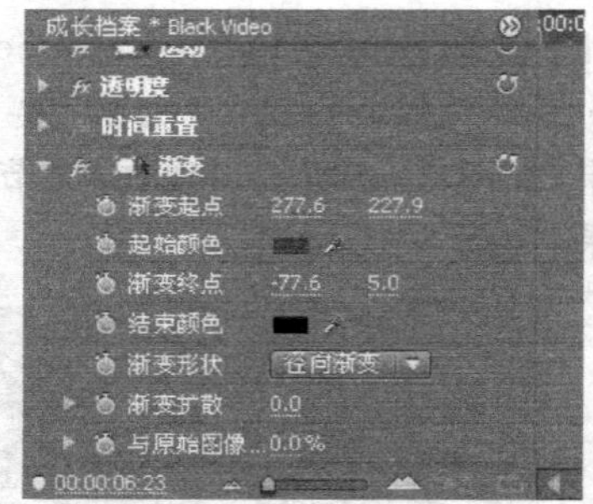

图 8-64　设置背景图层特效参数

(7) 为"环中球"图层添加一个【耀光(Shine)】特效并设置其参数和动画关键帧。参数设置如图 8-65 所示。

(8) 拖动时间滑块,可以在【节目监视器(Program Monitor)】窗口中预览动画的最终效果了,如图 8-66 所示。

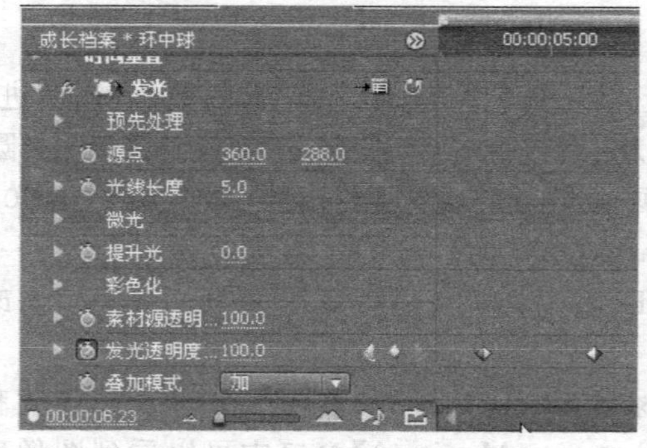

图 8-65　添加【Shine】特效

图 8-66　添加特效后的效果

8.2.4 添加音乐

1. 任务分析

在编辑了影片的视频、添加了各种视频效果和制作了字幕之后，影片并不完整，这是因为还没有声音。声音在影片中的重要性是毋庸置疑的，一部成功的影片除了精美的画面效果之外，一定包含着丰富的音频内容，做到声音与画面的完美结合。音频内容一般包括人物语言声音、音乐、音效和旁白。

在 Premiere 中，读者可以使用多种方法对音频素材进行编辑，包括剪音频素材、改变音频声道数、控制左右声道平衡和增益等。

2. 相关知识点

(1) 音频类型和波形图

在 Premiere 中可以新建 3 种类型的音频轨道，每一条轨道只能够添加相应类型的音频素材，它们分别是 Mono(单声道)、Stereo(双声道)和 5.1 声道。在 Premiere 中，将音频文件以音频波形的方式显示。

(2) 剪切音频素材

剪切就是去掉音频素材中不需要的部分，这是对音频素材最基本的编辑操作。因为在很多时候录制的音频素材不是刚好符合使用的要求，这时应该去掉音频中不需要的部分，然后将每一段有用的部分进行连接。

在 Premiere 中的【项目(Project)】窗口、【素材监视器(Source Monitor)】窗口和【时间线(Timeline)】窗口都能够对音频素材进行剪切。

(3) 调整音频增益

音频增益就是指音频信号电平的强弱，它直接影响音量的大小。如果在项目时间线中有多条音频轨道，并且在多条音频轨道上都有音频素材，就需要平衡这几个音频轨道的增益。如果要突出其中一个音频素材的声音，就应该加大增益，反之亦然。如果同一个音频轨道的音频是由多段音频片段连接而成，就需要通过添加增益来平衡音量，避免声音时大时小，而且有些音频信号自身的电平过强可能会损坏音频硬件，因此需要调整其增益。

3. 解决方案和步骤

(1) 在【项目(Project)】窗口导入附书光盘的"chapter08\儿童电子相册\背景音乐1.mp3"和"背景音乐 2.mp3"影片素材。右击"成长照片"，解除音频与视频的链接，如图 8-67 所示，删除 Audio1 上的音频片段。

(2) 将这个音频素材插入【时间线(Timeline)】窗口的 Audio 轨道，使它们首尾相接。现在从素材时间条上面的音频波形图可以看出两个音频文件的声音电平强度差别很大，在【节目监视器(Program Monitor)】窗口激活播放按钮预听音频内容，会发现"背景音乐1.mp3"文件的音量很小，播放时在【主声道电平(Audio Master Meters)】面板中显示其峰值电平很低；而播放"背景音乐 2.mp3"时的音量很大，其峰值电平已经超出了警戒线，两个音量的增益都需要调整，如图 8-68 所示。

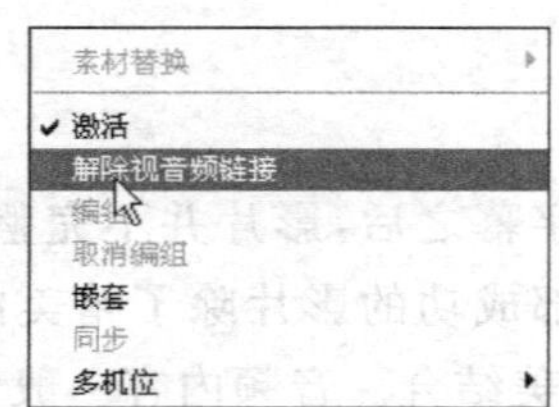

图 8-67 解除视频与音频连接

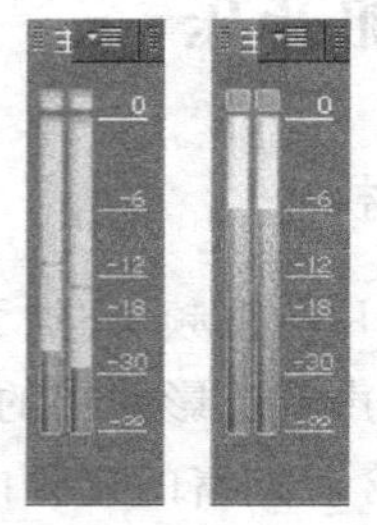

图 8-68 两段音频主电平的大小

(3) 在【时间线(Timeline)】窗口右击"背景音乐 1. mp3"音频层，在弹出的快捷菜单中单击【音频增益(Audio Gain)】命令，弹出一个【音频增益(Audio Gain)】对话框，默认情况下增益参数值为"0"，单击该对话框中【normalize】，几秒钟之后系统会自动设置一个增益参数值，这里是"10. 1"，如图 8-69 所示。

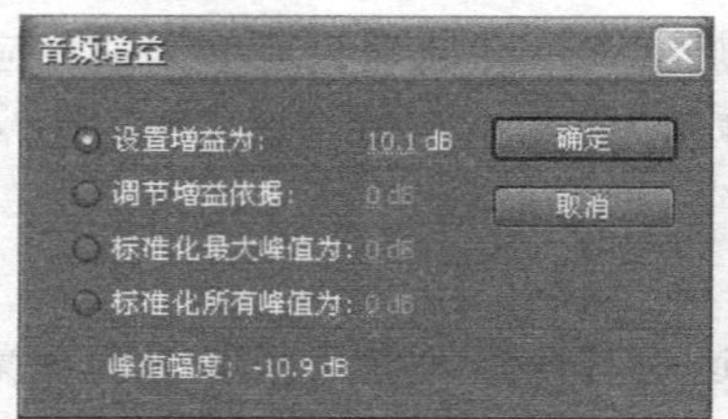

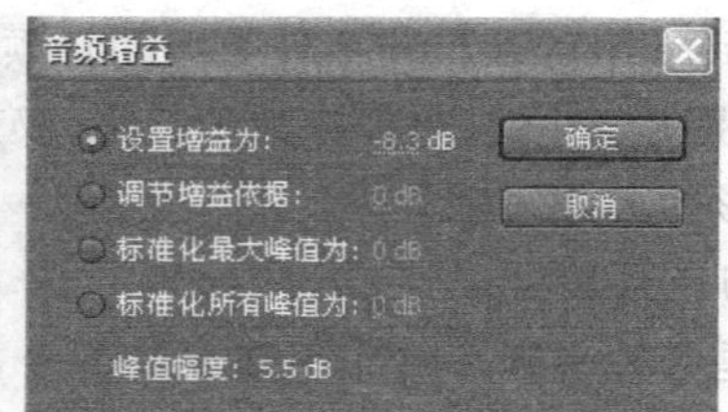

图 8-69 调整音频素材的增益

(4) 现在播放"背景音乐 1. mp3"音频层，发现其音量已经增大了很多。其在【主声道电平(Audio Master Meters)】面板总显示的峰值电平也上升了很多，但是始终保持在警戒线下面。

(5) 在 Timeline 窗口右击"背景音乐 2. mp3"音频层，在弹出的快捷菜单中单击【音频增益(Audio Gain)】命令，弹出一个【音频增益(Audio Gain)】对话框，默认情况下增益参数值为"－8. 3"，然后单击【确定】按钮。再次播放预听，可以发现其音量已经降低了，其在【主声道电平(Audio Master Meters)】面板总显示的峰值电平也下降了很多，并且始终保持在警戒线下面。

8.2.5 影片预演

1. 任务分析

预演是指在编辑过程中播放节目的某一部分或者全部内容，检查节目的实际效果，使读者能够及时发现影片编辑中存在的问题，以便进行适当的修复和调整。输出则是在对影片的所有编辑工作完成之后，将所有的音视频片段(包括叠加的各种特效)组装后经过多次预演和修整发布为最终的作品。

本案例到这一步，已完成了影片的基本编辑操作。接下来需要通过预演观看影片效果和再次调整，输出最终影片的最后环节。

2. 相关知识点

预演是编辑工作的一个部分，是检查音频最终效果的重要手段。预演一般可以分为实时预演和生产预演等两种预演方式，下面就来分别介绍这两种预演方式。

(1) 预演方法

① 实时预演。实时预演是计算机的显卡对播放的影片进行即时的计算并将处理的结果直接显示在显示器上供读者观看，由于实时预演不需要等待系统对画面进行预先的渲染，当播放素材或拖动时间，滑块时画面会同步显示变化，因此成为编辑过程中经常使用的预演方法。实时预演主要是对单个素材进行的，其方法非常简单。

对编辑后的节目也可以进行实时预演，但是由于计算机硬件方面的限制，预演的效果可能与最终渲染的效果不太一样。如果计算机的硬件配置不是足够好，而且影片中添加的特效比较多，画面可能会出现停顿和跳跃现象。

② 生产预演。与实时预演不同，生产预演不是使用显卡对画面进行实时渲染，而是使用 CPU 对画面进行运算并生成预演文件，然后再播放。所有生产预演是需要等待的，等待的时间长短取决于计算机 CPU 的运算能力；但是生产预演播放的画面是平滑的，不会产生停顿和跳跃现象，它所表现出来的画面效果和渲染输出后的效果是完全一致的。相对于实时预演，生产预演更能够检查编辑效果，它相当于把编辑的项目渲染输出为影片成品然后进行播放，能够将编辑时添加的各种特效完整地显示出来。

读者直接拖动时间滑块或者激活播放按钮就可以进行实时预演，而生产预演就要复杂一些了，需要对各种参数进行设置。

(2) 设置预演选项

由于生产预演是将编辑的项目渲染为视频文件进行播放，这里就需要对视频的压缩格式、生产文件的保存路径等参数进行设置。其中有部分选项是在新建项目时就必须进行设置的，在项目文件被创建好之后，有些预演选项是不能改变的，因此读者在新建项目之前就应该首先估计自己可能会使用预演压缩方法。

(3) 设置临时磁盘

由于生产预演是计算机对工作区进行渲染并生产视频文件再播放，因此在预演之前应该设置视频文件的保存位置。该文件只是临时使用，一般在编辑工作完成之后系统会自动将其删除。它实际上只是一个临时文件。

(4) 设置预演范围并完成预演

预演的目的是为了检查编辑的效果，因此在很多时候只需要预演时间线中的很短一部分，而不是全部时间线，这就需要在预演之前先确定预演的范围。

3. 解决方案和步骤

下面的操作步骤将介绍如何确定视频预演的范围并完成一次预演操作，同时介绍在预演出错之后如何修改预演参数重新预演。

(1) 在时间线中单击“环中球”图层，拖动时间滑块，可以在【节目监视器(Program Monitor)】窗口预览素材的效果，会发现不能流畅的预览画面。

(2) 在【项目(Project)】窗口双击“环中球”文件下的“环中球”文件。由于它是一个时间线文件,因此系统自动打开其【时间线(Timeline)】窗口。

(3) 打开该时间线上的特效控制面板,可以看到它是添加了特效的,Shine 是一个外挂特效,而且该特效还设置了关键帧。该特效是一个比较耗资源的特效,所以刚才进行实时预演时无法流畅播放。

(4) 重新打开时间线“环中球”的【时间线(Timeline)】窗口,在“环中球”文件夹下的时间线是作为一个素材嵌套在其中的。

(5) 在【节目监视器(Program Monitor)】窗口一边观察画面,一边移动时间滑块。由于预演的目的是查看 Shine 特效的效果,因此将时间滑块定位在 Shine 特效的效果出现之前,定位在“00:00:03:00”处。

(6) 返回到【时间线(Timeline)】窗口,移动时间轴上面的工作区范围条的左端与时间滑块对齐,这样就设置了视频预演的起始点。

(7) 在【节目监视器(Program Monitor)】窗口移动时间滑块到 Shine 特效的效果结束之后,定位在“00:00:04:10”处。

(8) 返回到【时间线(Timeline)】窗口,移动时间轴上面的工作区范围条的右端与时间滑块对齐,这样就设置了视频预演的结束点。

(9) 单击菜单栏中的【时间线(Sequence)】|【预演工作区(Render Work Area)】命令,弹出一个【渲染(Render)】对话框显示渲染的进程。

(10) 等待几分钟,待渲染结束之后【时间线(Timeline)】窗口时间轴在工作范围之内显示为绿色线条,其他部分是红色。

(11) 播放预览,【节目监视器(Program Monitor)】窗口的画面可以流畅地播放。但是,画面却出现了马赛克和色斑,这是压缩编辑错误造成的。由于 MPG4 编码程序的压缩比很高,其对源素材的要求也比较高,如果源素材的质量不是很高,压缩之后画面就可能出现错误显示,接下来重新设置预演选项以修复这个错误。

(12) 单击菜单栏中的【项目(Project)】|【项目设置(Project Setting)】|【视频预演(Video Rendering)】命令,在弹出的该对话框中将【压缩(Compressor)】选项设置为【不压缩(None)】方式,然后单击【确定】按钮。

提示

【不压缩(None)】方式是直接生产不压缩的 AVI 视频。这种方式生产的视频效果最好,而且速度最快,只是不压缩的 AVI 视频尺寸很大,需要占用比较大的临时磁盘空间。由于视频预演的时间一般很短,也就不需要占用特别大的磁盘空间。如果读者的计算机硬件配置不是太差的话,建议在进行预演时不使用压缩方法进行渲染。

(13) 改变压缩方式之后关闭【项目设置(Project Setting)】对话框,这时会弹出一个【Delete Video Previews】(删除视频预览)警告提示框,提示关闭预演设置会删除已经生产的预演临时文件,直接单击【确定】按钮。

(14) 单击菜单栏中的【时间线(Sequence)】|【删除预演文件(Delete Render File)】命令,将不需要的预演临时文件删除以释放磁盘空间。

(15) 弹出一个【确认删除(Confirm Delete)】警告提示框,警告读者正在删除预演文件,而且该操作是能够恢复的,直接单击【确定】按钮。

(16) 返回到【时间线(Timeline)】窗口,可以看到在时间轴上面工作区范围内绿色线条已经消失了,重新变回了红色线条。

(17) 再次单击菜单栏中的【时间线(Sequence)】|【预演工作区(Render Work Area)】命令,重新进行预演,系统开始渲染并弹出【渲染(Rendering)】对话框显示渲染的进程。

(18) 等待渲染结束之后,时间轴上面工作区范围内又出现绿色线条。再次播放预览,现在可以流畅地播放画面了,特效效果也完整地显示出来,而且画面质量也提高了,再没有马赛克和色斑出现了。

(19) 打开最初设置保存预演文件的临时磁盘路径,会看到预演生成的临时文件。该文件的名称是以【预演(Rendered)】开头。双击该预演文件,就可以在指定的播放器中进行播放。

提示

在退出 Premiere 程序之前,如果不对项目文件进行保存,预演生产的临时文件会被自动删除以释放硬盘空间。如果保存了项目文件,预演文件也会被保存,下一次打开项目文件时如果没有对工作区进行再编辑,则可以使用以前的预演文件进行预演。读者在输出影片时的设置如果与预演的格式、尺寸及编码程序相同,预演文件将被自动使用到输出的影片当中,以节省渲染时间。

8.2.6 实训课堂

1. 仿照案例,制作一个包含切换、特技、字幕和配乐的简单影片。

2. 读者利用网络、书籍等各种资料,以小组交流讨论的形式掌握视频特效、视频外挂特效的使用及效果的设置方法,能熟练地为视频添加恰当的特效。

3. 为自己喜好的影片制作一个预告片,要求有经典的镜头和动态的画面效果,并配上令人心动的音乐,最后渲染输出影片。

8.3 制作个性 MTV

MTV 对任何人来说都不陌生,它主要是由开头字幕、精彩的视频片段、歌曲和歌词字幕组成。歌词字幕是本节学习的重点。歌词的字幕需要随着歌曲的节奏进行擦出(由白色擦出蓝色来显示歌曲的节奏)。目前也有专门编写歌词字幕的软件或插件,编出来的歌词可以比较准确符合歌曲的节奏。读者在制作过程中会体会到其中的乐趣。

通过本节的学习,学生可以掌握“设置蒙版”特效的运用,以及通过“裁剪”特效将字幕由白色擦出蓝色来显示歌曲的节奏的方法。MTV 的效果如图 8-70 所示。

完成该项目的制作,可以分为以下 5 个任务。

任务 1:设置【时间线(Timeline)】窗口

任务 2:在【时间线(Timeline)】窗口编辑素材

任务 3:创建并设置歌词

任务 4:设置音频淡出效果

任务 5:输出影片

图 8-70　MTV 最终效果

8.3.1　设置【时间线(Timeline)】窗口

1. 任务分析

本案例主要是使用创建项目及管理素材的基本操作来设置【时间线(Timeline)】窗口、完成字幕的创建等操作。

2. 解决方案和步骤

(1) 导入素材

将素材导入【项目(Project)】窗口，其操作步骤如下。

① 启动 Premiere Pro 软件，新建项目文件，并将其命名为“制作个性 MTV”。进入操作界面，在菜单栏单击【文件】|【导入】命令。在打开对话框中选择附书光盘 chapter08\制作个性 MTV\原始素材，单击【打开】导入选中的素材，如图 8-71 所示。

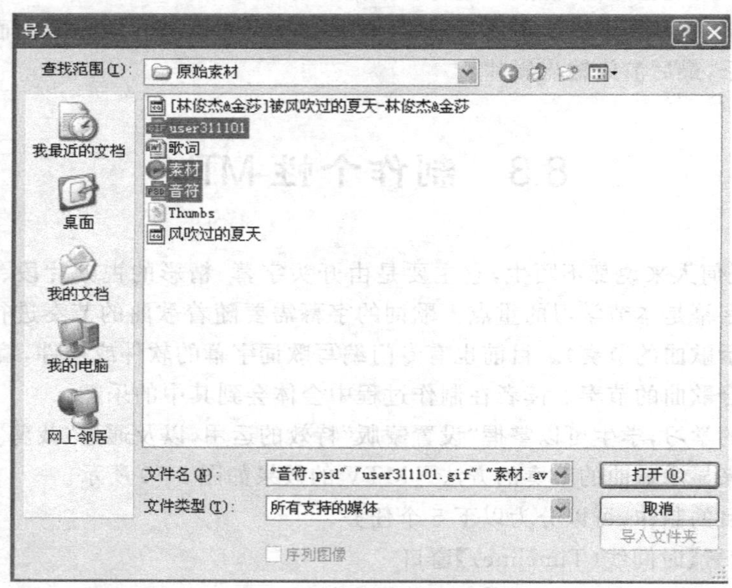

图 8-71　导入素材

② 在素材导入过程中，会弹出【导入图层文件：音符】对话框，将【导入为】定义为“序列”，然后单击【确定】按钮，如图 8-72 所示。

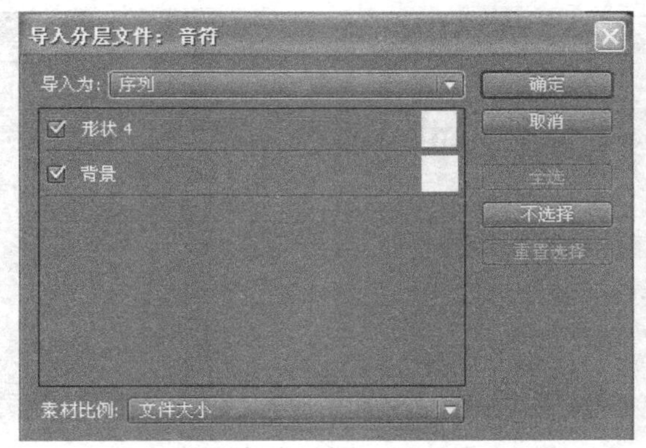

图 8-72　导入序列文件-音符

（2）创建歌曲名称

下面在【字幕设计】窗口制作“歌曲名称”，其操作如下。

① 按下【Ctrl＋T】快捷键，在弹出的对话框中将新建的字幕命名为“歌曲名称”。然后进入【字幕设计】窗口，在【字幕工具】面板中，选中【文本工具】，在工作区单击鼠标随光标输入文本。在【字幕】面板中将【字体】定义为“Lisu”，将【字体大小】设置为“66”，【X 位置】、【Y 位置】分别设置为“430. 1、378. 8”；在【填充】选项中，将【色彩】的 RGB 值分别设置为“92”、“255”、“64”。在【描边】选项组中添加外侧边，使用默认设置，如图 8-73 所示。

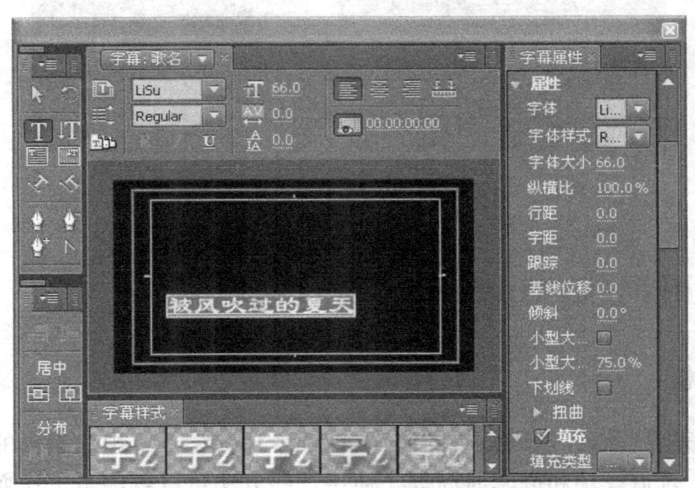

图 8-73　新建“歌名”

② 使用【文本】按钮，在【字幕设计】栏中输入“演唱”。在【字幕属性】面板中，将【属性】选项组中的【字体大小】设置为“46”；将【外侧边】下“色彩”的 RGB 值分别设置为“255、178、64”，如图 8-74 所示。

③ 使用工具，在字幕设计栏中输入歌手名。在【字幕属性】面板中，将【填充】选项组中“色彩”的 RGB 值分别设置为“255、178、64”；在【描边】选项组中，将“外侧边”的“色彩”设置为黑色，如图 8-75 所示，最后调整的位置，设置完成后关闭【字幕】窗口。

图 8-74　设置"演唱"字幕

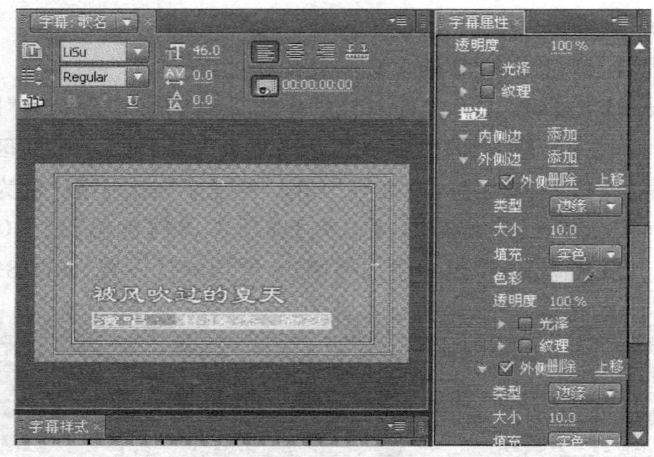

图 8-75　设置歌手名

8.3.2　在【时间线(Timeline)】窗口编辑素材

1. 任务分析

本小节通过完成"歌名"动画效果的制作，让读者深入学习了影片编辑的高级技法，包括使用时间线标记、轨道操场和嵌套时间等。使用这些方法可以将编辑工作变的井然有序，提供工作效率，还可以复制各种特技效果。

2. 相关知识点

(1) 使用素材编辑

在编辑一部影片的过程中，往往需要反复地预览或者查看素材，甚至对同一段素材进行多次编辑。如果每一次都必须从头到尾地查看素材，在其中寻找需要的画面或者片段，那将要耗费大量的时间。在 Premiere 中提供了辅助编辑工具【设置素材标记(Clip Maker)】，可以通过在素材上添加标记以标示素材中具有特定意义的时间或者关键画面，在为素材添加了标记之后，可以通过访问素材标记来快速查询需要的片段或素材。

添加素材标记。素材标记是用来标示素材中的特定画面的，因此在添加标记之前应该指定画面或帧，而将哪一帧作为关键帧画面是根据该素材的内容以及它在影片中的使用情况决定的，所以添加标记的工作可以配合素材预览同时进行，也可以通过预览了解了素材之后进行。标记可以分为音频标记、视频标记，也可以分为无编号标记和编号标记。

添加访问素材标记。一个标记就代表一个画面帧或者音频时间点，因此可以通过访问标记来快速查找需要的片段，访问标记也可以用几种方法。比如，可以通过在时间轴右击，在弹出的菜单中单击【到素材标记(Go To Maker)】查看下个标记，或者单击【到已编号标记(Go To Numbered Maker)】等多种方法访问素材标记。

清除素材标记。在素材上添加了标记之后是可以随时将它清除的。一般情况下是没有必要将素材标记清除的，除非需要重新定位标记，在这种情况下就可以清除现有标记然后重新添加。清除标记的方法非常简单，可以右击时间轴，在弹出的快捷菜单中单击【清除素材标记(Clear Clip Maker)】，然后选择要清除标记的类型即可。

(2) 使用时间线标记

为了提高工作效率，除了素材标记之外还可以使用【时间线标记(Sequence Maker)】。在【时间线(Timeline)】窗口编辑和连接影片是一个比较复杂的工作，很多时候需要反复地调整相邻片段的连接状况或者时间轨道中的素材很多，这就需要使用快捷方法来查找画面了。使用【时间线标记(Sequence Maker)】可以快速查找需要的画面和时间。

(3) 应用离线文件

离线文件可以理解为虚拟素材，也是一种辅助工具，即指当一个项目中的文件丢失之后，系统会自动使用离线文件来填补以保障素材的完整性，便于以后重新定位素材，这样可以避免素材文件被损坏。当编辑好一段影片之后，如果要替换其中一段素材，而这段素材已经被编辑过并且设置了特效，或者与相邻的素材有重叠，删除该素材就会破坏影片，而且需要重新设置新素材的特效。通过使用离线文件作为替换素材时的过度素材，就可以避免这种情况。也可以使用离线文件代替真实素材进行编辑，因为离线文件占用资源很少，可以使编辑工作变得非常快捷，编辑完成之后再匹配到真实素材，可以节省大量时间。

创建离线文件。创建离线文件的方法比较简单，只需要在项目窗口空白处右击鼠标，在弹出的快捷菜单中单击【新建项目】，选择【离线文件(Office File)】命令，即可创建一个离线文件。

使用离线文件。离线文件可以代替真实素材参加编辑，但是一般不推荐读者使用这种方法编辑影片，因为离线文件没有真实素材直观，难以把握最终效果。如果使用离线文件作为过渡素材来替换编辑中的素材就非常方便了。

使用离线文件作为过渡，可以把项目中当前素材的所有效果复制到素材上面，并保持相邻素材的链接关系。

3. 解决方案和操作步骤

下面将对导入的素材在【时间线(Timeline)】窗口进行编辑操作。

(1) 将“素材.avi”文件拖至“时间线”窗口的“视频1”轨道中。选中该素材，右击在弹出的快捷菜单中选择【解除音视频链接】按钮，在音频轨选中音频，然后按【删除】按钮将音频删除。

(2) 确定"素材.avi"文件被选中,单击【效果控制】面板,在【比例】处设置为"107",【透明度(Opacity)】设置为"0",再将时间设置为"00:00:00:08",设置【透明度(Opacity)】为"100"。如图 8-76 所示。

(3) 将时间滑块拖至"00:00:00:13"处,将"user.gif"文件拖至【时间线(Time line)】窗口的"视频 2"轨道,在"00:00:00:13"处与时间滑块对齐,如图 8-77 所示。

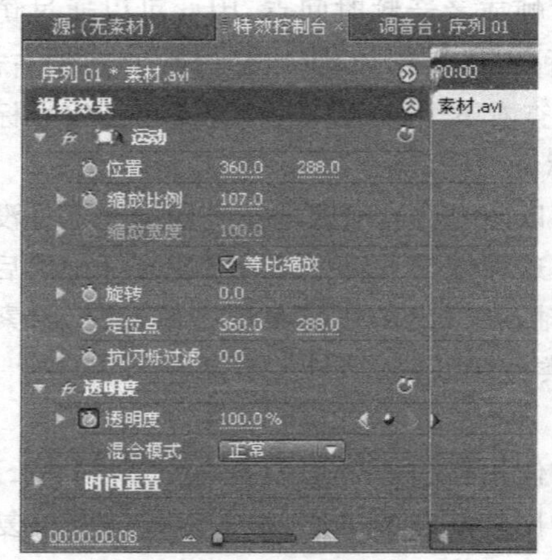

图 8-76　拖入素材并设置"素材.avi"

图 8-77　拖入并设置"user.gif"

(4) 确定"user.gif"文件被选中,按【Ctrl+C】快捷键,并按下【Page Down】键,将编辑标识先移至"user.gif"文件的结束处。然后选中"视频 2"轨道面板,按【Ctrl+V】快捷键,对"user.gif"文件进行复制,如图 8-78 所示。使用同样的方法复制其他的文件,共复制 5 个"user.gif"文件。

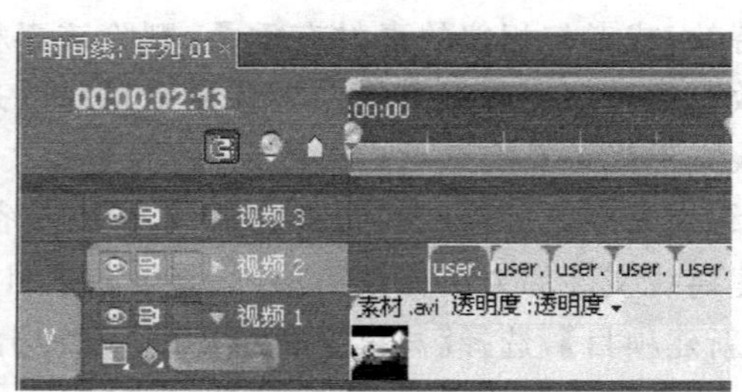

图 8-78　复制素材

(5) 将时间滑块拖到"00:00:00:13"处,选中第一个"user.gif"文件,单击【效果控制】面板,在【位置】处设置关键帧,位置值为"724.1、409.1"。然后再将时间滑块拖至"00:00:00:22"处,添加关键帧,位置值为"527.1、409.1",如图 8-79 所示。

(6) 在【时间线(Timeline)】窗口选中第二个"user.gif"文件,时间设置为"00:00:00:23",添加关键帧,并设置【位置】值为"572.1、409.1"。单击其左侧的关键帧按钮,打开动画关键帧的记录,将【比例】设置为"295"。再将时间设置为"00:00:01:07",并在【位置】值设置为"409.3、409.1"。

(7) 选中【时间线(Timeline)】窗口中的第三个"user.gif"文件,时间设置为"00:00:01:18",添加关键帧,并设置【位置】值为"409.3、409.1"。单击其左侧的关键帧按钮,打

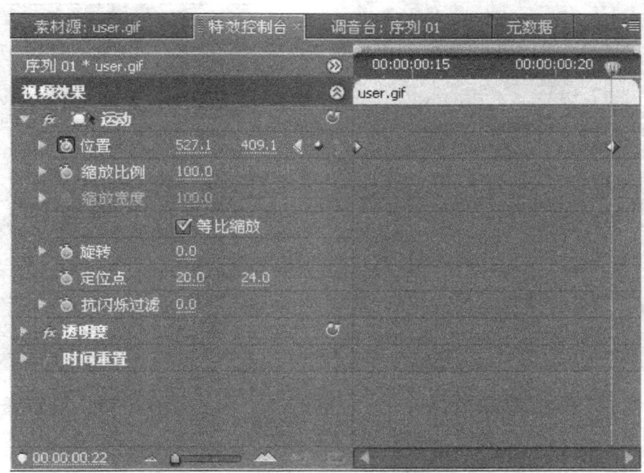

图 8-79　为第一个“user. gif”文件添加关键帧

开动画关键帧的记录，将【比例】设置为“295”。再将时间设置为“00:00:01:07”，并在【位置】值设置为“278.6、409.1”。

(8) 选中【时间线(Timeline)】窗口中的第四个“user. gif”文件，时间设置为“00:00:01:18”，添加关键帧，并设置【位置】值为“278.6、409.1”。单击其左侧的关键帧按钮，打开动画关键帧的记录，将【比例】设置为“295”。再将时间设置为“00:00:02:02”，并在【位置】值设置为“137.1、409.1”。

(9) 选中【时间线(Timeline)】窗口中的第五个“user. gif”文件，时间设置为“00:00:02:03”，添加关键帧，并设置【位置】值为“137.1、409.1”。单击其左侧的关键帧按钮，打开动画关键帧的记录，将【比例】设置为“295”。再将时间设置为“00:00:02:12”，并将【位置】值设置为“40.7、409.1”。

(10) 将时间滑块设置为“00:00:03:13”，将“歌名”拖至【时间线(Timeline)】窗口的“视频 3”轨道中，将其与编辑标识线对齐，如图 8-80 所示。

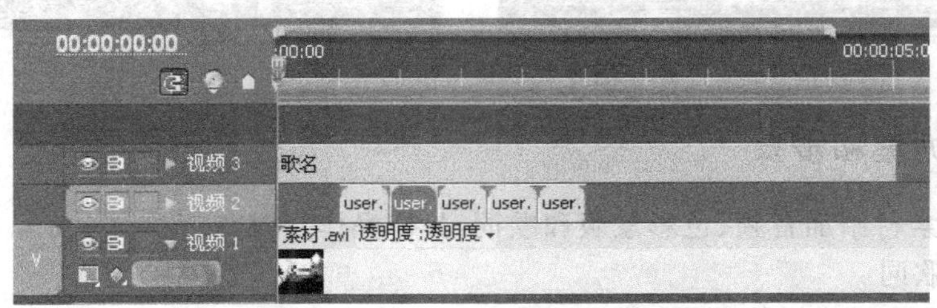

图 8-80　拖入并设置“歌名”

(11) 确定“歌名”被选中，单击【效果控制】面板，设置【位置】为“936.4、288”，并打开动画关键帧的记录。再将时间设置为“00:00:02:11”，设置【位置】为“360、288”。如图 8-81 所示。

(12) 将时间滑块设置为“00:00:03:08”，打开【透明度(Opacity)】动画开关，添加一个关键帧。再将时间滑块设置为“00:00:04:14”，设置【透明度(Opacity)】为“0%”，如图 8-82 所示。

图 8-81　设置“歌名”移动效果

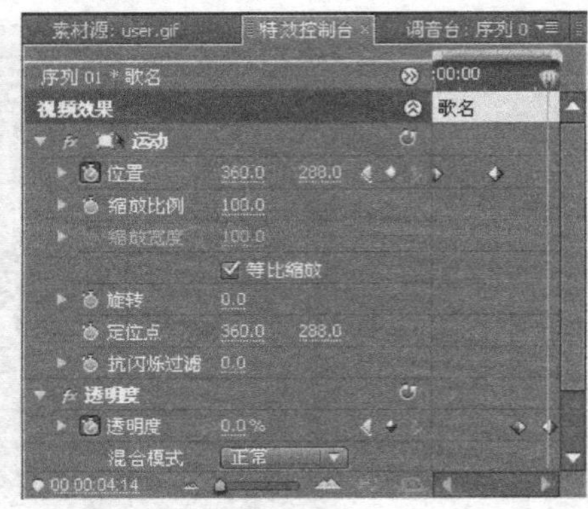

图 8-82　设置透明关键帧

8.3.3　创建并设置歌词

1. 任务分析

下面通过使用【字幕设计】窗口来创建歌词名称，并添加歌词效果。通过本节的学习，使读者掌握蒙版的应用，以及通过设置关键帧使画面具有运动的效果。

2. 效果预览

效果如图 8-83 所示。

图 8-83　设置歌词效果

3. 解决方案和步骤

下面将为素材添加音频、色彩蒙版和歌词，具体操作步骤如下。

(1) 创建歌词

① 按下【Ctrl+T】快捷键，在弹出的对话框中将新建的字幕命名为“第一句”。然后进入【字幕】窗口，使用【字幕工具】面板中的T工具，在字幕设计栏中输入第一句文本。然后在【字幕属性】面板中将【字体】定义为“STXingkai”，将【字体大小】设置为“30”，【X 位置】、【Y 位置】分别设置为“382、519.4”；在【填充】选项中，将【色彩】设置为白色；在【描边】选项组中添加外侧边，使用默认设置，如图 8-84 所示。

② 单击【文本】按钮，将新建的字幕命名为“第二句”，将原来的文本修改为“似乎吹翻一切”。在【字幕属性】面板中，将【变换】选项组中的【X 位置】、【Y 位置】分别设置为“369.7、519.4”，如图 8-85 所示。

图 8-84 创建并设置“第一句”字幕

图 8-85 创建并设置“第二句”字幕

③ 使用同样的方法创建其他歌词,创建完成后关闭“字幕”窗口。

(2) 创建并设置“彩色蒙版”

下面将制作“彩色蒙板”,并将其拖至【时间线(Timeline)】窗口中,然后为其添加“设置蒙板”特效,具体操作如下。

① 单击【项目(Project)】窗口的中的【新建容器】按钮,并将其命名为“歌词”,然后将创建的歌词拖到“歌词”容器中。单击新建按钮,在弹出的下拉才菜单中选择“彩色蒙板”命令,在弹出的【颜色拾取(Color Picker)】对话框中使用默认命名,如图 8-86 所示。

② 时间设置为“00:00:14:11”,将“彩色蒙版”拖至【时间线(Timeline)】窗口的“视频 2”轨道中,将其与编辑标识对齐,然后在时间滑块处将其结束处与“素材. avi”文件的结束处对齐,如图 8-87 所示。

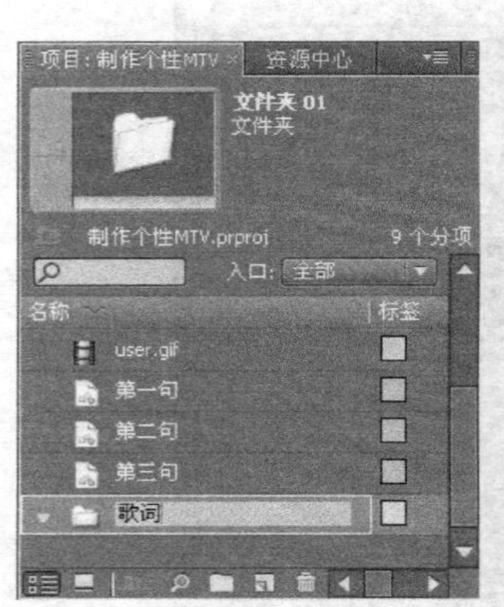

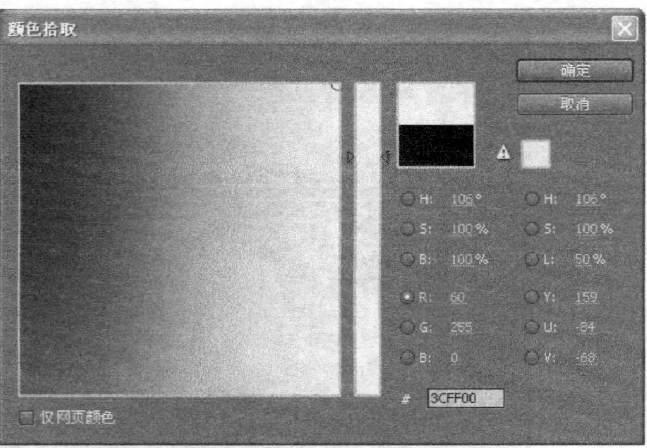

图 8-86 创建“彩色蒙版”

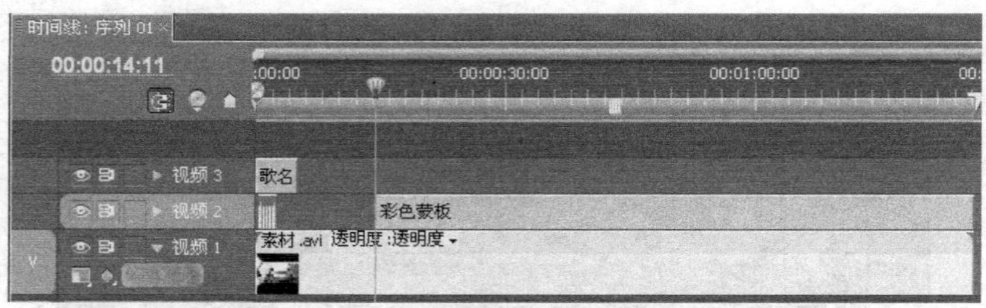

图 8-87 拖入并设置“彩色蒙版”

③ 为“彩色蒙版”添加“设置蒙版”特效。在【效果控制】面板中，将选项组中将【从层获取蒙版】定义为“视频 3”，如图 8-88 所示。

④ 将“被风吹过的夏天.wav”文件拖至【时间线(Timeline)】窗口的“音频 1”轨道中，如图 8-89 所示。

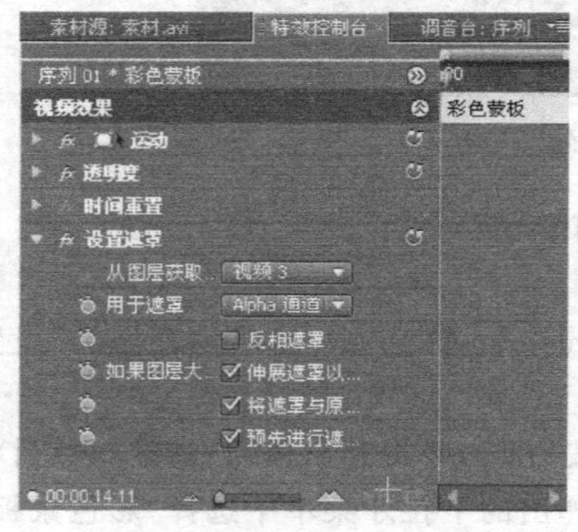

图 8-88 添加“设置遮罩”特效

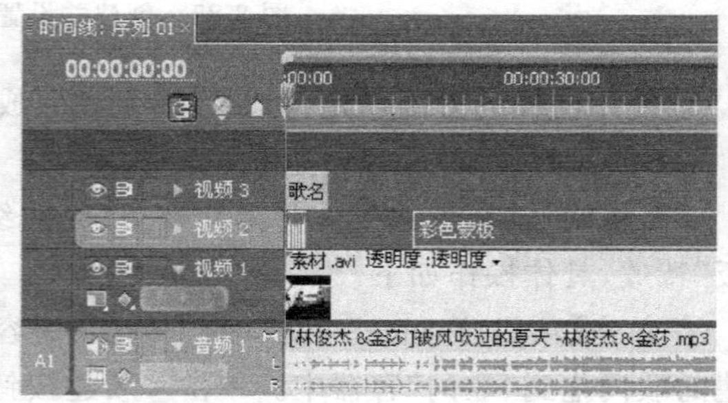

图 8-89 拖入音频

(3) 设置歌词

下面将通过音频为“歌词”添加擦出效果，具体操作如下。

① 将时间设置为“00:00:13:07”，选中“视频 3”轨道，将“第一句”字幕拖到与时间滑块对齐。再将时间设置为“00:00:22:16”，将“第一句”结束处与时间滑块对齐。如图 8-90 所示。

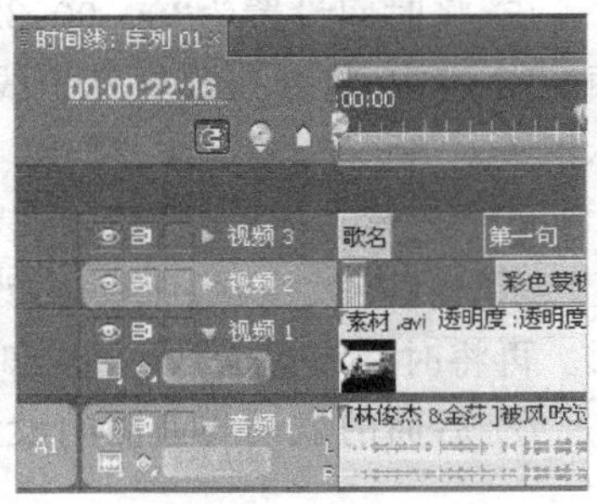

图 8-90 拖入并设置第一句字幕

② 为“第一句”字幕添加【裁剪】效果，将时间设置为“00:00:16:04”（即第一句开始唱的位置）。激活【特效控制】面板，将【裁剪】选择组中的左侧设置为“21.4%”，然后单击其左侧的动画关键帧按钮，打开动画关键帧。再将时间设置为“00:00:22:01”（即第一句结束的位置），将【裁剪】选择组中的左侧设置为“80%”，如图 8-91 所示。

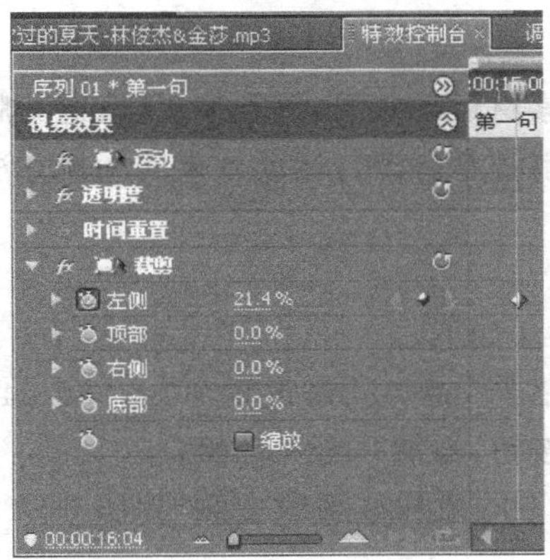

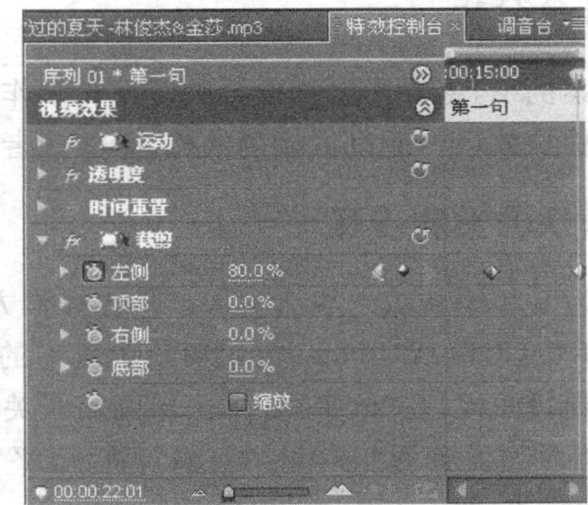

图 8-91 设置裁剪特效关键帧

③ 在设置之前添加 1 条视频轨道，将时间设置为 00:00:13:07，将“形状 4\音符.psd”文件拖至【时间线(Timeline)】窗口的“视频 4”轨道中，并将其与编辑标识线对齐。

④ 为“形状 4\音符.psd”文件添加【裁剪】特效，将时间设置为“00:00:15:06”，单击【效果控制】面板，设置【位置】为“135.7、513.7”，【缩放比例】为“6”。在【裁剪】选项组中单击动画帧开关按钮，打开动画帧。再将时间设置为“00:00:16:05”，将【裁剪】中的左侧设置为“96%”，如图 8-92 所示。

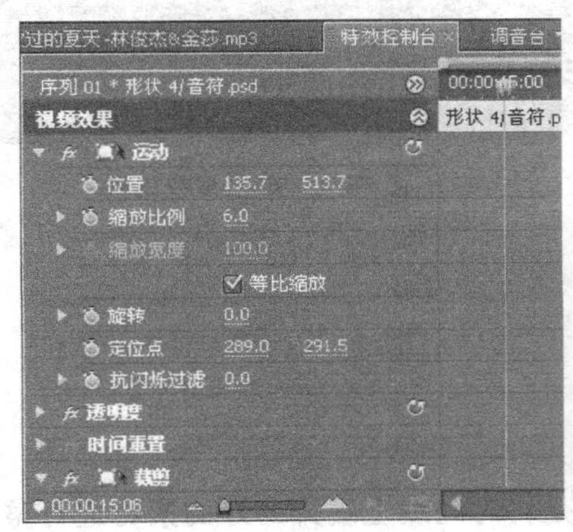

图 8-92 为“形状 4\音符.psd”添加关键帧及效果

⑤ 将时间设置为"00:00:22:16",将"第二句"字幕拖至【时间线(Timeline)】窗口的"视频 3"轨道中,将其与编辑标识线对齐。再将时间设置为"00:00:26:12",并将字幕结束处与标识线对齐。

⑥ 为"第二句"字幕添加【裁剪】特效,将时间设置为 00:00:23:00(即第二句开始唱的位置)。单击【特效控制】面板,并设置"左"为"26"。单击左侧的动画关键帧开关按钮,打开动画。再将时间设置为"00:00:26:02"(即第二句结束处),将"左"设置为"70"。

⑦ 后面的歌词与前面的设置方法一样,都是按照音频来擦出歌词的。

8.3.4 设置音频淡出效果

1. 任务分析

在本案例中,主要为素材设置关键帧来制作素材运动效果,以及使用【轨道蒙版】键特效制作素材叠加效果。通过本例的制作,希望读者能够掌握素材运动效果的制作方法及技巧。

2. 解决方案和步骤

下面为音频添加淡入淡出效果。具体操作方法如下。

(1) 单击【时间线(Timeline)】窗口中选中的音频,将时间线设置为"00:01:24:15"。单击【特效控制】面板,在"电平"处单击动画帧开关按钮,添加一个关键帧。

(2) 将时间设置为"00:02:07:04",将"电平"下的滑块移至最左侧,如图 8-93 所示。设置参数如图 8-94 所示。

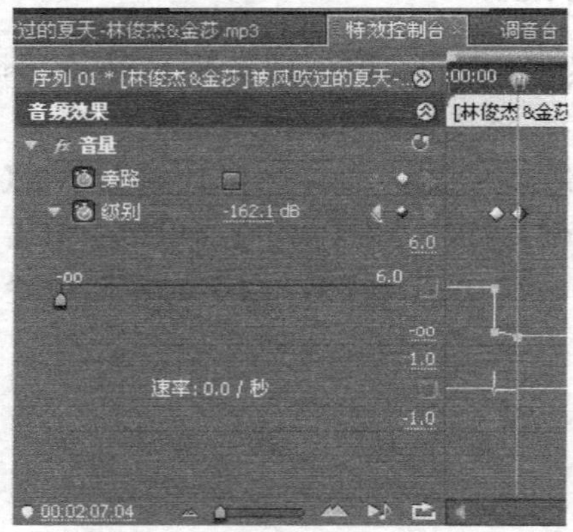

图 8-93 移动滑块

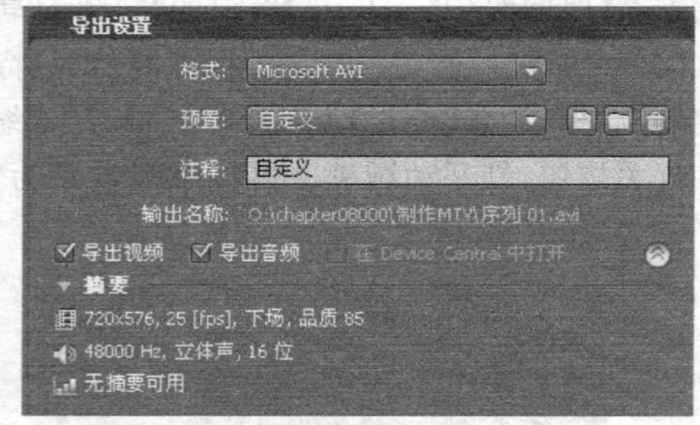

图 8-94 导出参数设置

8.3.5 输出影片

1. 任务分析

输出影片工作是 MTV 的最后一个环节,是将时间线上编排的好的素材进行整体输出。本节主要是完成视音频轨道的输出参数设置,以获得制作好的 MTV 成品影片。

2. 解决方案和步骤

(1) 设置完成后,单击【时间线(Timeline)】窗口,选择【文件】|【影片】命令,在打开的对话框中的文件命名,然后单击【设置】按钮。

(2) 进入【导出音频设置】对话框,在【常规】选项组中将"文件类型"定义为 Microsoft AVI,将"范围"设置为"工作区域栏"。

(3) 在对话框左侧选择【视频】选项,将【压缩】定义为"Intel Indeo Video 4.5"。设置画幅大小为"宽 300","高 200",将【品质】设置为"100",取消对【再压缩】复选框的勾选,单击【确定】按钮,返回到【导出影片】对话框,单击【保存】按钮,渲染输出。

8.3.6 实训课堂

1. 使用多幅图片素材制作多种转场效果的电子相册,并为其添加背景音乐,设置淡入淡出效果,保存为 RM 或 WMV 格式。

2. 在 Premiere Pro 中导入一段视频素材,对其中的一部分视频片段设置倒放效果。

3. 在 Premiere Pro 中导入一段视频素材,对其中的一部分视频片段设置慢放效果。

4. 在 Premiere Pro 中导入一段视频素材,对其中的一部分视频片段添加各种视频效果。

本章小结

本章主要介绍了数字视频的基本知识、使用 Premiere 进行视频的采集和编辑基本方法,以及利用非线性编辑软件制作影片时,对素材的编辑裁剪、添加效果、设置动画的编辑方法与技巧,使读者可以制作出一些令人赏心悦目、具有感染力的影视作品。

知识拓展——数字电视

数字电视就是在拍摄、编辑、制作、播出、传输、接收等电视信号播出和接收的全过程都使用数字技术。数字高清晰度电视是数字电视(DTV)标准中最高级的一种,简称为 HDTV (High Definision TV)。

数字电视和现行的模拟电视的最大区别是数字电视的图像清晰而稳定。在覆盖区域内,图像质量不会因信号传输距离的远近而变化,在信号传输整个过程中外界的噪声干扰都不会影响电视图像。而模拟电视会随着信号传输距离变远,图像质量变差。近年来,技术开发实力较强的企业开始在视频处理电路中采用数字技术处理信号,提高了模拟电路的性能。例如:使模拟电视的行频、场频提高,实现逐行扫描和倍场(100Hz)扫描,以消除闪烁和提高图像质量。这同前面提到的数字电视在工作原理上是完全不同的,其效果还是比数字电视差很多。例如:高清晰度电视的显示格式 1920×1080i 图像像素密度可达 135 电影胶卷的图像质量。数字电视还具有多种清晰度等级不同的图像显示格式。我国的高清显示格式为1920×1080i/50Hz隔行扫描，而美国的高清晰度电视显示格式为1920×1080i/60Hz隔行扫描和1280×720P/60Hz逐行扫描，标准清晰度显示格式为720×480P/60Hz逐行扫描，这些都是模拟电视所不具备的。

数字电视具有优质的音响系统，在接收模拟电视时，具有高低调整、左右声道平衡、环绕声等响度控制开关等功能。在有丽音广播的地区，可由遥控器控制，设为自动丽音状态，此时可根据电视的广播自动识别有无丽音。

数字电视(Digital TV)包括数字HDTV、数字SDTV和数字LDTV三种。三者区别主要在于图像质量和信道传输所占带宽的不同。从视觉效果来看，数字HDTV(1000线以上)为高清晰度电视(High Definition Television)的简称，图像质量可达到或接近35mm宽银幕电影的水平；SDTV(500～600线)即标准清晰度电视，主要是对应现有电视的分辨率量级，其图像质量为演播室水平；LDTV(200～300线)即普通清晰度电视，主要是对应现有VCD的分辨率量级。因为电视全数字化是今后的趋势，所以目前提到的HDTV、SDTV和LDTV如无特别说明，均指全数字体制。

数字电视在中国

我国的HDTV总体组、广电总局广播科学研究院、清华、成电4家单位一直都在进行数字电视方面的研制工作。1998年9月，总体组完成了我国第一套HDTV电视功能样机系统，该系统先后申请国家发明专利26项，被两院院士评为1998年全国十大科技进步之一。1999年10月，总体组研制的第二代HDTV系统，为国庆典礼成功进行了现场直播。同时做直播的还有另外一套系统，是广电总局广播科学研究院开发的。国庆后，广科院系统继续使用，每天为中南海的50个读者播出两小时节目。目前，各省市台已经全面开始数字卫星DVB-S广播；地面数字电视广播标准制定中；数字电缆广播已经开始在部分城市开始应用，时间表大致如下：

2005年中国1/4的电视台将发射和传输数字电视信号

2010年中国计划全面实现数字广播电视

2010年中国东部相对发达地区将普及数字电视

2015年中国停止模拟广播电视的播出

2015年以前数字广播电视推广至中国中西部地区

总而言之，数字电视就是指从演播室到发射、传输、接收的所有环节都是使用数字电视信号或对该系统所有的信号传播都是通过由0、1数字串所构成的数字流来传播的，数字信号的传播速率是每秒19.39MB/s。如此大的数据流的传递保证了数字电视的高清晰度，克服了模拟电视的先天不足。同时还由于数字电视可以允许几种制式信号同时存在，每个数字频道下又可分为几个子频道，从而既可以用一个大数据流——每秒19.39MB/s，也可将其分为几个分流。例如分为4个分流，每个分流的速度就是每秒4.85 MB/s。这样虽然图像的清晰度要大打折扣，却可大大增加信息的种类，满足不同的需求。例如，在转播一场体育比赛时，观众需要高清晰度的图像，电视台就应采用每秒19.39 MB/s的传播；而在进行新闻广播时，观众注意的是新闻内容而不是播音员的形象，所以没必要采用那么高的清晰度，这时只需每秒3 MB/s的速度就可以了，剩下16.39 MB/s可用来传输别的内容。

附：数字电视的发展简史

1948 年，电视信号数字化（理论与实践开始）；

1980 年，国际电联（现 ITU－R）提出 601 建议（4：2：2，即数字电视基础建议）；

1982 年，德国 ITT 研制出一套 PAL 接收机中使用的数字处理芯片；

1991 年春，公布 JPEG《静止图像编码建议》（草案）；

1991 年秋，公布 MPEG-1《活动图像及其伴音编码建议》（草案）；

1993 年年初，万燕 VCD 机在中国内地上市；

1994 年夏，美国 Direc. TV 开始数字卫星（SDTV）直接广播；

1994 年中秋，欧洲公布 DVB《数字视频广播标准》（草案）；包括 DVB—S、DVB—C 和 DVB—T，随后又制定了系列标准；

1996 年年底，美国"联邦通信委员会"（FCC）批准数字电视标准。此间 1994 年春第一轮四个方案测试结束，成立"大联盟"（GA）；1995 年春第二轮测试结束并与秋季制订 DTV（数字电视广播）草案；

1997 年 4 月初，美国 FCC 会议做出两项重要决定：①NTSC 向 DTV 过渡的日程表（2006 年年底）；②电视地面广播的政策（含频谱规定）；

1998 年秋（圣诞节前），DTV 包括普通标准数字电视广播 SDTV 和高清晰度数字电视广播 HDTV 在美国市场启动。

思考与练习

1. 搜集并浏览不同格式的视频文件（如 AVI、MOV、MPG、RM、ASF 等），注意它们的文件大小，画面质量和播放方式的异同。

2. 试着查找并搜集最新的或者教材中没有涉及的视频格式，了解其特点，并将收集的资料上传到网络学习平台，相互交流。

3. 分小组完成一个主题视频作品，可以是自己先对一个会议、一个活动进行拍摄，也可以是自己制作一个带有主题的小品、宣传片等。剪辑后配上旁白或适当的音乐，使用适当的特技。合成输出为一个视频文件，注意它的格式和大小。小组交流完成的视频作业，并进行相互评价。

4. 将上面的视频短片制作成 DVD 或者 VCD 视频截面光盘。

第 9 章 数字多媒体综合案例制作

学习目标

本章介绍 Adobe 公司的平面图像处理软件 Photoshop 和后期特效合成软件 After Effects，可以与 Premiere 软件完美结合，使读者在视频创作过程中能得心应手的创作出优秀的视频效果。

学习内容

① 认识影视后期合成软件 After Effects；
② 会用 Premiere 与 Photoshop 制作视频影片；
③ 会将 Premiere 与 After Effects 相结合应用于影视后期合成；
④ 掌握视频采集、镜头组接的规律和方法。

教学目标	主 要 描 述	学 生 自 测
能力目标	能熟练地使用 Photoshop 软件处理视频中需要的图片素材，了解 After Effects 的基础操作方法	会利用 Photoshop 处理图像素材，能够利用 After Effects 制作简单的视频效果
知识目标	掌握 Premiere 软件与其他软件结合的方法，会把不同的软件结合使用	掌握利用 Photoshop 制作图层蒙版的方法，会将 Premiere 与 After Effects 进行项目连接
教学重点	Premiere 视频编辑软件的熟练操作，与其他软件协同工作的方法	利用 Photoshop 制作图层蒙版，能将 Premiere 与 After Effects 进行项目连接
教学难点	After Effects 的使用及合成特效的操作方法和技巧	能使用 Premiere 与 AE 软件制作出完整的影片

9.1 电影预告片

本例是一个视频剪辑实例，采用 After Effects 和 Premiere 相结合的方法制作了包括片头在内的多个影视效果，是初学者学习的典型案例。在本例中，主要通过【素材源监视器】窗口剪切素材、Shine 插件的使用，素材运动效果的制作等知识。本案例的效果如图 9-1 所示。

在本例中将综合使用各种编辑技法来制作一个完整的电影预告片，其中主要介绍如何合成画面并制作炫耀的场景过渡，还将介绍如何使用 After Effects 的预设特效快速制作文字动画。

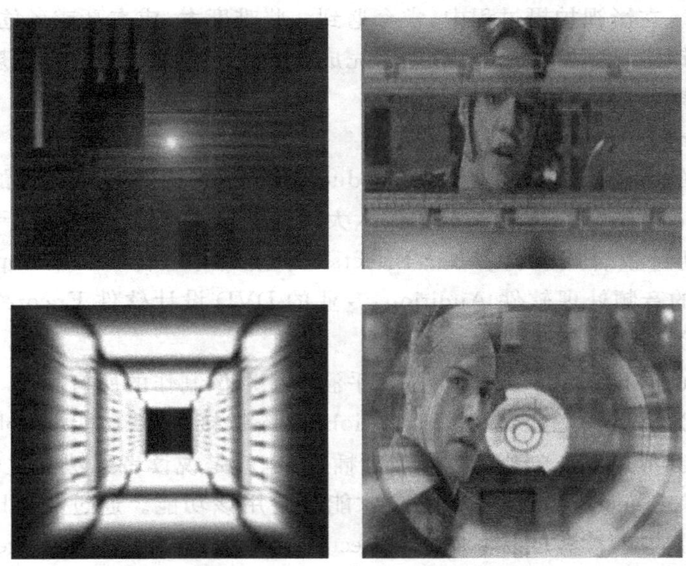

图 9-1　电影预告片片头效果

1. 案例分析

根据本案例的制作流程,可以分为 5 个任务完成。

任务 1：前期准备。

任务 2：调整素材。

任务 3：制作抠像与运动效果。

任务 4：与 After Effects 进行项目连接。

任务 5：合成并输出影片。

2. 相关知识点

本案例涉及 After Effects 软件的基本概念和基础操作,熟悉这些基础知识,可以提高读者的操作能力。

(1) 影视后期合成概要

After Effects 是由著名的视觉软件开发商 Adobe 公司推出的一款影视特效后期合成软件。它以个性化的操作界面、强大的合成工具、丰富的视觉效果带动了影视特效制作的发展。After Effects 其他 Adobe 软件紧密集成,高度灵活的二维、三维合成,以及数据百种预设的效果和动画,使它成为电影、视频、DVD 等制作方面的专家。

所谓影视后期合成,就是利用摄像机拍摄所得到的素材,通过三维动画合成手段制作特技镜头,然后通过镜头剪辑形成一个完整的影片,并制作音效和添加声音。AE(即 After Effects 的缩写)是一个典型的后期合成软件。

后期制作包括影视拍摄停机后的完成该片所必需的一切工作。实际上,拍摄停机后,工作只完成了五分之一,还需要工作人员对影片素材进行剪辑,将音响效果录制成声带,把所有声带(包括对白、音响效果、音乐、解说等)混录合成,设计并拍摄字幕,制作光学效果,按照样片搭配好底片。在影视拍摄过程中，常会遇到一些难度大、成本高或者危险性大或者难以在生活中拍摄的镜头，这时就需要靠后期来完成。下面将介绍一些关于后期合成的知识，进而使读者明白后期合成的重要性。

(2) 与 After Effects 进行项目链接

Adobe 推出的后期软件套装 Adobe Production Studio 是一个革命性的创新，在 Adobe Production Studio 中整合了 Adobe 公司的六大软件的最新版本，包括用于非线性编辑的软件 Premiere、后期特效合成软件 After Effects 、平面设计软件 Photoshop、矢量绘图软件 Illustrator、专业的音频处理软件 Audition、专业的 DVD 设计软件 Encore DVD，为影像后期制作提供了最为完美的解决方案。

Adobe Production Studio 功能强大，几乎涵盖了影像制作的所有功能，而其中最让人兴奋的是一种称之为 Adobe Dynamic Link(Adobe 动态链接)的新功能，Adobe Dynamic Link (Adobe 动态链接)不是一个单独的软件或者插件，也就是说读者无法独立安装和使用该功能，只有安装了 Adobe Production Studio 才能够使用该功能。通过 Adobe Dynamic Link (Adobe 动态链接)功能，读者可以将 After Effects 的合成效果直接移入到 Premiere Pro 2.0 和 Encore DVD 2.0 里面，而无须事先对其进行运算。更改的结果可自动更新，因此读者可以即时看到背景环境中的优化效果。

这样就成功地在 Premiere 中调用了 After Effects 的特效，在这个过程中不需要在两个程序中来回导入、导出素材，也不需要先渲染输出影片到另一个程序中。如果对效果不满意，可以随时返回 After Effects 程序中进行修改，修改的结果会即时在 Premiere 中显示出来。

9.1.1 前期准备

1. 任务分析

制作电影预告片是为了让观众快速、简单的知道多个影片中每部影片的故事、主要演员等，以精彩的画面、简短的语言向观众传达更多有关影片的信息，起到宣传的目的。在制作影片预告片之前，了解影片的内容，剪辑经典镜头等都是前期准备的重要内容。

2. 效果预览

效果图如图 9-2 所示。

3. 解决方案和步骤

在开始设计这个片头时，除了对片头的构图、画面颜色、声音与画面等要素进行精心的设计之外，对获取影片精彩片段的选取也是非常重要的。

获取影片信息的途径很多，比如从中国电影网上了解热播影片的故事情节、主要演员等简介；或者通过视频截取软件获取网络电影，再或者从 DVD 中获取影片信息或影片片段。收集电影信息，整理出精彩影片片段和声音文件。

图 9-2　截取视频效果

9.1.2　调整素材

1. 任务分析

本节将介绍在使用素材时，可以为该素材添加标记、通过调整素材的播放速度来制作影片的特殊效果等。此外，还介绍了在不同窗口中对素材的剪切方法，以及对素材进行编辑的多种方法。希望读者通过本章的学习，能够熟练掌握素材编辑和剪切的基本操作方法以及技巧，从而提高影片的编辑速度。

2. 解决方案和步骤

(1) 启动 Premiere 程序，在选择功能面板中单击【新建项目(New Project)】，在弹出的【新建项目(New Project)】对话框中将项目文件的帧尺寸设置为“352×288”，在设置好其他各项参数之后单击【确定】按钮。

(2) 进入操作界面之后，右击【项目(Project)】窗口空白处，在弹出的快捷菜单中单击【导入(Import)】命令。在弹出的【导入(Import)】对话框中选择附书光盘中的“chapter09\电影预告片\原始素材\视频”文件夹，然后单击【打开】按钮。

(3) 在【项目(Project)】窗口中展开刚才导入的“视频”文件夹，可以看到下面有多个视频文件，如图 9-3 所示。将视频文件“生化危机. mpg”导入【素材监视器(Source Monitor)】窗口，然后拖动时间滑块并设置素材的入点。

(4) 拖动时间滑块，设置好素材的出点，现在截取的这一段素材持续时间为 5 秒 10 帧，如图 9-4 所示。

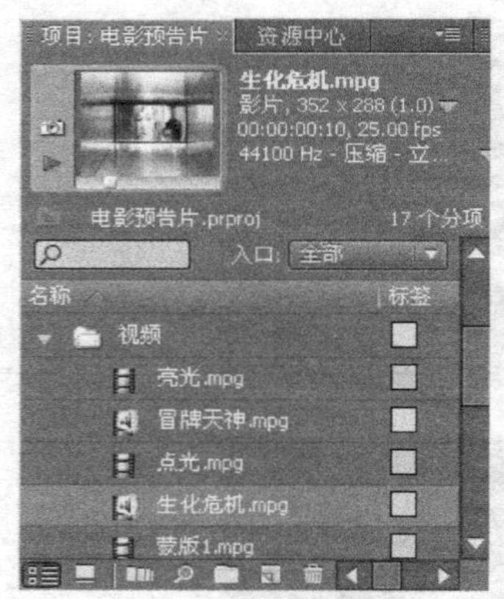

图 9-3 导入视频文件夹

图 9-4 设置素材的出点和入点

(5) 将截取的素材插入【时间线(Timeline)】窗口的 Video 1 轨道,如图 9-5 所示。

(6) 返回到【素材监视器(Source Monitor)】窗口,再次拖动时间滑块并重新设置素材的入点。继续拖动时间滑块,然后设置素材的出点,现在截取的这一段素材时间为 10 帧。将截取的素材插入【时间线(Timeline)】窗口的 Video 1 轨道,使它与前一段素材首尾相接;然后右击后面的素材,在弹出的快捷菜单中单击【速度/持续时间(Speed/Duration)】命令。

(7) 在弹出的【素材速度/持续时间(Clip Speed/Duration)】对话框中将【速度(Speed)】设置为"30%",然后选择【倒放速度(Reverse Speed)】复选框将素材倒放,如图 9-6 所示。

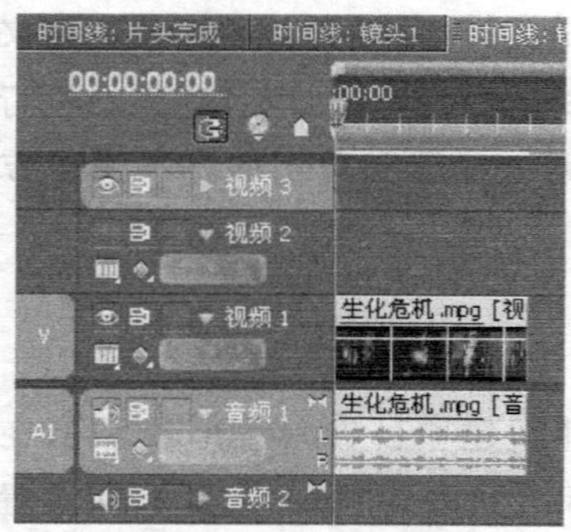

图 9-5 插入素材到时间线窗口

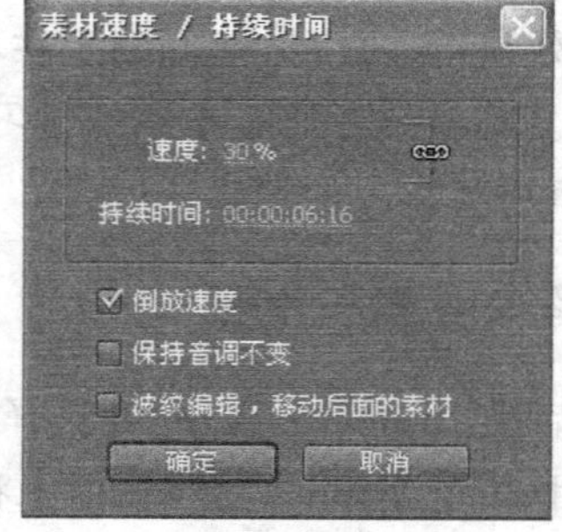

图 9-6 截取多段素材

9.1.3 制作抠像与运动效果

1. 任务分析

抠像属于 Premiere 剪辑技术中较为高级的应用,它可以使多种影片素材通过剪辑产生完美的画面合成效果,就如在实地拍摄一样。本节通过抠像与添加运动效果,来制作影片的具有艺术感的动态影片效果。

2. 相关知识点

运动是视频的主要表现形式，它不仅可以给人带来趣味，还可以使得视频作品更加丰富多彩。视频是以每秒多少帧的速度进行播放的(中国和一些欧洲国家都是以每秒25帧的速度进行播放的)。所谓的一帧就是一个静止的画面，而帧与帧之间是以不同的速率播放，这样就形成了画面运动的效果。

1) 抠像和叠加

Premiere Pro提供了最优质的抠像技术。抠像即利用多种特效剔除影片中的背景。读者也可以利用叠加效果，使图像出现一种淡入淡出的视频特效。

(1) 认识抠像

在编辑影片时，经常需要将不同的对象合成到一个场景中。理论上可以使用Alpha通道来完成合成工作。但在实际工作中，能够使用Alpha通道进行合成的影片是非常少的，因为摄像机无法产生Alpha通道。此时，抠像特效就显得非常必要了。在Premiere中利用抠像特效可以将影片纯色背景轻松去除。

在进行抠像叠加合成画面时，至少需要在抠像层和背景层上下两个轨道上放置素材，并且抠像层在背景层之上。这样，当对上层轨道中的素材进行抠像后，才可以显示出下层的背景层。

选择好抠像素材后，在【效果】面板中单击【键】文件夹前面的展开按钮，可以看到Premiere Pro提供的14种抠像特效。不同的抠像方式适用于不同的素材。如果使用一种模式不能实现理想的抠像效果，可以使用其他抠像方式。同时还可以对抠像过程进行动画处理。

(2) 认识叠加

视频叠加是指在编辑视频时，若需要使两个或多个画面同时出现，此时即可使用叠加方式。常见的叠加方式有很多，下面简单介绍3种。

第一种：在一个背景素材上面放置一个形状较小的素材。例如，新闻联播节目中主持人介绍某个节目时出现的情景，如图9-7(左)所示。

图9-7　视频叠加效果

第二种：在同一画面中显示两个不同场景，表示这两个场景同时进行。例如，经常在电视上看到的两个人打电话的情景，如图9-7(中)所示。

第三种：多个画面叠加的效果。例如，婚庆上经常使用的婚庆片头中的叠加效果。可以使用一个背景，然后在其上放置两张或多张照片制作叠加效果，如图9-7(右)所示。

(3) 应用叠加类特效

叠加类特效通过比较目标颜色的差别来完成透明效果。叠加类特效主要应用于处理抠像效果、对素材进行动态跟踪和叠加不同的素材，是编辑影视作品中常见的视频特效。常用的叠加类特效有图像蒙版键、色度键、蓝屏键、轨道蒙版键、颜色键。

2）制作运动效果

如果要在 Premiere 中实现视频剪辑的运动效果，就需要在视频剪辑上添加一条运动路径。所谓的路径是由多个路径节点和链接这些节点的连线组成。当定义好路径后，剪辑将沿着这些节点和连线的方向运动，例如淡进淡出效果等。

3）添加运动效果

Premiere 是基于关键帧的概念对目标的运动、缩放、旋转以及特效等属性进行动画设置的。所有运动效果都是在【效果控制】面板中的【运动】区域中设置的。在该区域中可以定义素材运动的各种参数。

(1) 快速添加运动效果

为了在整个剪辑的持续时间内创建多个方向的移动、尺寸大小的变化或者旋转运动效果，需要添加关键帧。

读者可以在【节目监视器】窗口中查看图片素材的运动路径读者也可以通过【时间线(Timeline)】面板进行添加和编辑关键帧来创建运动路径。使用【时间线(Timeline)】面板添加关键帧与在【效果控制】面板中添加关键帧的方法相同，只需选择要添加关键帧的素材，单击【添加/删除关键帧】按钮，拖动时间线指针至不同的位置，并运用相同的方法添加其他两个关键帧。添加完毕后选择关键帧，移动其在轨道中的位置，即可设置运动路径。

(2) 定制素材的运动路径

Premiere 定制素材的运动路径是比较复杂，在通常情况下，默认的路径只有两个关键帧，而且连接着两个控制点(关键帧)的是一条控制线。

改变节点的位置，也就是改变控制点的方向和角度，可以得到许多直线运动效果，如垂直运动、水平运动以及斜角运动等。

如果需要素材沿平滑路径做曲线运动，则需要在运动路径上添加关键帧，并调整关键帧的位置。在【节目监视器】窗口将素材沿着路径拖动到需要设置关键帧的位置单击【添加/删除关键帧】按钮即可。

(3) 编辑运动路径

很多情况下，创建的运动路径不能满足读者的需要，此时可以对创建的路径进行编辑操作。读者不仅可以对其关键帧进行移动和复制的更改，还可以对创建的运动路径更改速度和不透明度。

(4) 移动和复制关键帧

在编辑素材的关键帧时，常会遇到某一位置上的关键帧位置错误，或在某一位置上使用相同的关键帧的情况，这时就需要对关键帧进行移动或复制操作。

(5) 更改透明度

Premiere 通过设置素材的透明度，可以实现忽隐忽现以及淡入淡出的效果。可以在【效果控制】面板中设置【透明度(Opacity)】的相关参数值来更改素材的透明度。

4）常用运动效果的实现

Premiere 可以通过调整素材的方向来旋转素材，或缩放调整素材的大小来制作素材的运动效果。本节将介绍这些运动效果的操作方法以及使用技巧。

(1) 绽放特效

Premiere 缩放效果指的是将素材放大或缩小。缩放效果是通过设置【效果控制】面板中的【比例】项来实现的。只需在【运动】区域的【比例】项中输入参数值即缩放的百分比即可,当该参数值大于100时表示放大,反之就是缩小。

(2) 旋转特效

旋转特效是指一段素材通过改变角度的方式进入到屏幕中。在 Premiere 中,该特效主要是通过设置【效果控制】面板中的【旋转】选项来实现的。

! 提示

如果需要制作素材的骤然旋转效果,只需要添加两个关键帧,并且将这两个关键帧之间的距离缩小即可。

(3) 滑动遮光特效

在 Premiere 中,滑动遮光特效是组合了运动和蒙版效果。一般情况下,遮光是在屏幕上移动的某个形状。在遮光内是个图像,在遮光外是另一个图像。在创建遮光蒙版时将显示的区域设置为白色,遮盖的区域设置为黑色,创建滑动遮光时需要两个视频素材,一个用于制作背景,另一个用于在蒙版内滑动。另外,还需要一个图片素材,该素材是用于遮光本身的。

3. 解决方案和步骤

(1) 将"蒙版 1.mpg"插入【时间线(Timeline)】窗口的"视频 2"轨道,然后调整其持续时间,使它与"视频 1"轨道的素材首尾对齐。为"蒙版 1"图层添加一个【亮度抠像(Luma Key)】特效并设置其参数,如图 9-8 所示。

(2) 现在从【节目监视器(Program Monitor)】窗口可以看到添加【亮度抠像(Luma Key)】特效之后的图层叠加效果,如图 9-9 所示。

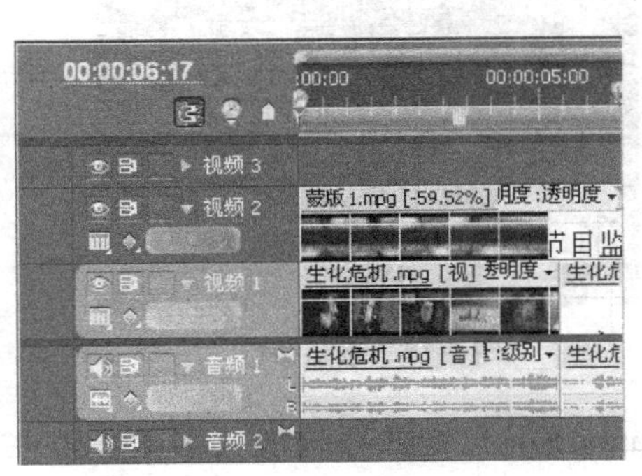

图 9-8 拖入"蒙版 1"

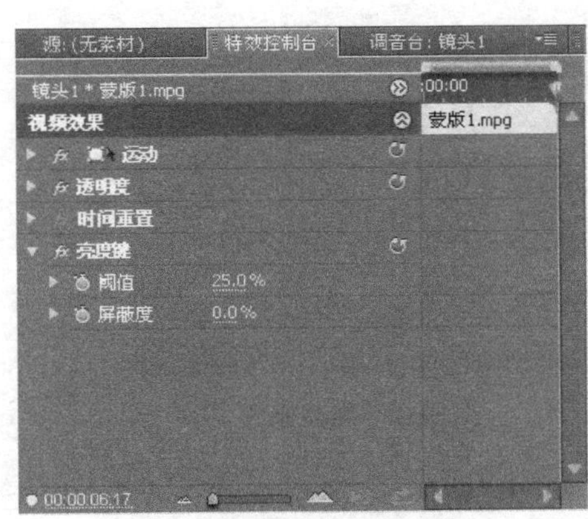

图 9-9 为蒙版添加特效

(3) 单击菜单栏中的【文件(File)】|【新建(New)】|【序列(Sequence)】命令,新建一条时间线"镜头 2"。返回【项目(Project)】窗口中将原来默认的时间线"Sequence 01"重命令为"镜头 1"。将视频文件"黑客帝国.mpg"导入【素材监视器(Source Monitor)】窗口并设置其出入点。现在截取的这一段素材持续时间为 5 秒,如图 9-10 所示。

(4) 将截取的素材插入【时间线(Timeline)】窗口的“视频 1”轨道,然后将“蒙版 2. mpg”插入“视频 2”轨道并调节其持续时间与“Video 1”轨道的素材持续时间相同。为“蒙版 2”添加一个【亮度抠像(Luma Key)】特效并设置其参数。现在从【节目监视器(Program Monitor)】窗口可以看到添加【亮度抠像(Luma Key)】特效之后的画面合成效果,如图 9-11 所示。

图 9-10 截取视频片段

图 9-11 为图层蒙版添加特效

(5) 单击菜单栏中的【文件(File)】|【新建(New)】|【序列(Sequence)】命令,新建一条时间线“镜头 3”,如图 9-12 所示。

(6) 返回【素材监视器(Source Monitor)】窗口重新设置素材的入点。重新设置素材的出点,现在截取的这一段素材的持续时间为 2 秒 11 帧。将刚才截取的一段素材插入【时间线(Timeline)】窗口的“视频 1”轨道,然后将“蒙版 3. mpg”插入“视频 2”轨道并剪切该素材使它与“黑客帝国”图层首尾对齐,如图 9-13 所示。

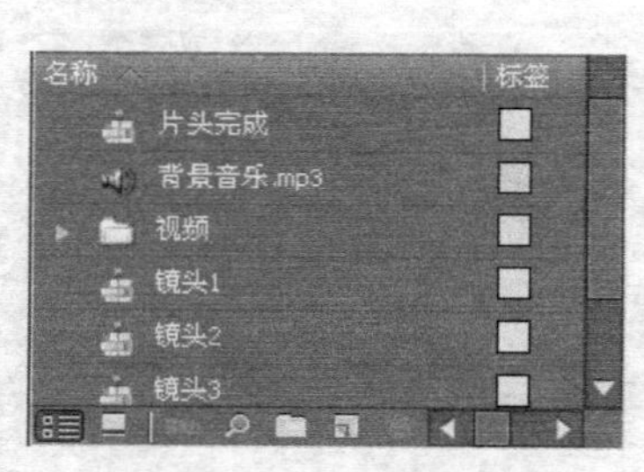

图 9-12 新建镜头 3

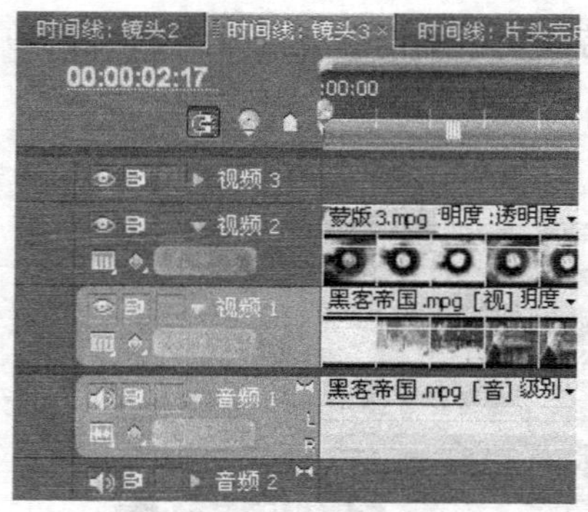

图 9-13 添加蒙版

(7) 为“蒙版 3”图层添加一个【亮度抠像(Luma Key)】特效并设置其参数。现在从【节目监视器(Program Monitor)】窗口可以看到画面合成的效果,如图 9-14 所示。

(8) 单击菜单栏中的【文件(File)】|【新建(New)】|【序列(Sequence)】命令,新建一条时间线“镜头 4”。

(9) 将“冒牌天神. mpg”导入【素材监视器(Source Monitor)】窗口并设置其出入点,现在剪切的这一段素材持续时间为 5 秒。将刚才剪切的素材插入【时间线(Timeline)】窗口的

“视频 2”轨道并调节其持续时间与“冒牌天神”图层一致，如图 9-15 所示。

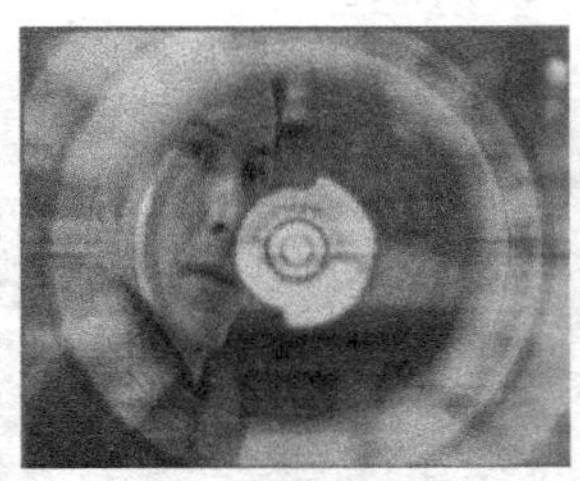

图 9-14　添加【亮度抠像】后的效果

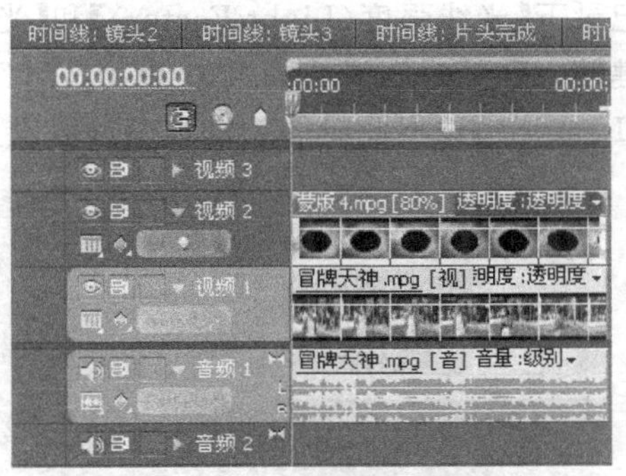

图 9-15　为镜头 4 添加蒙版

(10) 为“蒙版 4”图层添加一个【亮度抠像(Luma Key)】特效并设置其参数。现在从【节目监视器(Program Monitor)】窗口可以看到画面合成的效果，如图 9-16 所示。

(11) 单击菜单栏中的【文件(File)】|【新建(New)】|【序列(Sequence)】命令，新建一条时间线“片头完成”。

(12) 将视频文件“点光.mpg”插入【时间线(Timeline)】窗口的“视频 1”轨道。现在从【节目监视器(Program Monitor)】窗口可以看到素材的原始效果，如图 9-17 所示。

图 9-16　蒙版 4 的最终效果

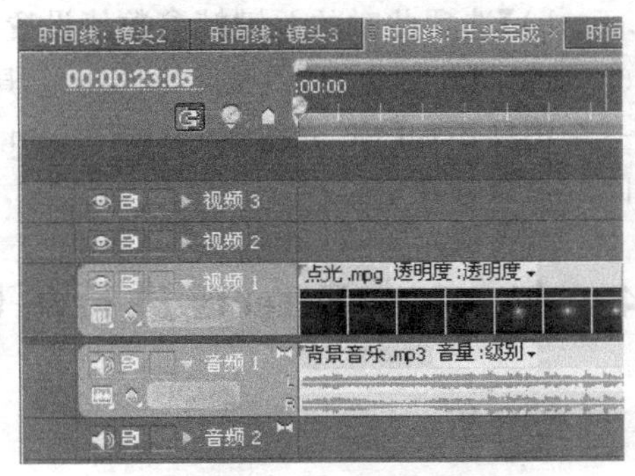

图 9-17　插入点光素材

(13) 依次将“镜头 1”、“亮光”、“镜头 2”、“镜头 3”和“镜头 4”插入“视频 1”轨道中，使各文件无缝链接，如图 9-18 所示。

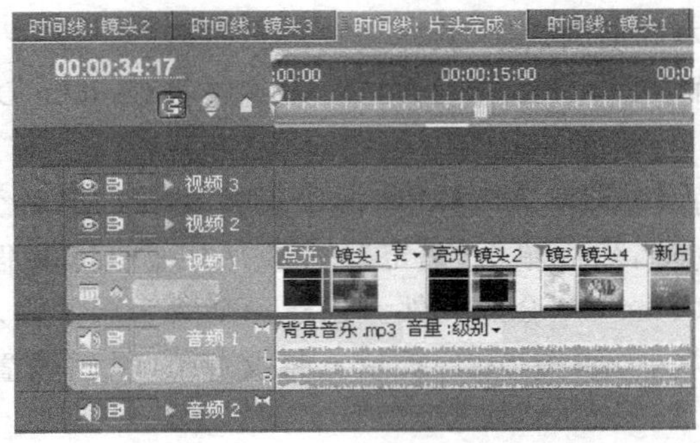

图 9-18　多个素材的组接

(14) 为"点光"图层添加一个【FE 光线爆炸(FE Light Burst 2.5)】特效并设置其参数，然后记录下【光线强度(Light Factor)】和【光线长度(Ray Length)】选项在"00:00:03:21"处的关键帧。移动时间滑块到"00:00:02:21"处，将【光线强度(Light Factor)】和【光线长度(Ray Length)】选项此时的关键帧参数值设置为"0"，如图 9-19 所示。

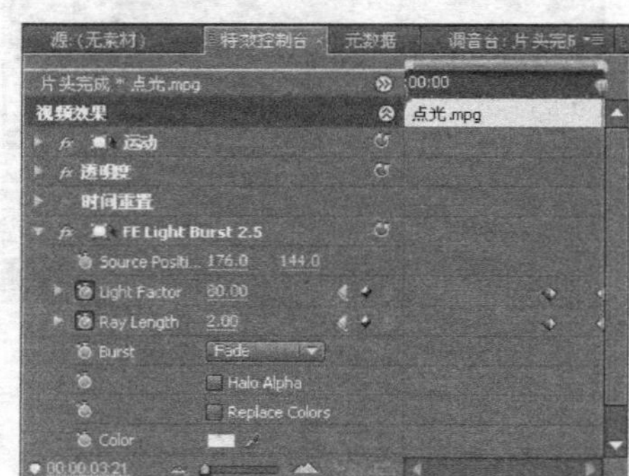

图 9-19 为点光图层设置动画效果

(15) 为"镜头 1"图层添加一个【FE 光线爆炸(FE Light Burst 2.5)】特效并设置其参数，然后记录下【光线强度(Light Factor)】和【光线长度(Ray Length)】项在"00:00:03:22"处的关键帧。移动时间滑块到"00:00:04:10"处，将【光线强度(Light Factor)】和【光线长度(Ray Length)】选项此时的关键帧参数值设置为"0"。

(16) 以相同的方法在"镜头 1"图层的结尾处设置两组关键帧；然后使用相同方法为后面的每一个图层添加【FE 光线爆炸(EF Light Burst 2.5)】特效并设置关键帧，制作每一个图层之间的过渡效果。

9.1.4 与 After Effects 进行项目连接

1. 任务分析

这个影片中，我们策划了一个字幕用来点缀效果，整个字幕将从屏幕的左侧逐字飞到右侧。该文本效果的制作，是在 After Effects 中完成。

2. 解决方案和步骤

制作"影片预告"文本的动画效果，具体实现步骤如下。

(1) 单击菜单栏中的【文件(File)】|【Adobe 动态链接(Adobe Dynamic Link)】命令，如图 9-20 所示。

(2) 在弹出的【保存为(Save As)】对话框中设置文件的名称为"文字"，保存类型为 Adobe After Effects Project，然后单击【确定】按钮。After Effects 程序被启动并自动新建一个"新片速递 Linked Comp 01"合成文件。创建一个文字层并输入文字"新片快递"。设置文字的字体和尺寸大小，如图 9-21 所示。将文字的颜色设置为橙黄色，如图 9-22 所示。

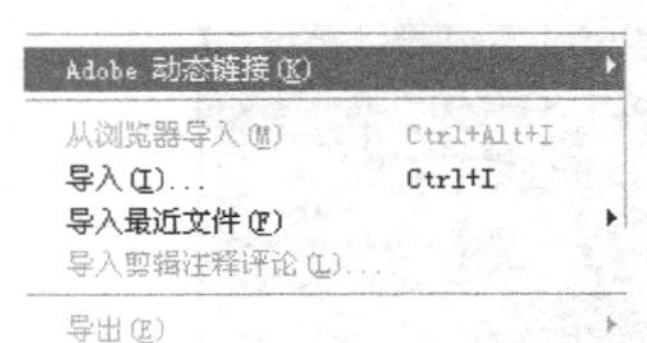

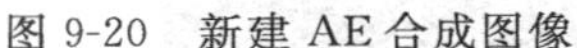

图 9-20　新建 AE 合成图像

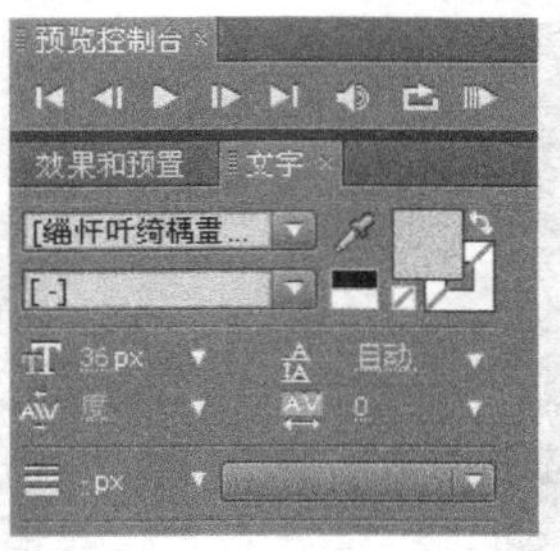

图 9-21　设置文字

图 9-22　输入文件

(3) 打开【特效和预设(Effects & Presets)】面板，选择一个【光滑进入(Smooth Move In)】预设特效。将【光滑进入(Smooth Move In)】预设特效添加到【时间线(Timeline)】窗口的“新片速递”文字层，如图 9-23 所示。

(4) 拖动时间滑块，现在可以在【合成(Composition)】窗口看到文字动画效果，为“新片速递”文字层添加一个【Alpha 倒角(Bevel Alpha)】特效并设置其参数。

(5) 现在从【合成(Composition)】窗口可以看到文字增加了一点立体效果，如图 9-24 所示。

图 9-23　设置特效参数

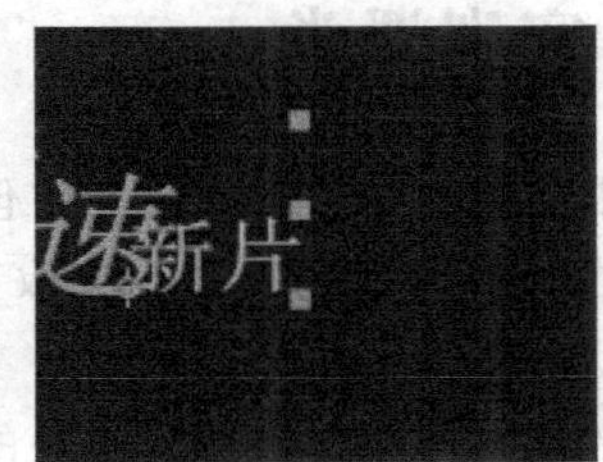

图 9-24　文字的动态效果

9.1.5　合成并输出影片

1. 任务分析

制作完素材的剪切、编辑、排列并添加视音频特效后，所有素材在时间线上合成为一个整体，并且经过多次预演确定无误后，最后就输出影片。

2. 解决方案和步骤

(1) 返回 Premiere 的工作界面，可以看到【项目(Project)】窗口已经增加了一个“新片速递. Liked Comp 01/文字. aep”文件，如图 9-25 所示。

(2) 在【项目(Project)】窗口右击“新片速递. Liked Comp 01/文字. aep”文件，在弹出的快捷菜单中单击【速度/持续时间(Speed/Duration)】命令。在弹出的【素材速度/持续时间(Clip Speed/Duration)】对话框中将【速度(Speed)】设置为“200%”，如图 9-26 所示。

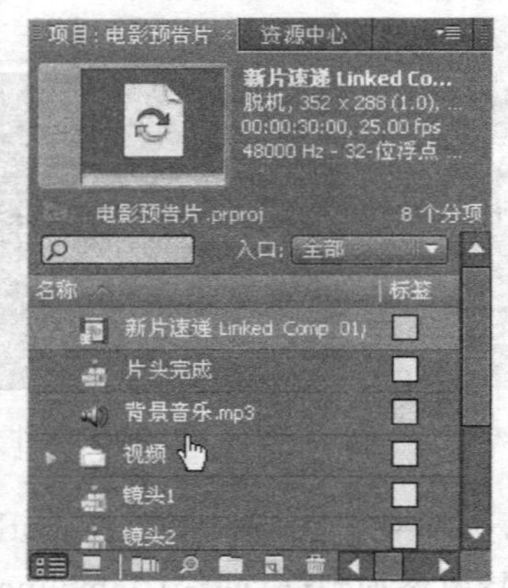

图 9-25 创建完 AE 文件

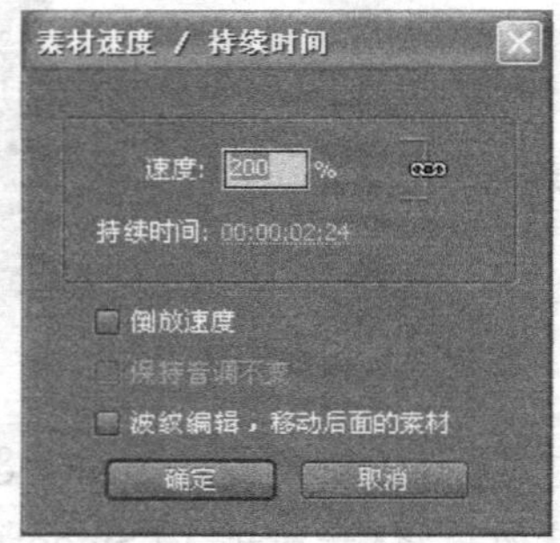

图 9-26 调整字幕的速度

(3) 将“新片速递. Linked Comp 01/文字. aep”文件插入【时间线(Timeline)】窗口的“视频 1”轨道,使它与前面的素材无缝连接,然后将它从“00:00:29:00”处剪出。

(4) 最后导入音频文件作为背景音乐,将它插入“音频 1”轨道中覆盖原来的音频并将它从“00:00:29:00”处剪出,使音频和视频首尾对齐。

至此,本例将制作完毕,按下【Enter】键在节目监视器窗口观看影片效果。

9.1.6 实训课堂

1. 要求读者在 AE 中利用文字创建遮罩,制作火焰字的效果,学习图层的基本知识,掌握图层缩放方法(可以通过选用选取工具,在 Composition 创建中拖动图层控制手柄来实现缩放效果)。

2. 在 AE 中制作文字进入镜头的动画。先打开文字图层的三维属性开关,为其 Z 轴方向的【Position】属性设置关键帧,使文字进入镜头,达到文本进入镜头的动画效果。

9.2 旅游专题片

Premiere 是最著名的非线性编辑软件,而与它同属 Adobe 公司产品的 Photoshop 则是非常优秀的图像处理软件,Photoshop 在平面设计、图像处理和广告制作方面的应用非常广泛(有关 Photoshop 的知识请见第 4 章)。由于 Premiere 在平面图像处理方面的功能比较弱,一般可以在 Photoshop 中处理图像,然后再调入 Premiere 中进行合成;也可以 Photoshop 中绘制的图像或者蒙版调入 Premiere 中使用。

在本例中,将在 Photoshop 中调整图像素材,为图像添加蒙版效果,然后在 Premiere 中合成画面并添加特效,完成旅游专题片头的制作。制作后的效果如图 9-27 所示。

本案例可以分解为以下 5 个任务来完成。

任务 1:导入并管理素材。

任务 2:创建字幕并设置字幕效果。

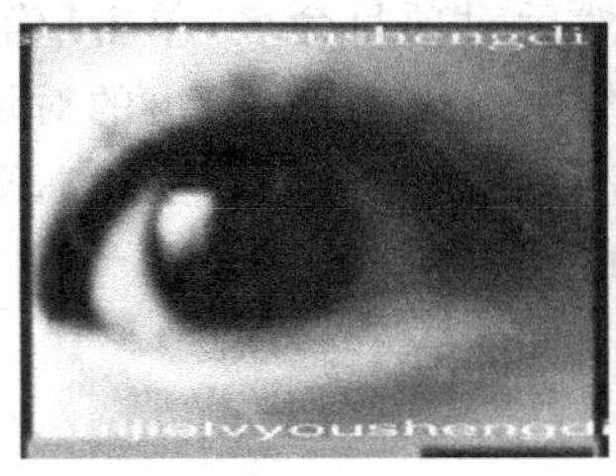

图 9-27 旅游专题片片头的最终效果

任务 3：制作图像的动态效果。

任务 4：为图像创建过渡效果。

任务 5：使用 Adobe Media Encoder 编码器输出影片。

9.2.1 导入并管理素材

1. 任务分析

在编辑音频时，有时候会使用静态图片素材，而素材图片往往不完全合乎要求，这时就可以 Photoshop 进行处理。本案例主要是在 Photoshop 中处理图像，处理的结果会实时在 Premiere 中反映出来。不需要将素材在两个软件中来回导入导出，为影片的编辑工作节省很多时间。

2. 解决方案和步骤

(1) 在制作旅游专题片头之前，打开素材进行预览，如果发现素材有些暗，则可以在 Photoshop 中对其【亮度/对比度】进行调整，如图 9-28 所示。

图 9-28 预览素材并调整图像

(2) 运行 Premiere 软件，新建项目文件，选择保存路径，然后对项目命名，单击【确定】按钮，进入操作界面。在【项目(Project)】窗口【名称】区域下空白处双击，在弹出的对话框中选择从网上下载的本书的素材文件夹"Chapter 09\世界旅游胜地片头\原始素材"，单击【导入文件夹】按钮将原始素材文件夹导入【项目(Project)】窗口。

9.2.2 创建字幕并设置字幕效果

1. 任务分析

本节主要为场景中的文本进行制作，并在【时间线(Timeline)】窗口对他们进行设置。

2. 解决方案和步骤

下面将介绍创建字幕的具体操作步骤。

(1) 按【Ctrl＋T】键新建"SJLYSD(上)"字幕，只用T工具在【字幕设计】栏中输入"shijielvyoushengdi"(即"世界旅游胜地"的拼音)，在【字幕属性】栏中设置【属性】区域下的【字体】为"STXingkai"。【字体大小】为"41"，【纵横比】为"100%"；设置【填充】区域下的【色彩】为"白色"；设置【变换】区域下的【X 位置】、【Y 位置】分别为"100"、"42.2"，如图 9-29 所示。

图 9-29 创建"SJLYSD(上)"字幕

(2) 单击T按钮新建"SJL YSD(下)"字幕，选择【字幕设计】栏中的文本，在【字幕属性】栏中设置【变换】区域下的【X 位置】、【Y 位置】分别为"100"、"1000"。

(3) 新建"世界旅游胜地"字幕，将【字幕设计】栏中的文本删除，输入"世界旅游胜地"，设置【字体】为"STXingkai"，【字体大小】为"83"，【行距】为"21"，在【字幕属性】栏中设置【属性】区域下的【纵横比】为"100%"；设置【填充】区域下【填充类型】为"斜角边"，【高亮颜色】RGB 分别为"255、192、0"，【阴影颜色】的 RGB 分别为"117、0、0"，【大小】为"15"，勾选【变亮】复选框，【亮度角度】为"41"，【亮度级别】设置为"100"，勾选【管状】复选框，勾选【光泽】复选框，设置【色彩】RGB 为"255、239、89"，【大小】为 100，【角度】为"348°"，如图 9-30

所示。在【变换】区域下设置【X位置】、【Y位置】分别为“100”、“100”。

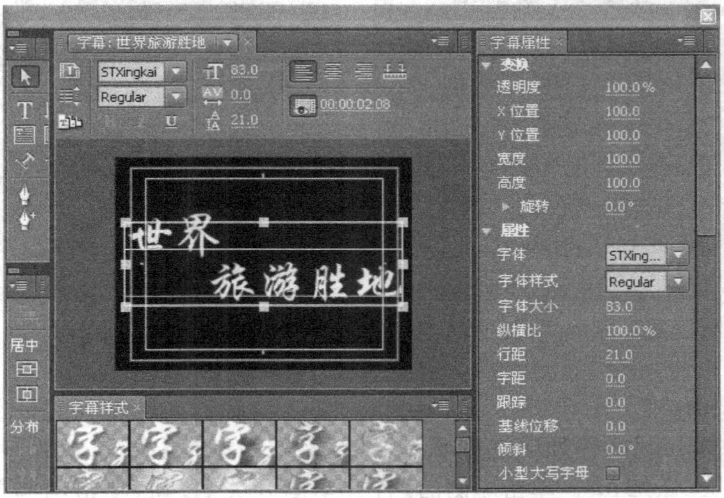

图 9-30 新建字幕“世界旅游胜地”

(4) 新建“GUGONG”字幕，在【字幕设计】栏中删除内容并输入“古典建筑至北京故宫”，在【字幕样式】栏中单击“方正舒体”，在【字幕属性】栏中设置【属性】区域下的【字体】为“LiSu”，在【填充】区域下设置【填充类型】为“放射渐变”，设置左键色标的 RGB 分别为“255、242、141”，右侧色标的 RGB 分别为“255、218、156”。最后将文本居中。

9.2.3 制作图像的动态效果

1. 任务分析

动态的画面比静态的图片更能吸引人的注意。位移是指图像在屏幕中的位置变化，通过在图像的【位置】、【缩放】、【旋转】选项添加关键帧，可以制作图像在屏幕中移动的动画效果，读者可以随意在图像的运动路径上添加关键帧，并且可以通过调节贝赛尔手柄来控制路径形状。

2. 解决方案和步骤

(1) 选择菜单【序列】|【添加轨道】命令，在弹出的对话框中添加两条视频轨，单击【确定】按钮。在【项目(Project)】窗口中【名称】列表框中展开素材文件夹，选择“01.jpg”文件并将其拖至【时间线(Timeline)】窗口中的“视频 1”轨道中，修改当时时间为“00:00:12:15”，拖动“01.jpg”文件的结束处与编辑标识线对齐。

(2) 确定“01.jpg”文件处于选中状态激活【特效控制台】面板，设置当前时间为“00:00:00:00”，设置【运动】区域下的【位置】为“-206.5”、“240”，单击左侧的【打开动画开关】按钮，单击动画关键帧的记录，【缩放比例】设置为“37”，如图 9-31 所示。修改当前时间为“00:00:04:23”，设置【位置】为“931”、“240”。

(3) 设置当前时间为“00:00:01:21”，在【项目(Project)】窗口中将“02.jpg”文件拖至【时间线(Timeline)】窗口的“视频 2”轨道中，与编辑标识线对齐，并将其结束处与“01.jpg”

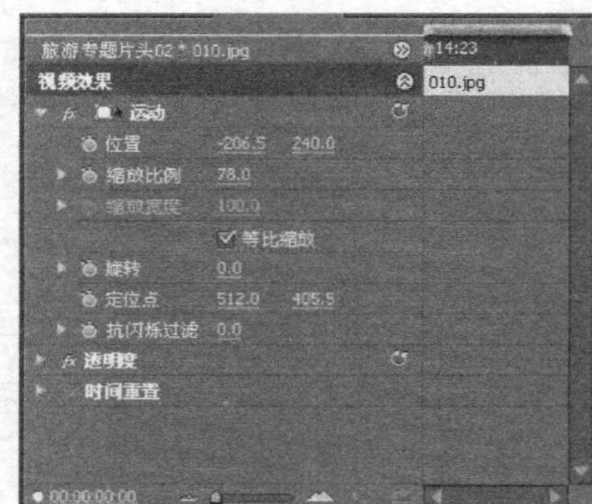
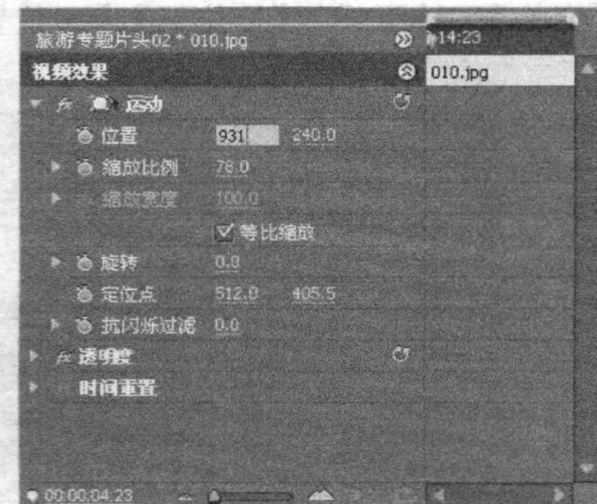

图 9-31　设置图片文件“01.jpg”的位置参数开始帧和结束帧

文件的结束处对齐。

(4) 确定“02.jpg”文件处于选中状态激活【特效控制台】面板，设置【运动】区域下的【位置】为“－206.5”、“240”。单击左侧的【打开动画开关】按钮，单击动画关键帧的记录，【缩放比例】设置为“37”，修改当前时间为“00:00:06:20”。设置当前时间为“00:00:03:18”，在【项目(Project)】窗口中将“04.jpg”文件拖至【时间线(Timeline)】窗口的“视频 3”轨道中，与编辑标识线对齐，并将其结束处与“01.jpg”文件的结束处对齐。

(5) 确定“04.jpg”文件处于选中状态激活【特效控制台】面板，设置【运动】区域下的【位置】为“－214.5”、“240”。单击左侧的【打开动画开关】按钮，单击动画关键帧的记录，【缩放比例】设置为“41.5”，修改当前时间为“00:00:08:17”，设置【位置】为“937”、“240”。

(6) 设置当前时间为“00:00:05:16”，在【项目(Project)】窗口中将“05.jpg”文件拖至【时间线(Timeline)】窗口的“视频 4”轨道中，与编辑标识线对齐，并将其结束处与“01.jpg”文件的结束处对齐。

(7) 确定“05.jpg”文件处于选中状态激活【特效控制台】面板设置【运动】区域下的【位置】为“－214.5”、“240”，单击左侧的【打开动画开关】按钮，单击动画关键帧的记录，【缩放比例】设置为“42”，修改当前时间为“00:00:10:15”，设置【位置】为“937”、“240”。

(8) 设置当前时间为“00:00:07:14”，在【项目(Project)】窗口中将“06.jpg”文件拖至【时间线(Timeline)】窗口的“视频 5”轨道中，与编辑标识线对齐，并将其结束处与“01.jpg”文件的结束处对齐。

(9) 确定“06.jpg”文件处于选中状态激活【特效控制台】面板设置【运动】区域下的【位置】为“－214.5”、“240”，单击左侧的【打开动画开关】按钮，单击动画关键帧的记录，【缩放比例】设置为“38.3”，修改当前时间为“00:00:12:12”，设置【位置】为“937”、“240”。

9.2.4　为图像创建过渡效果

1. 任务分析

本节会用到前面制作的连续运动的图片素材，在【时间线(Timeline)】窗口中添加素材、视频切换、视频特效、设置关键点实现整个短片的运动过程。

2. 解决方案和步骤

具体操作方法和步骤如下。

(1) 将“动态文件. avi”文件拖至【时间线(Timeline)】窗口的“视频 3”轨道中,取消视音频连接,将音频删除。确定“动态文件. avi” 文件处于选中状态激活【特效控制台】面板中,修改当前时间为“00:00:00:07”。单击【缩放比例】左侧的动画开关按钮,打开动画关键帧的记录。修改当时时间为“00:00:00:15”,添加一个【透明度(Opacity)】关键帧,如图 9-32 所示。

(2) 修改当前时间为“00:00:01:04”,设置【缩放比例】为“308”;修改当前时间为“00:00:01:17”,设置【透明度(Opacity)】为“0%”。设置当前时间为“00:00:17:18”,将“SJLYSD(下)”文件拖至【时间线(Timeline)】窗口的“视频 9”轨道中,将其结束处与编辑标识线对齐。

(3) 使用同样的方法将“SJLYSD(上)”拖至【时间线(Timeline)】窗口的“视频 10”轨道中,将其结束处与“SJLYSD(下)”的结束处对齐,如图 9-33 所示。

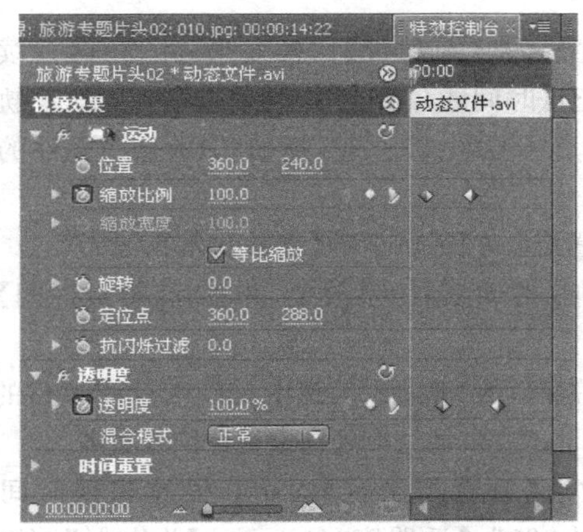

图 9-32　为动态文件添加透明度特效

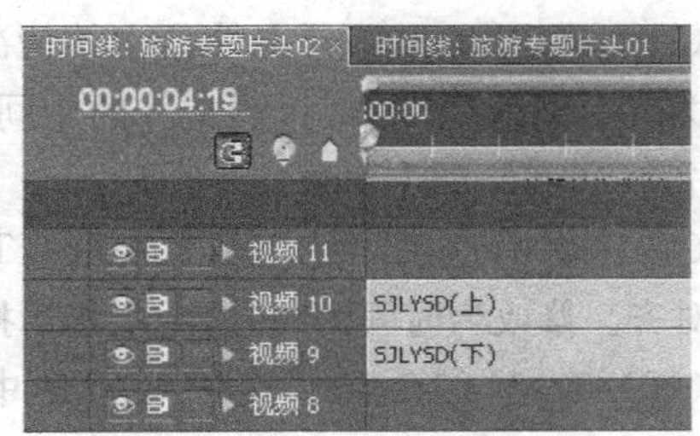

图 9-33　添加字幕到时间线

(4) 设置当前时间为“00:00:00:24”,将“014. jpg”文件拖至【时间线(Timeline)】窗口的“视频 2”轨道中,与编辑标识线对齐。设置当前时间为“00:00:01:24”,设置“014. jpg”文件的结束处与编辑标识线对齐。在该素材上右击,在弹出的快捷菜单中选择【适配为当前画面大小】命令。

(5) 确定“014. jpg”文件处于选中状态激活【特效控制台】面板,设置当前时间为“00:00:01:14”,设置【缩放比例】为“104”,添加一个【透明度(Opacity)】关键帧。设置当期时间为“00:00:01:22”,设置【透明度(Opacity)】为“0%”,如图 9-34 所示。

(6) 设置当前时间为“00:00:01:10”,将“02. jpg”文件拖至【时间线(Timeline)】窗口的“视频 1”轨道中,与编辑标识线对齐。

(7) 修改当前时间为“00:00:02:14”,拖动“012. jpg”文件的结束处与编辑标识线对齐。设置当前时间为“00:00:02:24”,将“016. jpg”文件拖至【时间线(Timeline)】窗口的“视频 2”轨道中,与“014. jpg”文件的结束处对齐,然后拖动其结束处与编辑标识线对齐。

(8) 确定“016. jpg”文件处于选中状态,设置当前时间为“00:00:02:11”,激活【特效控制台】面板,添加一个【透明度(Opacity)】关键帧。修改当前时间为“00:00:02:13”,设置【透明度(Opacity)】为“0%”。修改当前时间为“00:00:02:19”,添加一个【透明度(Opacity)】关键帧。设置当前时间为“00:00:02:21”,设置【透明度(Opacity)】为“100%”,如图 9-35 所示。

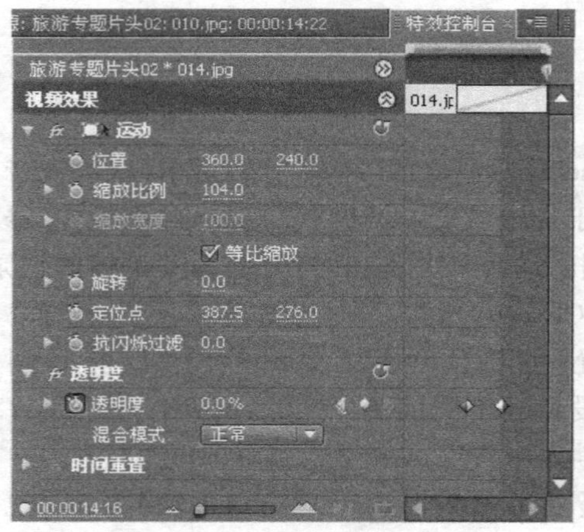

图 9-34　设置图片“14.jpg”透明度动画

图 9-35　设置图片“16.jpg”透明动画

(9) 为“014.jpg”、“016.jpg”文件的中间位置添加【滑动带】切换效果，并将其【持续时间】设置为“00:00:00:21”。将“013.jpg”文件拖至【时间线(Timeline)】窗口的“视频 1”轨道中，与“012.jpg”文件的结束处对齐，设置当时间为“00:00:03:18”，拖动“013.jpg”文件的结束处与编辑标识线对齐。

(10) 确定“013.jpg”文件选中的情况下，设置【运动】区域下的【缩放比例】为“77”，

为“012.jpg”、“013.jpg”文件的中间位置添加【滑动框】切换效果，并将其【持续时间】设置为“00:00:00:21”，如图 9-36 所示。

(11) 将“015.jpg”文件拖至【时间线(Timeline)】窗口的“视频 2”轨道中，与“016.jpg”文件的结束处对齐。修改当时间为“00:00:04:01”，拖动“015.jpg”文件的结束处与编辑标识线对齐。

(12) 确定“015.jpg”文件处于选中状态激活【特效控制台】面板。设置当前时间为 00:00:03:02，设置【运动】区域下的【缩放比例】为“80”，【透明度(Opacity)】为“0%”。修改当前时间为“00:00:03:08”，设置【透明度(Opacity)】为“100%”。

(13) 设置当前时间为“00:00:03:23”，添加一个【透明度(Opacity)】关键帧。修改当前时间为“00:00:04:00”，设置【透明度(Opacity)】为“0%”。为“016.jpg”、“015.jpg”文件的中间位置添加【卷走】特效。选择缩略窗下面的小三角形，设置该【持续时间】为“00:00:00:14”，如图 9-37 所示。

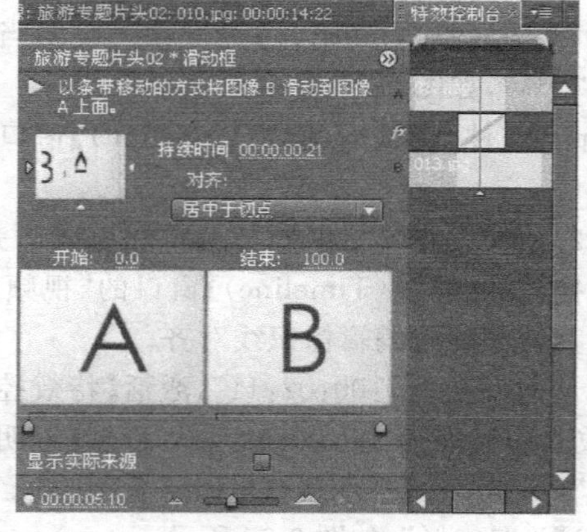

图 9-36　设置切换效果

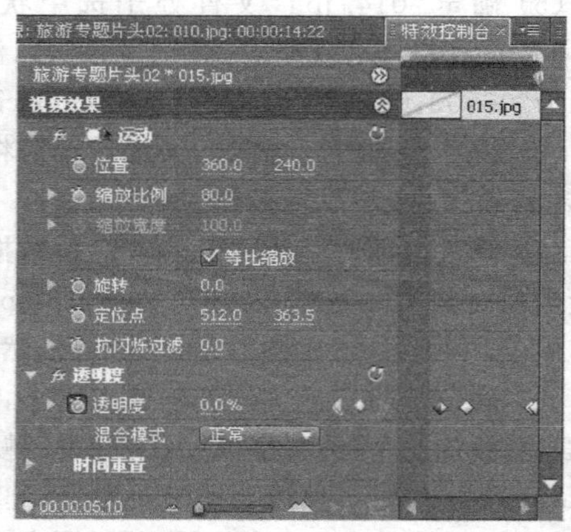

图 9-37　设置“016”和“015”关键帧

(14) 设置当前时间为“00:00:01:02”，将“世界旅游胜地”拖至【时间线(Timeline)】窗口的“视频 5”轨道中，与编辑标识线对齐。

(15) 确定“世界旅游胜地”选中的情况下为其添加【裁剪】、【高斯模糊】特效，激活【特效控制台】面板，设置【裁剪】区域下的【左侧】、【右侧】分别为“50.1%、48.5%”；【高斯模糊】区域下的【模糊度】为“60”。单击其左侧的动画开关按钮，打开动画关键帧的记录，【模糊方向】设置为“垂直”。设置【透明度(Opacity)】为“0%”，设置当前时间为“00:00:01:12”，设置【透明度(Opacity)】为“100%”，分别单击【裁剪】区域下【左侧】、【右侧】左侧的动画开关按钮，打开动画关键帧的记录。

(16) 设置当前时间为“00:00:02:09”，设置【裁剪】区域下【左侧】、【右侧】为“0%”，【高斯模糊】区域下【模糊度】为“0”。将时间改为“00:00:04:02”，添加一个【透明度(Opacity)】关键帧。将当前时间改为“00:00:05:09”，设置【透明度(Opacity)】为“0%”。设置当前时间为“00:00:04:19”，将“GUGONG”拖到【时间线(Timeline)】窗口的“视频 11”轨道中，将其结束处与“SJLYSFD(上)”的结束处对齐，如图 9-38 所示。

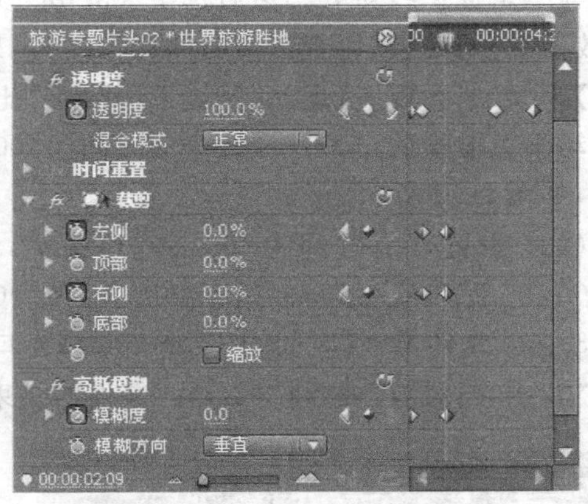

图 9-38　设置“世界旅游胜地”明度关键帧

(17) 确定“GUGONG”处于选中状态为其添加【球面化】特效。激活【特效控制台】面板，设置【球面化】区域下的【半径】为“70”，【球面中心】设置为“100.2”、“150.7”，【缩放比例】设置为“0”，单击其左侧的动画开关按钮，打开动画关键帧的记录。修改当前时间为“00:00:07:21”，设置【缩放比例】为“100”。在时间为“00:00:08:15”处，单击【球面中心】左侧的【切换动画】按钮按钮，打开动画关键帧的记录；在时间“00:00:10:22”处，设置【球面中心】为“345.7”、“150.7”。

(18) 在时间为“00:00:12:16”处，设置【球面中心】为“319.1”、“240”。在时间为“00:00:13:19”处，【球面中心】设置为“382.5”、“325.6”。然后在时间为“00:00:15:14”处，添加一个【透明度(Opacity)】关键帧，设置【球面中心】为“630”、“318.1”；再在时间为“00:00:17:12”处，设置【透明度(Opacity)】为“0%”。

(19) 将时间设置为“00:00:04:00”，将“背景文件.avi”文件拖至【时间线(Timeline)】窗口的“视频 1”轨道中，与编辑标识线对齐，同时取消视音轨的链接，删除音频，如图 9-39 所示。

(20) 将音频删除后的“背景音乐.avi”文件的结束处与“SJLYSD(上)”的结束处对齐。确定“背景音乐.avi”选中处于选中状态，设置【缩放比例】为“121”。

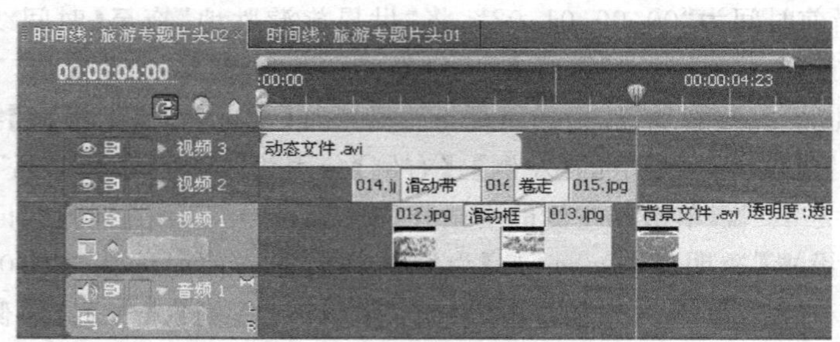

图 9-39　拖入"背景文件.avi"文件

(21) 将"旅游专题片头 01"序列拖至【时间线(Timeline)】窗口的"视频 4"轨道中，将其开始、结束处分别与"背景文件.avi"文件的开始、结束处对齐。

(22) 首先在时间为"00:00:10:14"处，将"03.jpg"文件拖至【时间线(Timeline)】窗口的"视频 5"轨道中，与编辑标识线对齐。在时间为"00:00:12:00"处，拖动"03.jpg"文件的结束处与编辑标识线对齐。然后选中"03.jpg"文件，为其添加【黑白】、【查找边缘】特效。并在【特效控制台】面板，设置当前时间为"00:00:10:19"，设置【查找边缘】区域下的【与原始图像混合】为"40%"；设置【运动】区域下的【缩放比例】为"0%"，并单击其左侧的动画开关按钮，打开动画关键帧的记录。设置当前时间为"00:00:11:10"，打开【与原始图像混合】关键帧的记录，如图 9-40 所示。

(23) 设置当前时间为"00:00:11:12"，设置【缩放比例】为"77%"；修改当前时间为"00:00:11:22"，设置【与原始素材混合】为"100%"。然后设置当前时间为"00:00:11:19"，将"03.jpg"文件拖至【时间线(Timeline)】窗口的"视频 6"轨道中，与编辑标识线对齐，在时间线"00:00:12:07"处，将"03.jpg"文件的结束处与编辑标识线对齐，如图 9-41 所示。

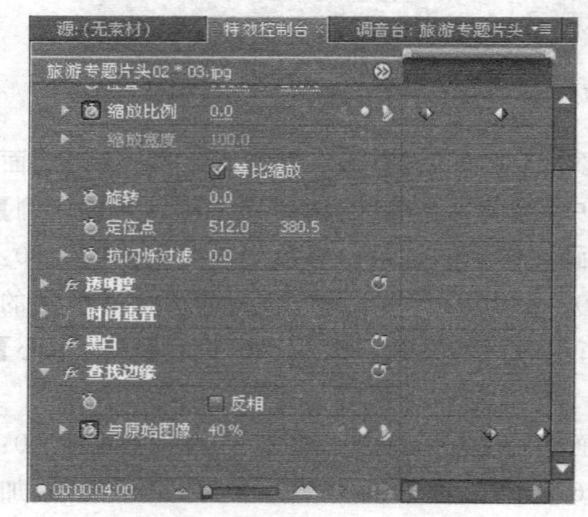

图 9-40　设置"03.jpg"的动画效果

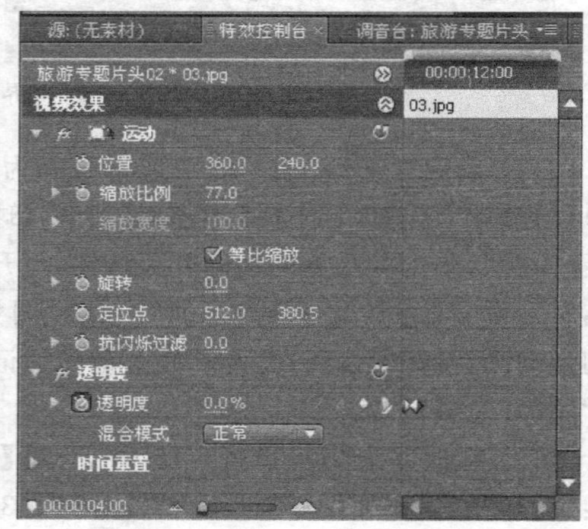

图 9-41　为"03.jpg"添加特效

(24) 确定"03.jpg"文件选中的情况下激活【特效控制台】面板，设置当前时间为"00:00:11:19"。设置【运动】区域下的【缩放比例】为"77%"，【透明度(Opacity)】为"0%"；设置当前时间为"00:00:11:20"，设置【透明度(Opacity)】为"100%"。

(25) 设置时间为"00:00:12:02"，将"07.jpg"文件拖至【时间线(Timeline)】窗口的"视

频7”轨道中，与编辑标识线对齐。设置当前时间为“00:00:13:06”，拖动“07.jpg”文件的结束处与编辑标识线对齐。

(26) 确定“07.jpg”选中处于选中状态激活【特效控制台】面板，设置【运动】区域下的【缩放比例】为“105”。为“07.jpg”文件的开始处添加【棋盘划变】切换效果，并将该切换效果的【持续时间】设置为“00:00:00:05”。

(27) 设置时间为“00:00:13:01”，将“08.jpg”文件拖至【时间线(Timeline)】窗口的“视频8”轨道中，与编辑标识线对齐。拖动“08.jpg”文件的结束处至“00:00:14:03”。确定“08.jpg”文件处于选中状态，为其开始、结束处分别添加【水波块】、【交叉叠化(标准)】切换效果，设置【水波块】的【持续时间】为“00:00:00:05”，设置【交叉叠化(标准)】的【持续时间】为“00:00:00:06”。

(28) 设置当前时间为“00:00:13:23”，将“09.jpg”拖至【时间线(Timeline)】窗口的“视频7”轨道中，与编辑标识线对齐。设置当前时间为“00:00:15:02”，拖动“09.jpg”文件的结束处与编辑标识线对齐。确定“09.jpg”文件处于选中状态，设置【特效控制台】面板中的【缩放比例】为“77%”。设置当前时间为“00:00:14:22”，将“010.jpg”文件拖至【时间线(Timeline)】窗口的“视频8”轨道中，与编辑标识线对齐。

(29) 设置当前时间为“00:00:16:02”，拖动“010.jpg”文件的结束处与编辑标识线对齐。确定“010.jpg”文件处于选中状态，设置【缩放比例】为“78%”，为其开始处添加【斜线滑动】切换效果。

(30) 设置当前时间为“00:00:16:00”，将“011.jpg”拖至【时间线(Timeline)】窗口的“视频7”轨道中，与编辑标识线对齐。设置当前时间“00:00:17:01”，拖动“011.jpg”文件的结束处与编辑标识线对齐，然后在【控制面板】中设置【缩放比例】为“77%”。

(31) 设置当前时间为“00:00:16:21”，将017.jpg文件拖至【时间线(Timeline)】窗口的“视频8轨道”中，设置【运动】区域下的【位置】为“−417”、“−291.9”，单击左侧的【切换动画】按钮，打开关键帧，设置【缩放比例】为“0%”。然后在时间为“00:00:17:00”处，设置【位置】为“360”、“288”，【缩放比例】为“100%”。

9.2.5 使用 Adobe Media Encoder 编码器输出影片

1. 任务分析

本小节介绍使用Adobe Media Encoder编码器输出影片的方法。这是Premiere Pro自带的一个媒体编码器，可以直接输出包括MPEG1、MPEG2、FLV、RMVB、WMV等多种格式的音频和视频文件，而且输出每一种格式文件的操作方法都基本相同，使用方法非常简单、方便。

下面将要把旅游专题片输出为VCD视频。

2. 相关知识点

Premiere可以输出多种类型的文件，输出每一种文件的方法不尽相同，下面简要介绍几种常用的文件输出方法。

(1) 输出静态图像

Premiere 支持输出静态图像。很多时候需要将影片中的某一帧画面作为单张静态图片输出,比如制作影片的剧照或者制作画面暂停效果等,操作方法如下:

① 在【时间线(Timeline)】窗口拖动时间滑块,在【节目监视器(Program Monitor)】窗口观察,以查找需要的画面,最后将画面定格在 00:01:10:03 处(用来导入视频文件"chapter09\基础素材\加菲猫 2. WMV")。

② 单击菜单栏中的【文件(File)】|【输出(Export)】|【帧(Frame)】命令。

③ 弹出一个【输出帧(Export Frame)】对话框。默认的文件名称为 Sequence01。单击【设置(Setting)】按钮,弹出【设置(Setting)】对话框。在【常规(General)】选项面板中展开【文件类型(File Type)】下拉列表选择文件的格式,这里设置为 Tiff 图片文件格式。由于"Tiff"图像文件格式不需要进一步设置,此时单击【确定】按钮返回到【输出帧】对话框,直接单击【保存】按钮将文件以默认名称输出。

④ 返回到【项目(Project)】窗口,可以看到这里增加了一个图像文件,这就是刚才输出静态帧图像。

(2) 输出纯音频文件

有时需提取影片中一段声音素材,或者需要把影片中的歌曲制作成为音乐光盘。Premiere Pro 具体强大的音频编辑能力,本身就可以用于制作或者录制音频文件。

本节操作比较简单,只需要为制作好的作品添加音效、预览影片、检查并查看效果后,将制作好的影片输出。

3. 解决方案和步骤

(1) 将"背景音乐"添加至"视频 4"轨道上,设置其长度为"21:08",然后将"背景音乐"添加至"视频 1"轨道的"21:02"处,将多余的素材剪切,并为这两段素材设置淡入淡出效果。

(2) 按【Enter】键,在【节目】监视器窗口中预览最终效果。设置【导出设置】对话框中的【格式】为"Microsoft AVI",【输出名称】右侧设置路径及名称。设置【编视频编解码器】为"Intel Indo Video 4. 5",【基本设置】区域下的【品质】为"100%",【场类型】为"逐行",单击【确定】按钮。

(3) 进入【Adobe Media Encoder】对话框,单击【开始队列】按钮,对视频进行渲染输出,使输出的 VCD 中包括音频和视频。

提示

【视频(Video)】选项卡用于设置电视制式和码率。一般不宜把码率设置得过高,不然有些解码能力不强的 VCD 视盘机可能无法流畅播放。

【音频(Audio)】选项卡用于设置影片中的音频格式,标准的 VCD 影片中的音频格式是固定的,一般只能改变声道属性。

【多样化(Multiplexer)】选项卡用于设置是否将影片的音频和视频混合输出。如果现在【None】,输出的音频和视频是分开的,这样刻录的 VCD 视频光盘是比较麻烦的,所以一般将音频和视频混合输出。

在【其他(Other)】选项卡,读者可以指定一个 FTP 网店。当渲染完成之后,系统会自动将影片传送到 FTP 网店,以便客户查看。

(4) 在【输出设置(Export Settings)】对话框中设置好各项参数之后，单击【确定】按钮，然后在弹出的【保存文件(Save File)】对话框中设置 VCD 视频文件的名称和保存路径，然后单击【保存】按钮。系统将开始渲染输出 VCD 视频文件，并弹出一个【渲染(Rendering)】对话框显示渲染的进程。

(5) 渲染结束之后，将输出的视频文件导入项目窗口，可以看到该文件的帧尺寸、帧频和音频采用频率等参数完全符合 VCD 视频格式的标准。

小知识

Premiere 与三维软件配合。

After Effects 可以读取三维软件输出的文件中的 3D 信息，配合自身的特效制作丰富的三维效果。

9.2.6 实训课堂

1. 在 Photoshop 中，为视频制作望远镜效果的图层蒙版。

2. 将项目设置完毕后，通过【文件】|【输出】|【Adobe Media Encoder】命令，设置输出 RealMedia 视频文件格式。

3. 将项目设置完毕后，通过【文件】|【输出】|【Adobe Media Encoder】命令，设置输出 FLY 视频文件格式。

4. 读者还可以选取其他的视频文件格式进行输出，并比较一下采用不同格式输出的视频文件效果。

9.3 健康有约电视栏目

本案例是电视栏目包装的两个镜头，时间长度为 10 秒，要求以健康、清爽、柔和的色调展示给观众。

本案例作为读者学习 After Effects 的入门案例，使用的特效并不多。画面中的丝绸是在 3Ds Max 中制作并输出的 TGA 序列，然后在 AE 中进行校色、复制及合成处理。花瓣粒子是使用 AE 内置的 Foam 特效完成。效果如图 9-42 所示。

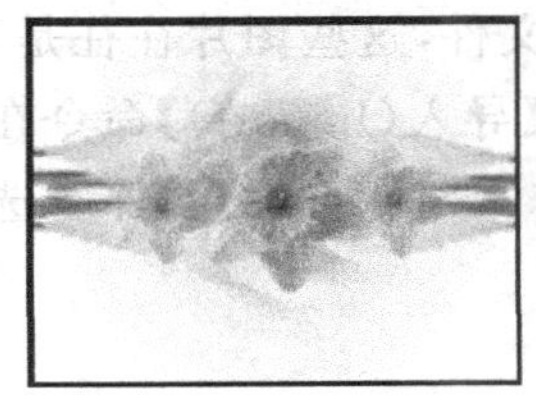

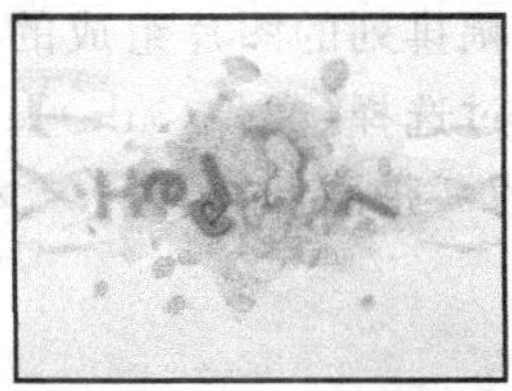

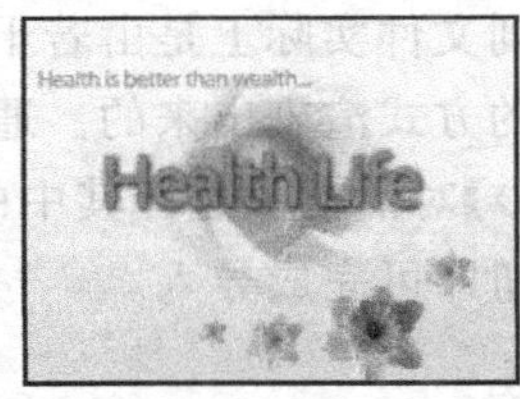

图 9-42 健康有约电视栏目最终效果

本节将学习重点放在动画的节奏和画面的安排上，另外，文字的安排和花朵的动画也是制作的一个重点。具体来说，完成本案例可以分成以下 5 个任务。

任务1：新建项目并导入素材。

任务2：制作动态的背景效果。

任务3：制作花瓣粒子效果。

任务4：创建文本。

任务5：渲染输出。

9.3.1 新建项目并导入素材

1. 任务分析

在AE中，所有的操作都要经过项目，也就是说项目是包含一切操作的容器，它类似于其他软件中的一个文件。当启动AE以后，程序将自动建立一个项目。当然，也可以采用手动的办法新建项目。本节项目的新建和导入素材的操作方法，与Premiere中的项目新建和素材导入方法类似。

2. 相关知识点

1）导入素材

素材是AE中最基本元素，通常包括视频、音频、图像和序列图像等，下面将介绍常用的几种素材导入方法。

(1) 使用项目面板导入素材

这是一种常用的素材导入方法，读者可以依次选择【文件(File)】|【导入(Import)】命令，即可打开【导入文件(Import File)】对话框。另外，还可以在面板的空白区域双击打开【导入文件(Import File)】对话框导入素材，如果在Import Folder按钮直接打开导入文件夹，或者按住Alt键将素材直接拖到项目面板中。

(2) 导入连续素材

要导入连续素材，则可以选择【文件(File)】|【多类型文件(Multiple File)】命令，打开【导入(Import)】对话框或者在项目面板中的空白区域右击，选择其中的【文件(File)】|【多类型文件(Multiple File)】命令，选择连续素材，单击【打开】按钮即可进行导入。另外，还可以直接选择素材将其拖到项目面板中。

(3) 导入序列文件

所谓序列文件实际上是由若干幅排列的图片组成的文件，这些图片往往是利用软件按照序列图片的方式渲染出来的。通过选择【文件(File)】|【导入(Import)】命令在【导入文件(Import File)】对话框中选择其中的一张图片，启用【×××Sequence】文件复选框，最后单击【打开】按钮即可完成导入。

注意

上面介绍的【×××Sequence】中的“×××”表示不同的图像格式，例如，图片序列是JPG格式，则将变为JPG Sequence。另外，导入的图片可以以视频方式进行播放。

(4) 导入Premiere文件

由于AE和Premiere的开发商都是Adobe公司，因此AE可以直接导入Premiere的项目文件，并且系统会自动为其建立一个 Composition，以层的形式包含 Premiere 中所有素材。另外，如果 Premiere 项目中含有 Bin，则 Bin 将以子文件夹的形式出现。

（5）导入 Photoshop 层文件

AE 可以直接导入 Photoshop 等带有层的文件。当将 Photoshop 层文件导入时，可以保留文件的所有信息，例如层的信息、Alpha 通道、调整层、蒙版层。通常情况下，可以以 3 种方式导入，分别是 Footage、Composition-Cropped Layers 和 Composition。

（6）导入占位符

顾名思义，占位符就是先占住一个固定的位置，等着以后再往里面添加内容，它在 AE 中表现为一个彩条（电视上经常会出现这样的画面）。通常占位符在素材不齐全的情况下可以先制作效果，待素材齐全后将空缺的素材替代占位符即可。

要导入一个占位符，需选择【文件（File）】|【导入（Import）】中的【占位符（Placeholder）】命令。在打开的对话框中设置占位符的名称、尺寸、帧速率和持续时间，设置完毕后单击【确定】按钮即可导入一个占位符。但是，需要注意，电视此时的占位符仅被导入 AE 中，不会出现在合成窗口中。

（7）导入固态层

固态层是非常重要的一个素材，它主要应用于文字特效、矢量蒙版、画面元素等。要导入固态层，则可以选择【文件（File）】|【导入（Import）】中的【固态（Solid）】命令。然后，在对话框中设置固态层的名称、尺寸、像素纵横比、色彩等参数。设置完毕后单击【确定】按钮即可。

2）管理素材

素材的管理也是非常重要的，当制作一些比较大的项目时，如果没有一个合理的管理方案，可能会使素材一塌糊涂，大大降低工作效率。读者可以使用【项目（Project）】面板工具、使用文件夹、删除选择项目、查找素材和替换素材等多种素材管理方法来管理素材。

3）解释素材

解释素材的功能是非常强大的，通过解释素材可以对素材进行有效修复。通常情况下可以通过【解释素材（Interpret Footage）】工具对选中的素材进行 Alpha、帧速率、场设置。

3. 解决方案和步骤

（1）启动 After Effects 程序，系统将自动弹出一个“欢迎使用 Adobe After Effects”界面，如图 9-43 所示。

（2）在 AE 环境截面界面中，单击【新建合成组】，或者在 AE 中新建一个【新建合成组（Composition）】，并命名为“健康有约”。在【预置（Preset）】的下拉列表中选择【PAL D1/DV】制式，如图 9-44 所示。

提示

新建一个项目后，所有的属性都是默认的。而在实际应用过程中，可能需要根据项目的特点进行自定义。在这种情况下，可以选择【文件】|【项目设置】命令，或者按组合键【Ctrl+Alt+Shift+K】打开【项目设置】面板对话框，根据实际应用来设置相关参数。

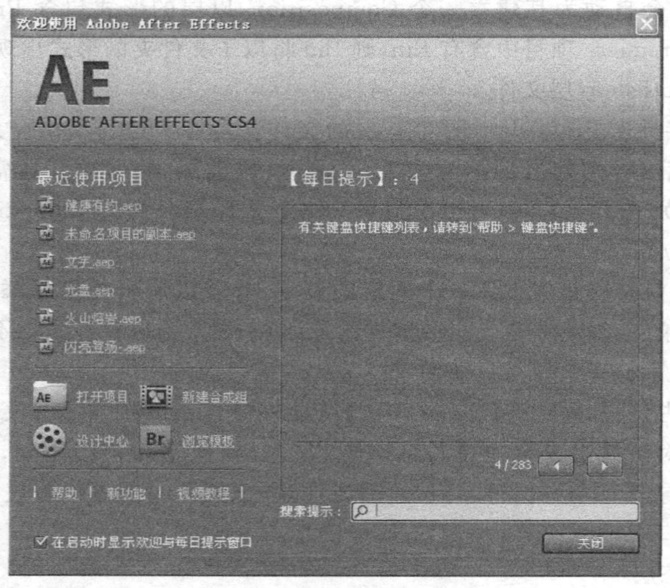

图 9-43　欢迎界面

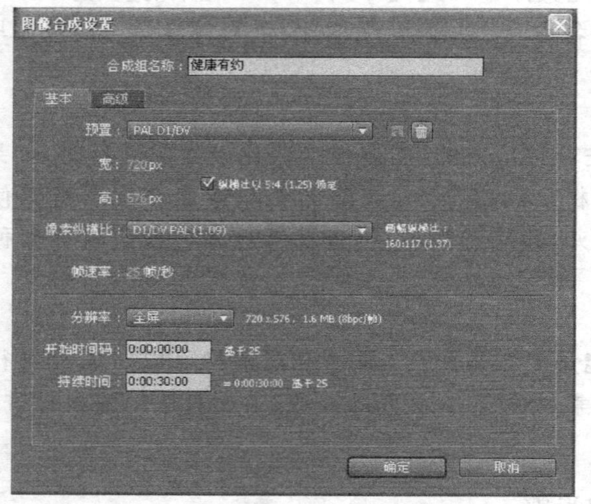

图 9-44　新建合成组

（3）双击"花朵"【合成(Composition)】，在【时间线(Timeline)】面板中展开所有图层，如图 9-45 所示。

9.3.2　制作动态的背景效果

1. 任务分析

本节主要为健康有约电视栏目制作动态背景效果，通过添加蒙版、添加特效，以及复制并创建合成来完成动态背景的制作。

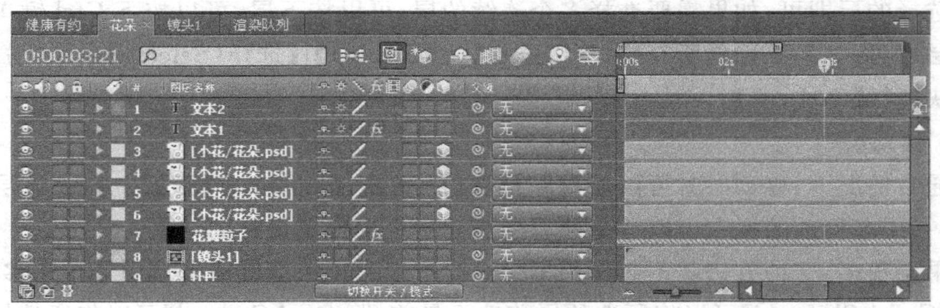

图 9-45 导入素材

2. 效果预览

最终效果如图 9-46 所示。

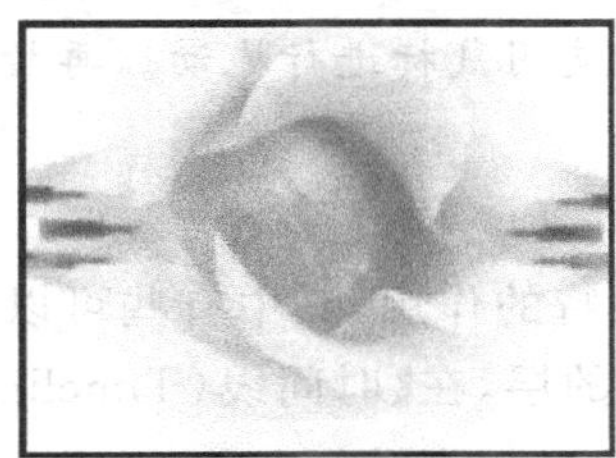
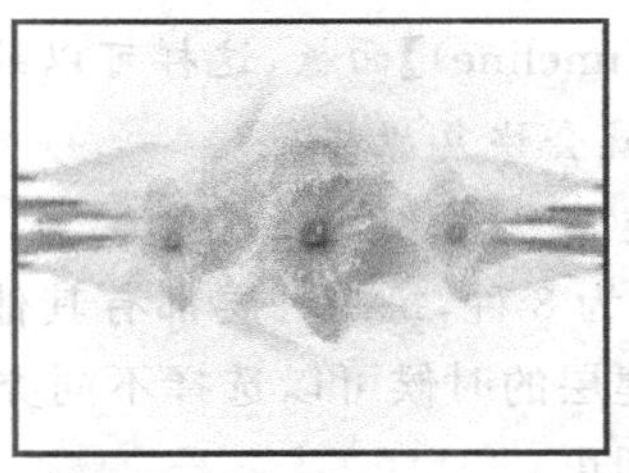

图 9-46 “镜头 1”的最终效果

3. 相关知识点

1) 图层

在 AE 中,层是构成合成图像最基本的元素,它和 Photoshop 中的层是一样的,素材被拖至【时间线(Timeline)】上就变成了层,只不过在 Photoshop 中的层必须是静态的图片,而在 AE 中,层既可以是静态的图片,也可以是动态的视频。层记录了图层的一些基本信息,在【时间线(Timeline)】中可以清楚地看到层与层之间的关系,人们可以使用旋转、位移、缩放等一些基本信息属性来制作需要的效果。另外,层可以用来制作动画,只要在前面有关键帧控制器的参数,就可以设置关键帧动画。动画可以是独立的,也可以是相互作用的。

(1) 创建层和选择层

在 AE 中,层有多种操作方式,例如创建新层、显示隐藏层、使用层开关等。这些操作都是合成层时最常用到的操作,掌握好这些基本的操作方法可以更加有效地制作出满意的特效。

将素材从 Projects 面板中拖入【合成(Composition)】或者【时间线(Timeline)】窗口中,那么素材就变成了一个层。另外还有两种创建方法,第一种是使用 Layer 菜单创建层,选择【图层(Layer)】|【新建(New)】命令,然后选择需要创建的层单击即可。

第二种方法是在【时间线(Timeline)】或者【合成(Composition)】窗口中创建。右击空白区域,在弹出的菜单中选择【New】命令,然后选择需要创建的层即可。

如果需要选择单个层,直接在【时间线(Timeline)】或者【合成(Composition)】窗口中单

击需要选择的层即可；如果需要选择多个连续的层，可以按下层，可以按下 Ctrl 键单击需要选择的层即可；如果要选择所有层，可以选择【编辑(Edit)】|【选择(Select)】命令，另外，还可以使用快捷键【Ctrl＋A】。

(2) 移动层

在通常情况下，移动层时可以使用左键在【时间线(Timeline)】面板中拖动该层到指定的位置，在层名称前的栏中可以清楚地看到当前层级的位置最终的结果。

如果层很多，这种方法就不起作用了。这时可以利用快捷键或者使用菜单来移动，按下快捷键【Ctrl＋Shift＋]】可以将所选的层移动至最前端；按下【Ctrl＋]】可以将所选择层向前移动一位，按下快捷键【Ctrl＋Shift＋[】可以将所选的层移动到最后端；按下【Ctrl＋]】可以将所选层向后移动一位。

技巧

当层的数目小于 30 时，选择【时间线(Timeline)】面板并按下快捷【～】(在数字1 前面)最大化【时间线(Timeline)】面板，这样可以继续使用鼠标进行拖动。再按下【～】键【时间线(Timeline)】面板就会恢复原样。

(3) 层的分类

AE 中的层分为 8 种，每一种层都有其他独特的作用，其中有些可以制作字体，有些可以创建灯光。新建层的时候可以选择不同类型的层，在【时间线(Timeline)】面板中右击选择需要创建的层即可。

【Text 层】：该层是一个文本层，用于创建字体特效。

【Solid 层】：该层是具有固态颜色的层，也是平时用到最多的层，在制作各种各样的特效时都需要用到它。在实际操作中经常要给 Solid 添加素材、从 Effects 中添加特效或者使用蒙版来制作更多的效果。

创建 Solid 层的时候可以在【Name】栏定义它的名称，在【Size】栏中定义其尺寸，【Width】和【Height】中定义它的宽高比等。在【Color】中可以定义它的颜色。

【Light 层】：该层建立好以后会出现在最上层位置，Light 只有在 3D 模式下才能使用，在一般模式下使用是不会出现效果的。

【Camera 层】：该层是用来设置摄像机的，在 3D 模式下将层沿着 X、Y、Z 轴移动后会出现 3D 效果，在普通视图中是看不出立体透视效果的。

【Null Object 层】：该层是虚拟层，在该层上增加特效是不会被显示的，在最终输出的时候【Null Object】也使不被显示的。它经常用来制作父子连接和配合表达式等。

【Shape Layer 层】：该层可以使用工具栏上的形状工具或者钢笔工具进行创建，也可以选择【新建(New)】|【形状层(Shape Layer)】命令来创建。形状层是一个比较特殊的层，它可以使用钢笔工具任意的画出图形，也可以使用 Effects 添加效果。在创建好形状层后，单击【时间线(Timeline)】面板上方的按钮，可以弹出【Brainstorm】对话框。该对话框可以用在任意更改参数的地方，这样省去很多调整参数的时间。

【调整层(Adjuastment Layer)】：该层为调整层，一般位于层的最上方。在该层添加效果只对下面的层有效，它可以统一调节层的效果。该层是透明的，在最终输出的时候不会被显示，为它增加一个模糊效果。

【Adobe Photoshop File 层】：该层可以使层转化为 Photoshop 使用的“ *.psd”格式，使得 Adobe 公司生产的软件兼容性更强。创建该层的同时会弹出一个对话框，让读者指定 psd 文件的保存位置，该文件可以使用 Photoshop 来进行编辑。

2）蒙版

蒙版是后期合成中必不可少的部分。在默认情况下，图像只有在蒙版内才能被显示出来。蒙版常被用来使目标物体与背景分离，也就是通常所说的抠像。

蒙版可以是一个图形，也可以是一个路径绘制区域。蒙版被创建出来以后，只在蒙版里面的东西被显示出来，而在外面的物体就会被遮住，显示为黑色。如果下面有另一层，那么该层被蒙版遮住的部分就会显示出来。

创建蒙版的方法有 3 种，分别是使用【形状工具】、使用【钢笔工具】和使用【数字】，下面介绍蒙版的创建方法。

4. 解决方案和步骤

(1) 在“花朵”图层新建一个【固态(Solid)】层，命名为“背景”，放置在地底层。然后添加【斜面(Ramp)】，设置颜色为“白色”。显示“牡丹”层，给该层添加一个圆形蒙版，并设置【蒙版羽化(Mask Feather)】的值为“250”，如图 9-47 所示。

(2) 导入素材中的“丝绸.tga”系列文件，将其放置在“牡丹”层的上面。然后给该层添加【色相/饱和度(Hue/Saturatio)】特效，调整【最大饱和度(Master Saturation)】的值为“100”，如图 9-48 所示。

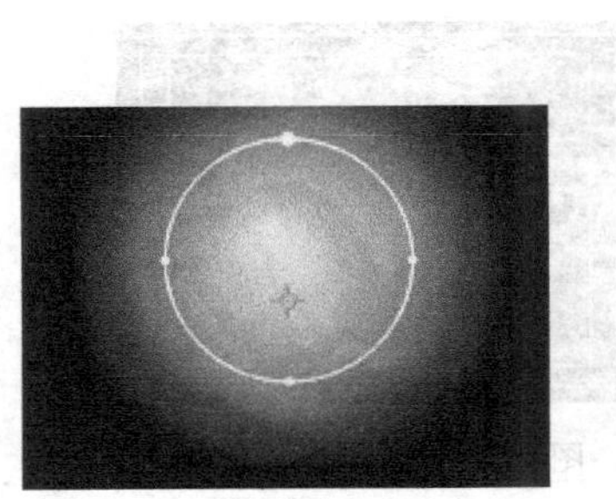

图 9-47　设置“牡丹”层动画

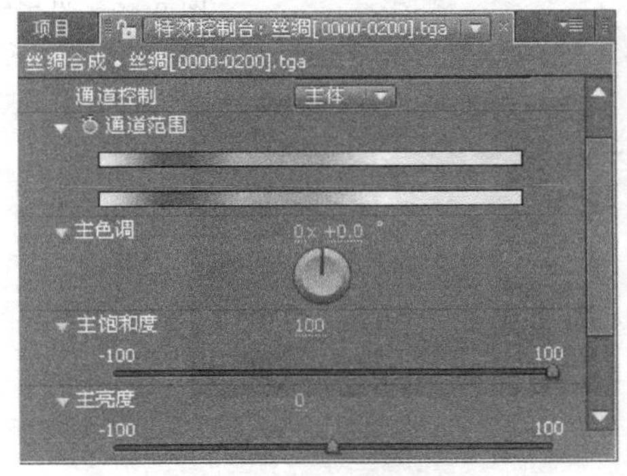

图 9-48　为“牡丹”层添加特效

(3) 在【时间线(Timeline)】面板中展开“牡丹”层的【缩放(Scale)】和【透明度(Opacity)】两个属性，拖动时间滑块到第 0 秒，使用默认值，给两个选项设置关键帧，然后拖动时间滑块第 5 秒 12 帧，将【缩放(Scale)】和【透明度(Opacity)】的值分别设置为“70%”和“30%”，如图 9-49 所示。

(4) 给“丝绸”添加一个方形蒙版，拖动时间滑块到第 0 秒，在【时间线(Timeline)】面板中单击【蒙版路径(Mask Path)】选项前面的【秒表】按钮设置关键帧，然后拖动时间滑块到第 1 秒，调整蒙版的形状使“丝绸”完全显示出来，如图 9-50 所示。

(5) 选择“丝绸”层，按下【Ctrl+D】键进行复制，然后将其中的一个层进行上下翻转，并适当调整位置，如图 9-51 所示。

图 9-49 设置“牡丹”层动画

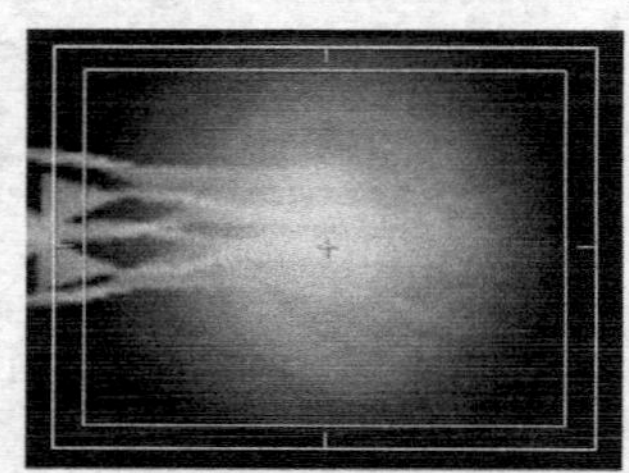

图 9-50 设置蒙版动画

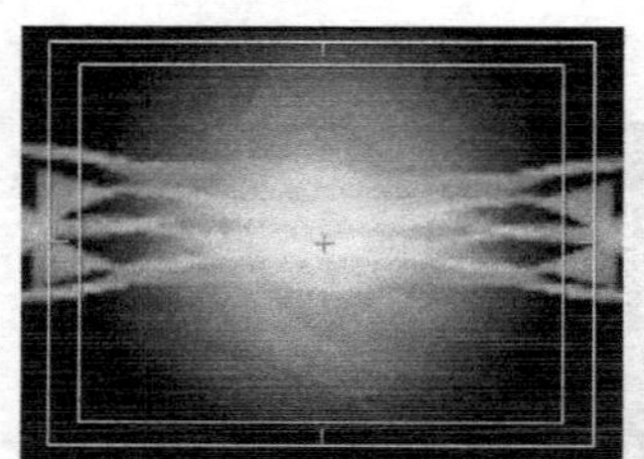

图 9-51 复制并翻转层

(6) 将两个不同方向的“丝绸”层各复制两层，分别调整位置，然后在【时间线(Timeline)】面板中选择所有的“丝绸”层，创建一个【合成(Composition)】并命名为“丝绸合成”。最后复制“丝绸合成”层，将其中的一个层进行左右翻转，并调整位置。如图 9-52 所示。

(7) 显示“小花”层，将其放置在最上面，在工具栏中单击【定位点】工具按钮。然后将该层的中心点调整到花的中心上，如图 9-53 所示。

(8) 在【时间线(Timeline)】面板中展开“小花”层的【缩放(Scale)】、【旋转(Rotation)】和【透明度(Opactiy)】各选项，拖动时间滑块到第 2 秒，单击这 3 个选项前面的【秒表】按钮，并将【透明度(Opacity)】的值设置为“0%”。然后拖动时间滑块到第 5 秒，将这 3 个选项的值分别设置为 80%、60 和 90%。

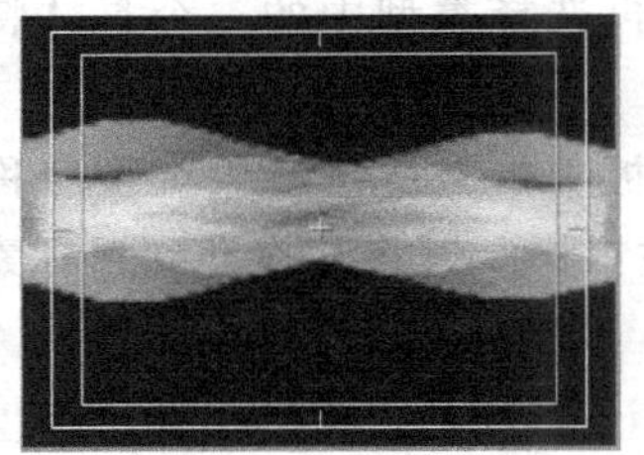
图 9-52 左右翻转层

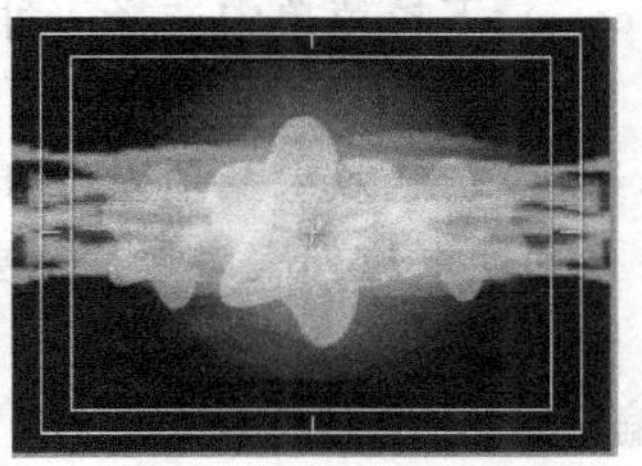
图 9-53 调整"小花"的中心点

(9) 在【时间线(Timeline)】面板中展开"镜头 1"层和"牡丹"层的【透明度(Opacity)】选项，拖动时间滑块到第 5 秒 10 帧，为"镜头 1"的【透明度(Opactiy)】选项设置一个关键帧，然后拖动时间滑块到第 7 秒，将两个层的【透明度(Opacity)】选项的值分别设置为"0%"和"70%"。

9.3.3 制作花瓣粒子效果

1. 任务分析

本节主要是为健康有约电视栏目制作花瓣粒子效果、创建文本，以及添加文本特效，制作动态的文本效果。

2. 效果预览

效果如图 9-54 所示。

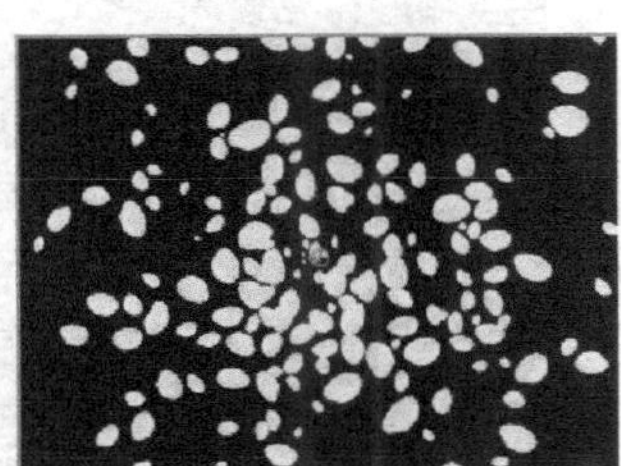
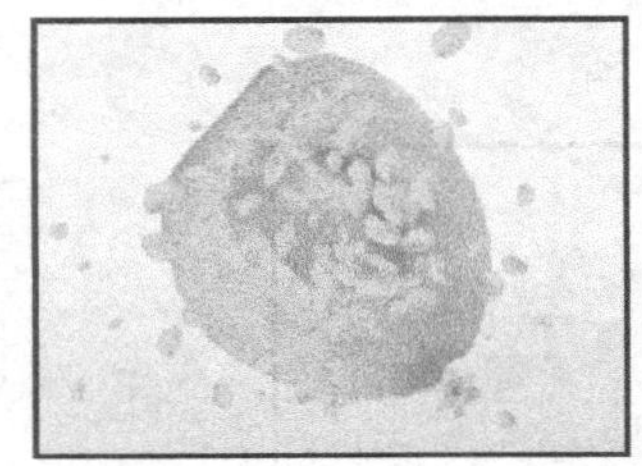
图 9-54 制作花瓣粒子的最终效果

3. 相关知识点

(1) 添加特效

特效是产生效果的基础之一。通过使用它可以使作品绚丽多彩，能够将作品宗旨传达得更加彻底。如果要添加一个特效，则需要通过 AE 的【效果及预设(Effecs&Presets)】面板来进行操作。在该面板中，特效被分门别类地放置。如果需要使用某个特效，则可以点击分类名称前的三角按钮，在打开的选项中选择相应的特效。

当对素材中的一个层添加特效后，【效果控制(Effect Controls)】面板将自动弹出，同时该层所在的【时间线(Timeline)】面板中的特效属性中也会出现一个已经添加的特效图标来等待读者的编辑。

要在某个素材上添加特效，则可以在【时间线(Timeline)】面板中选择给素材。然后在

【效果(Effects)】下拉菜单中选择一种需要添加的类型,再选择类型中的一个具体特效名称即可。

另外,还可以在【效果及预设(Effects&Presets)】面板中单击所需特效类型名称前的三角按钮,在打开的下拉列表中选择需要添加的特效,按住鼠标左键将其拖动到目标素材层上即可。

(2) 编辑特效

对特效而言,要使其按照作者的意愿产生相应的效果,不仅仅是将其添加到素材上,还需要对其进行一些编辑操作。在 AE 中,对特效的编辑包括复制、删除,以及保存单独特效等内容。

4. 解决方案和步骤

(1) 拖动时间滑块到第 5 秒,新建一个【固态层】,命名为“花瓣粒子”。给该层添加【泡沫(Foam)】特效,在【视图】的下拉列表中选择【渲染(Rendered)】选项,然后将【产生辐射(Production Rat)】和【Size】的值分别设置为“6”和“1.5”,结果如图 9-55 所示。

(2) 在“花瓣粒子”的【效果控制(Effect Controls)】面板展开【渲染(Rendered)】属性,设置【反弹聚焦(Bubble Texture)】、【反弹强度(Bubble Texture Lay)】和【反弹方向(Bubble Orientation)】等 3 个选项,如图 9-56 所示。

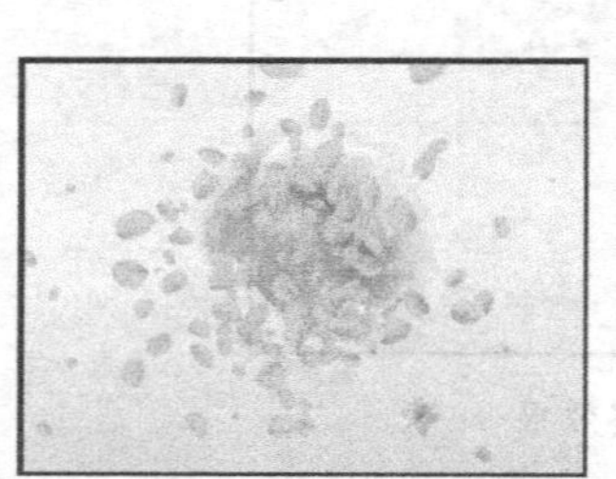

图 9-55　Foam(泡沫)特殊设置效果

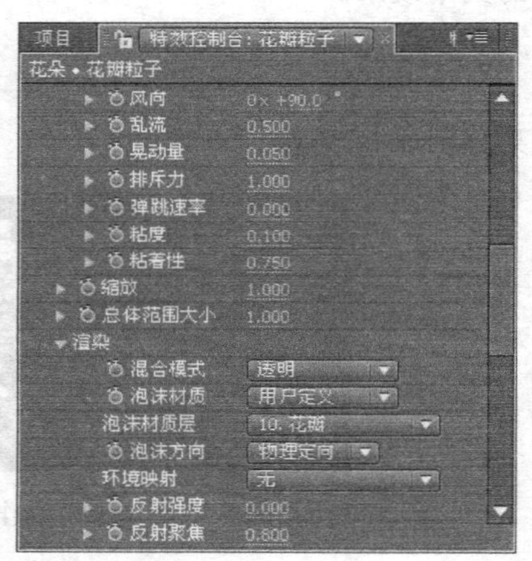

图 9-56　设置替换模式

(3) 选择“花瓣粒子”层,按下【Ctrl+Alt+R】组合键将动画进行反向播放。在【时间线(Timeline)】面板中将播放指针移动到第 8 秒,展开其【透明度(Opacity)】属性,拖动时间滑块到第 5 秒 11 帧,设置【透明度(Opacity)】的值为“0%”,并设置关键帧。然后拖动时间到第 6 秒,将【透明度(Opacity)】的值改为“100%”,如图 9-57 所示。在“花瓣粒子”层添加【4 色(4-color Gradient)】特效,调整颜色使花瓣在同色系中富有变化,并在【弯曲模式(Blending Model)】选项的下拉列表中选择【颜色(Color)】选项。

(4) 复制“背景”层,在【特效控制面板(Effect Ctrl)】面板中选择【斜面形状(Ramp Shape)】选项下拉列表中的【线性斜面(Linear Ramp)】选项,并更改开始颜色和结束颜色的值。

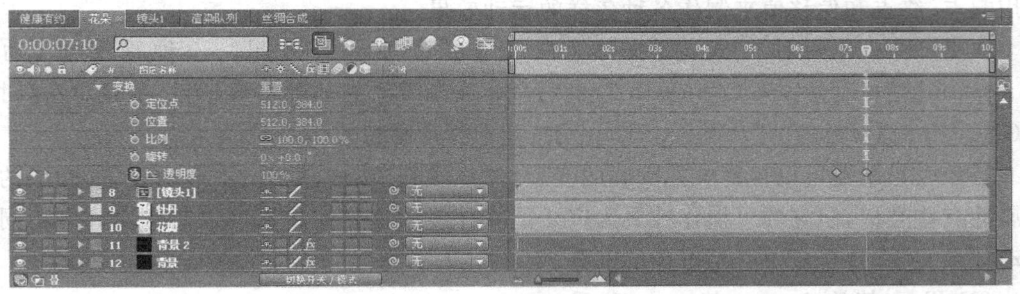

图 9-57 设置透明动画

(5) 拖动时间滑块到第 7 秒,单击【透明度(Opacity)】选项打开关键帧按钮,然后拖动时间滑块到第 6 秒,设置【透明度(Opacity)】的值为“0%”。

9.3.4 创建文本

1. 任务分析

AE 为影视特效文本制作提供了异常强大的功能。在 AE 中可以使用表达式将一个属性连接到另一个属性中,使操作简单化,产生交互式的影响,从而做出复杂的效果。

2. 效果预览

效果如图 9-58 所示。

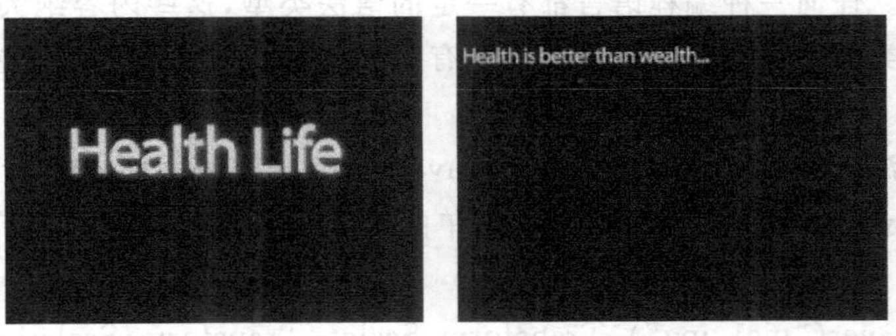

图 9-58 创建文本效果

3. 相关知识点

(1) 文本属性动画

文本属性动画在许多三维软件中得到应用。三维软件可以使文字变得有立体感,而后期软件则不能,后期软件的主要优势是可以将文字做成任何运动效果,这是三维软件不能比拟的,使用 AE 的文本层可以制作出多种文字动画。

文本的创建方式可以分为 3 种:使用命令创建、使用工具创建和使用特效创建。

(2) 文本动画控制器

使用【文本动画工具】可以对【文本(Text)】层进行动画编辑。当新建【文本(Text)】动画效果时,AE 会在【文本(Text)】层中自动建立一个【范围(Range)】控制器,该控制器可以使用起点、终点和偏移值来制作各种各样的运动效果。

在 AE 中，有两种方式为【文本(Text)】层添加动画效果。一种是通过【动画(Animation)】|【动画文本(Animate Text)】命令选择需要的动画特效；第二种是单击【时间线(Timeline)】面板内的【动画(Animate)】按钮选择动画特效。

特效类控制器可以控制文本动画的变形，例如倾斜、位移、缩放、不透明度等，和层的基本属性有些类似，但它的可操作性更为广泛。综合使用这些控制器可以制作出许多不同的运动效果文字，是合成中必不可少的部分。

(3) Text 特效

Text 特效是专门为文字的输入和控制而制定的。它可以制作出许多特效的文字效果，例如烟雾字体效果、屏幕滚动和标题等。这些效果都是影视作品中经常使用到的。

为文本添加特效，可以通过展开【文本(Text)】面板。有 4 种关于【文本(Text)】的特效，它们分别是【基础文本(Basic Text)】、【数目(Numbers)】、【路径文本(Path Text)】和【时间码(Timecode)】。添加任何一类特效，都根据需要修改其中的各项参数。

(4) 认识表达式

表达式是一个程序术语，它是由传统的 Java Script 语言编写而成的。表达式是通过一种程序语言来实现界面中一些不能执行的命令，或者是将大量重复的操作简单化。使用表达式可以制作出层与层或者属性与属性之间的关联，只要遵循表达式的基本规律，就可以使用表达式创作出更为复杂的表达式动画。

创建表达式。AE 中的表达式并不需要非常专业的 JavaScript 语言作为基础，只需要通过使用表达式的元素或者菜单将合适的属性连接在一起创建即可，也可以使用属性关联创建。

表达式语法。任何一种编程语言都有一定的语法类型，这些内容绝大部分与其他程序设计语言相同或类似。在 AE 的表达式中也有表达式语法，必须遵从这些语法才能创建出正确的表达式。

表达式的写法。在 AE 中，表达式是由 Java Script 语言编写而成的，但应用表达式并不需要熟练掌握 Java Script 语言，只要理解简单的写法就可以创建表达式了。一个基本的表达式形式如下：

thisComp. Layer(“pic1. jpg”). Transform. Scale＝Transform. Scale＋time * 10

其中，“thisComp”为全局属性，它用来说明表达式所应用的最高层级，后面的“.”是层级标识符，层级标识符后面的为层级标示符前面的下级，而“pic1. jpg”为层的名称。例如，上述表达式的含义为：当前合成层中的素材名称为“pic1. jpg”，访问该素材层中的“Transform”属性中的“Size”子属性，使“Size”的数值随着时间的增长，这样每过一秒，Scale 的属性值就增加 10。

编辑表达式。在创建过表达式后，相应参数会出现表达式的一些编辑命令。这些命令是表达式的开关、连接等属性，只要通过修改简单的表达式的例子，或者通过修改表达式的参数，将表达式与其他属性相关联即可修改编辑表达式。

4. 解决方案和步骤

(1) 将时间滑块拖动第 9 秒，新建一个 Text 文本层，命名为“文本 1”，输入“Health

Life”，设置描边颜色和文字颜色为“绿色”。给“文本 1”添加【向下阴影(Drop Shadow)】特效设置阴影颜色为“墨绿色”，设置阴影的柔化为“25”，如图 9-59 所示。

(2) 拖动时间滑块到第 6 秒，选择“文本 1”层，选择【动画(Animation)】|【浏览预设(Browse Prests)】命令，找到【文本(Text)】|【扭曲与旋转(Curves and Spins)】|【Bloom. ffx】预设动画。按下【U】键，在【时间线(Timeline)】面板中展开“文本 1”的所有关键帧，调整关键帧的位置如图 9-60 所示，使文字动画在第 8 秒结束。

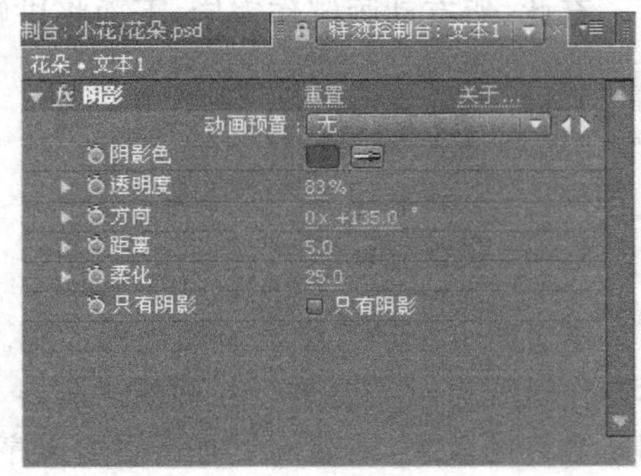

图 9-59　创建并设置“文本 1”

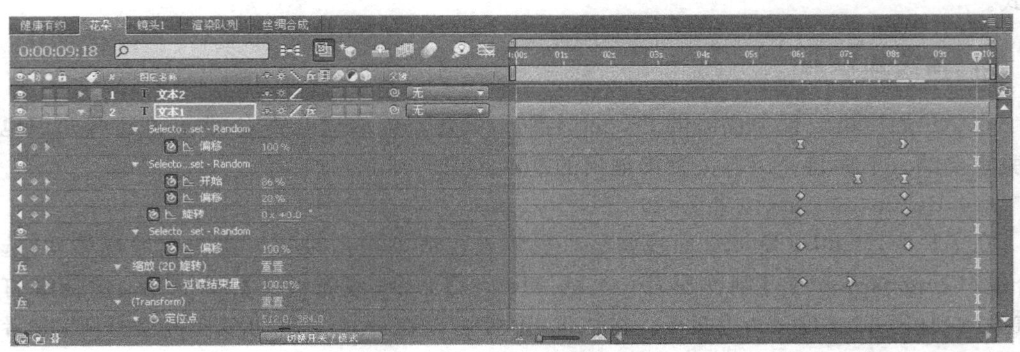

图 9-60　设置文本 1 动画

(3) 新建 text 层，命名为“Text 2”，输入“Health is better than wealth”文字，放置在【合成(Composition)】窗口的右上角。拖动时间滑块到第 6 秒 12 帧，选择“文本 2”层，选择选择【动画(Animation)】|【浏览预设(Browse Presets)】命令，找到【文本(Text)】|【模糊(Blurs)】|【Bloom. ffx】预设动画，双击打开，图 9-61 所示是第 7 秒 12 帧的效果。

(4) 拖动时间滑块到第 9 秒，在【项目(Project)】中展开花朵面板，将“小花/花朵. psd”文件拖放到“文本 1”层的下面，然后将该层转换成三维层，并调整大小、位置和旋转角度。

(5) 将“小花/花朵”层复制 3 次，分别调整他们的位置、大小和不透明度，并在第 9 秒时为每个层的大小、旋转、不透明度参数设置关键帧。

(6) 拖动时间滑块到第 6 秒 12 帧，将 4 个“小花/花朵”层的大小和不透明度都设置为“0”，并适当调整 Z 轴上的旋转，图 9-62 所示是第 6 秒 12 帧的效果。

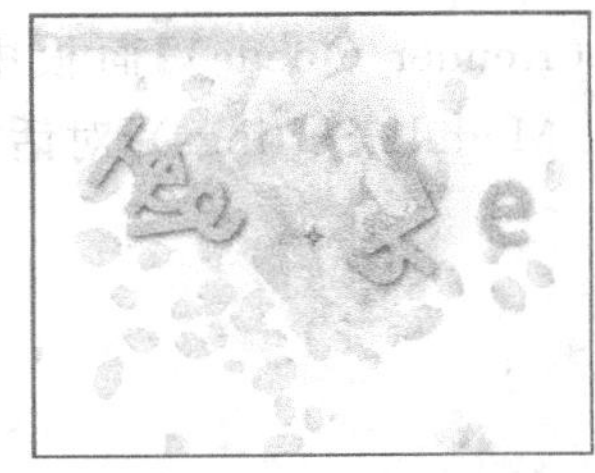

图 9-61　为文本 2 添加预设动画的效果

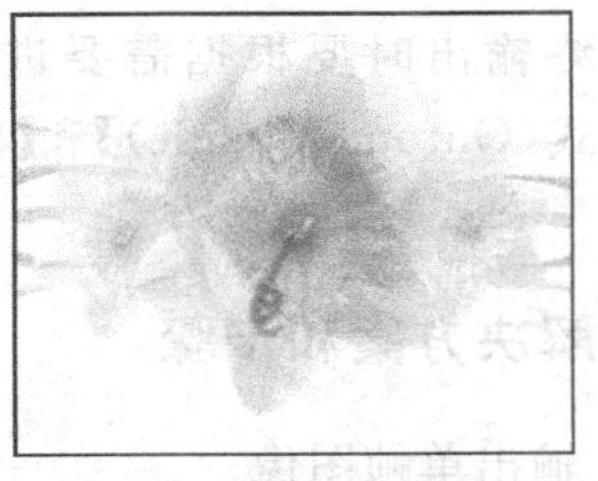

图 9-62　第 6 秒 12 帧的效果

至此，所有动画制作完毕，下面将讲解渲染输出所需要的动画。

9.3.5 渲染输出

1. 任务分析

本节将介绍AE中渲染输出的应用。首先要明白渲染输出不一定是最后的工作，在实际制作过程有时需要进行各种测试渲染，比如为了提供工作效率只渲染动画中一个单帧来判断最终的效果，或输出带有透明通道序列图片进行再合成直至得到满意效果，进行最后渲染输出。

在AE中，可以将完成的视频输出为多种类型，如视频、电影、CD-ROM、Flash动画等格式。

2. 相关知识点

在AE的渲染设置中也提供了众多选择，以满足不同的渲染要求，掌握好这些知识也是至关重要的。下面将介绍有关渲染输出的基本知识。

(1) Render Quene(渲染队列)

在AE中，Render Queue面板就是对视频进行渲染输出设置。当制作好视频后，选择【合成(Composition)】|【制作影片(Make Movie)】命令，或者按下【Ctrl＋M】快捷键打开【渲染队列(Render Queue)】面板。在这里，读者可以在面板中添加多个渲染任务，或者为一个任务设置多种输出格式，尺寸大小等。这样自动渲染下一个任务，而不需要再去手动设置。

(2) 渲染设置模块

在制作前，已经为合成项目设置了显示质量和分辨率。在【渲染设置(Render Settings)】中可以根据输出的需要为更多的选项进行设置或更改设置。包括"渲染状态"、"选择渲染预设"、"设置模板"以及"渲染设置"等参数的修改，根据实际需要选择相应的渲染模块。

注意

在【渲染设置(Render Settings)】中【渲染设置(Render Settings)】启用【Use OpenGL Render】复选框时应该注意，如果读者使用的不是专业的OpenGL图形加速显卡，那么启用该复选框进行渲染的时候会有一些限制，如不能渲染运动模糊、光、阴影等效果。

(3) 输出设置

AE中的输出设置包括视频和音频的输出格式、视频的压缩方式、动画序列通道的设置等，在最终输出时要根据需要进行设置。【渲染队列(Render Queue)】面板中最后两项【输出模式(Output Module)】和【输出模式设置(Output Module Settings)】对话框即是输出选项。

3. 解决方案和步骤

(1) 输出单帧图像

① 在"健康有约"场景文件中，首先在【时间线(Timeline)】面板中将时间滑块拖动到想

要输出的位置，如第 5 秒 12 帧处，如图 9-63 所示。

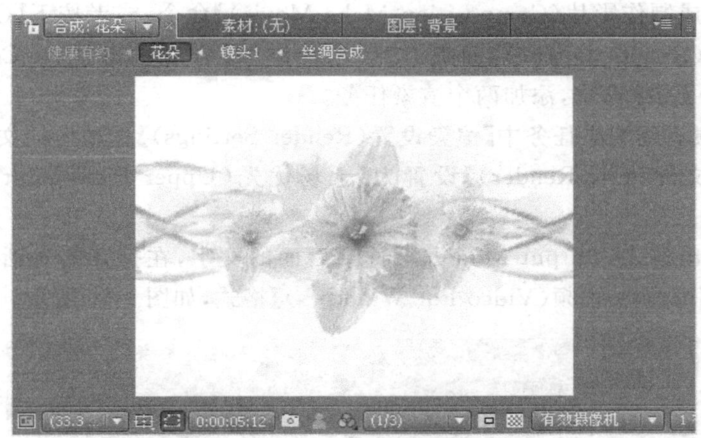

图 9-63　选择需要输出的帧

② 选择【保存合成帧文件(Composition Save Frame File)】命令。AE 在默认情况下使用 PSD 格式输出单帧文件，如图 9-64 所示。

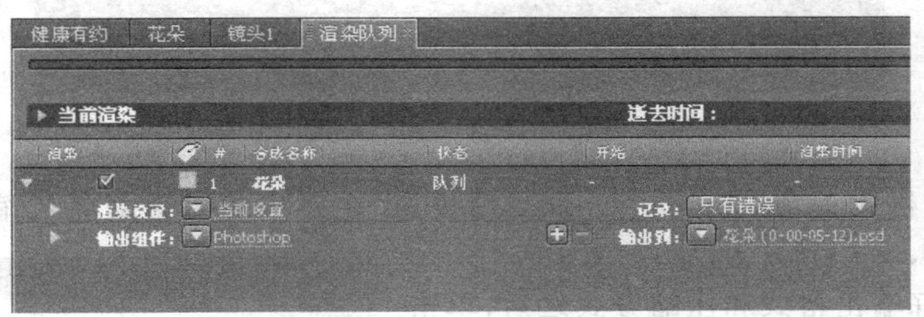

图 9-64　选择渲染单帧命令

③ 单击【输出模式(Output Module)】选项右侧的文字，在弹出的对话框中可以重新设置图片格式，如 TIFF 格式等。在【Video Output】选项区域中还可以选择是否输出 Alpha 通道，如图 9-65 所示。设置完输出路径后单击【渲染(Render)】按钮，即可渲染单帧文件。

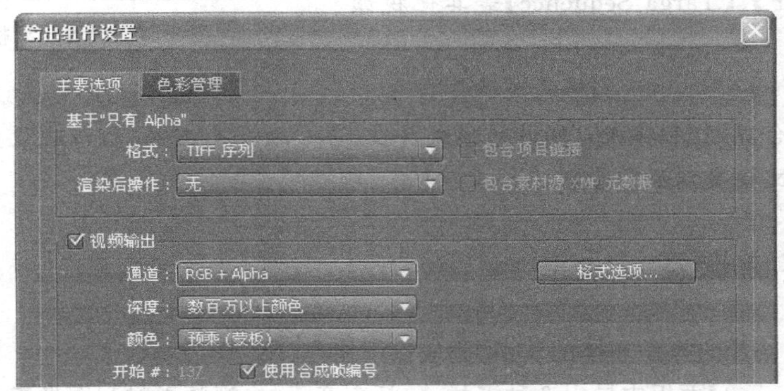

图 9-65　输出格式为 TIFF 并输出 Alpha 通道

(2) 渲染输出合并图层

① 选择【合成制作影片(Composition Make Movie)】命令,或者按下【Ctrl+M】快捷键打开【渲染队列(Render Queue)】面板,然后选择添加【合成输出模式(Composition Add Output Module)】命令两次,添加两个渲染任务。

③ 单击健康有约渲染任务中【渲染设置(Render Settings)】选项后的文字,在弹出的对话框中将【渲染文件(File Render)】设置为【上场优先(Upper Field First)】,其他使用默认值。

③ 单击【输出模式(Output Module)】选项后面的文字,在打开的对话框中设置【格式(Format)】为【Windows 视频(Video For Windows)】格式,如图 9-66 所示。

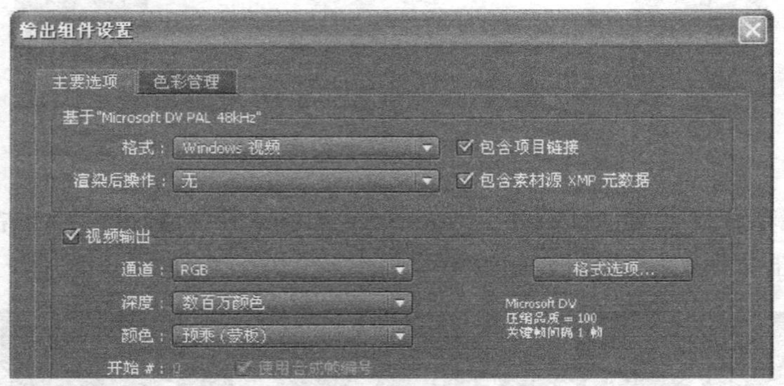

图 9-66　选择 AVI 格式

④ 单击【格式选项(Format Options)】按钮,在弹出的对话框将压缩方式设置为 Microsoft DV,单击【确定】按钮,如图 9-67 所示。

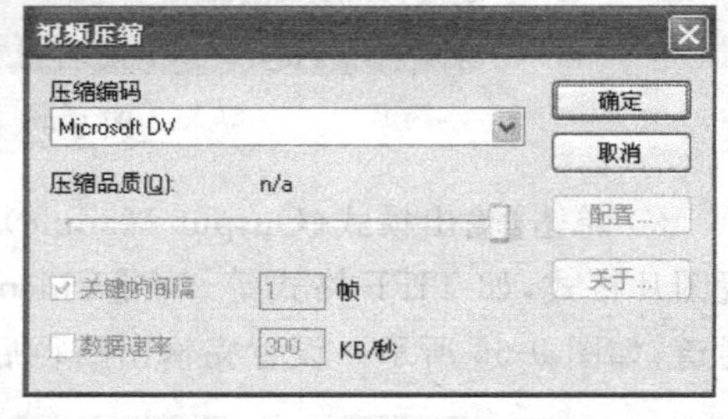

图 9-67　设置压缩格式

⑤ 设置好输出格式和压缩方式之后,单击【输出(Output To)】选项后面的文字设置渲染路径,也可以进行重命名。

提示

使用同样的方法设置渲染任务的格式【Animated GIF】、【Targa Sequence】等其他视频格式。

设置为【Targa Sequence】格式是为了方便和其他视频进行合成,这种格式以图片的形式存在,每一帧一个图片,所以在设置路径的时候最好新建一个文件夹以便于管理。

9.3.6　实训课堂

1. 通过对 AE 的操作环境的认识,完成以下操作:

(1) 在【Project】面板中导入 3 种素材,包括声音素材、视频素材和图像素材。

(2) 新建一个【Composition】窗口来预览效果,将这 3 种素材按照一定的次序放置到【时间线(Timeline)】面板中。

(3) 在【Composition】窗口中预览效果,并通过调整视频素材和图像素材的中心位置来调整图像的显示效果。

(4) 利用【Time Controls】面板预览素材效果。

认识 AE 的操作环境,是学习 AE 的一个基础。坚实地掌握 AE 的基本操作内容,在后面的学习操作中将会在很大程度上提高工作效率。

2. 打开"chapter09\基础操"作中的"艺术风格转换"场景文件,将其进行渲染输出。要求一次输出 3 个渲染任务,具体要求如下:

任务 1:设置输出格式为"MOV",尺寸为"720×576",输出的时间范围是 0~12 秒,将【Field Render】设置为"Upper Field",并设置压缩格式为"Microsoft DV"。

任务 2:设置输出格式为"TIFF Sequence",尺寸和时间范围与"任务 1"一样,不进行场的设置,并输出 Alpha 通道。

任务 3:渲染输出一张格式为"Tiff"、尺寸为"512×512",带有 Alpha 通道的单帧图像。

本章小结

本章主要介绍了 Premiere Pro 视频编辑软件与 Photoshop、After Effects 和 3Ds Max 软件工具相结合制作多媒体作品的方法。主要目的是为读者深入学习影视后期制作打下基础。我们知道,要制作出一个有创意且令人赏心悦目的多媒体作品,需要涉及多媒体技术的应用,多种多媒体工具软件的使用以及美学等知识。多款软件结合使用,能给我们创作出优秀作品提供有力的支持。

知识拓展——常用的数字合成技术

数字视频处理技术让人惊叹不已,各种数码合成技术已融入各类影视媒体中,给我们带来十分丰富的视觉盛宴。下面介绍影视制作中常用的数字合成技术。

1. 视频抠像——通道提取

随着数字技术的进步,通道提取(Matte Extraction)成为数字合成的重要功能。我们常把通道提取称为抠像,这相当形象。

蓝屏幕技术(Blue Screen)是提取通道最主要的手段。它是在拍摄人物或其他前景内容,然后利用色度的区别,把单色背景去掉。所以蓝屏幕技术有个学名叫色度键(Chroma Keying)。数字合成软件允许读者指定一个颜色范围,颜色在这个范围之内的像素被当做背景,相应的 Alpha 通道值设为"0";在这个范围之外的像素作为前景,相应的 Alpha 通道值设为"1"。所以首要的原则就是前景物体上不能包含所选用的背景颜色。专业软件一般还允许设定一定的过渡颜色范围,在这个范围之内的像素,其 Alpha 通道设为 0 到 1 之间,即半透明。通常这种半透明部分出现在前景物体的边缘。适当的半透明部分对于合成的质量非常重要,因为非此即彼的过渡显得很生硬,而且在活动的画面上很容易发生边缘冷却等糟糕的后果。

从原理上讲，只要背景所用的颜色在前景画面中不存在，用任何颜色做背景都可以，但实际上，最常用的是蓝背景和绿背景两种。原因在于，人身体的自然颜色中不包含这两种色彩，用它们做背景不会和人物混在一起；同时这两种颜色是RGB系统中的原色，也比较方便处理。

利用色度的差别进行抠像并不是唯一的办法，人们还经常利用亮度的区别进行抠像，这称为亮度键(Luminance Keying)。这种方法一般用于非常明亮或自身发光的物体。把明亮发光的物体放在黑暗的背景前拍摄，灯光只打亮被摄物体，就可以拍到背景全黑、前景明亮的画面，然后利用它们的亮度差别来提取通道。拍摄爆炸、飞溅的火星、烟雾等常常使用这种办法。

还有一种利用两个画面的差异来提取通道的方式，称为差异键(Difference Keying)。其基本思想是，先把前景物体和背景一起拍摄下来，然后保持机位不变，去掉前景物体，单独拍摄背景。这样拍摄下来的两个画面相比较，在理想状态下，背景部分是完全相同的，而前景出现的部分则是不同的，这些不同的部分，就是需要的 Alpha 通道。有时候没有条件进行蓝屏幕抠像时，就可以采用这种手段。但是即使机位完全固定，两次实际拍摄效果也不会是完全相同的，光线的微妙变化、胶片的颗粒、视频的噪波等都会使再次拍摄到的背景有所不同，所以这样得到的通道通常都很不干净。不过在实际制作中，有时这是唯一可行的办法，总比完全手工绘制通道强。这样得到一个粗略的通道后，再用手工清理，也会大大降低工作量。

在实际制作中，这些手段通常都不是单独使用的，而是若干种方式结合使用。即使对于蓝屏抠像，也常常需要用手工方式把背景上某些杂物挡去，这称为垃圾挡板。对于画面的不同部分，常常需要用不同的参数来进行抠像，才能获得最佳效果。最后产生的通道很可能还需要用手绘的方式加以修补。总之，高质量的通道是高质量合成的前提，为此，必须调动一切可能的手段(包括前期和后期)，来确保通道的质量。

2. 跟踪和稳定

我们都知道摄影机镜头的运动，对于影视作品而言是非常重要的。固定镜头的画面很容易显得死板而且乏味。试想一下如果要你看一部全部是固定镜头的电影，一定会非常痛苦(这样的电影不是没有)。不幸的是，镜头的运动给数字合成提出了一个难题。因为合成镜头是由几个来源不同的画面合在一起的，如何保证这些画面有完全一致的镜头运动？影视特技制作者都要面对这个问题。

数字合成中的跟踪技术可以部分地解决这个问题。跟踪是这样一个过程：选择画面上的一个特征区域(有时称为跟踪点)，由计算机自动地分析。在一系列图像上，这个特征区随时间推进发生位置变化。跟踪得到的结果是一系列的位移数据。一般来说，软件会让使用者指定一个矩形的区域，作为特征区。软件还会让读者指定一个搜索区域，这个区域比特征区大，应该包含特征区在下一帧画面上出现的范围。在下一帧，软件就会在搜索区内查找特征区的位置，计算出位移量，并根据特征区的新位置，自动设置新的搜索区，以便下一帧的查找。利用这个搜索区，可以让软件把搜索局限在一个较小的范围，而不用在整个画面上搜索。这样既提高搜索速度，又减少出错的可能。不过搜索区的范围必须设置得合适，太大会降低搜索效率，太小则特征区有可能移出搜索区之外，从而使跟踪失败。

只利用一个特征区的跟踪和稳定，称为一点跟踪，是跟踪最简单的情形，因为这种跟踪只能得到位移信息。但摄影机镜头的运动方式远非如此简单：镜头的推拉和变焦会产生图像的放大缩小，镜头的转动会造成画面旋转。一点跟踪无法得到这类信息。但如果同时跟踪画面上相对位置不变的两个特征区，得到两个位置点，就可以从两点间距离的变化推知画面的放大和缩小，从两点间连线的角度变化，得到画面的旋转，所以两点跟踪比一点跟踪更先进，通过它可以得到画面放缩和旋转的信息。镜头的运动还常会造成画面透视的变化，例如摄影机围着一台电视转，电视屏幕的透视就会改变。如果我们同时跟踪屏幕的4个点，就可以模拟这种透视变化，把一幅画面准确地贴在电视屏幕上，这就是四点跟踪。

当然，摄影机运动造成的画面变化远不止这些，目前较新的软件都引入了多点跟踪，它们通过对大量跟踪点的运动进行分析，可以准确地得出摄影机实际运动的轨迹，大家最熟悉的软件可能就是 Maya Live 了。对于二维的画面而言，要重现摄影机复杂运动造成的各种变化几乎是不可能的，但对于三维软件而言，这种摄影机轨迹可以用来控制虚拟摄影机，使三维生成的图像与实拍镜头的摄影机运动相吻合，这样就可以方便地进行合成了。

为了方便后期的跟踪处理，在实拍合成镜头的素材前，必须要预计镜头的运动，按照跟踪的需要布置好跟踪点。有时候画面上自然形成的高反差点可以作为很好的跟踪点，比如楼房的角点，远处墙上的显眼招贴等；有时必须自己设置跟踪点，比如在要跟踪的位置上画上颜色鲜艳的十字叉，或固定一些网球之类物体。其原则就是：首先跟踪点要与周围画面形成鲜明的反差，其次跟踪点的形状不要随镜头的运动而变化，此外还要布置足够的跟踪点。当镜头移动时，一些跟踪点会移出画外，或被遮挡，这时应有足够的其他跟踪点来保证跟踪仍可进行。设置跟踪点时还要注意，一般人工设置的跟踪点在最终合成画面上都必须去掉，如果合成时正好可以用前景物体把它盖住是最好不过了；如果不行，可能就得用手工的画面修补方法把它去掉。如果是这样，设置跟踪点时还必须考虑以后便于修补。会造成太大的麻烦。

3. 数字复制和场景延伸

数字复制是数字合成最常见的用法之一。有成千上万人的大场面是好莱坞大片的招牌菜之一。但现在美国大片中很少真正调动成千上万的演员，标准的做法是用一小批演员，进行一次或几次拍摄。然后通过数字复制的方式，把这一小群演员，进行一次或几次拍摄。再通过数字复制的方式，把这小群演员经过若干次拷贝，让它们布满整个画面，形成千军万马的场面。这通常需要制作一个手工通道，把演员从画面上截取出来，然后复制若干份，把它们移动到需要的位置上。另外，还需要进行跟踪和一些扭曲，以匹配画面的运动和透视变化。

场景延伸同样很常用。很多时候我们拍到的场景无法达到需要的效果，比如当你拍摄一部古罗马的影片时，背景上需要一座巨大的神殿，前景是演员和古老的街道。低矮的街道可以搭建，而神殿，你搭不起。这时就要依靠场景延伸，神殿可以是一个小模型，可以是一个三维造型，或者干脆是一幅画。通过抠像，跟踪和适当的扭曲，就可以使神殿出现在背景上。这样做的主要好处是，易于穿帮的前景都是实际拍摄的，而模型或绘景用在远景，不容易被观众识破。

数字复制和场景延伸常常结合使用，得到气势恢宏的大场面。合成软件可给画面增加光效。像 Inferno/Flame/Flint 这些软件，可以在真正的三维空间内操纵画面，这有点类似于三维软件。它们和三维软件一样，也可以设置各种灯光，照射各个画面，产生光照效果。当然，灯光打在平面的画面上时，不会产生像在三维软件中看到的那样真实的阴影和高光。但是，如果我们用位移的方式在画面上制造出凹凸效果，就可以发现它们对光线的真正的三维物体一样。

4. 手工的画面修补和增强

不管在实拍中多么注意，也不管采用了多少自动手段来进行合成，我们不是免不了会遇上无法自动处理的问题。手工的画面修补和增强一直是（将来也仍然是）合成师最后的“秘密武器”。

需要手工绘画的第一类情况是绘景。有时候要拍摄的场景不需要在摄影棚里搭模型，也用不着在三维软件里制作，只要找个有天分的画家，画一幅就是了。这可以算是最古老的特技手段，早在电影出现前的古代戏台上就用过了。直到现在，这种方法仍然十分有效，尤其是对于远景。这种工作虽然一般只要画一幅就够了，但通常都要十分精细。另外在合成时，一定记得要在这些静止的背景中加入一点活动的因素，不用太多，但必须有。比如加上远处几个走动的人，一群飞鸟等，你会马上感觉到静止的场景活跃起来了。

第二类情况则是要抹掉一些不该出现的东西，用行话来说，就是去掉穿帮之处，最常见的是保险绳。飞檐走壁的英雄们都有根保险绳系在腰间，但不能让观众看见。这时就需要合成师，一点一点把绳子从画面上抹去。当然不只是绳子，也许还有杆子、支架，或是古装影片中出现在画面上的烟囱。诸如此类，一般都比较细小。有时候也会遇到更过分的要求，比如要把陈旧杂乱的灯塔修葺一新。另外，这种工作还常用于弥补画面的技术缺陷，例如胶片的划痕、污点或磁带的损伤等。

这样的工作没有太多技术可言，诀窍就放大、放大、再放大。每个像素都放大到黄豆那么大时，就很容易把它修改好。不过，就像通道制作一样，单个画面看上去再完美无缺也不行，必须要在画面连续播放时才能看出有没有问题。总之，这种工作需要无尽的细心和耐心，以及大量的人力、物力。

思考与练习

1. 试着用数码摄像机拍摄一段视频，并选择一款视频编辑软件进行编辑，运用镜头组接规律和影片剪辑技巧，根据视频制作流程，制作一部完整的影片。

2. 在 Premiere Pro 中导入两幅图片及两个以上的视频片段，进行编辑合成，并以两幅图片为背景制作片头和片尾字幕，为各片段的过渡添加转场效果。

3. 围绕一个主题，收集整理各种素材，制作一个体裁完整的小影片，保存为 RM 或 MPG 格式。

4. 思考在 AE 中怎样使用一个路径发光，使用哪些特效可以实现？

5. 如何利用 AE 中的特效制作闪电效果，简述具体的实现方法。

参考文献

[1] 钟玉琢,沈洪,刘晓颖.多媒体应用设计师教程.北京：清华大学出版社,2005
[2] 黄荣怀,陈莉,李松.多媒体技术与应用.北京：高等教育出版社,2009
[3] 李建.多媒体技术应用案例教程.北京：北京大学出版社,2009
[4] 陈宏林,新一代高密度存储技术——蓝光 DVD.北京：计算机世界日报,2006.4
[5] 邓晓新,王仁成.计算机平面设计.北京：高等教育出版社,2008
[6] 于洋,张晓韩,色彩构成.北京：北京理工大学出版社,2009
[7] 李金明,李金荣.中文版 Photoshop CS4 数码摄影后期处理完全自学教程.北京：人民邮电出版社,2010
[8] 唐守国.创意＋Photoshop CS4 网页设计、配色与特效案例精粹.北京：清华大学出版社,2010
[9] 陈鲲,陆敏捷,徐晶晶.精通 Adobe Audition 2.0 音频处理.北京：人民邮电出版社,2008
[10] 火人技术在线,张继光,季晓,祝兴明,张玉春.感受精彩 Flash CS3 商业案例与视频教程[M].北京：人民邮电出版社,2008
[11] 安小龙.Flash 动画艺术设计案例教程(第二版).北京：清华大学出版社,2010
[12] 陶丽,赵俊昌.神功利器：3Ds Max 2010 三维动画制作典型案例(配光盘).北京：清华大学出版社,2010
[13] 徐杰,于秋生.3Ds Max 三维动画制作(21 世纪高职高专规划教材——计算机应用系列).北京：清华大学出版社,2008
[14] 文东,冯建华.多媒体技术基础与项目实训.北京：北京科海电子出版社,2009
[15] 张鹤峰.数字影视节目编辑与制作.北京：科学出版社,2009
[16] 郑刚.视频后期编.北京：北京师范大学出版社,2009
[17] 王朋伟.一定要会的 After Effects CS4 200 例影视特效使用设计技巧.北京：电子工业出版社,2010